Was will die jüngere mit der älteren Generation?

Jutta Ecarius (Hrsg.)

Was will die jüngere mit der älteren Generation?

Generationsbeziehungen
und Generationenverhältnisse
in der Erziehungswissenschaft

Springer Fachmedien Wiesbaden GmbH 1988

Gedruckt auf säurefreiem und altersbeständigem Papier.

ISBN 978-3-8100-1949-3   ISBN 978-3-663-11816-9 (eBook)
DOI 10.1007/978-3-663-11816-9

© 1998 Springer Fachmedien Wiesbaden
Ursprünglich erschienin bei Leske + Budrich, Opladen 1998

Das Werk einschließlich aller seiner Teile ist urheberrechtlich geschützt. Jede Verwertung außerhalb der engen Grenzen des Urheberrechtsgesetzes ist ohne Zustimmung des Verlages unzulässig und strafbar. Das gilt insbesondere für Vervielfältigungen, Übersetzungen, Mikroverfilmungen und die Einspeicherung und Verarbeitung in elektronischen Systemen.

Inhaltsverzeichnis

Einleitung

Jutta Ecarius
Generation - ein Grundbegriff 7

Generationen: ein Thema der Erziehungswissenschaft

Thomas Rauschenbach
Generationenverhältnisse im Wandel. Familie,
Erziehungswissenschaft und soziale Dienste
im Horizont der Generationenfrage 13

Jutta Ecarius
Generationsbeziehungen und Generationenverhältnisse.
Analyse zur Entwicklung des Generationenbegriffs 41

Lothar Böhnisch
Das Generationenproblem im Lichte der Biografisierung
und der Relativierung der Lebensalter 67

Michael Wimmer
Fremdheit zwischen den Generationen. Generative Differenz,
Generationsdifferenz, Kulturdifferenz 81

Michael Winkler
Friedrich Schleiermacher revisited: Gelegentliche Gedanken
über Generationenverhältnisse in pädagogischer Hinsicht 115

Micha Brumlik
Zeitgenossenschaft: Eine Ethik für die Generationen 139

Generationen: Handlungsfelder der Erziehungswissenschaft

Birgit Richard, Heinz-Hermann Krüger
Mediengenerationen: Umkehrung von Lernprozessen? 159

Dorothee M. Meister, Uwe Sander
Migration und Generation 183

Werner Helsper, Rolf-Torsten Kramer
Pädagogische Generationenverhältnisse und -konflikte in der
gymnasialen Schulkultur. Eine exemplarische Fallstudie
an einem ostdeutschen Gymnasium 207

Karin Bock
Familie in gesellschaftlichen Strukturen. Sozialgeschichte
und Biographie im intergenerativen Vergleich 239

Über die Autorinnen und Autoren 261

Jutta Ecarius

Generation - ein Grundbegriff

Durch die Veränderungen in den Generationsbeziehungen und Generationsverhältnissen rückt das Generationenthema wieder verstärkt in den Vordergrund (Liebau/Wulf 1996, Liebau 1997, Lüscher/Schultheis 1993, Becker 1997, Krappmann/Lepenies 1997). Auch wenn das Thema der Generationen ein Grundbegriff der Erziehungswissenschaft ist und in seiner Tradition bis auf Schleiermacher zurückweist, liegen bislang nur wenige ausgearbeitete Konzepte und theoretische Ansätze vor. Alle Generationen, jüngere wie auch ältere, sehen sich gegenwärtig mit der Anforderung konfrontiert, Lern- und Bildungsprozesse nie als abgeschlossen zu betrachten und sich technischen Innovationen und gesellschaftlichen Wandlungsprozessen aktiv zu stellen. Verändert haben sich auch die Erziehungspraxen, -leitbilder und -ziele, die sich vom Befehls- zum Verhandlungshaushalt wandelten. Aber es werden auch in der Sozial- und Jugendarbeit moderne pädagogische Konzepte umgesetzt. Die gegenwärtigen gesellschaftlichen Rahmenbedingungen stellen an Eltern, LehrerInnen und SozialpädagogInnen hohe Anforderungen, die zwischen einem differenzierten Ausbalancieren von Forderung und Gewährenlassen, zwischen Ermunterung und Anleitung zur Eigenaktivität, zwischen Schutz und Risiko liegen. Hierbei stehen immer die aktuellen Generationenverhältnisse und Generationsbeziehungen, die Anforderungen und Vorstellungen der älteren Generationen sowie die Forderungen und Lebensformen der jüngeren Generation vor dem Hintergrund einer pluralen und differenzierten Gesellschaft im Blickpunkt.

Die Diskussion um den Generationenvertrag und die familialen Solidarleistungen zwischen den Generationen werden wie die Thesen um die Auflösung der Familie zum Anlaß genommen, das Thema „Generationsbeziehungen-Generationenverhältnisse" in der Erziehungswissenschaft zu thematisieren. Diskutiert wird aus unterschiedlichen Positionen und Blickwinkeln die Frage, wie vor dem Hintergrund zunehmender Modernisierungsprozesse und massiver gesellschaftlicher Umbrüche Erziehung und Bildung zwischen den Generationen sowohl im privaten Bereich der Familie als auch in sozialpädagogischen Dienstleistungsbereichen gestaltet werden kann. Der Begriff „Generation" erweist sich dabei als äußerst vielschichtig und teilweise sogar „querstehend" zu aktuellen Debatten wie um Schule, Bildung, Lernen, Medien aber auch Geschlecht, Ethnie und soziale Klasse. Greift man die Dimension des Alters und der Generationen auf, wird das jeweilige Feld zugleich komplexer und mehrdimensionaler. Es handelt sich bei der Kategorie „Generation" um eine Dimension, die sich nicht immer in bestehende Debatten einfügen läßt. Erforderlich sind folglich andere Zugangsweisen auf das Gegenstandsfeld. Das eröffnet zugleich die Möglichkeit - trotz aller theoretischen wie auch empirischen Problematiken - mehrdimensional zu argumentieren und neue Sichtweisen zu eröffnen.

In diesem Buch werden zwei Zugänge gewählt, sich dem Thema Generation zu nähern. Im *ersten Teil* sind Beiträge enthalten, die sich aus theoretischer Perspektive dem Generationenthema nähern, wobei sowohl philosophische als auch sozialwissenschaftliche Themen zum Zuge kommen. Der *zweite Teil* des Buches ist stärker auf pädagogische Handlungsfelder bezogen. Aus unterschiedlichen pädagogischen Handlungsfeldern und pädagogischen Orten wie Familie, Schule, Medien sowie der interkulturellen Pädagogik werden auf den jeweiligen Gegenstand bezogen empirische Ergebnisse vorgestellt und im Kontext von Generationenverhältnissen und Generationsbeziehungen diskutiert.

Zum ersten Teil des Buches:

Thomas Rauschenbach fragt in bezug auf den Wandel in den Generationenverhältnissen, wie sich Familie, Erziehungswissenschaft und soziale Dienste im Horizont der Generationenfrage verändert haben. In einem ersten Schritt werden die Veränderungen im Familiengefüge aufgezeigt, wobei die Familie als „Sonderfall" der Generationsbeziehungen und -verhältnisse verstanden wird. Die daraus folgenden Konsequenzen für die Erziehungswissenschaft werden in einem zweiten Schritt diskutiert. Danach kommt den Sozialen Diensten in der zweiten Moderne eine zentrale Bedeutung zu.

Jutta Ecarius analysiert die unterschiedlichen Debatten zu Generationenverhältnisse und Generationsbeziehungen in der Erziehungswissenschaft. Deutlich wird in einem ersten Schritt, daß außer in der geisteswissenschaftlichen Pädagogik, in der die Beziehung zwischen den Generationen zum Ausgangspunkt genommen wird, das Generationenthema vorwiegend nur im Bereich der pädagogischen Jugendforschung als „Generationenkonflikt" fortgeführt wurde. Ein weiterer Bereich, der um das Generationenthema rankt, ist die Familienerziehung, der die Generationsbeziehungen fokussiert. Eine Analyse zentraler pädagogischer Zeitschriften (zweiter Schritt) zeigt jedoch, daß die familiale Erziehung als pädagogische Generationsbeziehung trotz der Schriften von Mollenhauer, Brumlik und Wudtke (1972) nur selten zum Gegenstand genommen wurde und umfassende Studien bisher fehlen. In einem dritten Schritt wird auf gegenwärtige Debatten eingegangen und es werden erste Untersuchungen zu familialen Generationsbeziehungen über drei Generationen vorgestellt.

Generation - ein Grundbegriff

Lothar Böhnisch stellt sich die Frage, wie Lebenslauf, Biographie, Lebensalter und Generation miteinander verbunden sind. Hierbei macht er auf den Unterschied von biographischen, subjektiven Erfahrungen einerseits und gesellschaftlich genormten Alterstypisierungen mit der Unterscheidung in systemintegrative und sozialintegrative Aspekte aufmerksam, mit dem der Begriff der Generation in spezifischer Weise verknüpft ist. In seinen Überlegungen gelangt er zu der Annahme, daß sich eine Entstrukturierung des gesellschaftlichen Generationenverhältnisses abzeichnet, die sich vor allem im Kontext der Relativierung der Lebensalter und Biographisierung verdeutlicht.

Michael Wimmer geht ausgehend vom gegenwärtigen Diskurs über das Verhältnis zwischen den Generationen der Frage nach, inwiefern sich die Generationsdifferenz als Kulturdifferenz verstehen läßt. Am beide Differenzen verbindenden Problem der Fremdheit und der Erfahrung des Fremden wird zunächst verdeutlicht, daß sich sowohl im Diskurs über die Transformation von Generationsdifferenzen wie auch in demjenigen über die Wandlung des Verhältnisses zwischen den Kulturen homologe Problemkonstellationen manifestieren. Sodann wird die Struktur der generativen Differenz skizziert, d.h. die sich im Generationenverhältnis als Fremdheit auswirkende Differenz zwischen individueller und sozialer Zeiterfahrung. Am Beispiel der Kindheit wird abschließend die Beherrschung der intergenerationellen Fremdheit durch das gesellschaftliche Imaginäre, durch Bilder, Mythen und Wissens-Konstruktionen problematisiert und nach den Möglichkeiten eines post-kolonialen Generationsdiskurses gefragt.

Michael Winkler stellt in seinem Beitrag die theoriebildende Bedeutung des Generationenansatzes von Schleiermacher heraus und nimmt eine grundlagentheoretische Rekonstruktion zentraler Annahmen vor. Dabei stellt er heraus, daß das Generationenthema die Grundlage bildet, auf der Schleiermacher seine pädagogische Theorie entwickelt, wobei diese auf einen weiteren, einen dritten Aspekt, die gesellschaftliche Utopie, ausgerichtet ist. Der Ansatz von Schleiermacher wird dann in einem weiteren Schritt vor dem Hintergrund gesellschaftlicher Wandlungsprozesse auf seine Aktualität hin überprüft.

Micha Brumlik beschäftigt sich mit dem Thema Generation aus der Sicht der Zeitgenossenschaft vergangener, gegenwärtiger und zukünftiger Generationen. Hierbei wird die Frage aufgeworfen, welche Ethik zwischen den Generationen zu bestehen habe. Für eine Gerechtigkeitsethik zwischen den Lebenden und den Abgeschiedenen wird im Kontext von Benjamin argumentiert, für eine Ethik zwischen der gegenwärtigen und der zukünftigen Generation werden Überlegungen von Bennett, Parfit, Arendt und Apel herangezogen. In einem weiteren Schritt argumentiert Brumlik dann im Kontext der Überlegungen von Mead zur „Philosophie der Sozialität" und

„Geist, Identität und Gesellschaft" und gelangt so zu einer eigenen Beschreibung einer Ethik für die Generationen.

Zum zweiten Teil des Buches:

Birgit Richard und *Heinz-Hermann Krüger* untersuchen Medien-Generationen, wobei sie die These von der Relativierung der Lebensalter kritisch beleuchten und darauf verweisen, daß Medien auf unterschiedliche Altersgruppen zugeschnitten sind. Am Beispiel des virtuellen Spielzeuges „Tamagotchi" und dem freien Zugang für Kinder zum Internet werden die Vor- und Nachteile der Medien diskutiert. Hierbei wird aufgezeigt, daß sich das erzieherische Verhältnis als generative Beziehung keineswegs auflöst, sondern auch im Bereich der Medien Erwachsene aufgefordert sind, sich kritisch mit den Möglichkeiten des Internet auseinanderzusetzen und es zu ihrer pädagogischen Aufgabe gehört, im Bereich der Medien Kindern gegenüber Verantwortung zu übernehmen.

Dorothee Meister und *Uwe Sander* beschäftigen sich damit, in welchem Zusammenhang Migration und Generation stehen. Dabei wird eine kritische Sicht eingenommen, die sich vom alten Generationen-Modell der Migrationsforschung verabschiedet. Anhand theoretischer Überlegungen und eines empirischen Beispiels jugendlicher polnischer Aussiedler legen die AutorInnen dar, daß in modernen Gesellschaften Generationslagen durch spezifische biographische Konstellationen und plurale Lebensstile vielschichtiger werden.

Werner Helsper und *Rolf-Torsten Kramer* analysieren vor dem Hintergrund empirischer, qualitativer Erhebungen an Schulen in Sachsen-Anhalt die Vielschichtigkeit der Generationenverhältnisse zwischen Lehrern und Schülern. Anhand der Auswertungen des Materials zeigen sie vor dem Hintergrund der Wende von 1989 auf, daß LehrerInnen wie SchülerInnen nicht als homogene Generationengruppen zu verstehen sind. Vielmehr zeichnen sich Bündnisse zwischen Teilgruppen der Generationen ab, die der Statussicherung der schulischen Ausbildung auf seiten der jüngeren Generation und des beruflichen Status auf der Seite der älteren Generation dienen.

Karin Bock beschäftigt sich anhand empirischer, qualitativer Materialien von drei Generationen in Familien in Sachsen-Anhalt damit, wie Familiengeschichte, biographische Verläufe und die Auseinandersetzung sowie Verarbeitung sozialgeschichtlicher Wandlungsprozesse ineinandergreifen. Vor dem Hintergrund der politischen Sozialisationsforschung, der Oral History und der erziehungswissenschaftlichen Biographieforschung zeigt die Autorin auf, wie Erziehung, Aufwachsen und soziale Unterstützungleistungen zu familientypischen Umgangsweisen mit gesellschaftlichen Wandlungsprozessen führen.

Zum Schluß möchte ich mich für die vielfältigen Diskussionen und Unterstützungen bei Heinz-Hermann Krüger, Dorothee Meister, Zubair Kunze und Dieter Ecarius bedanken. Auch Olaf Ebert und Petra Essebier sei für die Hilfe bei der computergestützten Textformatierung und die zuverlässige Zusammenarbeit gedankt.

Literatur

Becker, R. (Hrsg.): Generationen und sozialer Wandel. Opladen 1997
Krappmann, L.; Lepenies, A. (Hg.): Alt und Jung. Frankfurt/New York 1997
Liebau, E. (Hrsg.): Das Generationenverhältnis. Weinheim/München 1997
Liebau, E.; Wulf, Chr. (Hrsg.): Generation: Versuche über eine pädagogisch-anthropologische Grundbedingung. Weinheim/München 1996
Lüscher, K.; Schultheis, F. (Hrsg.): Generationenbeziehungen in „postmodernen" Gesellschaften. Konstanz 1993

Thomas Rauschenbach

Generationenverhältnisse im Wandel. Familie, Erziehungswissenschaft und soziale Dienste im Horizont der Generationenfrage[1]

> „... *and when I die, and when I'm gone,*
> *there'll be one child born in this world,*
> *to carry on, to carry on ...* "
> *(Blood, Sweat & Tears 1969)*

„Der Weg vom Individuum zur Gesellschaft ist weit. Damit er begehbar wird, muß er in Etappen aufgeteilt werden" (Streeck 1987, 471). Mit diesen Worten umschreibt der Soziologe Wolfgang Streeck in seinem programmatischen Aufsatz zur Rolle „intermediärer Organisationen" in sich verändernden Umwelten einen Themenkomplex, der Sozialphilosophie und Sozialwissenschaften wieder verstärkt beschäftigt: seien es die Fragen nach den Folgen wachsender Entscheidungsfreiheit bei steigender Bindungslosigkeit, nach den sozialen „Verstrebungen" und Gelenkstücken angesichts pluraler und individualisierter Lebenslagen oder seien es die Fragen nach den Gruppierungen, Instanzen und Aggregaten, die menschliches Zusammenleben ohne die traditionellen Geländer der Lebensführung koordinieren und überschaubar machen in einer hochkomplexen und universell verknüpften Gesellschaft. Dieses weit gefächerte Thema zwischen Individualisierung, Solidarität und Milieuerosion (Beck/Beck-Gernsheim 1996), zwischen Kommunitarismus und Liberalismus (Brumlik/Brunkhorst 1993; Honneth 1993), zwischen nationalstaatlichen Aggregaten und grenzenloser Globalisierung (Beck 1997; Guéhenno 1994), zwischen alten und neuen Vergemeinschaftungsformen (Dettling 1995; Böhnisch 1994) ist auch für eine Erziehungswissenschaft, die nach den veränderten Bedingungen des Aufwachsens für die nachwachsende Generation in der Moderne fragt, von fundamentaler Bedeutung.

Um diesen Themenkreis soll es nachfolgend gehen, bilden doch die strukturellen Verstrebungen für das Aufwachsen der Kinder und Kindeskinder in der diachronen Perspektive den gedanklichen Kern und die disziplinäre Spezifik einer erziehungswissenschaftlichen Analyse. Die pädagogi-

---

1 Erweiterte und aktualisierte Fassung von Rauschenbach (1994).

sche Antwort hierauf hieß bislang relativ einheitlich: *Familie*. Daß sich diesbezüglich Veränderungen abzeichnen (1), daß in diesem Zusammenhang die familiale Erziehung als ein „Sonderfall", als ein Teil der gesamten Generationsbeziehungen und Generationenverhältnisse – und dies mit Konsequenzen für die Erziehungswissenschaft – gesehen werden muß (2) und daß schließlich die sozialen Dienste als eine Antwort der Zweiten Moderne auf die instabiler werdenden, privaten Generationsbeziehungen verstanden werden können (3), dieser Dreischritt wird Gegenstand der Überlegungen sein.

1 Die Familie im Wandel – Veränderungen generativer Verstrebungen des Aufwachsens

Vermutlich dürfte es wenig Widerspruch geben mit Blick auf die Annahme, daß die Familie im Laufe der Neuzeit zu dem zentralen Zwischen- und Bindeglied zwischen dem Individuum und der Gesellschaft, zwischen einzelnen Menschen und gesellschaftlichen Großgruppen geworden ist. Und diese zentrale Bedeutung kommt der Familie allemal unter dem Blickwinkel von Elternschaft und Erziehung, also unter pädagogischen Gesichtspunkten zu: Familie ist der soziale Ort, an dem Erziehung am Unvermitteltsten geschieht, an dem zwischenmenschliche Solidarität am Selbstverständlichsten anzutreffen ist. Familie ist das mikrosoziale System, in dem die generative Re-Produktion der Gesellschaft ihren Ausgangspunkt nimmt, Familie verkörpert die zeitliche, räumliche und soziale Nahtstelle, mittels derer Neugeborene an die jeweilige Weltgesellschaft angeschlossen werden. Und die Familie stellt das Interaktionssystem und jene Vergemeinschaftungsform dar, die eine elementare soziale Integration der nachwachsenden Generation in die jeweils bestehende Gesellschaft sicherzustellen hat. Die Familie ist damit der empirische, biographische, sozialisatorische Ausgangspunkt des Aufwachsens von Kindern in dieser Gesellschaft. Allein schon deshalb muß sie als eine zentrale Kategorie für eine Wissenschaft von der Erziehung betrachtet werden.

Diese gesellschaftspolitische Bedeutung der Familie als zentraler Erziehungsinstanz gehört zu den Grundeinsichten moderner Pädagogik. So stellt beispielsweise der §1 des Kinder- und Jugendhilfegesetzes im Gleichklang mit Artikel 6 des Grundgesetzes klar: „Pflege und Erziehung der Kinder sind das natürliche Recht der Eltern und die zuvörderst ihnen obliegende Pflicht". Diese Grundfigur, sinngemäß bereits seit Anfang dieses Jahrhun-

Generationenverhältnisse im Wandel

derts in gesetzlicher Form in Deutschland verankert, markiert, wenn man so will, das elementare pädagogische Selbstverständnis der Neuzeit: Erziehung ist zuallererst – „zuvörderst", wie es im Paragraphendeutsch so schön heißt – Recht und Pflicht der Eltern. Die Familie ist mithin das Zentrum der Erziehung, in jedem Fall Mittelpunkt der privaten Erziehung. Alle anderen Orte und Gelegenheiten, alle anderen Interaktionssysteme und Ereignisse – auch die Schule – sind im Verhältnis dazu immer nur abgrenzend definiert worden: als familienunterstützend, familienergänzend oder familienersetzend. Die Kinder- und Jugendhilfe, das zentrale Koordinatensystem sozialpädagogischer Praxis, wurde deshalb auch immer nur als Ausfallbürge, als sekundäre Instanz und als Sonderfall erzieherischer Hilfe verstanden. Demnach hat Jugendhilfe – so nochmals §1 des KJHG – beispielsweise „Eltern (...) bei der Erziehung zu beraten und zu unterstützen" sowie „dazu beizutragen, positive Lebensbedingungen für junge Menschen und ihre Familien (...) zu erhalten oder zu schaffen". Eine eigenständige Erziehungsaufgabe wird der Kinder- und Jugendhilfe insofern auch nicht zugestanden (vgl. Borsche 1991; Wiesner 1991).

Seit mindestens einem Vierteljahrhundert läßt sich unterdessen beobachten, daß dieses Mikrosystem Familie in seiner modernen Version der Kleinfamilie – also Mutter, Vater, Kind(er) – sich verändert, strukturell an Stabilität verliert und typologisch an Formenvielfalt gewinnt, Funktionsverluste in der einen und einen Bedeutungszuwachs in der anderen Richtung zu verzeichnen hat, brüchiger und störanfälliger wird, sich verzeitlicht und bisweilen auf Lebensabschnitte zusammenschrumpft und damit in seiner Grundsätzlichkeit erodiert, kurz: daß die Familie sich pluralisiert und ihre Selbstverständlichkeit einbüßt (vgl. Peukert 1996). Neben oder anstelle der „Standardversion" treten nunmehr die „Ein-Eltern-Familie", die „Zweitfamilie", die „Sukzessiv-" oder „Patchworkfamilie", die „alte oder neue Familientriade", die „bi-polare" oder „Zwei-Kern-Familie", die „eheähnliche Familie", die „Spagatfamilie", die „Familie auf Zeit" oder wie auch immer sie heißen mögen (vgl. als Überblick Lüscher/Schultheis/Wehrspaun 1988; Markefka/Nave-Herz 1989). Die Familie als ein erwartbar stabiles und überdauerndes Bindeglied zwischen Individuum und Gesellschaft, als eine unauflösbare, unhintergehbare und alternativlose Erziehungsgemeinschaft, wie dies noch vor 30 Jahren völlig selbstverständlich erschien, kann offenbar, das jedenfalls muß als eine Möglichkeit in Rechnung gestellt werden, in ihrer Standardversion – also: leibliche Eltern in einer dauerhaften Lebensgemeinschaft mit ihren Kindern – nicht mehr voraussetzungslos als Regelfall angenommen werden. Gleichwohl gilt es dabei zu beachten, was F.-X. Kaufmann formuliert: „Daß die Sozialphänomene, die wir mit dem Wort 'Familie' bezeichnen, sich im Zuge der neuzeitlichen Entwicklung trotz annähernd konstanter biologischer Entwicklungen verändert haben, ist nahezu ein Gemeinplatz (...) Worin aber diese Veränderungen bestehen, wie sie mit den gesamtgesellschaftlichen Wandlungsprozessen der neuzeitlichen und jüngsten (...) Epoche zusammenhängen, und welche Zukunftsperspektiven sich aus der Analyse solcher Zusammenhänge ableiten lassen, ist bisher (...) wenig geklärt" (Kaufmann 1988, 391).

Vor diesem Hintergrund muß die Erziehungswissenschaft verstärkt ins Kalkül ziehen, daß sich angesichts der von Kaufmann beschriebenen Defizite die Familie nicht nur in ihren Konfigurationen vervielfältigt, sondern sich auch in ihrer Bedeutung als soziales Bindeglied und als Erziehungsgemeinschaft geändert hat, oder vorsichtiger formuliert: Zumindest geändert haben könnte – mit Folgen für andere Sozialisationsorte und -agenturen. In vielen Einzelsegmenten, in den Teildisziplinen und in einzelnen Schriften tut dies die Erziehungswissenschaft auch unübersehbar; insofern hat dieser Tatbestand für sich genommen noch keinen Neuigkeitswert. Und dennoch fällt auf, daß die systematische Pädagogik, also gewissermaßen die „grundlagentheoretische Abteilung" der Erziehungswissenschaft – pointiert formuliert – bislang kaum oder nur am Rande von der Einsicht Gebrauch macht, daß es neben Familie und Schule auch noch andere basale Sozialisationsorte, oder in der eingangs gewählten Terminologie: andere intermediäre Instanzen mit Grundversorgungscharakter für die „symbolische Reproduktion" der Gesellschaft (vgl. Habermas 1981), das Aufwachsen von Kindern und Jugendlichen und deren sozialer Reproduktion im Lebenslauf gibt.[2]

Den sich abzeichnenden Veränderungen von pädagogisch relevanten intermediären Organisationen und Modalitäten will ich im folgenden nachgehen. Mein Gedankengang orientiert sich dabei an zwei Thesen, wobei sich die erste gewissermaßen auf das erziehungsrelevante Verhältnis der intermediären Instanz Familie nach „innen", also auf die *intersubjektive* Ebene bezieht, während die zweite These nach „außen", d. h. auf den veränderten Stellenwert privater Erziehungsinstanzen im gesellschaftlichen Kontext und

---

2 Das heißt natürlich nicht, daß in der Erziehungswissenschaft nicht etwa auch andere Sozialisationsorte und Sozialisationsformen diskutiert wurden (vgl. z.B. die in den 70er Jahren geführte Debatte um die Kibbutz-Erziehung: Liegle 1971; Liegle/Bergmann 1994) oder daß nicht auch permanent von einer dritten Sozialisationsinstanz (z.B. Betrieb, Jugendarbeit) die Rede war. Erziehungssystematisch erscheinen die veränderten Vergesellschaftungsmodalitäten des Aufwachsens jenseits von Familie und Schule jedoch nach wie vor unterbelichtet (vgl. auch Hornstein 1983). Dabei liegt eine Erziehungstypologie in Anlehnung an Habermas (1981) nahe, derzufolge innerhalb der symbolischen Reproduktion die Familie für die Sozialisation, die Schule für die kulturelle Reproduktion und die Soziale Arbeit für die soziale Integration primär zuständig wäre, während das Pendant zur materiellen Reproduktion der Betrieb wäre (vgl. Rauschenbach/Treptow 1984).

damit auf die *intermediäre* Ebene gerichtet ist. Geht es mithin im ersten Fall um das *Verhältnis von Personen,* so fokussiert die zweite Annahme das *Verhältnis von Erziehungsorganisationen.*

These 1: Unter pädagogischen Gesichtspunkten ist weniger die konfigurale Vermehrung familialer oder familienähnlicher Lebensformen das hervorstechende Merkmal, als vielmehr die damit ausgelösten epochalen Veränderungen der in die Familie eingelagerten Erziehungskoordinaten. „Zerlegt" man die Familie als Erziehungsinstanz in ihre Einzelbestandteile, so lassen sich zumindest drei unterschiedliche Basiselemente identifizieren:

(1) die Familie als (privates) konstantes Generationengefüge,
(2) die Familie als ein auf Dauer gestelltes reziprokes Interaktionssystem,
(3) die Familie als alltägliche Lebens-, Versorgungs- und Haushaltsgemeinschaft.

Während, zumindest idealtypisch, in einer funktionsfähigen „Standardfamilie" alle drei Elemente enthalten und miteinander verflochten sind, ist im Zuge des Strukturwandels der Familie, so die Konsequenz dieser These, der Trend zu einer Entkoppelung und Ausdifferenzierung dieser drei Ebenen voneinander sowie ihrer partiellen Verlagerung aus der Familie heraus zu beobachten.

These 2: Die Gesellschaft der Moderne ist dabei, ihre generative und soziale Re-Produktion, d.h. die Organisation des Auf- und Hineinwachsens in die Gesellschaft (einschließlich der damit verbundenen alltäglichen Lebensführung und des sozialen Bedarfsausgleichs), der Tendenz nach fundamental umzustellen: Von privat auf öffentlich, von „naturwüchsig" auf geplant, von informellen auf inszenierte Gemeinschaften, von Familie auf soziale Dienstleistungen, von einem inter- auf einen intragenerativen Bedarfsausgleich.

Im Rahmen der ersten These will ich mich auf den Aspekt konzentrieren, der m.E. in der Erziehungswissenschaft bislang vergleichsweise wenig ins Blickfeld gerückt worden ist, die Generationsbeziehungen.[3] In einem

---

3 Die beiden anderen Ebenen scheinen mir nicht ganz so unterbelichtet zu sein (vgl. zur Familie als Interaktionssystem stellvertretend Mollenhauer/Brumlik/Wudtke 1975). Aber auch unter diesen beiden Gesichtspunkten müßte zum einen die Frage nach den strukturellen Besonderheiten des »reziproken Interaktionssystems Familie« für das Erziehungsgeschehen ebenso vertiefend diskutiert werden (vgl. etwa Luhmann 1988; Schultheis 1993; Tyrell 1988) wie zum anderen die Merkmale der Familie als einer »alltäglichen Lebens-, Versorgungs- und Erziehungsgemeinschaft« etwa im Anschluß an die Debatten um Alltag/Lebenswelt, um Milieu und Gemeinschaft oder um die sozialpolitisch orientierte Debatte zur Haus- und Familienarbeit (vgl. Hungerbühler 1988). In beiden Richtungen könnte die Erziehungswissenschaft vermutlich wichtige Ergänzungen zu einer kommunikativ begründeten Theorie des Sozialen und der Gesellschaft beitragen.

zweiten Teil soll dann der Prozeß einer sich abzeichnenden Verschiebung des Erziehungsgeschehens unter dem Blickwinkel der Ausdifferenzierung sozialer Dienste und öffentlicher Erziehung beleuchtet werden.[4]

2 Generation und Erziehungswissenschaft

Generationsbeziehungen stellen ein vernachlässigtes Thema wissenschaftlicher Analyse dar – so oder ähnlich lassen sich immer wieder bilanzierende Befunde zum Themenkomplex „Generationen" finden (vgl. etwa Walter 1993). Allerdings: „Immer, wenn die Beschleunigung geschichtlicher Prozesse und des sozio-kulturellen Wandels wahrgenommen wird; immer wenn in diesen Beschleunigungs- und Veränderungsprozessen die Probleme von Kontinuität und Diskontinuität thematisiert werden; immer wenn 'Generationsverträge' fraglich oder brüchig zu werden scheinen – dann werden in der öffentlichen Diskussion 'Generationenverhältnisse' problematisiert" (Herrmann 1987, 364).

Dies ist derzeit erneut zu beobachten: So wird nicht nur in der Sozialpolitik der „Generationenvertrag" vielfach beschworen und diskutiert, so wird nicht nur um das Ausmaß intergenerativ verbindlich geregelter Politik gestritten, sondern auch innerhalb der Erziehungswissenschaft und den anderen Sozialwissenschaften gewinnt das Thema „Generation" wieder an fachöffentlicher Dynamik (vgl. Böhnisch 1994, 1996; Brumlik 1995; Liebau/Wulf 1996; Liebau 1997; Becker 1997). Diese neuere Debatte ändert jedoch nichts daran, daß der Generationenbegriff, wie Lüscher zu Recht anmerkt, nach wie vor ein mehrdeutiger ist (vgl. Lüscher 1993, 17ff). Oder mit anderen Worten: Der Begriff Generation existiert bislang nicht als eine theoretische und systematische Kategorie; deshalb ist auch kein einheitlicher und eindeutiger Sprachgebrauch erkennbar.[5]

---

4 An dieser Stelle sei noch einmal ausdrücklich auf ein Desiderat dieses Beitrags hingewiesen: Bereits die großflächige Konzeption meiner Überlegungen macht deutlich, daß es in diesem Rahmen nur um die Explikation eines Leitmotivs, nicht aber um eine detaillierte Linienführung gehen kann. Infolgedessen werden zahlreiche Themen nur gestreift, ohne die dazu vorhandenen Diskurse selbst zum Thema zu machen.

5 Zur Diskussion um den Ertrag einer wissenschaftlichen Kategorie Generation vgl. grundlegend Mannheim (1964), zur erziehungswissenschaftlichen Relevanz vgl. Hornstein (1983), Herrmann (1987), Büchner (1996), Winterhager-Schmid (1996), Liebau (1997a), Sünkel (1997).

Generationenverhältnisse im Wandel

Zumindest drei unterschiedliche Implikationen lassen sich festmachen (vgl. Übersicht 1):

Übersicht 1: Typologie der Generationsbezüge

	MIKROPERSPEKTIVE		MAKROPERSPEKTIVE		
	Teilnehmer- perspektive	Beobachter- perspektive	Teilneh- merper- spektive	Beobachter- perspektive	
Synchrone Perspek- tive	(1a) „meine Schwester, meine Freunde"	(1b) Geschwister, Gleichaltrige	(2a) „meine Genera- tion"	(2b) „Kriegsge- neration", „68er-Ge- neration"	Intrage- nerativer Horizont
Diachrone Perspek- tive	(3a) „meine Mutter, mein Sohn"	(3b) Großeltern, Eltern, Kinder etc.	(4a) „unsere Großel- terngene- ration"	(4b) genera- tiver, epochaler Wandel	Interge- nerativer Horizont
	Generationsbeziehungen		Generationenverhält- nisse		

(1) Geht es in der Generationendebatte im einen Fall um die Beschreibung von *Gleichheit*, also von objektiv oder subjektiv geteilten, identitätsstiftenden Merkmalen ein und derselben Generation, so liegt der Akzent im andern Fall auf der Beschreibung von *Differenz*, d.h. den Unterscheidungsmerkmalen zwischen Angehörigen differenter Generationen. Während die erste Ebene die *synchrone* Perspektive in einem intragenerativen Bezugssystem betont, akzentuiert die Ebene differenter Zugehörigkeit die *diachrone* Perspektive in einem intergenerativen Horizont (Mannheim 1964; Herrmann 1987).

(2) Generationen können des weiteren danach unterschieden werden, ob vornehmlich ein globaler Horizont „abstrakter" Zugehörigkeit ins Blickfeld gerückt wird, also die *Makroperspektive* einer Zuordnung zu einer anonym vernetzten Gruppe (z.B. die „Kriegsgeneration"), oder ob es um eine Zugehörigkeit in der *Mikroperspektive* von einfachen sozialen Systemen im sozialen Nahraum geht. F.-X. Kaufmann schlägt vor, die Makroperspektive mit dem Begriff „Generationenverhältnisse" zu unterlegen, um davon die Mikroperspektive mit der Kategorie „Generationsbeziehungen" zu unterscheiden (vgl. Kaufmann 1993, 97).

(3) Schließlich – und dies ist möglicherweise für die Erziehungswissenschaft von zentraler Bedeutung – lassen sich Generationenbezüge entweder aus der *Teilnehmer*perspektive oder aus der *Beobachter*perspektive beschreiben,

gewissermaßen in einer Differenz zwischen Mit- und Umwelt, zwischen Selbst- oder Fremdbeobachtung.[6]

Fragt man nun nach der wissenschaftlichen Brauchbarkeit dieses Konstruktes „Generation", so spricht einiges dafür, daß vor allem im Falle der Kombination von Mikro- und Teilnehmerperspektive (Felder 1a/3a) keine Disziplin so unmittelbar von der Existenz und Bedeutung der Generationsbeziehungen betroffen ist wie die Erziehungswissenschaft: Väter und Mütter, Söhne und Töchter, Enkel und Urenkel, Großväter und Großmütter bilden als auf- oder absteigende „Linienverwandtschaften" stabile intergenerative Längsverstrebungen. Der Familienstammbaum, die Familienchronologie ist das einzig fest relationierte Beziehungsgefüge, in dem die Interaktionspositionen von alt und jung, von Eltern und Kindern unumkehrbar feststehen. Und die positionale Differenz innerhalb der Herkunftsfamilie – die Eltern-Kind-Beziehung – ist zugleich die einzige stabile Interaktionskonfiguration, mit der auch eine unwiderrufliche zeitliche Differenz gekoppelt ist[7]: Mütter bleiben nicht nur ihr Leben lang in sozialer Hinsicht Mütter ihrer Söhne und Töchter, sondern sie bleiben dies auch stets in einem stabilen und nicht beliebig zu unterschreitenden zeitlichen, eben einem intergenerativen Abstand.[8] Zugespitzt formuliert: „Es gibt kein menschliches Leben, also auch keine Erziehung, außerhalb von Generationenverhältnissen" (Liebau 1997a, 15).

Einigermaßen erstaunlich ist vor diesem Hintergrund, daß die Erziehungswissenschaft *systematisch* von diesen gleichermaßen banalen wie basalen Einsichten kaum einen theoretisch-kategorialen Gebrauch gemacht hat. So wies bspw. Hornstein schon vor weit mehr als 10 Jahren darauf hin,

---

6 Die seit Mannheim (1964) immer wieder geführte Debatte um die Differenz einer rein zeitchronologischen Generationenabfolge, also einer bloßen Zusammenfassung von einigen Altersjahrgängen im Sinne empirischer Alterskohorten, gegenüber einer wissenssoziologisch begründeten Zugehörigkeit zu einer generativen Einheit im Sinne gemeinsam geteilter Überzeugungen, einem identischen Habitus und einer ähnlichen Verarbeitung gemeinsam erlebter Ereignisse, ist in dem hier anstehenden Zusammenhang von nachgeordneter Bedeutung (vgl. dazu die Ausführungen von Herrmann, 1987, der die »Kohortenfixierung« von Schmied, 1984, kritisiert), da sie von der pädagogisch relevanten Aussage »das sind meine Eltern« oder »das sind meine Kinder« im Sinne einer subjektiv relevanten Generationszugehörigkeit gewissermaßen unterlaufen wird. Diese teilnehmerorientierte Mikroperspektive der Generationsbeziehungen scheint die pädagogische Diskussion eher zu unterschätzen (vgl. etwa Winkler 1988, 354). Eine etwas anders gelagerte Typologisierung der Generationenthematik schlägt neuerdings Liebau (1997a) vor.

7 Das impliziert dann auch die Überlagerung einer zeitlich konstant bleibenden Differenz zwischen Eltern und Kindern durch eine kognitiv und sozial sich möglicherweise nachhaltig verändernde, anfängliche Ungleichheit im Lebenslauf – gegebenenfalls bis zu ihrer Umkehr im Alter in Anbetracht von Hilflosigkeit und Pflegebedürftigkeit der eigenen Eltern.

8 Es wird in diesem Zusammenhang immer wieder darauf hingewiesen, daß im Horizont der instabiler werdenden Partner- und Ehebeziehungen vor allem die Eltern-Kind-Beziehungen – und hier insbesondere die Mutter-Kind-Beziehung – sich vorläufig als einzig stabiles Interaktionsmuster herauszubilden scheint (vgl. etwa Beck-Gernsheim 1990; Schütze 1993; Schultheis 1993).

„daß es eine *systematische* Reflexion der Generationenproblematik unter pädagogischen Aspekten derzeit nicht gibt" (Hornstein 1983, 73), obgleich es hierzu immer wieder Anschlußmöglichkeiten gab.[9] So hat bereits Schleiermacher die intergenerative Verschränkung, also das Konstrukt Generation, als Grundbaustein einer Theorie der Erziehung hervorgehoben, indem er formuliert: „Das menschliche Geschlecht besteht aus einzelnen Wesen, die einen gewissen Zyklus des Daseins auf der Erde durchlaufen und dann wieder von derselben verschwinden, und zwar so, daß alle, welche gleichzeitig einem Zyklus angehören, immer geteilt werden können in die ältere und die jüngere Generation. (...) Ein großer Teil der Tätigkeit der älteren Generation erstreckt sich auf die jüngere, und sie ist um so unvollkommener, je weniger gewußt wird, was man tut und warum man es tut. Es muß also eine Theorie geben, die von dem Verhältnisse der älteren Generation zur jüngeren ausgehend sich die Frage stellt: Was will denn eigentlich die ältere Generation mit der jüngeren? (...) Auf diese Grundlage des Verhältnisses der älteren zur jüngeren Generation", so endet der Abschnitt bei Schleiermacher, „bauen wir alles, was in das Gebiet dieser Theorie fällt" (Schleiermacher 1983, 9).

Läßt sich also das Konstrukt „Generation", so könnte man mit Schleiermacher fragen, als kategorialer Grundbegriff einer Wissenschaft von der Erziehung verwenden?[10] Würde mit der intergenerativen Verschränkung nicht konsequent das ins Blickfeld gerückt, was bislang in Psychologie und Soziologie grundlagentheoretisch eher vernachlässigt oder gar ausgeklammert worden ist, was jedoch zugleich ein elementarer Baustein erziehungswissenschaftlicher Theoriebildung sein könnte? Waren die Sozialwissenschaften insgesamt – und in ihrem Gefolge auch die Erziehungswissenschaft – nicht viel zu sehr auf die horizontal-synchrone Perspektive einer Gesellschaft der Erwachsenen zentriert, in deren Folge die zeitlich davor liegenden Schichten zwar als eigenständige Altersphasen „Kindheit" und „Jugend" betrachtet wurden, während zugleich die konstitutiven Verschrän-

---

9 Gleichwohl haben ErziehungswissenschaftlerInnen den Generationenbegriff immer wieder verwendet (vgl. etwa Hermann 1987; Hornstein 1983; Mollenhauer 1964). Allerdings ist er bislang nicht zu den kategorialen Schlüsselbegriffen der Disziplin zu rechnen (etwa im Vergleich zu Bildung, Erziehung, Lernen, Schule, Unterricht). Erste Anzeichen eines Wandels lassen sich jedoch erkennen: So weist nicht nur Mollenhauer (1996, 1998) neuerdings wieder verstärkt auf seine grundlegende Bedeutung hin, auch Büchner (1996) wendet sich diesem Begriff in systematischer Absicht zu. Darüber hinaus werden in zwei neuen Sammelbänden vielfältige Facetten des Themas eröffnet (vgl. Liebau/Wulf 1996; Liebau 1997).

10 Sünkel (1997) insistiert demgegenüber darauf, daß ein pädagogischer Generationenbegriff aus einem Erziehungsbegriff abgeleitet werden muß, der seinerseits anthropologisch zu begründen ist. In seiner so angelegten, systematischen Entfaltung eines pädagogischen Generationenbegriffs handelt er sich gleichwohl zwei Probleme ein: die substantielle Entgrenzung des Erziehungsbegriffs auf sämtliche Formen der »Vermittlung und Aneignung nicht-genetischer Tätigkeitsdispositionen«, wie Sünkel dies nennt, einerseits sowie die zeitliche Entkopplung des Generationenbegriffs von der genealogischen Positionierung in der Eltern-Kind-Abfolge andererseits.

kungen in den „Zeitbahnen der Lebensalter" (Böhnisch/Blanc 1989, 7) im Sinne eines vertikal-diachronen Horizontes, also die Verschränkungen zwischen Älteren und Jüngeren, als intergenerative Interaktionsverhältnisse mehr oder weniger ausgeblendet blieben (vgl. Winkler 1996, 64f; auch Rauschenbach/Trede 1988)? Ist die in den 80er Jahren begonnene Diskussion um Lebenslauf und Biographie einerseits (vgl. Kohli 1985, 1986), aber auch um die, wie es bei Erikson noch heißt, „Kontinuität in der Zeit" (vgl. Erikson 1966, 18) im Konzept der personalen Identität andererseits (vgl. neuerdings Keupp/Höfer 1997), nicht ein latenter Ausdruck und Beleg – wenn auch nur ein halber Schritt – der sich verstärkt abzeichnenden Bedeutung dieser um 90 Grad gedrehten wissenschaftlichen Optik? Müßte dann aber nicht folgerichtig die Erziehungswissenschaft vom Kopf auf die Füße, oder besser: auf beide Füße gestellt werden und neben dem „pädagogischen Bezug" als einer dezidiert generationsinduzierten Interaktionsbeziehung auch die inter- und intragenerativen Beziehungen – etwa die Eltern-Kind-Beziehung oder die Gleichaltrigenbeziehung im Lebensverlauf – zum Ausgangspunkt der Analyse gemacht werden (zur Gleichaltrigenbeziehung vgl. etwa Krappmann 1991)? Müßte demzufolge der gewissermaßen monadische Blick auf Einzel- oder Kollektivbiographien nicht um einen interaktionistischen Generationenbezug in der zeitlichen Chronologie des Lebenslaufs ergänzt werden?[11]

Mit dieser Akzentverlagerung wären für das disziplinäre Koordinatensystem der Erziehungswissenschaft zwei Erweiterungen ihres Objektbereichs problemlos anschlußfähig, mit denen sie sich ansonsten bis heute vergleichsweise schwer tut:

- Da wäre zum einen die Erweiterung mit Blick auf eine „lebenslange Verschränkung der Generationen", eine Erweiterung, mit der die generativen Beziehungen der Frauen in der „mittleren Generation" zu den eigenen Kindern ebenso ins Blickfeld gerückt werden wie die zu den eigenen Eltern (vgl. Schütze 1993; Trommsdorff 1993), so daß die Erziehungswissenschaft mit all ihren Teilgebieten generative, soziale, kognitive, bildungsmäßige *Differenzen* und Unterschiede stärker ins Blickfeld rückt, wodurch auch keine prinzipiellen Abgrenzungsprobleme zur Erwachsenenbildung, zur betrieblichen Weiterbildung, zur Rehabilitation erwachsener und behinderter Menschen oder zu Adressatengruppen der

---

11 Für einzelne Lebensabschnitte lassen sich hierzu auch problemlos Beispiele finden: zur frühen Mutter-Kind-Dyade bzw. generell zur psychoanalytisch orientierten Diskussion vgl. etwa Lorenzer (1972, 1976); zu einer neuen Perspektive der Kindheit als generationale Ordnung vgl. Honig (1996); zu Generationenkonflikten im Jugendalter vgl. in jüngerer Zeit etwa Böhnisch/Blanc (1989) oder Hornstein (1983); zum intergenerativen Problem der »Sandwich-Generation« vgl. die Beiträge in Lüscher/Schultheis (1993), Borchers/Miera (1993) und Bien (1994).

Sozialarbeit mehr bestehen würden (vgl. etwa Winkler 1988, 112ff; Lenzen 1997).[12]
- Und da wäre zum anderen die Ausweitung des Objektbereichs der Erziehungswissenschaft über die allein personengebundene, interaktionszentrierte Ebene der Generationsbeziehung hinaus, im Sinne der Einbeziehung sämtlicher Aktivitäten, die von einer Generation für eine andere zur Gestaltung der sozialen Lebensverhältnisse aufgewendet werden, als Fragen der Generationsbeziehungen und der Generationsverhältnisse (vgl. auch Hornstein 1983; Rauschenbach/Trede 1988; Kaufmann 1993). Sozialpolitik für Kinder, Familienpolitik, Bildungspolitik oder Jugendhilfepolitik würden von hier aus ebenso selbstverständliche Themengebiete der Erziehungswissenschaft wie der pädagogische Takt, die Didaktik des Schulunterrichts oder die Rolle des Lehrers.[13]

Siegfried Bernfeld hat diesen erweiterten Referenzrahmen deutlich gesehen: „Kindheit", so Bernfeld, „in einer Erwachsenengesellschaft verlaufend, das ist die Voraussetzung von Erziehung. (...) Sie [die Gesellschaft; T.R.] hat irgendwelche Einrichtungen, die nur wegen der Entwicklungstatsache bestehen (...) Die Kindheit ist irgendwie im Aufbau der Gesellschaft berücksichtigt. Die Gesellschaft hat irgendwie auf die Entwicklungstatsache reagiert. Ich schlage vor, diese Reaktionen der Gesellschaft in ihrer Gänze Erziehung zu nennen. Die Erziehung ist danach die Summe der Reaktionen einer Gesellschaft auf die Entwicklungstatsache", soweit Bernfeld (Bernfeld 1973, 51). Hier ist im Grunde genommen eine Idee von Erziehung formuliert, die auf der Differenz von Generationen basiert, jedoch eine Idee, die hierbei die „Reaktionen einer Gesellschaft in ihrer Gänze" ins Blickfeld rückt und nicht nur die personale, intersubjektive Ebene.

Derartige Überlegungen mit Blick auf die generativen Differenzen und den damit verbundenen Erweiterungen des theoretisch-systematischen Horizonts, die in der „Eltern-Kind-Figur" bzw. in der „Mutter-Kind-Dyade" eingelagert sind, haben in der Erziehungswissenschaft vergleichsweise we-

---

12 In vergleichbarer Weise argumentiert Mollenhauer, wenn er feststellt, daß »das Verhältnis der Generationen zueinander ein allgemeines pädagogisches Problem ist«, das »für den Bereich der Sozialpädagogik indessen von besonderer Wichtigkeit ist« (Mollenhauer 1964, 30). Dieses Argument greift er neuerdings wieder verstärkt und vertiefend auf (vgl. Mollenhauer 1996, 1998). Auch Lenzen (1997) scheint mir mit seinem Plädoyer einer Umorientierung der Erziehungswissenschaft zur Lebenslaufwissenschaft und der Kategorie der »Humanontogenese« in eine ähnliche Richtung zu zielen.
13 In Verbindung mit der oben genannten Typologie (vgl. Übersicht 1) könnte in einem derartigen Zugang auch der systematische Ertrag einer kategorialen Analyse auf der Basis des Generationenbegriffes für die Erziehungswissenschaft liegen. In diese Richtung weisen auch Überlegungen Sünkels (1997) bei seiner Begründung eines pädagogischen Generationenbegriffs. Was hier als »Differenz« erscheint, bildet bei ihm das Zusammenspiel in der »bi-subjektiven Tätigkeit« von Vermittlung und Aneignung; was hier als Organisation dieser »Vermittlungs-Aneignungs-Aufgabe« erscheint, läßt sich bei ihm als die kulturelle Seite des nicht-genetischen Erbes identifizieren.

nig Debatten ausgelöst. Sie haben bislang zumindest zu keinem eigenständigen theoretischen Diskurs und der Entwicklung eigener wissenschaftlicher Fragestellungen und Blickrichtungen, schon gar nicht zu einem eigenen erziehungswissenschaftlichen Systementwurf geführt (vgl. auch Herrmann 1987). Im Gegenteil: Mit dem „pädagogischen Bezug", mit dem „Erzieher-Zögling-Verhältnis" oder der „Lehrer-Schüler-Interaktion" wurden, gewissermaßen in getreuem Nachvollzug der theoretischen Leitmotive in den Sozialwissenschaften, zwar interaktionistische, ganzheitliche oder auch systemische Perspektiven eingenommen – je nach Akzentuierung –, von einem zugleich konsequent intergenerativen Zugang wurde jedoch wenig Gebrauch gemacht. „Man kann Erziehung verstehen, wie man will: Es führt kein Weg daran vorbei, daß sie praktisch immer ein Handeln zwischen Angehörigen verschiedener Generationen ist" (Hornstein 1983, 59). Oder anders formuliert: Daß Erziehung Interaktion ist, ist die eine Seite; daß sie aber in ihrer „Grundform" der familial-privaten Erziehung zugleich auch eine spezifisch verschränkte Interaktion in der Differenz oder Einheit von generativen Zugehörigkeiten ist, d.h. so etwas wie eine „inter- oder intragenerativ geprägte Interaktion", ist eine andere, eine zweite Seite.[14] Und die damit zusammenhängende Thematik hat eine *sozialpolitische* und eine *pädagogische* Seite; auf beide will ich kurz eingehen.

(a) Zunächst zur sozialpolitischen Dimension: Es fällt auf, daß die gesellschaftliche Organisation des sogenannten „Generationenvertrags" in seiner Akzentuierung auf die Renten- und Altersversorgung nur in eine Richtung ausgelegt wurde, während der „Vertrag" mit der nachfolgenden Generation bislang kaum ins Blickfeld gerückt worden ist (vgl. Dettling 1995). Diese Richtung des Generationenverhältnisses wurde statt dessen stets als eine stillschweigende Normalitätserwartung gegenüber der „mittleren Generation" – vor allem gegenüber den Müttern – angesehen (Kaufmann 1993; Schultheis 1993): Junge Menschen im heiratsfähigen Alter haben Kinder zu bekommen und diese in eigener Verantwortung und mit eigenen Ressourcen zu erziehen – so jedenfalls lassen sich die eingangs

---

[14] Der Einwand, daß diese inter- und intragenerativen Interaktionsverschränkungen in der Modernisierung der Moderne unwichtiger werden, daß sich also die Lebensalter relativieren (Böhnisch/Blanc 1989) bzw. die intergenerativen Differenzen in der Eltern-Kind-Beziehung an Bedeutung verlieren, z.B. in einer verstärkt partnerschaftlich-freundschaftlichen Eltern-Kind-Beziehung, der sogenannten »Verhandlungsfamilie«, mag durchaus zutreffen, sind aber ihrerseits Aussagen, die sich sinnvoll nur in der Unterscheidung gegenüber vorhandenen intergenerativen Beziehungen machen lassen, die also an diachrone Differenzen rückgebunden sind. Ganz abgesehen davon könnten vorerst aber darüber hinaus auch noch gegenläufige Befunde im Sinne einer Stärkung der intergenerativen Beziehungen angeführt werden: »Während die Verbindlichkeit der ehelichen Partnerschaftsform offensichtlich rückläufig ist, scheint »'verantwortete Elternschaft' mehr und mehr zu einer strikten Verbindlichkeit zu werden« (Kaufmann 1993, 106; vgl. Schütze 1993; Vaskovics 1993).

zitierten „Rechte" und „Pflichten" in §1 des Kinder- und Jugendhilfegesetzes ausbuchstabieren.

Unmittelbar mit diesem eingeschränkten Horizont korrespondieren dürfte das noch nicht einmal thematisierte Dilemma, daß neben dem „Recht" auf und der „Pflicht" zur Erziehung die „Fähigkeit" zur Erziehung auf Seiten der Eltern offenbar umstandslos als gegeben betrachtet wird. Aber, so wäre gegenüber dieser stillschweigenden, ungeprüften Hoffnung zu fragen: Verfügen Eltern eigentlich über die dafür notwendigen ökonomischen, sozialen, zeitlichen und psychischen Ressourcen sowie die dementsprechenden Fähigkeiten und Fertigkeiten (vgl. Pitrou 1993, 92)? Oder ist es nicht geradezu ein untrügliches Indiz für den „Verlust", oder besser: für das Problematisch-Werden dieser intergenerativen Selbstverständlichkeit, daß Männern keine genuine Fähigkeit zur Erziehung ihrer Kinder und zum „Dasein für andere" (vgl. Beck-Gernsheim 1983) unterstellt wird?[15]

Vermutlich ist die stillschweigende Verknüpfung der normativen Selbstverständlichkeit, daß Eltern, insbesondere Mütter, für das Aufwachsen ihrer Kinder zuständig sind (einschließlich der familienpolitischen und steuerrechtlichen Folgen; vgl. Kaufmann 1993; Schultheis 1993; Walter 1993) mit der unterstellten natürlichen Selbstverständlichkeit, daß sie die damit verbundenen Erfordernisse auch angemessen bewältigen können, ein Grund dafür, daß es mit Blick auf die nachkommende Generation bislang nur einen gleichsam kleinen, familieninternen „Generationenvertrag", also nur einen informell abgesicherten „Vertrag" gab, der im Laufe der Zeit verstärkt durch die Kinder- und Jugendhilfe im Sinne einer Art Ausfallbürgschaft rückversichert werden mußte.

Im Unterschied dazu ist in der aufsteigenden Generationenfolge, also zwischen erwachsenen Kindern und ihren Eltern im Rentenalter, die Rede von einem „Generationenvertrag" seit längerem selbstverständlich (Richter

---

15 Dazu zwei Anmerkungen: Daß der fehlende Beleg für die stillschweigende Kompetenzannahme auf Seiten der Eltern erstens, wenn dem so wäre, keineswegs heißen müßte, daß Erziehung nunmehr konsequent an ExpertInnen abzugeben und damit vollständig aus privaten Interaktionsbeziehungen auszulagern wäre, soll – um unnötige Mißverständnisse zu vermeiden – eigens betont werden. Um dies an einem Vergleich zu belegen: In einer Gesellschaft, die ohne erweiterte Mobilität mittels motorisierter Fortbewegung nicht mehr auskommt, kann man die Aufgabe zur beschleunigten Fortbewegung an ExpertInnen abgeben und sich als Privatperson mit Droschken, Zügen, Bussen oder Taxen fahren bzw. mit Jets fliegen lassen, d.h. sich mit Hilfe von ExpertInnen fortbewegen. Oder man kann aber auf der anderen Seite sich als Privatperson auch das Autofahren selbst erlernen und dadurch seine Mobilität erhöhen (was jedoch ebenfalls geplant, inszeniert und in öffentlicher Verantwortung stattfinden muß; vgl. dazu Rauschenbach 1998).
Und zweitens soll damit selbstverständlich keineswegs behauptet werden, daß es sich um einen objektiv diagnostizierbaren »Verlust« handelt. Statt dessen liegt die Vermutung nahe, daß die komplexer gewordenen Rahmenbedingungen ebenso zu einer Erschwerung des »spontanen, unbekümmerten Erziehens« beitragen wie das gestiegene Reflexivitätspotential zu einer verfeinerten Sensibilität führt, die auch eine Erhöhung der Erwartungshaltung mit Blick auf »Erziehungskompetenz« nach sich zieht.

1997; Sachße 1997). So existiert seit der Bismarckschen Sozialgesetzgebung und dem Beginn eines staatlich organisierten Versicherungssystems zumindest ein sozialpolitischer Begriff des Generationenvertrags gegenüber den Nicht-mehr-Erwerbstätigen. Dieser ist jedoch, wie sich inzwischen immer deutlicher zeigt, ein Generationenvertrag mit einer doppelten Verengung,

- erstens einer einseitig vertikal-intergenerativen Verschränkung zwischen alt und jung in lediglich aufsteigender Linie der erwerbstätigen Kinder gegenüber den nicht-mehr-erwerbstätigen Eltern, also mit Blick auf das Lebensende (und nicht auf den Lebensanfang), sowie
- zweitens einer eingeengten Ausrichtung auf intergenerative Garantien materiell-monetärer Art (z.B. Rente, Krankenversorgung) und nicht auf personenbezogene Dienste wie Pflege, Betreuung etc., kurz: einer Einengung auf materielle *Vorsorge* ohne ausreichende Berücksichtigung der immateriellen *Fürsorge*.

Das seit Jahren andauernde „die-Renten-sind-sicher-Verwirrspiel" ist für diese Verengung ein ebenso typisches Beispiel wie die Diskussionen um die Finanzierung der Pflege, bei denen das eigentliche Problem, die Pflegeleistung, also die Qualität der Dienste, die Zahl und Qualität des dafür benötigten Personals und die notwendige Kompetenz zur personen- und fachgerechten Pflege kaum eine Rolle spielt, obgleich es bei der Pflege mindestens genauso um die Frage der persönlichen Fürsorge und nicht nur der materiellen Vorsorge, also um die andere Seite des Generationenvertrages geht.

Zugleich scheinen mir die seit einiger Zeit zu beobachtenden politischen Bemühungen um eine neue familienunterstützende Steuerpolitik und eine sozialpolitische Kinderpolitik Indiz für einen historischen Wandel, den bislang nur innerfamilial, privat organisierten Generationenvertrag nun auch in die andere Richtung zu verlängern und die Versorgung der nachfolgenden Generation ebenfalls zu einer staatlich unterstützten Aufgabe zu machen. Diese Sozialpolitik für die nachfolgende Generation ist jedoch bislang politisch wie wissenschaftlich deutlich unterbelichtet (als Ausnahmen vgl. Lüscher 1984; Liegle 1987; Kaufmann 1988).[16]

Aus beiden Überlegungen heraus ließe sich im Anschluß an das von Badura/Gross bereits Mitte der 70er Jahre entwickelte Konzept der personenbezogenen Dienstleistungen (vgl. Badura/Gross 1976; Gross 1983) ein

---

16 So fällt beispielsweise auf, daß selbst in einem jüngst erschienenen pädagogischen Buch zum Generationenverhältnis (vgl. Liebau 1997) das Thema Generationenvertrag nur in Richtung Altersversorgung und Rentenpolitik ins Blickfeld gerückt worden ist (vgl. Richter 1997; Buttler 1997), ohne auch nur wenigstens die Frage zu stellen, ob das befürchtete demographische Dilemma – in 30 Jahren zu viele Rentenanspruchsberechtigte und zu wenig Beitragszahler zu haben – nicht in zentraler Weise etwas mit einem fehlenden »Generationenvertrag« mit der nachwachsenden Generation, sprich: einer unzulänglichen Kinder- und Familienpolitik zu tun hat (vgl. im Unterschied dazu einige Beiträge in Liebau/Wulf 1996).

formales Schema entwickeln, das diese Dimensionen als politisch zu gestaltende, öffentliche Aufgaben der „mittleren Generation" zusammenfaßt (vgl. Übersicht 2).[17]

Übersicht 2: Politisch zu gestaltende, öffentliche Aufgabenfelder eines „Drei-Generationenvertrags" (aus Sicht der „mittleren" Generation)

	Kinder-Generation	Eltern-Generation	Medium
Direkte personenbezogene soziale Dienste	Öffentliche Erziehung	Altenhilfe, Pflege	Interaktion
Indirekte personenbezogene soziale Leistungen	Kindergeld, Erziehungsgeld	Renten	Recht, Geld

(b) Zur pädagogischen Seite: Als Bilanz meiner ersten These habe ich eine Entkoppelung der bislang an Familie und Haushalt gebundenen Funktionen eines konstanten Generationsgefüges, eines dauerhaft-reziproken Interaktionssystems und einer alltäglichen Lebensgemeinschaft postuliert. Während Aufwachsen unter den Bedingungen der Normalfamilie sich als nicht zu entwirrendes Ineinander von Generationsbeziehung, Interaktionssystem und Lebensgemeinschaft vollzieht, ist unter den Bedingungen einer tendenziell wachsenden Instabilität der Haushaltsfamilie davon auszugehen, daß diese drei Ebenen nicht mehr ohne weiteres ineinanderfallen, daß z.B. mit einem Elternteil und einem Kind zwar eine kontinuierliche Interaktion besteht, ohne zugleich eine alltägliche Lebens- und Versorgungsgemeinschaft zu sein; daß etwa außerfamiliale Gleichaltrigenbeziehungen und Institutionen öffentlicher Erziehung als stabile Interaktionsbezüge an Bedeutung gewinnen, ohne zugleich Lebens- und Versorgungsgemeinschaft zu sein; kurz: Daß Eltern-Kind-Generationsbeziehungen möglicherweise wichtiger werden, ohne in gleicher Weise an einen gemeinsamen Haushalt, ein intensives Interaktionssystem oder gar eine Lebens- und Versorgungsgemeinschaft gebunden zu sein (Bien 1994; Vaskovics 1993; Liebau 1997a). Ohne an den Tatbestand einer alltäglich geteilten Lebensgemeinschaft gebunden zu sein,

---

17 In Anlehnung an Badura/Gross (1976) könnte man dementsprechend vier Aufgabenfelder eines »Drei-Generationenvertrages« unterscheiden: (1) direkte personenbezogene soziale Dienste (z. B. Kindertageseinrichtungen) und (2) indirekte personenbezogene soziale Leistungen für die nachfolgende Generation (z.B. Kindergeld, Erziehungsgeld etc.) auf der einen Seite sowie (3) direkte personenbezogene soziale Dienste (z.B. Altenhilfe) und (4) indirekte personenbezogene soziale Leistungen für die ältere Generation (z.B. Renten und Gesundheitsversorgung) auf der anderen Seite. Dabei lassen sich die direkten und indirekten Formen im Anschluß an Kaufmann (1982) als »pädagogische/ökologische« und »sozialpolitische (ökonomische/rechtliche)« Interventionsformen unterscheiden.

erweist sich dabei die haushalts- und ortsunabhängige intergenerative Bindung zwischen Kindern und zumindest einem Elternteil noch als das stabilste Beziehungsmuster, das wir in der individualisierten Moderne beobachten können. Anders formuliert: Im Zuge der Veränderungen der Moderne scheinen sich die drei Dimensionen des familialen Erziehungsprozesses der generationsbezogenen Verstrebungen, des dauerhaften Interaktionssystems sowie der alltäglichen Lebens- und Versorgungsgemeinschaft voneinander zu entkoppeln und zu eigenständigen Aufgaben der Bildung, Betreuung und Versorgung zu werden.

Was dieses für die Pädagogik, für die Erziehung und für das Aufwachsen von Kindern und Jugendlichen bedeutet, bedeuten könnte, muß systematisch erst noch ausbuchstabiert werden (vgl. die Überlegungen von Hornstein 1983). Daß vor dem Hintergrund dieser Entwicklung jedoch den sozialen Diensten und der öffentlichen Erziehung ganz unübersehbar eine wachsende Bedeutung zukommt, will ich wenigstens andeutungsweise mit Blick auf meine zweite These ausführen.

3 Soziale Dienste – eine Antwort auf die Erosion privater Generationenverträge?

Es spricht so gut wie nichts dafür, daß moderne Gesellschaften mit ihren selbst erzeugten sozialen Fragen und Problemen künftig effizienter und problemloser zurecht kommen werden als zur Zeit. Und es spricht gegenwärtig auch nichts dafür, daß die individuellen und informellen Ressourcen lebensweltgebundener Selbstregulation im Zuge der Umgestaltung der Moderne sich so vermehren, daß mittels persönlicher Eigenleistungen die sozialen Zinsen und Zinseszinsen der Modernisierung dauerhaft und wirkungsvoll getilgt werden können. Im Gegenteil: Gerade die traditionellen, in die einfache Moderne eingewobenen Formen des „Da-Seins für andere", des privaten sozialen Bedarfsausgleichs und der sozialen Hilfen in Familie, Nachbarschaft und sozialem Nahraum sind dabei, ihre lange Zeit als selbstverständlich, unerschöpflich und als wirkungsvoll vorausgesetzte Kraft zur Eigenleistung, Selbstregulation und zur kontinuierlichen Hilfe auf Gegenseitigkeit nicht nur vorübergehend einzubüßen.

Vielleicht ist mein Eindruck ja falsch: Aber es hat den Anschein, daß eine grundlagentheoretisch begründete, systematische Erziehungswissenschaft diese Entwicklung mit Blick auf die Orte und Modalitäten des Aufwachsens, der intermediären Organisationen und der sozialen Vor- und

Fürsorge noch nicht hinreichend zur Kenntnis genommen hat; daß sie bspw. noch nicht realisiert hat, daß sich im Zuge dessen auch das Verhältnis von privater und öffentlicher Erziehung weiter zu Lasten der privaten Erziehung verschiebt. Noch immer wird die Ausweitung des öffentlich organisierten Angebots an sozialen Diensten und öffentlicher Erziehung in den Zentren erziehungswissenschaftlicher Theoriebildung entweder gar nicht oder aber so diskutiert, als würde es sich lediglich um eine geringfügige oder nur vorübergehende Ergänzung der informellen Netzwerke an privater Erziehung handeln.[18] Mehr zur Selbstberuhigung oder zur vorbeugenden Beschwichtigung ansonsten empörter Gemüter wird verbal – trotz aller anderslautenden Entwicklungen – an der überragenden Bedeutung familieninterner Erziehung, Pflege und Fürsorge festgehalten. Und dennoch lassen sich diesbezüglich Indizien sammeln, die zumindest eine gewisse Plausibilität dafür an den Tag legen, daß die private Familienerziehung künftig nur noch einer von drei Eckpfeilern des Aufwachsens von Kindern und Jugendlichen und der sozialen Reproduktion der Gesellschaft sein wird. Während die Familie als Interaktionssystem und Lebensgemeinschaft von innen heraus, gewissermaßen trojanisch, von den omnipotent präsenten Massenmedien unterlaufen wird, wird sie zugleich von außen immer stärker und immer selbstverständlicher durch öffentliche Erziehung ergänzt bzw. in wachsenden Teilen sogar ersetzt. Letzterem will ich mich noch kurz zuwenden.

Prototyp der sich abzeichnenden Veränderungen in der äußeren Organisation des Aufwachsens sind die Kindertageseinrichtungen, insbesondere der Kindergarten.[19] Daran lassen sich die Entwicklungen gewissermaßen stellvertretend für das gesamte Feld des außerschulischen Sozial-, Bildungs- und Erziehungswesens ablesen. Hierzu drei empirische Indizien.

(1) Kindertageseinrichtungen werden für immer mehr Kinder zu einem selbstverständlichen und festen Bestandteil ihrer Kindheitsbiographie. Diesen Schluß legen jedenfalls empirische Befunde nahe: Hatten zu Beginn dieses Jahrhunderts allenfalls bis zu 10% eines Jahrgangs einen Kindergartenplatz (vgl. Erning 1987, 30; Tenorth 1988, 167 ff), so erhöhte sich dieser Wert in den 50er und 60er Jahren in den Altbundesländern im Schnitt auf rund 30%. Und noch 1970 lag der Versorgungsgrad mit Kindergartenplätzen in diesem Teil Deutschlands bei lediglich 33%, um danach innerhalb eines halben Jahrzehnts auf immerhin knapp 60% und binnen weiterer 10 Jahre, bis 1985, schließlich auf über 66% anzusteigen (vgl. Tietze/Roßbach 1991, 556ff; Tietze 1993).

---

18 Diese Behauptung gilt nicht unbedingt für eine sozialwissenschaftliche informierte Erziehungswissenschaft und auch nicht für Debatten aus frauenpolitischer Sicht (vgl. Rabe-Kleberg 1993; Meyer 1997).
19 Zum Kindergarten und seiner veränderten Bedeutung vgl. Erning/Neumann/Reyer (1987), Rabe-Kleberg (1995).

Anfang der 90er Jahre hat der Deutsche Bundestag beschlossen, daß, so der erweiterte §24 des Kinder- und Jugendhilfegesetzes, zum 01.01.1996 jedes Kind ab dem vollendeten dritten Lebensjahr bis zum Schuleintritt einen Anspruch auf den Besuch eines Kindergartens hat. Ungeachtet der Tatsache, daß dieser Rechtsanspruch dann Ende 1995 noch einmal kurzfristig modifiziert und relativiert worden ist, signalisiert er eine hundertprozentige Kindergartenplatzgarantie. Wenn man nun davon ausgeht, daß dieser Rechtsanspruch letzten Endes nur von vielleicht 90% der entsprechenden Alterskohorte in Anspruch genommen wird, so ist mit dieser flächen- und bedarfsdeckenden Ausweitung dennoch unverkennbar eine fundamentale Veränderung des Aufwachsens für Kinder in diesem Jahrhundert verbunden. Zugespitzt formuliert: Die Institutionenkindheit „Kindergarten" wird künftig zu einem basalen und selbstverständlichen Bestandteil kindlicher Sozialisation – und dies mit in dreifacher Hinsicht wachsenden Anteilen:

- mit steigenden zeitlichen Stundenanteilen pro Tag, also einer *Intensivierung* öffentlicher Elementarerziehung (z.B. der Zunahme an Ganztagesversorgung in Kindertageseinrichtungen oder der erweiterten Grundschule im Sinne von Halbtagsschulen; vgl. Beher 1997; Holtappels 1997);
- mit wachsenden Anteilen an Monaten und Lebensjahren, sprich: einer zeitlichen *Extensivierung*, die Kinder in Einrichtungen der öffentlichen Erziehung verbringen (unter Umständen von der Krippe über den Kindergarten bis zum Hort);
- mit einer sich abzeichnenden zahlenmäßig flächen- und *bedarfsdeckenden Versorgung* an Plätzen im Kindergartenalter, so daß nicht nur einige wenige, sondern tendenziell alle Kinder dieser Altersgruppe eine öffentliche Erziehungseinrichtung durchlaufen (vgl. Tabelle 1).[20]

Derartige Entwicklungen können als deutliches Indiz für einen anhaltenden Bedeutungszuwachs der öffentlichen Erziehung betrachtet werden: Neben Familie und Schule werden Kindertageseinrichtungen, also Krippe, Kindergarten und Hort zu allgemeinen Sozialisationsinstanzen, werden pädagogische und soziale Dienste der Kinder- und Jugendhilfe vor, neben und nach der Schule zu einem selbstverständlichen und unverzichtbaren Bestandteil gesellschaftlicher Grundversorgung, zu einem öffentlich-pädagogischen Regelangebot für Kinder und jüngere Jugendliche in der Moderne.

---

20 Vgl. zu dieser Entwicklung und der theoretischen Begründung die Diskussion im Umfeld des »Jahrbuchs für Sozialarbeit« (vgl. Barabas u.a. 1975, 1977; Blanke/Sachße 1978).

Tabelle 1: Entwicklung der verfügbaren Plätze in Kindergärten der alten Bundesländer (1974-1994)

Jahr	Verfügbare Plätze insg.	3- bis 6jährige Kinder (A) abs.	3- bis 6,5jährige Kinder (B) abs.	Versorgungsquote (A) in %	Versorgungsquote (B) in %
1974	1.419.667	2.471.300	2.953.650	57,4	48,1
1982	1.334.997	1.736.900	2.034.250	76,9	65,6
1986	1.438.383	1.821.100	2.125.900	79,0	67,7
1990	1.583.622	1.981.100	2.295.500	79,9	69,0
1994	1.918.823	2.251.500	2.627.200	85,2	73,0

Quelle: Statistisches Bundesamt: Statistisches Jahrbuch und Jugendhilfestatistik, verschiedene Jahrgänge

(2) Diese Entwicklung hat ihre Entsprechung auf Seiten der Erziehenden, also vor allem den Frauen und Müttern in der „mittleren Generation", sprich: der 25-45jährigen (vgl. Rabe-Kleberg 1993). Empirisch lassen sich diesbezüglich eindeutige Trends identifizieren: So hat sich zwischen 1975 und 1995 in den alten Bundesländern nicht nur die Zahl der weiblichen Erwerbstätigen in diesem Alter von knapp 4,1 Mio. auf 6,5 Mio. erhöht (mit den neuen Bundesländern auf 8,3 Mio.), sondern im gleichen Zeitraum ist auch der Anteil dieser Altersgruppe an allen erwerbstätigen Frauen von rund 43% auf 54% gestiegen (vgl. Tab. 2). Oder anders formuliert: Zwei von drei Frauen in dieser Altersgruppe der 25–45jährigen waren 1995 in den alten Bundesländern erwerbstätig (in der Gesamtrepublik liegen diese Anteile noch höher; vgl. Statistisches Bundesamt). Am deutlichsten hingegen hat sich das Erwerbsverhalten der Mütter (mit Kindern unter 15 Jahren) in dieser Altersgruppe verändert: Waren 1975 ca. 38% von ihnen erwerbstätig, so ist diese Zahl innerhalb von 20 Jahren auf knapp 53% gestiegen.[21] Das heißt: Erwerbstätigkeit ist mithin für Frauen in dieser Altersspanne zu einer Normalität, jedenfalls zu einem Mehrheitsphänomen geworden, die Aufgabe der häuslichen, privaten Erziehung hingegen zu einem Schlüssel-

---

21 Diese Tendenz ändert sich auch nicht, wenn man die Entwicklung der Erwerbstätigkeit bei Müttern mit kleineren Kindern, also den unter 6jährigen, als Bezugsgröße zugrundelegt. Demnach waren 1975 noch 33%, 1995 jedoch bereits 46% dieser Altersgruppe erwerbstätig.

problem in nicht selten alleingelassener Selbstzuständigkeit.[22] Gleichwohl: Der Tatbestand, daß innerhalb dieser Müttergeneration die Zahl der gleichzeitig Erwerbstätigen in den letzten 20 Jahren kontinuierlich zugenommen hat, kann man auch als Indiz für die Verwobenheit des Geschlechterverhältnisses und des Generationenverhältnisses und (vgl. Beck-Gernsheim 1996) sowie für einen allmählich Wirkung zeigenden, sich abzeichnenden öffentlichen Generationenvertrag mit Blick auf die nachwachsende Generation betrachten.

Tabelle 2: Entwicklung der Erwerbstätigkeit von Frauen zwischen 25 und 45 Jahren mit Kindern unter 15 Jahren in den alten Bundesländern (1975-1995)

Jahr	Erwerbstätige Frauen ins.	davon: im Alter zwischen 25-45 Jahren			davon: mit Kindern unter 15 Jahren		
		ins.	in %[1]	in %[2]	ins.	in %[1]	in %[3]
1975	9.613.000	4.117.000	42,9	50,1	2.403.000	25,0	38,3
1980	10.082.000	4.590.000	45,5	55,0	2.374.000	23,6	43,8
1985	10.347.000	4.685.000	45,3	56,4	1.937.000	18,7	42,3
1990	11.777.000	5.709.000	48,5	63,2	2.495.000	21,2	49,9
1995	12.132.000	6.551.000	54,0	65,6	2.890.000	23,8	52,8

1 Prozentualer Anteil an allen erwerbstätigen Frauen.
2 Prozentualer Anteil an allen Frauen dieser Altersgruppe.
3 Prozentualer Anteil an allen Frauen dieser Altersgruppe mit Kindern <15 Jahre.
Quelle: Statistisches Bundesamt, Fachserie 1, Reihe 3, verschiedene Jahrgänge

(3) Diese Entwicklung hat der Tendenz nach ihre Entsprechung in der Zunahme des erwerbstätigen Personals in den sozialen, pädagogischen und pflegenden Berufen, also in jenen Berufsgruppen, in denen nicht nur überwiegend Frauen beschäftigt sind, sondern in denen auch jene erziehenden, sozialen und pflegerischen Dienste organisiert werden, die als eine Ergänzung bzw. Ersetzung der schwindenden häuslichen Ressourcen angesehen werden können. So haben sich beispielsweise allein die „sozialpflegerischen Berufe" (Berufskennziffer „86") von rund 30.000 Personen in den 20er Jahren dieses Jahrhunderts bis Ende 1995 auf weit rund 950.000 erwerbstätige Personen im gesamten Bundesgebiet ausgeweitet, ein Zuwachs, der zumindest in den letzten 20 Jahren auf dem bundesdeutschen Arbeitsmarkt nahezu

---

22 Auf diese Problematik haben immer wieder die Frauen und die feministische Forschung hingewiesen (vgl. etwa Beck-Gernsheim 1980, 1996; Krüger 1992; Krüger u.a. 1987). Infolge dieser Entwicklung ist es darüber hinaus auch nicht ganz überraschend, daß in dieser Altersspanne der 25-45jährigen 1975 noch rund 76% Kinder unter 15 Jahren hatten (1980 etwa 65%), während dieser Anteil zuletzt, 1995, noch bei 55% lag. Hier scheint sich ein unmittelbarer Zusammenhang mit dem politisch-öffentlich noch nicht zufriedenstellend bewältigten Generationenvertrag geradezu aufzudrängen.

Generationenverhältnisse im Wandel 33

konkurrenzlos und vermutlich noch nicht einmal an sein Ende gekommen ist (Rauschenbach/Schilling 1997). Allein seit der Gründung der Bundesrepublik, genauer: Zwischen 1950 und 1995, hat sich dabei die Zahl der Erwerbstätigen in diesem Bereich verzwölffacht (vgl. Tab. 3).

Tabelle 3: Entwicklung der Erwerbstätigen in den alten Bundesländern nach ausgewählten Berufsgruppen (1950-1995; Index 1950=100)

Jahr	Erwerbstätige insgesamt		Gesundheits-, Sozial-, Erziehungsberufe „84-89"		Soziale Berufe „86"	
	abs.	Index	abs.	Index	abs.	Index
1950	21.800.000	100	760.000	100	60.000	100
1961	26.400.000	121	947.000	125	96.000	160
1970	26.300.000	121	1.337.000	176	155.000	258
1982	26.800.000	123	2.306.000	303	314.000	523
1991	29.700.000	136	3.068.000	404	540.000	900
1995	29.250.000	134	3.568.000	470	727.000	1.212

Quelle: Volkszählungs- und Mikrozensusdaten, verschiedene Jahrgänge

In Anbetracht der Tatsache, daß – für alte und neue Länder zusammen gesprochen – von diesen Beschäftigten fast 85% Frauen sind, heißt das, daß heute ca. 790.000 Frauen allein in den sozialpflegerischen Berufen beschäftigt sind; das entspricht einem Anteil von 5,2% an allen erwerbstätigen Frauen. Erweitert man unterdessen den Blickwinkel auf sämtliche pädagogischen, sozialpflegerischen und gesundheitsbezogenen Berufe[23], also gewissermaßen auf die Gesamtgruppe der personenbezogenen sozialen Dienstleistungsberufe und „Dienste am Menschen", so zeigt sich, daß inzwischen mehr als jede fünfte erwerbstätige Frau im Feld der Sozial-, Erziehungs- und Gesundheitsberufe beschäftigt ist (vgl. Tabelle 4).

---

23 Legt man zunächst einmal nur den etwas größer geschnittenen Berufsabschnitt der »Sozial- und Erziehungsberufe« (Berufskennziffer '86'-'89'), also einschließlich der LehrerInnen, SeelsorgerInnen und einigen anderen akademischen Berufsgruppen zugrunde, so haben sich die Größenordnungen ebenfalls enorm erhöht: allein im früheren Bundesgebiet zwischen 1973 und 1995 von knapp 815.000 Beschäftigten im Jahre 1973 bis auf 1,91 Mio. im Jahre 1995 (BRD insg.: 2,41 Mio.); das entspricht mehr als einer Verdoppelung. Faßt man die Gruppe der personenbezogenen sozialen Dienste allerdings noch etwas weiter und rechnet auch noch die Gesundheitsberufe hinzu (Berufskennziffer '84'-'89'), so waren nach den zuletzt vorgelegten Ergebnissen des Mikrozensus 1995 über 3,5 Mio. (BRD insg.: 4,4 Mio.) und damit mehr als 12 % aller Erwerbstätigen der ehemaligen BRD in Sozial-, Erziehungs- und Gesundheitsberufen beschäftigt (nur zum Vergleich: 1970 waren dies noch rund 5% und 1950 gerade mal 3,5%).

Tabelle 4: Zur Entwicklung ausgewählter personenbezogener Dienstleistungsberufe (1973-1995; alte Bundesländer und Deutschland insgesamt)

Jahr	Beschäftigte insgesamt		Pers'bez. Dienstleistungsberufe „84-89"		Gesundheitsberufe „84/85"		Sozial- und Erziehungsberufe „86-89"	
	insg.	w	insg.	w	insg.	w	insg.	w
Früheres Bundesgebiet								
1973	27.066.000	36,9	1.582.000	63,5	767.000	76,4	815.000	51,3
1982	26.774.000	38,0	2.306.000	64,5	1.089.000	75,8	1.217.000	54,5
1985	26.626.000	38,4	2.421.000	65,0	1.190.000	75,3	1.231.000	55,1
1987	27.073.000	38,9	2.546.000	65,2	1.268.000	74,9	1.278.000	55,6
1989	27.742.000	38,9	2.727.000	65,5	1.334.000	74,4	1.393.000	57,0
1991	29.684.000	40,3	3.068.000	66,6	1.489.000	75,8	1.579.000	57,9
1993	29.782.000	40,8	3.345.000	67,9	1 572.000	76,8	1.773.000	60,1
1995	29.244.000	41,4	3.568.000	68,0	1.655.000	76,7	1.913.000	60,6
Deutschland insgesamt								
1991	37.445.000	41,6	3.962.000	69,3	1.817.000	77,3	2.145.000	62,5
1993	36.380.000	41,5	4.153.000	70,0	1.888.000	78,1	2.265.000	63,4
1995	36.048.000	41,9	4.418.000	70,1	2.005.000	77,9	2.413.000	63,6

Quelle: Mikrozensus, verschiedene Jahrgänge

In der Zusammenschau bedeuten diese Befunde nichts anderes, als daß (1) bei Frauen im mittleren Lebensalter die Erwerbstätigkeit im Vergleich zu den 70er Jahren zugenommen, die Mutterschaft hingegen abgenommen hat – jedoch innerhalb dieser Müttergeneration die Erwerbstätigkeit gestiegen ist –, während sich (2) diese Berufstätigkeit zugleich auffällig häufig in jenen Tätigkeitsbereichen vollzieht, die vormals von Frauen privat, ohne eigenes Einkommen und ohne öffentliche Anerkennung in den eigenen Familien erledigt worden sind: in der „Erziehung, Pflege, Vorsorge und Fürsorge für andere", gewissermaßen in der „weiblichen Dreieinigkeit" von selbstlos sorgender Mutter, stets hilfsbereiter Tochter und geduldig verständnisvoller Ehefrau (vgl. auch Schütze 1993; Beck-Gernsheim 1996).

Mit dem „Auswandern" der Frauen aus dem familialen, privaten „Dasein für andere" und mit ihrem verstärkten Einzug in die Ausbildung und das Erwerbsleben beginnen somit zwei neue Kapitel des Erziehungswesens eine höhere Bedeutung zu erlangen: das Kapitel „Mütterlichkeit und Erziehung als Beruf" einerseits (Sachße 1994; Giesecke 1987; Rabe-Kleberg 1993) und das Kapitel „Kindheit in öffentlicher Erziehung" andererseits.

Diese Entwicklung, letzten Endes ein Reflex auf die eingangs konstatierten familial-generativen Veränderungen und auf die nicht-intendierten Nebenwirkungen der Modernisierung der Moderne, scheint unterdessen bislang für das Reflexionshorizont der Erziehungswissenschaft von vergleichsweise nachrangiger Bedeutung zu sein. Zumindest könnte man vorerst diesen Eindruck gewinnen. Denn, so gut wie nicht *systematisch* diskutiert, jedenfalls nicht in den theoretischen Grundsatzdebatten der Erziehungswissenschaft, wird die vermutlich entscheidende Differenz für die Organisation des Aufwachsens in der Moderne: die immer noch anhaltende Verlagerung der Erziehung von privater in öffentliche Regie, die kulturelle Transformation von naturwüchsig-familialer in beruflich organisierte, geplante Erziehung. Hierin scheint mir eine entscheidende Differenz zu liegen, die sich gegenwärtig als ein Merkmal eines neuen Generationenvertrags in der Zweiten Moderne, eines öffentlich organisierten Generationenvertrags mit der nachwachsenden Generation, abzeichnet.

Die Ambivalenzen der Moderne werden auch bei diesem Aus- und Umbau der Organisation des Aufwachsens und der sozialen Reproduktion ihre Spuren hinterlassen. Es hat zumindest den Anschein, daß öffentlich organisierte Formen der Erziehung, daß pädagogisch inszenierte Orte des Aufwachsens, immer stärker zu jenen neustandardisierenden Geländern der Lebensführung und der sozialen Integration werden, die als intermediäre Organisationen und hergestellte Milieus soziale Stabilität dort erwartbar sichern sollen, wo dies die störanfälligen informellen Netze privater Erziehung nicht mehr umstandslos können, wo naturwüchsige Regulation einfach zu riskant geworden ist (vgl. Schülein 1983, 24; Rauschenbach 1996). Deshalb, so könnte man mutmaßen, steht nunmehr dieses zweite Kapitel der beruflichen Erziehung – vor, nach und neben der Schule – für die Erziehungswissenschaft als einer neuen Variante eines kindheitsbezogenen Generationenvertrages unwiderruflich auf der Tagesordnung.

Literatur

Badura, B.; Gross, P.: Sozialpolitische Perspektiven. München 1976
Barabas, E. u.a.: Jahrbuch der Sozialarbeit 1976. Reinbek 1975
Barabas, E. u.a.: Jahrbuch der Sozialarbeit 1978. Reinbek 1977
Beck, U.: Was ist Globalisierung? Frankfurt a.M. 1997
Beck, U.; Beck-Gernsheim, E. (Hrsg.): Riskante Freiheiten. Frankfurt a.M. ^{2}1996
Beck-Gernsheim, E.: Das halbierte Leben. Frankfurt a.M. 1980
Beck-Gernsheim, E.: Vom „Dasein für andere" zum Anspruch auf ein Stück „eigenes Leben". In: Soziale Welt, 34. Jg., Heft 3, 1983, 307–340
Beck-Gernsheim, E.: Alles aus Liebe zum Kind. In: Beck, U.; Beck-Gernsheim, E.: Das ganz normale Chaos der Liebe. Frankfurt a.M. 1990, 135–183
Beck-Gernsheim, E.: Generationen und Geschlecht. In: Liebau, E.; Wulf, Chr. (Hrsg.): Generation. Opladen 1996, 24–41
Becker, R. (Hrsg.): Generationen und sozialer Wandel. Opladen 1997

Beher, K.: Tageseinrichtungen für Kinder. In: Rauschenbach, Th.; Schilling, M. (Hrsg.): Die Kinder- und Jugendhilfe und ihre Statistik. Band 2: Analysen und Perspektiven. Neuwied u.a. 1997, 321–366
Bernfeld, S.: Sisyphos oder die Grenzen der Erziehung. Frankfurt a.M. 1973
Bien, W. (Hrsg.): Eigeninteresse oder Solidarität. Opladen 1994
Blanke, Th.; Sachße, C.: Theorie der Sozialarbeit. In: Gärtner, A.; Sachße, C. (Hrsg.): Politische Produktivität in der Sozialarbeit. Frankfurt a.M./New York 1978, 15–56
Böhnisch, L.: Gespaltene Normalität. Weinheim/München 1994
Böhnisch, L.: Pädagogische Soziologie. Weinheim/München 1996
Böhnisch, L.; Blanc, K.: Die Generationenfalle. Frankfurt a.M. 1989
Borchers, A.; Miera, S.: Zwischen Enkelbetreuung und Altenpflege. Frankfurt a.M./New York 1993
Borsche, S.: Eigenständiger Erziehungsauftrag – Ja oder Nein? In: Wiesner, R.; Zarbock, W. H. (Hrsg.): Das neue Kinder- und Jugendhilfegesetz (KJHG) und seine Umsetzung in die Praxis. Köln u.a. 1991, 33–46
Brumlik, M.: Gerechtigkeit zwischen den Generationen. Berlin 1995
Brumlik, M.; Brunkhorst, H. (Hrsg.): Gemeinschaft und Gerechtigkeit. Frankfurt a.M. 1993
Büchner, P. Generationen und Generationenverhältnis. In: Krüger, H.-H.; Helsper, W. (Hrsg.): Einführung in die Grundbegriffe und Grundfragen der Erziehungswissenschaft. Opladen ²1996, 247–256
Buttler, G.: Der Generationenvertrag im demographischen Wandel. In: Liebau (1997), 89–105
Dettling, W.: Politik und Lebenswelt. Gütersloh 1995
Erikson, E.H.: Identität und Lebenszyklus. Frankfurt a.M. 1966
Erning, G.: Quantitative Entwicklung der Angebote öffentlicher Kleinkindererziehung. In: Erning/Neumann/Reyer (1987), 29–39
Erning, G.; Neumann, K.; Reyer, J.: Geschichte des Kindergartens, Bd I/II Freiburg 1987
Giesecke, H.: Pädagogik als Beruf. Weinheim/München 1987
Gross, P.: Die Verheißungen der Dienstleistungsgesellschaft. Opladen 1983
Guéhenno, J. M.: Das Ende der Demokratie. München/Zürich 1994
Habermas, J.: Theorie des kommunikativen Handelns. Bd 2. Frankfurt a.M. 1981
Herrmann, U.: Das Konzept der Generation. In: Neue Sammlung, 27. Jg., 1987, Heft 3, 364–377
Holtappels, H.G.: Grundschule bis mittags. Weinheim/München 1997
Honig, M.-S.: Wem gehört das Kind? In: Liebau/Wulf (1996), 201–221
Honneth, A. (Hrsg.): Kommunitarismus. Frankfurt a.M. 1993
Hornstein, W.: Die Erziehung und das Verhältnis der Generationen heute. In: Zeitschrift für Pädagogik, 18. Beiheft, 1983, 59–79
Hungerbühler, R.: 'unsichtbar – unschätzbar'. Haus- und Familienarbeit am Beispiel der Schweiz. Basel 1988
Kaufmann, F.-X.: Elemente einer soziologischen Theorie sozialpolitischer Intervention. In: Kaufmann, F.-X. (Hrsg.): Staatliche Sozialpolitik und Familien. München/Wien 1982, 49–86

Kaufmann, F.-X.: Familie und Modernität. In: Lüscher/Schultheis/Wehrspaun (1988), 391–415
Kaufmann, F.-X.: Generationsbeziehungen und Generationenverhältnisse im Wohlfahrtsstaat. In: Lüscher/Schultheis (1993), 95–108
Keupp, H.; Höfer, R. (Hrsg.): Identitätsarbeit heute. Frankfurt a.M. 1997
Kohli, M.: Die Institutionalisierung des Lebenslaufs. In: Kölner Zeitschrift für Soziologie und Sozialpsychologie, 37. Jg., 1985, Heft 1, 1–29
Kohli, M.: Gesellschaftszeit und Lebenszeit. In: Berger, J. (Hrsg.): Die Moderne – Kontinuitäten und Zäsuren. Göttingen 1986, 183–208
Krappmann, L.: Sozialisation in der Gruppe der Gleichaltrigen. In: Hurrelmann, K.; Ulich, D. (Hrsg.): Neues Handbuch der Sozialisationsforschung. Weinheim/ Basel ⁴1991, 255–375
Krüger, H. (Hrsg.): Frauen und Bildung. Bielefeld 1992
Krüger, H. u.a.: Privatsache Kind – Privatsache Beruf: Zur Lebenssituation von Frauen mit kleinen Kindern in unserer Gesellschaft. Opladen 1987
Lenzen, D.: Professionelle Lebensbegleitung – Erziehungswissenschaft auf dem Weg zur Wissenschaft des Lebenslaufs und der Humanontogenese. In: Erziehungswissenschaft, 8. Jg., 1997, Heft 15, 5–22
Liebau, E. (Hrsg.): Das Generationenverhältnis. Weinheim/München 1997
Liebau, E.: Generation – ein aktuelles Problem? In: Liebau (1997), 15–37 (a)
Liebau, E.; Wulf, Chr. (Hrsg.): Generation: Versuche über eine pädagogisch-anthropologische Grundbedingung. Weinheim/München 1996
Liegle, L.: Familie und Kollektiv im Kibbutz. Weinheim/Basel 1971
Liegle, L.: Welten der Kindheit und der Familie. Weinheim/München 1987
Liegle, L.; Bergmann, Th.: Krise und Zukunft des Kibbutz. Weinheim/München 1994
Lorenzer, A.: Zur Begründung einer materialistischen Sozialisationstheorie. Frankfurt a.M. 1972
Lorenzer, A.: Zur Dialektik von Individuum und Gesellschaft. In: Leithäuser, Th.; Heinz, W.R. (Hrsg.): Produktion, Arbeit, Sozialisation. Frankfurt a.M. 1976, 13–47
Luhmann, N.: Sozialsystem Familie. In: System Familie, 1. Jg., 1988, Heft 1, 75–91
Lüscher, K. (Hrsg.): Sozialpolitik für das Kind. Frankfurt a.M. u.a. 1984
Lüscher, K.: Generationenbeziehungen. Neue Zugänge zu einem alten Thema. In: Lüscher/Schultheis (1993), 17–47
Lüscher, K.; Schultheis, F. (Hrsg.): Generationenbeziehungen in „postmodernen" Gesellschaften. Konstanz 1993
Lüscher, K.; Schultheis, F.; Wehrspaun, M. (Hrsg.): Die „postmoderne" Familie. Konstanz 1988
Mannheim, K.: Das Problem der Generationen (1928). In: Mannheim, K.: Wissenssoziologie. Berlin/Neuwied 1964, 509–565
Markefka, M.; Nave-Herz, R. (Hrsg.): Handbuch der Familien- und Jugendforschung, Band 1: Familienforschung, Neuwied/Frankfurt a.M. 1989
Meyer, T.: „Ungleich besser?" Die ökonomische Unabhängigkeit von Frauen im Zeichen der Expansion sozialer Dienstleistungen. Berlin 1997
Mollenhauer, K.: Einführung in die Sozialpädagogik. Weinheim 1964

Mollenhauer, K.: Kinder- und Jugendhilfe. In: Zeitschrift für Pädagogik, 42. Jg., Heft 6, 1996, 869–886
Mollenhauer, K.: Sozialpädagogische Forschung. Erscheint in: Rauschenbach, Th.; Thole, W. (Hrsg.): Sozialpädagogische Forschung. Weinheim/München 1998
Mollenhauer, K.; Brumlik, M. Wudtke, H.: Die Familienerziehung. München 1975
Peukert, R.: Familienformen im sozialen Wandel, 2. Auflage Opladen 1996
Pitrou, A.: Generationenbeziehungen und familiale Strategien. In: Lüscher/Schultheis (1993), 75–93
Rabe-Kleberg, U.: Verantwortlichkeit und Macht. Bielefeld 1993
Rabe-Kleberg, U: Öffentliche Kindererziehung: Kinderkrippe, Kindergarten, Hort. In: Krüger, H.-H.; Rauschenbach, Th. (Hrsg.): Einführung in die Arbeitsfelder der Erziehungswissenschaft. Opladen 1995, 89–105
Rauschenbach, Th.: Der neue Generationenvertrag. In: D. Benner; D. Lenzen (Hrsg.): Bildung und Erziehung in Europa. Weinheim/Basel 1994, 161–176
Rauschenbach, Th.: Inszenierte Solidarität: Soziale Arbeit in der Risikogesellschaft. In: Beck/Beck-Gernsheim (1996), 89–111
Rauschenbach, Th.: Eine neue Kultur des Sozialen. Erscheint in: Neue Praxis, 28. Jg., Heft 1, 1998
Rauschenbach, Th.; Schilling, M.: Das Ende der Fachlichkeit? In: Neue Praxis, 27. Jg., 1997, Heft 1, 22–54
Rauschenbach, Th.; Trede, W.: Arbeit und Erziehung. In: Neue Praxis, 18. Jg. 1988, Heft 1, 12–31
Rauschenbach, Th.; Treptow, R.: Sozialpädagogische Reflexivität und gesellschaftliche Rationalität. In: Müller, S.; u.a. (Hrsg.): Handlungskompetenz II. Bielefeld 1984, 21–71
Richter, I.: Ist der sogenannte Generationenvertrag ein Vertrag im Rechtssinne? In: Liebau (1997), 77–87
Sachße, Ch.: Mütterlichkeit als Beruf. Opladen ²1994
Sachße, Chr.: Grenzen der Solidarität: Soziale Sicherung in Zeiten der Globalisierung. Manuskript. Kassel 1997
Schleiermacher, F.: Pädagogische Schriften I. Die Vorlesungen aus dem Jahre 1826 (hrsg. von E. Weniger). Frankfurt a.M. u.a. 1983
Schmied, G.: Der soziologische Generationsbegriff. In: Neue Sammlung, 24. Jg., Heft 3, 1984, 231–244
Schülein, J.A.: Gesellschaftliche Entwicklung und Prävention. In: Wambach, M. (Hrsg.): Der Mensch als Risiko. Frankfurt a.M. 1983, 13–28
Schultheis, F.: Genealogie und Moral: Familie und Staat als Faktoren der Generationenbeziehungen. In: Lüscher/Schultheis (1993), 415–433
Schütze, Y.: Generationenbeziehungen im Lebensverlauf – eine Sache der Frauen? In: Lüscher/Schultheis (1993), 287–298
Statistisches Bundesamt: Fachserie 1, Reihe 3 (Familien), verschiedene Jahrgänge
Statistisches Bundesamt: Fachserie 1, Reihe 4.1.2 (Erwerbstätige), verschiedene Jahrgänge
Statistisches Bundesamt: Statistisches Jahrbuch der Bundesrepublik Deutschland, verschiedene Jahrgänge
Streeck, W.: Vielfalt und Interdependenz. In: KZfSS, 39.Jg., 1987, Heft 3, 471–495
Sünkel, W.: Generation als pädagogischer Begriff. In: Liebau (1997), 195–204

Tenorth, H.-E.: Geschichte der Erziehung. Weinheim/München 1988
Tietze, W: Institutionelle Erfahrungsfelder für Kinder im Vorschulalter. In: Tietze, W.; Roßbach, H.-G. (Hrsg.): Erfahrungsfelder in der frühen Kindheit. Bestandsaufnahme, Perspektiven. Freiburg 1993, 98–125
Tietze, W.; Roßbach, H.-G.: Die Betreuung von Kindern im vorschulischen Alter. In: ZfPäd, 37. Jg., Heft 4, 1991, 555–579
Trommsdorff, G.: Geschlechtsdifferenzen von Generationsbeziehungen im interkulturellen Vergleich. In: Lüscher/Schultheis (1993), 265–285
Tyrell, H.: Systemtheorie und Soziologie der Familie – ein Überblick. In: System Familie, 1. Jg., 1988, Heft 1, 207–219
Vaskovics, L.: Elterliche Solidarleistungen für junge Erwachsene. In: Lüscher/Schultheis (1993), 185–202
Walter, W.: Unterstützungsnetzwerke und Generationenbeziehungen im Wohlfahrtsstaat. In: Lüscher/Schultheis (1993), 331–354
Wiesner, R: Rechtliche Grundlagen. In: Wiesner, R.; Zarbock, W.H. (Hrsg.): Das neue Kinder- und Jugendhilfegesetz (KJHG) und seine Umsetzung in die Praxis. Köln u.a. 1991, 1–31
Winkler, M.: Eine Theorie der Sozialpädagogik. Stuttgart 1988
Winkler, M.: Erziehung. In: Krüger, H.-H.; Helsper, W. (Hrsg.): Einführung in die Grundbegriffe und Grundfragen der Erziehungswissenschaft. Opladen ²1996, 53–69
Winterhager-Schmid, L.: Die Dialektik des Generationenverhältnisses. In: Liebau/Wulf (1996), 222–244

Jutta Ecarius

Generationsbeziehungen und Generationenverhältnisse. Analyse zur Entwicklung des Generationenbegriffs

1 Einleitung

In der Erziehungswissenschaft gewinnt das Thema der Generationen wieder zunehmend an Bedeutung. Begriffe wie Generationenvertrag, Altersrente, Versorgungsansprüche, Rückgang der Geburten oder Relativierung der Lebensalter verweisen auf die Beziehungen, Verpflichtungen und Rechte zwischen den Generationen. Schon Klassiker wie Schleiermacher, Kant und Nohl haben auf das Besondere der intergenerativen pädagogischen Beziehung hingewiesen. Erstaunlicherweise hat die Erziehungswissenschaft das Thema der Generationen, obwohl es sich um ein genuin pädagogisches Thema handelt, nur selten zum Gegenstand gewählt. Bis vor kurzem waren sogar die Begrifflichkeiten Generationenbeziehungen und Generationenverhältnisses noch relativ undifferenziert. Es war erst Kaufmann (1993), der präzise in Generationenverhältnisse und Generationsbeziehungen unterschieden hat, was Rauschenbach (1994) dazu angeregt hat, den Begriff der Generationenbeziehungen wieder stärker in der Erziehungswissenschaft zu beleben und darauf aufmerksam zu machen, daß es sich hierbei um einen Grundbegriff der Erziehungswissenschaft handelt. Während unter Generationenbeziehungen intergenerative Beziehungen zwischen den Generationen, zwischen Älteren und Jüngeren, die in einem direkten Kontakt zueinander stehen, gefaßt werden, umfassen die Generationenverhältnisse zwei aufeinander folgende Generationen, die nicht unmittelbar miteinander interagieren. Hier wird im Vergleich und über Generationenkonflikte der generative, epochale Wandel aufgezeigt. Eine Beschreibung und Analyse der Generationenbeziehungen konzentriert sich auf auf- und absteigende Linienverwandtschaften in Familien und ihre sozialisatorischen und erziehungsbezogenen Interaktionen.

Die Frage, in welchen erziehungswissenschaftlichen Kontexten das Thema Generation diskutiert und erforscht wird, führt in ganz verschiedene Forschungsbereiche. Zu ihnen gehört vor allem die pädagogische Jugendforschung. Untersucht werden hier vorrangig Generationenverhältnisse. Zum anderen findet sich das Thema Generation in der Familienerziehung. Hier werden die Generationsbeziehungen in den Vordergrund gestellt. Gerade in diesem Bereich erstaunt, da die Familie - unabhängig von ihrer Struktur - *der* soziale Ort ist, an dem sich in der Regel die primäre Sozialisation vollzieht, daß es sich um ein weitgehend unbearbeitetes Feld handelt. Seit den immer noch aktuellen Überlegungen von Mollenhauer, Brumlik und Wudtke (1975) wurde die Familienerziehung als eigenständiger Forschungsbereich in der Erziehungswissenschaft nicht weiterentwickelt.

In diesem Beitrag wird versucht, die verschlungenen Wege des Themas Generation aufzuzeigen. In einem ersten Schritt wird eine Analyse exemplarisch ausgewählter Texte der Aufklärung und zentrale Schriften der geisteswissenschaftlichen Pädagogik vorgenommen. Aufgezeigt werden die Verschiebungen und unterschiedlichen Akzentuierungen. Dazu gehört die Debatte um Generationenverhältnisse als Generationenkonflikt, die vor allem in der pädagogischen Jugendforschung geführt wurde. In einem zweiten Schritt werden empirische Ergebnisse und Ansätze zur Familienerziehung diskutiert. Hier stehen vor allem die Generationsbeziehungen im Blickfeld. In einem dritten Schritt wird ein Fazit gezogen und zugleich auf neuere Überlegungen eingegangen, wobei erste empirische Ergebnisse eines Projekts zur familialen Erziehung in drei Generationen (Ecarius 1997) aufgezeigt werden.

2 Von der klassischen Generationsbeziehung über den Generationskonflikt zur pragmatischen Koexistenz

In der Erziehungswissenschaft wird das Thema der Generationen vor allem mit Schleiermacher assoziiert. Nach Schleiermacher (1983) verpflichtet die anthropologische Grundtatsache des Menschen als Mängelwesen zu einer intergenerativen Erziehung. Ziel ist, die jüngere Generation durch Erziehung zu befähigen, Unvollkommenes der Gesellschaft zu verbessern und Bewährtes zu erhalten (vgl. Schleiermacher 1983, 64). Auch nach Kant (1982) wird die „menschliche Natur" durch Erziehung immer weiter vervollkommnet. Erziehung als „Kunst" ermöglicht, den Menschen zu seiner „wahren" Bestimmung zu führen, indem „eine Generation ihre Erfahrungen und Kenntnisse der folgenden überliefert, diese wieder etwas hinzu tut, und es so der folgenden übergibt" (Kant 1982, 13). Intergenerative Erziehung bedeutet somit, Erfahrungen und angehäuftes Wissen im Dienste der Menschheit weiterzugeben. Hierbei liegt nach Schleiermacher für die ersten Lebensjahre ein Übergewicht der äußeren Einwirkungen durch die Eltern gegenüber der inneren Entwicklungskraft vor, wobei ab dem Zeitpunkt der geistigen und seelischen Reifung der jüngeren Generation beide Generationen auf ein gemeinsames Ziel einwirken, nämlich auf die Weiterentwicklung der Gesellschaft. Erziehung steht somit im Dienste der Gesellschaft, jedoch darf sie mit der Politik nur lose koordiniert sein. Beide Generationen wirken auf etwas Gemeinsames hin, um dessen Willen die jüngere Generation bereit ist, sich erziehen und damit zugleich disziplinieren zu lassen. Die ältere Generation wacht über die Tradition und übergibt sie zu einem späteren Zeitpunkt der jüngeren Generation.

Erste Verschiebungen in der Beschreibung der Generationsbeziehung zeichnen sich mit der geisteswissenschaftlichen Pädagogik ab, die sich „dem Wohl des Kindes" verpflichtet und programmatisch eine „Erziehung vom Kinde aus" fordert. Nohl (1919) betont das Eigenrecht der Heranwachsenden. Hierbei gestaltet sich das erzieherische Verhältnis als ein spannungsreiches Verhältnis zwischen Empfangen und Schaffen. Nohl verabschiedet sich von einer herbartianischen Pädagogik der Zucht und Strafe und setzt an deren Stelle die Selbständigkeit und Autonomie der Heranwachsenden. Der Erzieher weist den Jugendlichen den Weg, denn es „gehört zum Wesen der Jugend, daß sie sich nur im Durchgang durch einen fremden Willen entwickelt" (Nohl 1919, 26). Auch wenn die Selbstorganisation der Jugend und der kindliche Entwicklungswille als eigenständige und vom Erzieher zu berücksichtigende Komponente im generativen Erziehungsverhältnis betrachtet wird, gehört für Nohl die Ungleichgewichtigkeit zwischen den Generationen zu einem Grundelement im erzieherischen Verhältnis[1].

Während Nohl noch verhältnismäßig stark die Bedeutsamkeit der älteren Generation betont, stellt Flitner Annahmen auf, die verstärkt zu Gunsten der jüngeren Generation ausfallen. Im erzieherischen Verhältnis setzt die Jugend „ihr neues frisches und durch die gegenwärtige Kulturlage bestimmtes Erlebnis ein, das nicht das Erlebnis der älteren ist und auch nicht dem Erlebnis gleicht, mit der die älteren ihre Überlieferung aufgenommen haben, als sie selbst jung waren" (Flitner, W. 1987, 176). Die heranwachsende Jugend bringt als „neue" Generation das innovative Potential ein, das nur von ihr kommen kann. Während Schleiermacher noch von einem relativen Gleichtakt der Generationen nach dem Ende der Erziehung ausgeht, zeichnen sich hier erste Verschiebungen ab. Die Erwachsenen nehmen sich als Anwalt des Kindes in der Bestimmung der Zukunft zurück. Schleiermacher betonte statt dessen noch, daß die ältere Generation darüber wacht, daß von der jüngeren Generation keine revolutionären Handlungen vorangetrieben werden (vgl. Winterhager-Schmid 1996, 226). Der jüngeren Generation

---

[1] Hiermit distanziert er sich von Pädagogen des Sturm und Drang, nach der „die Regeneration des Lebens (...) über eine neue Jugend" (Nohl 1919, 28) erfolge und nur diese in der Lage sei, Gesellschaft zur Vervollkommnung zu führen. Nach Nohl ist die Generationsbeziehung als Garant der Kontinuität des Geistes ein nicht auflösbares Verhältnis, wobei die Jugend sich nur im Durchgang durch einen fremden Willen, den der Erwachsenen, entwickelt. Ohne das Eigenrecht der jungen Generation außer Acht zu lassen, ist es die Anleitung durch Ältere, durch die die junge Generation zur sittlichen Autonomie geführt wird.

wird bei Flitner eine eigene Mächtigkeit zugeschrieben: „In den vielen Familien, die der neuen Erziehung anhängen, verkehren Eltern und Kinder kameradschaftlicher miteinander als früher, und die Eltern erhalten sich dadurch das Vertrauen ihrer Kinder auch in den gefährlichsten Jahren der Reifezeit. Die Bedingung ist allerdings, daß die Eltern einen großen Teil ihres alten Bestimmungsrechts über die Jugend preisgeben und sich auf bloßen Rat beschränken, wo sie früher Befehle erteilt und Strafen verhängt hätten" (Flitner 1987, 192). Der Erzieher hat den technischen und gesellschaftlichen Fortschritt zu akzeptieren und in sein Erziehungshandeln einzubauen. Um den Kontakt zur jüngeren Generation nicht zu verlieren, bietet die ältere Generation der jüngeren Generation im erzieherischen Verhältnis eine partnerschaftliche Erziehung an. Dadurch verliert sie nicht den Anschluß an das Neue, was zugleich mit der neuen Generation assoziiert wird. Die Heranwachsenden als Jugendgeneration erhalten auf diese Weise eine ungemeine Bedeutung: sie wird zum Antrieb sozialer und gesellschaftlicher Innovationen, die im Dienste der Menschheit stehen.

Damit ist zugleich eine weitere theoretische Debatte angesprochen, die von Bedeutung ist. In diese Annahmen fließen Überlegungen zum sozialen Wandel ein, wobei sozialer Wandel mit der Aufeinanderfolge neuer Generationen gleichgesetzt wird. Implizit ist darin die Annahme enthalten, daß es die jüngere Generation ist, die als „gesellschaftlich unverdorbene" Generation eine Vorstellung davon entwickeln kann, wie eine Vervollkommnung der Gesellschaft auszusehen hat. Als kaum vergesellschaftete Subjekte erkennen sie durch ihre Unbedarftheit die „Mängel" der Gesellschaft und fordern mit einem unverfälschten Blick und ohne egozentrische Interessen gesellschaftliche Veränderungen. Mannheim hat die Abfolge der Generationen als sozialen Wandel gefaßt[2]. Kultur wird von jedem Menschen innerhalb von Generationenlagerungen fortgebildet und zwar von solchen, die einen „neuen" Zugang zum akkumulierten und tradierten Kulturgut haben. Wesentlich ist dabei das Hineinwachsen der neuen Generation in bereits vorhandene Lebenshaltungen und -einstellungen (vgl. Mannheim 1928, 182). Diese bilden die Basis für weitere Erfahrungen, die während der Jugendphase, der Zeit des In-Frage-Stellens und der dadurch hinzugewonnenen Reflexivität, geschichtlich Geronnenes problematisiert.

Die Lebensmuster, die die Jugendlichen entwickeln, geben folglich Auskunft über die sozio-kulturelle Lebenswelt und das pädagogische Milieu einer Gesellschaft. Stilentwicklungen der Jugendlichen werden auf diese Weise zum Seismograph neuer gesellschaftlicher Entwicklungen. Auch wenn die ältere Generation nicht mehr als konkrete Personen im Erziehungsprozeß definiert werden und damit zugleich die jüngere Generation ganz in den Blick der Analyse rückt, verweisen die Annahmen auf Paralle-

---

2   Generationen sind nach Mannheim schicksalsmäßig verwandte Lagerungen von Individuen, die in eine Richtung gehende Erlebnis-, Denk- und Gefühlsgehalte aufweisen (Mannheim 1928).

len zu denen von Schleiermacher, Kant, Nohl und Flitner. Deutlich wird zweierlei: Zum einen ist zentrales Thema die Traditionsvermittlung bestehender Normen und Werte zwischen den Generationen und zum anderen kreist die Diskussion um die Weiterentwicklung der Zukunft (vgl. Weber 1978). Auf der einen Seite geht es um die Weitergabe von geschichtlicher Erfahrung und von Wissensbeständen. Zum anderen sind Vorstellungen einer Zukunft zu entwickeln, die Verbesserungen und neue Lebensformen enthalten. Diese werden von den Heranwachsenden in Auseinandersetzung mit dem Vergangenem wie dem Gegenwärtigen hervorgebracht. Das bereits Erreichte bildet dabei die Basis für weitere Entwicklungen. Interessanterweise aber wird in diesem Ansatz die ältere Generation unsichtbar. Zugleich verschwindet damit die Bedeutung der intergenerativen Erziehung. Zwar verweisen solche Aspekte wie das bestehende Kulturgut mit seinen Einstellungen, Gefühlsgehalten und Lebensformen auf die ältere Generation, jedoch wird auf diese Weise aus der Generationsbeziehung zwischen Jüngeren und Älteren ein abstraktes Generationenverhältnis, bei dem sich keine konkreten Personen gegenüberstehen und sich Erziehung verflüssigt. Anstatt der älteren Generation werden vielmehr Institutionen, das Wirtschaftssystem sowie bestehende Normen und Werte als bedeutsame Faktoren für das Generationenverhältnis aufgeführt. Institutionen und Wirtschaftssystem repräsentieren die erwachsene Generation, die auf diese Weise anonym wird und ihre konkrete Gestalt verliert.

Die Beziehungsmuster zwischen den Generationen als zentraler Bestandteil erziehungswissenschaftlicher Forschung gerieten damit aus dem Blick. Nicht zuletzt trugen zu dieser Themenspezialisierung die Ansätze von Eisenstadt (1966), Tenbruck (1962) und Schelsky (1957) bei, die in der Tradition von Mannheim ein theoretisches Konzept der peer-group entwickelten (vgl. Krüger 1988, 15). Nach Eisenstadt reicht aufgrund einer zunehmenden gesellschaftlichen Differenzierung in vielfältige Teilbereiche die familiale Erziehung und Sozialisation nicht mehr aus, um Heranwachsende für die soziale Welt außerhalb der Familie vorzubereiten (ähnlich Tenbruck 1962, Schelsky 1957). Innerhalb der peer-group üben sich die Heranwachsenden in emotional distanzierte Rollenmuster ein, die zugleich durch Solidarität und Integrität gekennzeichnet sind. Sie wird zu einem zentralen Verbindungsbereich zwischen primärer und sekundärer Sozialisation, in dem partikularistisch-diffuse mit universalistisch-spezifischen Strukturelementen verknüpft werden.

Mit den Überlegungen von Eisenstadt und auch Schelsky war in den 60er Jahren zugleich ein wichtiger Schritt in Richtung einer sozialwissenschaftlich orientierten pädagogischen Jugendforschung getan (vgl. Krüger 1993). Das Generationenthema fand Eingang in die pädagogische Jugendforschung (Projektgruppe Jugendbüro 1977). Untersucht wurde das Handeln der Jugendlichen, ihre Lebensstilausprägungen und Umgangsmuster (Krüger 1988). Die These von der Peer-Gruppenbildung in der Jugendphase führte zu der These der zunehmenden Alterssegregation (Hornstein 1983) und der Gleichaltrigen-Gesellschaft (Allerbeck/Hoag 1985). Der Generationenbegriff wurde zum zentralen Begriff zur Beschreibung jugendlichen Verhaltens. Blücher (1966) spricht von der „unbefangenen Generation" und Allerbeck/Rosenmayr (1971) bezeichnet die Jugend als „kritische Generation". In den 70er Jahren werden dann auch Themen wie die zunehmende Arbeitslosigkeit, die ökologische Bedrohung, das Wettrüsten und die Kriegsgefahr relevant. In diesen Kontext werden Einstellungen von Jugendlichen wie die Null-Bock-Haltung, die Verunsicherung oder die Distanziertheit vor der Übernahme politischer Verantwortung erklärt. In der Folge wird die Jugend dann auch als „narzißtische" und „verwöhnte Generation" (Ziehe 1980, Sinus 1985), als „verunsicherte" und „gespaltene Generation" (Sinus 1983; Hornstein 1983) bezeichnet. Aber auch solche Bezeichnungen wie „zwischen Anarchie und Apathie" (Baacke 1980) „orientierungslose", „alternativ-orientierte" oder „sinnsuchende" Jugend wurden benutzt. Selbst Ziehe (1980), der den Begriff des jugendlichen Sozialisationstyp des Narziß geprägt hat und zusätzlich ein besonderes Augenmerk auf die Generationsbeziehungen zwischen Eltern und Kindern richtet, erklärt vor dem Hintergrund einer materialistischen Sozialisations- und Gesellschaftstheorie im Kontext psychoanalytischer Ansätze die Selbstbezogenheit der Jugendlichen.

Auch wenn Ziehe betont, daß die frühkindliche Sozialisation, die vaterlose Familie, das Verschwinden des autoritären Vaters und die überbehütende Mutter, die das Kind zur Stabilisierung ihrer eigenen Aufwertung benutzt, zum gegenwartsbezogenen Hedonismus, zum Vermeidungsverhalten und zur starken Peer-group-Orientierung führen, wird stärker der Zusammenhang von Gesellschaft und Jugendorientierung diskutiert. Danach sind es die Produktions- und Konsumptionsverhältnisse des Spätkapitalismus, die Forderung nach Leistungsorientierung und Konsumfreudigkeit, auch wenn sie über die Familie vermittelt werden, durch die eine charakteristische Generationsgestalt entsteht. Die Gesellschaft als wesentlicher Motor sozialer Wandlungsprozesse wird hierbei zu einem Gefahrenpotential. Das von Ziehe konstatierte mangelnde Durchhaltevermögen und die Konsumfreudigkeit der Jugendlichen stellt dann auch die einstigen Gedanken der geisteswissenschaftlichen und kritischen Erziehungswissenschaft in Frage: Ist durch diese Entwicklung die Idee von der Vervollkommnung der zukünftigen Gesellschaft durch die nächste Generation an ihr Ende gelangt? Kann eine intergenerative Erziehung überhaupt auf ein Drittes, eine bessere, demokratischere Zukunft ausgerichtet sein? Ist es überhaupt noch möglich, ein Erziehungsziel zu benennen?

Im Fokus der Diskussion um Generationen stand zugleich die von Inglehart prognostizierte These vom Wertewandel[3] (Inglehart 1979). Danach befördern umfassende Industrialisierungs- und Demokratisierungsprozesse hochmoderner Gesellschaften einen Wandel in den Wertorientierungen, den Jagodzinski (1985) auch als intergenerationellen Wertewandel bezeichnet. Während für die ältere Generation ökonomisches Wachstum, hohes Leistungsstreben, Disziplin und Ordnung sowie Rivalität und Stabilität zentrale Werte sind, haben diese Werte aufgrund veränderter sozial-historischer Wandlungsprozesse für die Heranwachsenden an Bedeutung verloren. Für die jüngeren Generationen sind solche Werte wie Selbstverwirklichung, soziale Zugehörigkeit und Solidarität, Freizeit sowie spielerische Aktivität und Verbesserung der Lebensqualität zentral. In der Sinus-Studie von 1983, der Studie von Allerbeck und Hoag (1985) sowie der Jugend-Shell-Studie von Zinnecker, Fischer und Fuchs (1985) werden diese jugendlichen Generationsgestalten empirisch unterfüttert und weiter ausdifferenziert. Hornstein zieht daraus den Schluß, daß sowohl die vielfältigen Formen organisierter Ausbildung und Bildung, die zu einer distanzierten Kommunikationsform zwischen den Generationen geführt hat, als auch der Wertewandel von der Arbeitsorientierung hin zum sinnerfüllten Leben, der unterschiedliche Lebenseinstellungen aufweist, zur Entfremdung zwischen den Generationen beigetragen hat.

Dies geschah nicht zuletzt dadurch, daß viele Jugendbereiche zunehmend pädagogisch professionalisiert wurden. So betont Mollenhauer Anfang der 80er Jahre für den Bereich der Fürsorge, daß er mittlerweile „totalitär" und zugleich notwendig sei. Sein Argument ist, daß die Fürsorge „durch ein Zusammenwirken ordnungspolitischer, familienfürsorglicher, bildungspolitischer, freizeitpädagogischer und therapeutischer Maßnahmen zu erreichen versucht, was unsere kulturellen und sozialstrukturellen Bestände nicht mehr hergeben" (Mollenhauer 1982, 33). Dies wiederum hat zur Folge, daß durch die Zunahme der gesellschaftlich organisierten öffentlichen Erziehung und Ausbildung, die Pädagogisierung der scholastischen Ausbildungsgänge, die weit in das zweite Lebensjahrzehnt hineinreichen, die Kontakte zwischen Jugendlichen und Erwachsenen institutionalisiert werden. Es entsteht die Frage, ob Erwachsene nicht mehr ihrer Rolle gerecht werden, so daß sich die Jugendlichen nicht mehr gegenüber den Erwachsenen abgrenzen können. Konnte sich noch bis in die 50er Jahre hinein der Generationenkonflikt entfalten, weil die Erwachsenen noch eine respektable und zu-

---

3 Inglehart verbindet die Mangelhypothese, die er in Anlehnung an Maslow verwendet, und mit der eine Rangordnung menschlicher Bedürfnisse wie physiologische Bedürfnisse, Sicherheitsbedürfnisse, das Bedürfnis nach Achtung und das oberste Bedürfnis nach Selbstverwirklichung angenommen wird, mit der Sozialisationshypothese, nach der die im Erwachsenenalter vorherrschenden Werteinstellungen aus den nachhaltigen Sozialisationsprozessen der Kindheits- und Jugendphase resultieren.

kunftsorientierte Kultur präsentierten, haben sich solche Muster für die Erwachsenen verflüchtigt. Aber auch der Motivationsmangel der Jugendlichen, der Rückzug ins Private, jugendliches Patchwork ohne innere Identifikation, eine funktionale Praxis in Erziehungseinrichtungen ohne persönliche Beziehungsmuster werden als Gründe für ein gestörtes Generationenverhältnis genannt. Die Jugendlichen entziehen sich dem Generationenverhältnis und damit der Erwachsenengesellschaft (Hornstein 1983). Diese gesellschaftlichen und sozialen Wandlungsprozesse veranlassen pädagogische Jugendforscher dann auch zu der Annahme, daß die Jugend nicht mehr wie noch in den sechziger Jahren als Faktor sozialen Wandels betrachtet werden kann (Hornstein 1982). Statt dessen ist sie aufgrund gravierender gesellschaftlicher Veränderungen, die u.a. auch zur Jugendarbeitslosigkeit führten, zu einem „sozialen Problem" geworden.

Zugleich kommt die These auf, daß die Linien von Kindheit, Jugend und Erwachsenenalter ihre Konturen verlieren. Bildete sich seit den 60er Jahren die Jugendphase langsam als eine Lebensphase für alle Jugendliche heraus, entstand nach Zinnecker (1981) mit der Öffnung höherer Bildungseinrichtungen die postadoleszente Lebensform. In dem Maß wie sich die Lebensphase der Postadoleszenz herausgebildet hat, hat das Erwachsensein seinen Monopolanspruch eingebüßt (vgl. Zinnecker 1981, 98f.), der sich aus der ökonomischen Selbständigkeit begründete, mit der die Berechtigung verbunden war, eine Ehe zu gründen und aus der Herkunftsfamilie herauszutreten. Verloren gegangen ist der anciennitätsmäßige Status des Erwachsenenalters. Es ist zu einer „Relativierung des Erwachsenenstatus" (Hornstein 1982, 68) gekommen. Erwachsenenalter hier und Kindheit sowie Jugendalter dort seien keine eindeutigen Gegenbegriffe mehr. So wie das Erwachsenenalter seine Kontur verliert, verblassen die Strukturen der Kindheit. Die Erwachsenen orientieren sich statt wie in der Vergangenheit an einer traditionellen Lebensführung nun an einer pragmatischen Alltagsorientierung. Durch diese Entwicklung „ist die einfache Gegenüberstellung von Kindheit und Erwachsenheit mit dem als Übergangsphase und Durchgangsphase verstandenen Jugendalter fragwürdig geworden" (Hornstein 1982, 69). So gibt es nach Hornstein in den 80er Jahren zu wenig anstatt zu viel Distanz zwischen den Generationen. Erziehung werde dadurch „verunmöglicht" (Hornstein 1982, 70), da Erziehung einen qualitativen Unterschied zwischen Erwachsenen und Heranwachsenden voraussetze. Die notwendige Differenz zwischen den Generationen sei ein Grundbestandteil der Erziehung, wobei zugleich als unbeantwortet bleibe, wie "Erziehung in unserer gesellschaftlichen Situation, also in einer Epoche grundlegender Wandlungen und Widersprüche überhaupt noch möglich ist" (Hornstein 1982, 77). Denn Jugend definiert sich nicht mehr allein über den Erwachsenenstatus als Übergangsstadium zu dieser Lebensphase, sondern die Jugendphase verfügt über eigene Werte und Lebensformen.

Damit wird dem Generationenkonzept, angelegt als Generationenkonflikt zwischen der älteren und jüngeren Generation, seine Ausgangsbasis entzogen. In den Ansätzen von Mannheim, Schelsky und Tenbruck ist die Jugendphase eine lebenszeitliche Übergangsphase von der Kindheit in das Erwachsenenalter. Als Lern- und Vorbereitungsphase übt sie langsam in erwachsene Verhaltensweisen ein, versagt noch die Rechte und Privilegien des Erwachsenenalters. Gerade aus der Versagung und der Vorbereitung entwickeln die Heranwachsenden eine eigene Sicht auf gesellschaftliche Verhältnisse, die in einer konstruktiven Kritik an bestehenden Traditionen münden sollen/können, was dann als Generationenkonflikt bezeichnet wird.

So entstand dann auch eine Diskussion über die Brauchbarkeit des Generationenkonzepts. Gillis (1980) stellt die Überlegung an, ob Generationenkonflikte nicht eher Ausdruck von Klassengegensätzen seien, als Ausdruck unterschiedlicher Altersgruppen innerhalb der selben sozialen Schicht. Von Hornstein (1982) wurde die Frage aufgeworfen, ob in der pädagogischen Diskussion der Generationenkonflikt nicht als eine ahistorische Größe betrachtet wird, mit der angenommen wird, daß zu allen sozialgeschichtlichen Zeiten das pubertär bedingte Gären nach einer Zeit des Aufstandes in das abgeklärte Erwachsenenalter überleite. Vielmehr müsse überlegt werden, ob das Konzept von Mannheim und auch von Schelsky nicht angesichts differenzierter gesellschaftlicher Verhältnisse an Aussagekraft einbüsse. Es sei vielmehr verständlich, daß die Jugendlichen, die in institutionalisierten Organisationen sachlichen Beziehungen zu erwachsenen Pädagogen ausgesetzt seien und zugleich durch den Wertewandel mehr an sinnstiftenden Beziehungen und sinnerfüllenden Lebensorientierungen interessiert seien, die ältere Generation nicht mehr verstehen.

Mitte der 80er Jahre wird dann auch nicht mehr vom Generationenkonflikt, sondern von der Destandardisierung der Jugendphase gesprochen. Dies hat zur Folge, daß vorwiegend die Auflösungstendenzen der Lebensphase Jugend analysiert werden. Angesetzt wird hierbei an Annahmen der Lebenslaufforschung (Kohli 1985). Im Kontext dessen wird die Jugendphase zu einem Teilsegment des Lebenslaufs. Übernommen wird vor dem Hintergrund modernisierungstheoretischer Annahmen der zunehmenden Individualisierung die These von der Verzeitlichung, Chronologisierung und Standardisierung des Lebenslaufs, mit der die Entstehung der Jugendphase als Zeit der schulischen Vorbereitung auf den Erwerbsstatus (Olk 1986, 41f) begründet wird. Mit der These von der Entstrukturierung und Individualisierung des Lebenslaufs wird dann auch eine Entstrukturierung der Jugendphase[4] bzw. eine Verlangsamung bzw. Umkehrung altersspezifischer Verhal-

---

4 Vorbereiter dieser Annahmen waren sicher auch die Überlegungen von Fuchs (1983) zur Individualisierung der Jugendbiographie, nach denen durch die zunehmende Individualisierung auch Jugendlichen mehr Wahlmöglichkeiten und Dispositionschancen in der Planung ihrer Lebensgestaltung zugestanden werden.

tensnormen festgestellt, abzulesen vor allem an der zeitlichen Streuung zentraler, den Übergang Jugend-Erwachsenenalter kennzeichnender Lebensereignisse: Verlängert hat sich die Schul- und Ausbildungszeit (vgl. auch Hornstein 1985, 158f; Fuchs 1985, 239) und verändert haben sich das Heiratsverhalten sowie die Teilhabemöglichkeiten der Jugendlichen in den Bereichen Konsum und Freizeit.

Hornstein vermerkt dann auch Ende der 80er Jahre, daß pädagogische Fragestellungen zunehmend vernachlässigt werden. Jugendforschung sei zur Jugendkulturforschung geworden, die sich vorrangig für die Ästhetisierungen von Jugendkulturen interessiere. Gefordert wird statt dessen eine Jugendforschung, die sich mit den gesellschaftlichen, kulturellen und sozialen Lebensverhältnissen in seinen Widersprüchlichkeiten und konflikthaften Konstellationen auseinandersetzt und dabei auch die Frage pädagogischen Handelns diskutiert. Eine solche jugendtheoretische Diskussion ist seiner Ansicht nach Ausdruck der konstatierten Entstandardisierung und Entstrukturierung der Jugendphase, bzw. des vielerorts beschriebenen Strukturwandels der Jugend (Hornstein 1985). Was die Spezifika der Jugendphase sind und wie Lernende und Erziehende zueinanderstehen, werde in dieser Diskussion immer unwesentlicher. Selbst der Generationenkonflikt tauche nicht mehr als Thematik auf.

Böhnisch/Blanc (1989) generalisieren dann auch die These von Hornstein über „Relativierung des Erwachsenenalters" und sprechen vor dem Hintergrund zunehmender Modernisierungsprozesse von einer „Relativierung der Lebensalter". Festzustellen sei eine zunehmende Nivellierung des Konsumverhaltens zwischen Älteren und Jüngeren sowie eine Durchbrechung der lebensphasentypischen Bildungs-, Ausbildungs- und Karrieresysteme. Ältere wie Jüngere seien zu allen Zeiten im Lebenslauf aufgefordert, sich zu bilden bzw. weiterzubilden, Karriereverläufe lösen sich als institutionalisierte Struktur auf und Jüngere können aufgrund eines raschen Wandels im Wirtschaftssystem im Berufssektor bessere Arbeitschancen haben als ältere Arbeitnehmer. Aber auch die Massenmedien richten sich gleichermassen an alle Altersgruppen. Vor diesem Hintergrund wird betont, daß Jüngere nichts mehr von Älteren lernen können, womit eine doppelte Relativierung der Lebensalter eingetreten sei: „Zum einen lernen und erlernen die Jungen heute augenscheinlich mehr Neues, das die Älteren nicht kennen und deshalb auch nicht weitergeben können, als zu früheren Zeiten; zum anderen ist vieles von dem, was die Älteren früher gelernt haben - zumindest unter dem industriegesellschaftlichen Verwertungsgesichtspunkt - heute wert- und belanglos geworden" (Böhnisch/Blanc 1989, 11).

Mit dem Zusammenbruch der DDR werden dann auch verstärkt die Lebensstile von Jugendlichen, ihre Werteinstellungen und Bildungsmuster vergleichend untersucht (Behnken u.a. 1991; Jugendstudie 1992). Zwar fragt Kirchhöfer (1992), ob durch die Wende- und Vereinigungserfahrungen

Generationenbeziehungen und Generationenverhältnisse

im Sinne Mannheims eine Umbruchgeneration entsteht, jedoch weisen die Ergebnisse auf äußerst heteronome Einstellungen zwischen ost- und westdeutschen Jugendlichen hin. Die zentrale Themen der Jugend-Studie '92 sind Werteeinstellungen, Orientierungen im politischen Handlungsraum, Religion, Lebenslaufereignisse, Entwicklungsverläufe, Jugendkulturstile und soziale Differenzen (Shell-Studie 1992). Auch in anderen Studien sind die Themen Gewalt, Politikverdrossenheit und jugendliche Lebensstile, wobei Ähnlichkeiten und Differenzen zwischen ostdeutschen und westdeutschen Jugendlichen herausgestellt werden (Shell-Studie 1997, Schmidtchen 1997). Die Shell-Jugend-Studie '97 konzentriert sich mit dem Motto „Die gesellschaftliche Krise hat die Jugend erreicht" (1997, 11) auf den Bereich der politischen Einstellungen. Fragen nach einem Generationenkonflikt zwischen Älteren und Jüngeren werden weder thematisiert noch untersucht. Vielmehr wird die Jugendphase - wenn auch in den Lebenslauf eingebettet - als eine Lebensphase interpretiert, in der Jugendliche individualisiert und konfrontiert mit vielfältigen, unterschiedlichen gesellschaftlichen Problemen keine Generationsgestalt mehr ergeben.

Mit den zunehmenden gesellschaftlichen Differenzierungsprozessen, der Pluralisierung von Lebensformen sowie der Diversifizierung von Lebenslagen wird verstärkt die Unterschiedlichkeit der Jugendlichen betont. Generationenverhältnisse als konflikthafte Beziehungsform und als wesentlicher Bestandteil der Entwicklung von Gesellschaft rückte auf diese Weise weiter in den Hintergrund erziehungswissenschaftlichen Interesses. Standen noch bei Schleiermacher, aber auch Vertretern der geisteswissenschaftlichen Pädagogik die Generationsbeziehungen im Fokus der Analyse, wobei auf das innovative Potential der jüngeren Generation hingewiesen wurde, das durch Erziehung zu einer positiven Kraft für den gesellschaftlichen Wandlungsprozeß werden kann bzw. soll, so veränderte sich die Blickrichtung im Kontext der Klassiker von Dilthey und Mannheim, aber auch Schelsky, Neidhardt und Tenbruck hin auf die Konflikthaftigkeit der Generationenverhältnisse. Verstanden wurden die jugendlichen Generationsgestalten als eine Einheit, die in Abgrenzung zur älteren Generation vor dem Hintergrund einer ungleichen Machtbalance um neue Lebensformen kämpft. Mehr Gewicht erhielten dadurch gesellschaftliche Entwicklungen, die Modernisierung und Individualisierung. Mit der Zunahme gesellschaftlicher Differenzierungsprozesse und einer Zunahme an Sozialisationsinstanzen, dem Wandel der Zuschreibungsmuster von Jüngeren und Älteren, die mit Hilfe von theoretischen Ansätzen der Modernisierungstheorie (Beck 1986) begründet wurden, rückt dann das Thema des Generationenkonflikts und der Generationengestalt in den Hintergrund. Hervorgehoben wurde, daß es zu einer Relativierung sowie Destandardisierung der Lebensphasen gekommen sei und sich in der Folge die Machtbalance zwischen den Generationen gewandelt hat. So betont Böhnisch, daß die "pragmatische Koexistenz der Generationen (...) das traditionelle Konfliktmodell abgelöst" (Böhnisch 1994, 112) hat. Generationenkonflikte treten danach nur noch situativ und sozial diffus auf, in einzelnen oder kollektiven Gewaltausbrüchen. Die pädagogische Jugendforschung konzentrierte sich auf expressive Jugendstile, Politik und Schulbildung. Erst die aktuelle Debatte um den Generationenvertrag, den „Altenberg" und die Solidarleistungen zwischen Älteren und Jüngeren, aber auch um die Wandlungsprozesse der Familie, die Pluralisierung der Lebensformen, die steigenden Scheidungsraten und die soziale Armut bei Alleinerziehenden führte wieder zu der Frage, welche Interaktionsformen und Bindungsmuster zwischen Kindern und Eltern bestehen, welche Erziehungsmuster praktiziert werden und wie die Machtverteilung zwischen den Generationen gestaltet wird.

3 Generationsbeziehungen und Erziehung in der Familie

Es ist vor allem die Studie von Mollenhauer, Brumlik und Wudtke (1975), die auf das Feld der intergenerativen Familienerziehung aufmerksam gemacht hat. Erstaunlicherweise wurde dieser Ansatz nicht weiterverfolgt. Generationsbeziehungen, die auf das erzieherische Verhältnis zwischen Eltern und Kindern verweisen, werden erst gegenwärtig wieder zum Thema gemacht (Liebau/Wulf 1996; Liebau 1997) und in Form von empirischen Studien (Ecarius 1996, 1997; Ecarius/Krüger 1997) untersucht. Blickt man auf ältere Debatten in der Erziehungswissenschaft zu Familie, Generation und Erziehung ist man verwundert, welche geringe Bedeutung dieser Bereich in der Erziehungswissenschaft einnimmt.

Geht man zurück bis in die 70er Jahre[5], zeigt sich, daß das Thema der intergenerativen Familienerziehung hauptsächlich im Kontext von Schule und sozialer Ungleichheit diskutiert wird. Genannt wird - unabhängig der Thematiken - durchweg ein einheitliches Erziehungsziel: die Selbstbestimmung, die Selbstentfaltung, die Mündigkeit und die Emanzipation. Getragen von Gedanken, die Adorno/Becker in ihrem Aufsatz „Erziehung - wozu?" formulierten, und von Krappmanns Konzept der „personal identity" und „social identity" betrachtet Weiss (1980) die Selbständigkeitserziehung als oberstes Ziel der Familienerziehung. Rosonow u.a. (1982) stellen fest, daß Arbeiter-Eltern die Erziehung des Kindes nicht primär pädagogisch deuten, sondern aus alltagspraktischen Situationen heraus handeln. In Angestelltenfamilien wirken pädagogische Konzepte stärker in den erzieherischen Alltag hinein. Dabei entsteht der Widerspruch, daß einige der Familien ihr

---

5 Recherchiert werden ab den 70er Jahren die Zeitschrift für Pädagogik, die Zeitschrift für Sozialisationsforschung und Erziehungssoziologie, Neue Praxis und Neue Sammlung.

Generationenbeziehungen und Generationenverhältnisse 53

Kind zwar kindzentriert erziehen wollen, dies aber mit dem Anspruch verbinden, daß sich das Kind zugleich in den Familienalltag zu integrieren hat. „Bei diesen Familien erscheint entweder die Selbständigkeit und der freie Wille als Bedrohung einer affektiv integrierten Gemeinschaft oder die affektiv integrierte Gemeinschaft als Bedrohung der Selbständigkeit" (Rosenow u.a. 1982, 255). Sanktionen hier und Freiräume da werden zu Paradoxien einer emanzipierten, modernen Erziehung. Thiersch (1980) stellt im Kontext der antipädagogischen Diskussion die Frage, ob Erwachsene aufgrund gewachsener Ansprüche ihre Kinder noch lieben können. Die Liebe zum Kind werde zur Angst durch den Anspruch, den Kindern möglichst gute und umfassende Möglichkeiten der Entfaltung und Entwicklung zu geben. Jedoch läßt sich nach Thiersch in der Erziehung das Ungleichgewicht zwischen den Generationen nicht auflösen. Kinder sind auf den Schutz, die Hilfe, Vorgabe und Planung der älteren Generation angewiesen.

In den 80er Jahren wird dem Thema Generation etwas mehr Beachtung geschenkt. Zum einen sind es Themen um Erziehung und soziale Ungleichheit, wobei darauf verwiesen wird, daß in Schule und Familie gleichermaßen die Reproduktion von sozialer Ungleichheit angelegt ist (Liebau 1984; Müller-Rolli 1985). Zum anderen entsteht in den 80er Jahren eine Debatte um „Das Ende der Erziehung" (Giesecke 1985)[6]. Erziehung sei zur Sozialisation verkommen, da ihr die Emotionalität und Intentionalität genommen wurde: „Eltern (...) handeln wie Funktionäre, ebenso handeln Lehrer" (Giesecke 1983, 69). Giesecke fordert, anstelle des Erziehungsbegriffs den Begriff Lernen zu verwenden. Herrmann (1987) jedoch kann dieser Forderung nicht zustimmen. Er versteht Erziehung in seiner Zielbestimmung in anderer Weise. Erziehung sei nicht techne „Herstellen, Machen von etwas, sondern poiesis - Hervorbringung - und zwar von auto-poiesis" (Herrmann 1987, 106). Herrmann geht davon aus, „daß das Ziel der Erziehung Bildung ist und reflexive Selbstkonstitution von Subjektivität und nicht die Zurichtung von Subjekten" (Herrmann 1987, 106). Als Antwort auf den veränderten pädagogischen Status quo entwickelt Giesecke eine Erziehungsanleitung für Eltern und ein Konzept für die Schule. Er fordert, daß Familie zum sozialen Heimathafen mit gegenseitiger Anerkennung, Aufgaben und klaren Grenzen werden soll.

Ende der 80er Jahre bis Mitte der 90er Jahre wird das Thema Familie und Erziehung im Kontext von Arbeitslosigkeit und Familienklima, Schule, Bildung, Lernen und Familie, Alleinerziehenden, Familie und rechtsextremen Jugendlichen sowie Autoritarismus und Familie diskutiert[7]. Auch in diesen Jahren widmen sich nur wenige Beiträge dem Thema „intergenerative familiale Erziehung". Mit Beginn der 90er Jahre werden erstmals The-

---

6 Flitner (1984) gelangt in seiner kulturpessimistischen Analyse zu der Annahme, daß die junge Generation isoliert sei.
7 Autoren der ZfPäd sind u.a. Hornstein, Lüders 1987; Krumm 1988; Wagner-Winterhager 1988.

men im Kontext des Generationenvertrages diskutiert (Kohli 1991). Hier wird vor allem die älteste Generation und die mittlere Generation fokussiert. Hagestad (1987) macht darauf aufmerksam, daß die Familie in ihrer Vertikalität expandiert ist. Alte Menschen erleben gegenwärtig aufgrund der hohen Lebenserwartung ihre Enkel und teilweise auch ihre Urenkel, wobei die einzelnen Generationen in einem komplexen und variantenreichen intergenerationalen Setting miteinander interagieren. In diesen Kontext fällt auch die Studie von Göppel (1995), die ergibt, daß erworbene Bindungsmuster in die familiale Erziehung hineinragen, die im generativen Interaktionszusammenhang erlernt werden. Erziehung ist innerhalb von Familien somit nicht nur intentionale Erziehung, sondern es werden auch Faktoren virulent, die unter dem Aspekt der Sozialisation zu verbuchen sind. Dies sind geschlechts- und milieuspezifische Faktoren wie auch intergenerationale Beziehungsstrukturen und Erziehungsmuster zwischen zwei oder mehreren Generationen.

Verstärkt diskutiert werden auch empirisch-sozialwissenschaftliche Studien. Aufgezeigt werden die pluralen Familienmuster im Kontext gesellschaftlicher Modernisierungsprozesse. Vor diesem Hintergrund gelangt Tippelt Ende der 80er Jahre zu der These, daß sich die Pädagogik vom Leitbild einer arrangierten ganzheitlichen pädagogischen Kinder- und Jugendwelt zu verabschieden habe (Tippelt 1988). Damit ist jedoch nicht gemeint, wie Tippelt ausdrücklich mit Blick auf Giesecke ausführt, daß Gleichaltrigengruppen und Medien eine stärkere erzieherische und sozialisatorische Wirkung als Eltern auf Heranwachsende haben. Widerlegt wird dies mit Ergebnissen empirischer Studien. Daraus geht hervor, daß sich in der Tat die Generationsbeziehungen gewandelt haben, jedoch Cliquenbildung und Elternbindung sich nicht gegenseitig ausschließen, auch wenn außerfamiliäre Sozialisationsinstanzen an Bedeutung gewonnen haben. Eltern bleiben für Kinder wichtige Bezugspersonen in bestimmten Lebensbereichen.

Zugleich betont Tippelt, daß nicht mehr von einer einseitigen Richtungswirkung der Erziehung und des Sozialisationseinflusses von den Eltern zu den heranwachsenden Kindern auszugehen ist. Vielmehr ist die Mehrdimensionalität dieses Prozesses zu berücksichtigen. Zugleich wird jedoch betont, daß es sich hierbei um eine Skizze handelt, und Untersuchungen zum Wandel familialer Sozialisation und gesellschaftlicher Verhältnisse, innerfamilialer Interaktionsprozesse unter Berücksichtigung milieu- und kohortenspezifischer Unterschiede fehlen. Genau dies wird in der quantitativen Studie von Oswald und Boll (1992) betont[8]. Hiernach zeichnet sich in der Tat das Ende von Generationenkonflikten ab. Nachdem in den 60er Jahren ein Rückgang der Zustimmung zum elterlichen Erziehungsstil fest-

---

8 Herangezogen werden Daten einer Familien- und Jugenduntersuchung in Berlin von 1986-1988 (Wiederholungsbefragungen, Stichprobe: 1700 Personen in West-Berlin). Zusätzlich wurden in 314 Familien ein Elternteil und ein Kind (zwischen 12-18 Jahren) befragt.

Generationenbeziehungen und Generationenverhältnisse 55

zustellen war, ist die Zustimmung der Heranwachsenden zum elterlichen Erziehungsstil gegenwärtig wieder auf der gleichen Höhe wie in den 50er Jahren. Anstelle einer intergenerativen Abgrenzung nimmt die Bindung zwischen den Generationen zu. Erziehung ist nicht mehr nur mit dem Ziel der Ablösung in Form eines Generationenkonflikts verbunden.

Anfang der 90er Jahre werden verstärkt Ergebnisse sozialwissenschaftlicher Studien diskutiert, um den Wandel der Familienentwicklung und der Sozialisationsbedingungen von Kindern zu erhellen (Grundmann/Huinink 1991). Hinzu kommen erste Analysen über Alltagserfahrungen von DDR-Jugendlichen in Schule und Familie. Die Familie war für die Heranwachsenden zugleich Nische und Widerstandsort (Gießler 1993). In Ostdeutschland fanden sich sowohl moderne Verhandlungshaushalte sowie traditionale Befehlshaushalte (du Bois-Reymond/Büchner/Krüger/Ecarius/Fuhs 1994)[9]. In modernen Verhandlungshaushalten praktizieren die Eltern mit den Kindern eine Erziehung, in der das Aushandeln von Regeln üblich ist und die Kinder über einen relativ großen Handlungsspielraum verfügen. In dem Maß wie sich die Privilegien der Heranwachsenden erweitern, reduzieren sich die Einflußmöglichkeiten der Eltern. Die Machtbalance zwischen den Generationen nähert sich auf diese Weise an.

In den 90er Jahren wird Familienerziehung auch im Kontext von sozialer Ungleichheit diskutiert. Der Beruf wirkt nicht nur auf das Erziehungsverhalten der Eltern[10] (Mansel 1993), sondern bedeutsam sind auch die vorgefundenen Bedingungen am Arbeitsplatz und die Erfahrungen während der Berufsausübung. Die Berufsausbildung der Eltern ist darüber hinaus vom Berufsstand der Großeltern abhängig. Der Schulerfolg der Kinder wird über den langen Arm der Großeltern nachhaltig beeinflußt.

Auch Giesecke wendet sich wiederholt dem Thema Familienerziehung und Generation zu. Die Familie habe auch als moderne Generationengemeinschaft (Giesecke 1990) weiterhin eine pädagogische Qualität. Sie bleibt für Kinder der Ort primären Lernens und primärer Reflexion. Zugleich aber sei gegenwärtig davon auszugehen, daß Aufwachsen nicht auf eine oder zwei Sozialisationsinstanzen begrenzt sei. Giesecke spricht von einer pluralistischen Sozialisation. Dies führt zu einer Relativierung der Erziehungsansprüche der Familie, aber auch anderer pädagogischer Orte. Jedoch verbleibt der Familie als pädagogischer Ort ein Rest unhinterfragter Selbstverständlichkeit. Familie als Generationengemeinschaft ist auf Ungleichheit angelegt, es gibt keine mechanische Gleichheit wie beispielsweise beim Wahl-

---

9 Insgesamt wurden fünf Erziehungshaushalte festgestellt: der restrikive Befehlshaushalt, der ambivalente Befehls- bzw. Verhandlungshaushalt, der assertive Befehlshaushalt, der Verhandlungshaushalt an der kurzen Leine und der Verhandlungshaushalt an der langen Leine.

10 In dieser Längsschnittstudie, in der 1982 von 147 Eltern von Kinder im Einschulungsalter zu Arbeitsbedingungen und Erziehungsverhalten befragt wurden, konnten fast zehn Jahre später, nämlich 1991, der besuchte Schultyp erfaßt werden.

recht, auch wenn Familienkonferenzen und Mitspracherechte der Heranwachsenden möglich sind. Giesecke relativiert damit seine Argumentationen aus den 80er Jahren, in denen er von einer Relativierung der Lebensalter ausging und die Vermutung äußerte, daß Eltern zu Funktionären geworden wären. Nun wird der anonymen Sozialisation ein Konzept der pluralistischen Sozialisation gegenübergestellt. Zugleich betont Giesecke, daß gegenseitiges Lernen der Generationen zum zentralen Bestandteil von Erziehung werde (vgl. Giesecke 1994, 75).

Es wird auch ein Licht auf die dritte Generation, die der Großeltern, geworfen und danach gefragt, welchen Anteil ihnen in der Erziehung der Enkelkinder zukommt (Schulz-Hageleit 1991). Intergenerative Weitergabe von Erfahrungen vollzieht danach nicht nur intentional, sondern wird funktional transportiert. Dies setzt keinen aktiven Interaktionsprozeß voraus, sondern wird unbewußt und indirekt von einer Generation zur nächsten Generation weitergegeben. Transformationen von Handlungs- und Erziehungsmustern erstrecken sich über mehrere Generationen.

Nach Herrmann (1995) haben sich pädagogische Konzepte von der Zukunftsutopie zu verabschieden. Die ältere Generation kann für die jüngere Generation nicht mehr die Verantwortung für das Gelingen der Lebensentwürfe übernehmen. Die ältere Generation hat sich darauf zu besinnen, welche moralischen Maximen und Absichten im Umgang mit Kindern und Heranwachsenden begründet und umgesetzt werden können. Zugleich kann sie nicht mehr die Verantwortung für das erwachsene Leben der nachwachsenden Generation übernehmen bzw. dafür verantwortet werden. Gesinnungsethik wird auf diese Weise zu einer negativen Verantwortungsethik, als Verantwortung für das Vermeidbare. Den jüngeren Generationen sind Lernmöglichkeiten zur kulturellen, moralischen und politischen Bewußtseinsformung privat wie auch öffentlich zu schaffen. Den Älteren komme dabei eine Vorbildfunktion zu. Sie haben den Jüngeren aktiv vorzuleben, wie sie sich eine Zukunft verantwortlich vorstellen. Nur dann kann die ältere Generation hoffen, daß ihre Zukunftsvorstellungen mit ins Kalkül gezogen werden. Ansonsten braucht sich die ältere Generation nicht zu wundern, wenn die jüngere Generation die ältere Generation "sozusagen schon bei Lebenszeiten abschreibt" (Herrmann 1995, 59f). Auch Bilstein (1994) betont das intergenerative Verhältnis. Er verabschiedet sich vom Mannheimschen Generationenbegriff und lenkt den Blick auf das erzieherische interaktive Miteinander. Erziehung bedeute nicht Generationenkluft, sondern findet in der intergenerativen Begegnung statt. Menschliches Werden benötige für einen Anfang unverzichtbar die Einheit mit einem Erwachsenen. Liebe und Hingabe sind Grundvoraussetzung für das Lernen. Aber auch das Gegenteil, die Separation, die Abgrenzung sei eine wichtige Form für das Zusammenspiel der Generationen. So betont Schmidtchen (1997) in seiner empirischen Studie, daß Anforderungen und emotionale Unterstützung der Eltern gegenüber den Kindern zwei zentrale Aspekte der Erziehung sind. Damit wird wieder verstärkt betont, daß die Heranwachsenden klare Regeln und Grenzen benötigen und Eltern Vorbilder sein sollen.

4 Fazit: Intergenerative Familienerziehung als erziehungswissenschaftliches Thema

Die Analyse verdeutlicht, wie wenig erforscht das Feld der Generationsbeziehungen und Generationenverhältnisse ist. Zugleich zeigt die Analyse, wie stark gesellschaftliche Wandlungsprozesse in Generationsbeziehungen und -verhältnisse hineinwirken und diese verändern. Seit der zentralen Studie von Mollenhauer, Brumlik und Wudtke (1975) ist die Familienerziehung jedoch nicht wesentlich weiter entwickelt worden. Rauschenbach (1994, 165) hat in einem Aufsatz zu Recht darauf hingewiesen, daß es sich bei diesem Themenbereich um ein zentrales Forschungsfeld der Erziehungswissenschaft handelt. Woran, so ist zu fragen, ist eine Etablierung der Familienerziehung in der Erziehungswissenschaft gescheitert? Was waren die Problematiken, sich diesem Thema nicht zuzuwenden? Welche aktuellen Debatten führten zu einer Hinwendung zu anderen Themen?

Aufschlußreich sind hierbei Diskussionen und Definitionsversuche um Erziehung und Sozialisation. Eine Unterscheidung in Sozialisation und Erziehung kam auf, als sich die Sozialisationsforschung, die aus Amerika importiert wurde, in der Bundesrepublik etablierte (Wurzbacher 1963; Fend 1971). Mit Entstehen der Sozialisationsforschung wird zwischen Erziehung und Sozialisation unterschieden. Sozialisation bezieht sich als Sozialwerdung auf zentrale Sozialisationsinstanzen. Dies schließt das Lernen geltender Werte- und Normensysteme mit seinen Symbol- und Interpretationsmustern, das Erlernen der sozialen Erwartungen und der Muster sozio-ökonomischer Systeme, ein. Davon wird das Erziehen, die Sozialmachung (Gudjons 1995), unterschieden, auch wenn gegenwärtig von Auflösungserscheinungen des Erziehungsbegriffs gesprochen wird (Tenorth 1992, 12). Oelkers geht davon aus, daß der Erziehungsbegriff zerfließt (Oelkers 1991, 237), keine eindeutige Referenz hat und immer nur der Versuch der Verbesserung einzelner Qualitäten des Kindes sein kann. Heid (1994, 47) spricht von Verworrenheit und Treml versteht Erziehung als Fiktion (1991).

Die Erziehungswissenschaft hat sich dagegen verstärkt mit Themen der pädagogischen Professionalisierung und den pädagogischen Arbeitsfeldern auseinandergesetzt, auch wenn Familie uneingeschränkt als „erster Ort der Erziehung" (Krüger 1995, 9) verstanden wird. Der umfassende Modernisierungs- und Institutionalisierungsschub im 20. Jahrhundert führte zu einer

Expansion im Bildungs-, Erziehungs- und Sozialwesen in vor- und außerschulische Bereiche, die berufliche Weiterbildung für Erwachsene, die Kulturarbeit, Mädchenbildung, Altenarbeit und Gesundheitsförderung. Zugleich orientiert sich die Erziehungswissenschaft im Vergleich zu ihrer Nachbardisziplin Soziologie immer auch an ihren praktischen Handlungsfeldern. Von daher lag der Fokus verstärkt auf der Familienhilfe als Teil der Sozialpädagogik und weniger auf der Erforschung konkreter familialer Erziehungsprozesse. Familie wird eher unter dem Aspekt der strukturellen Überforderung und der Zuhilfenahme öffentlicher und professioneller Angebote betrachtet. Daher ist, wie Böllert, Karsten und Otto für die Gegenwart konstatieren, „die Lage der erziehungswissenschaftlichen Familienforschung nach wie vor unbefriedigend" (Böllert, Karsten, Otto 1995, 21).

Aber auch das Thema der Generationengestalt und des Generationskonflikts birgt Problematiken, da Jugend als Generation sich kaum noch vereinheitlichen läßt. Während noch in den 80er Jahren immer wieder neue Generationsgestalten ausgerufen wurden, sind solche Verlautbarungen seit dem Verschwinden von Generationskonflikten und der Formierung eindeutiger und einheitlicher Jugendgruppen, die als Protestgruppen gegen bestehende und etablierte Einrichtungen sowie soziale Typisierungen entstanden, in den 90er Jahren seltener geworden. In der postindustriellen Gesellschaft, die die Zeichen einer allgemeinen Globalisierung trägt, ist das Subjekt im Zuge zunehmender Individualisierung zur Reproduktionseinheit des Sozialen geworden (Beck 1986). Das Generationenkonzept, das in Anlehnung an Mannheim dazu dient, Wissen und Verhaltensweisen von Heranwachsenden in Bezug auf das Gemeinsame von Jugendlichen zu thematisieren (vgl. Uhle 1996, 79), widerspricht solchen Modernisierungsthesen. Der Gedanke von generationsspezifischen, gemeinsamen Erfahrungen ist auf ein einheitliches Gesellschaftsgefüge mit traditionell-modernen Strukturen bezogen. Zwar hat Schelsky die zunehmenden gesellschaftlichen Differenzierungsprozesse in seiner Theorie berücksichtigt, jedoch lediglich um das Modell der peergroup erweitert. Inwiefern gegenwärtig noch einheitliche Generationsgestalten entstehen, ist daher fraglich. An die Stelle der hierarchisch geordneten Lebensphasen tritt die individuelle Handlungsdisposition, die Selbstorganisation. Die Individuen sind gezwungen, die Welt und sich selbst ohne stabile, gleichbleibende Verhältnisse zu definieren und eine eigene Lebensgeschichte zu präfigurieren.

Auf diese Weise gewinnt das Thema der Generationsbeziehungen, der konkreten Beziehungsstrukturen zwischen Eltern und Kindern, zwischen Jüngeren und Älteren, zunehmend an Bedeutung (vgl. Liebau/Wulf 1996, Honig 1996, Macha/Mauermann 1997). Fragen sind hierbei (Pasquale/ Behnken/Zinnecker 1995, Ecarius 1996, 1997), ob sich die familialen Generationenbeziehungen auflösen und Kinder, nachdem sie der elterlichen Pflege entwachsen sind, ein Leben jenseits von Eltern und Großeltern führen und der normativen Verpflichtung entsagen, ihre Eltern und Großeltern zu unterstützen, oder ob gerade durch die staatliche Befreiung von Ausbildungsansprüchen und Versorgungsverpflichtungen die Generationen unbelastet aufeinander zugehen können und darin die Chance einer Annäherung zwischen den Generationen besteht.

In einem größeren Forschungszusammenhang haben wir den Versuch unternommen, familiale Generationsbeziehungen näher zu untersuchen. In dem Projekt „Sozialgeschichte, Erziehung und Bildung in familialen Generationenbeziehungen. Wandlungsprozesse im intergenerativen Vergleich über drei Generationen" haben wir empirische Untersuchungen über den Wandel der Generationsbeziehungen über drei Generationen in ostdeutschen Familien durchgeführt (Ecarius 1997; Ecarius/Krüger 1997) und danach gefragt[11], wie in Familien Erziehung über drei Generationen gestaltet wird, was Generationen - und damit sind Großmütter, Mütter und Töchter oder Großväter, Väter und Söhne gemeint - voneinander lernen, welche Machtbalance vorliegt, welche Unterstützungsleistungen von einer Generation zur nächsten getätigt werden und welche Muster der sozialen Reproduktion vorliegen.

Die bisherigen Ergebnisse zeigen auf, daß sich in den intergenerativen Interaktionsformen in der Tat eine Relativierung der Lebensalter abzeichnet. Das entspricht dem, was Krumrey (1984) als eine historisch-kulturelle Verschiebung der Machtbalance zwischen den Generationen bezeichnet. Der Wandel in der Machtbalance von einer asymmetrischen hin zu einer symmetrischen Machtbalance zwischen Jung und Alt wird vor allem durch die Erziehungspraxen und Lernprozesse befördert. Die nunmehr relativierte Gleichstellung zwischen den Generationen wird nicht nur von den Jüngeren im Konflikt und der Ablösung mit der Elterngeneration eingefordert oder erkämpft, sondern die Eltern legen in ihrer Erziehungspraxis diese relative Gleichbehandlung selbst an und befördern damit auch selbst diesen Wandlungsprozeß. Die Verschiebung in der Machtbalance und damit die Relativierung der Lebensalter wird von der älteren und der jüngeren Generation gleichzeitig vorangetrieben. Die älteren Generationen halten weniger oder gar nicht an tradierten Verhaltensmustern fest, sondern unterstützen den Prozeß der Informalisierung. Sie profitieren davon, da sie auf diese Weise Ansprechpartner für die jüngste Generation bleiben. Sie bleiben attraktiv für die nachfolgenden Generationen und erhalten dadurch Mitspracherechte.

---

11 Untersucht wurden drei Generationen innerhalb von Familien, wobei entweder männliche oder weibliche Linien der Altersgruppen 1913-1921, 1943-1951 und 1963-1971 ausgewählt werden. Die Auswahl der Generationen richtet sich nach den historischen Großereignissen, wobei die mittlere Generation den Schnittpunkt bildet. Befragt wurden 20 Generationenlinien mit dem narrativen Verfahren von Schütze (1983) und einem Leitfadeninterview.

Die Nivellierung von traditionellen Alterszuschreibungen bedeutet nicht, daß die Generationen innerhalb der familialen Beziehungskonstellationen über die selben Ressourcen und Positionen verfügen. Unsere Untersuchungen haben ergeben, daß es nicht unbedingt zu einer Gleichstellung aller Generationenmitglieder kommt. Die Positionen und Ressourcen werden im Prozeß des Zuschreibens und Erkämpfens zwischen den Generationen ausgehandelt und neu verteilt. Es ergeben sich Konstellationen, in denen traditionale Alterszuschreibungen kaum noch eine Rolle spielen. Wer innerhalb der Familie welche Position hat und wer über welche Ressourcen verfügt, wie also das komplexe Beziehungsgeflecht der drei Generationen ausgestaltet wird, erfolgt aus dem intergenerativen Interaktionsgeflecht, in dem Erziehen und Lernen, Emotionalität und Distanz, Annahme und Ablehnung in der Verteilung von Positionen von immenser Bedeutung sind.

Dies wird vor allem in denjenigen Drei-Generationen-Familien sichtbar, in der die jeweiligen Generationen von unterschiedlichen Erziehungskonzepten und verschiedenen altersspezifischen Zuschreibungen ausgehen. Es entsteht eine Divergenz in den intergenerativen Alterszuschreibungen, wenn die älteste (dritte) Generation am traditionalen Konzept von Erziehung und den darin enthaltenen sozialen Alterstypisierung mit einer asymmetrischen Machtbalance festhält. Die jüngste Generation, die in der intergenerativen Interaktion damit konfrontiert wird, hat jedoch in der Regel eine moderne Erziehung und damit eine relative Gleichstellung im Umgang mit der mittleren Generation (den Eltern) erfahren. Diejenigen Mitglieder der ältesten Generation, die in der Interaktion mit der jüngsten Generation das Modell einer asymmetrischen Machtbalance durchzusetzen versuchen, stoßen dann auf Ablehnung. Die jüngste Generation kann ihre Position behaupten, indem sie Argumente benennt, die eine Zurückweisung einer traditionalen Machtbalance begründen. Auch verfügt die jüngste Generation über die Option, moderne Lebenswege einzuschlagen. Es besteht die Möglichkeit, die Angebote des Konsum- und Medienmarktes aktiv zu nutzen oder in kurzer Zeit beruflich Karriere zu machen. Sie macht sich damit die der ehemals älteren Generation vorbehaltenen Rechte und Privilegien zueigen. Den älteren Generationen wird auf diese Weise die Legitimationsbasis traditionaler Alterszuschreibungen mit asymmetrischen Generationenbeziehungen entzogen.

Die Unterstützungsleistungen zwischen den Generationen sind ganz vielfältig. Sie können gradlinig - von der ältesten an die mittlere und von der mittleren an die jüngste Generation - , aber auch in umgekehrter Richtung wirksam werden. Das Modell der mittleren Sandwich-Generation, die sowohl für Unterstützungsleistungen der älteren als auch der jüngeren Generation zuständig ist, ist somit als nur eine Variante zu betrachten (vgl. Borchers/Miera 1993). Als ein weiteres Muster haben wir Leistungstransfers gefunden, die entweder von der älteren oder der jüngeren Generation ausgehen und die die jeweilig anderen Generationen sozial und emotional unter-

Generationenbeziehungen und Generationenverhältnisse 61

stützen. Das Sandwich-Modell wäre insofern auf alle Generationen auszuweiten. Gefunden haben wir aber auch noch ein weiteres Muster, wobei dieses sich eher durch eine Konkurrenz zwischen den Generationen bzw. durch ausbleibende Unterstützungsleistungen auszeichnet.

Bedeutsam sind vor allem auch die unsichtbaren Bindungen in der Familie und die Delegationen von Familienaufgaben. Bei den weiblichen Linien zeichnet sich im Sinne eines Wertewandels ein Wandel von der familialen Pflichterfüllung, der Fürsorge und des Daseins für die Familie hin zu einer zunehmenden Selbstverwirklichung hinsichtlich des Erwerbs von Bildungstiteln und einer partnerschaftlichen Beziehung bzw. Ehe ab. Damit ist allerdings das Problem der Verbindung von Familie und Beruf keineswegs im Vorfeld gelöst, sondern dies deutet vielmehr daraufhin, daß ungelöste Probleme von einer Generation an die nächste Generation delegiert werden. In den männlichen Linien werden vor allem soziale Aufstiege sowie die Selbstbehauptung gegenüber der autoritären Vaterfigur delegiert.

Bildungsaufträge werden teilweise unabhängig von unterschiedlichen gesellschaftlichen Systemen von einer Generation an die nächste weitergegeben. Muster der Kapitalaneignung und -nutzung werden übernommen und auch gewinnbringend erweitert. Besonders eine Generationenlinie ist hier interessant, da dort aufgrund einer ungebrochenen Tradierung bürgerlicher Lebensvorstellungen, zu der auch die Aneignung und Nutzung von kulturellem Kapital gehört, diese mit der Wende dazu führen, daß sie direkt einsetzbar sind. In dem Moment, in dem Bildungsstrategien an eine politische Orientierung gebunden sind, haben wir in den ostdeutschen Biographien Brüche und Zwänge zu Umorientierungen gefunden. Bildungsaufträge werden aber auch manchmal nicht direkt an die nächste Generation weitergegeben, sondern es wird eine Generation übersprungen. So haben wir z.B. in einer Generationenabfolge einschließlich des Urgroßvaters die Abfolge Ingenieur-Lehrer-Ingenieur-Germanistikstudent gefunden. Wir vermuten, daß solche 'Generationensprünge' mit den Beziehungskonflikten zwischen den nahe aneinander stehenden Generationen im Zusammenhang stehen. Abgrenzungen der Kindern gegenüber ihren Eltern führen auch zu anderen beruflichen Interessen. Sicher ist hier auch die Stellung innerhalb der Geschwisterreihe von Bedeutung, welchen Beruf der Erstgeborene, der Zweitgeborene und der Jüngste erwirbt (vgl. Bertraux/Betraux-Wiame 1991).

Die Interaktionsmuster zwischen Großmutter und Mutter sowie zwischen Mutter und Tochter sind oft konfliktreicher als die zwischen Großmutter und Enkelin. Dieses Beziehungsmuster trifft auch auf die männlichen Generationenlinien zu. Die direkt aufeinander folgenden Generationen sind belastet durch die Erziehungspraxis und die Bestrebungen der Kinder, selbständig zu werden. Hier werden oft Konkurrenzen und Auseinandersetzungen deutlich. Das Verhältnis zwischen Großmutter und Enkelin bzw. zwischen Großvater und Enkel ist in der Regel entlasteter und entspannter.

Großmütter sowie Großväter versuchen, das was sie bei ihren Kindern verpaßt haben oder nicht zulassen konnten, bei den Enkelkindern stellvertretend gutzumachen. Insofern tragen Großeltern auch zur Tradierung von Familienmustern bei, indem sie an die Enkel/innen Lebenseinstellungen, Lebenserfahrungen und auch Erwartungen weitergeben.

Resümiert man zum Schluß diese Ergebnisse, dann ergibt sich ein Bild von Familie, das äußerst komplex und vielschichtig ist und nicht alleine über den Wandel vom Befehls- zum Verhandlungshaushalt vor dem Hintergrund modernisierungstheoretischer Annahmen erklärt werden kann. So wird der Wandel in der Machtbalance auch von den Eltern vorangetrieben und eine moderne Lebensführung der jüngsten Generation enthält Delegationen der Eltern- und Großelterngeneration. In familiale Generationsbeziehungen fließen Bildungsaufträge, Fürsorge und Unterstützungsleistungen, aber auch Konkurrenzen und familiale Machtstrukturen ein, die zugleich von gesellschaftlichen Wandlungsprozessen beeinflußt sind. Erziehung und Aufwachsen in familialen Generationsbeziehungen bedarf somit weiterer Analysen.

Literatur

Allerbeck, K.; Hoag, W.: Jugend ohne Zukunft? München 1985
Allerbeck, K.R.; Rosenmayr, L. (Hrsg.): Aufstand der Jugend? München 1971
Baacke, D.: Der sozioökologische Ansatz zur Beschreibung und Erklärung des Verhaltens Jugendlicher. In: deutsche jugend 1980, H.11, 493-505
Beck, U.: Risikogesellschaft. Frankfurt 1986
Behnken, I.; u.a.: Schülerstudie '90. Weinheim/München 1991
Bertraux, D.; Betraux-Wiame, I.: "Was Du erbst von Deinen Vätern ..." Transmissionen und soziale Mobilität über fünf Generationen. In: BIOS 1991, 4, 14-40
Bilstein, J.: Kunst im Generationenspiel. In: Neue Sammlung, 34, 1994, 645-666
Blücher, von Graf: Die Generation der Unbefangenen. Düsseldorf 1966
Böhnisch, L.: Gespaltene Normalität. Weinheim/München 1994
Böhnisch, L.; Blanc, K.: Die Generationenfalle. Frankfurt a.M. 1989
Bois-Reymond, du M.; Büchner, P.; Krüger, H.-H.: Die moderne Familie als Verhandlungshaushalt. In: Neue Praxis, 23. Jg., H1/2, 1993, 32-42
Bois-Reymond, du M.; Büchner, P.; Krüger, H.-H.; Ecarius, J.; Fuhs, B.: Kinderleben. Opladen 1994
Böllert, K.; Karsten, M.E.; Otto, H.-U.: Familie: Elternhaus, Familienhilfen, Familienbildung. In: Krüger, H.-H.; Rauschenbach, Th. (Hrsg.): Einführung in die Arbeitsfelder der Erziehungswissenschaft. Opladen 1995, 15-28
Borchers, A.; Miera, S.: Zwischen Enkelbetreuung und Altenpflege. Frankfurt/New York 1993
Ecarius, J.: Was will die jüngere mit den älteren Generationen? In: Olbertz, J.H. (Hrsg.): Erziehungswissenschaft. Opladen 1997, 143-158

Ecarius, J.: Generationenbeziehungen in ostdeutschen Familien. In: Löw, M.; Meister, D.; Sander, U. (Hrsg.): Pädagogik im Umbruch. Opladen 1995, 171-186
Ecarius, J.: Individualisierung und soziale Reproduktion im Lebensverlauf. Opladen 1996
Ecarius, J.; Krüger, H.-H:: Machtverteilung, Erziehung und Unterstützungsleistungen in drei Generationen. In: Krappmann, L.; Lepenies, A. (Hg.): Alt und Jung. Frankfurt/New York 1997, 137-160
Eisenstadt, S.N.: Von Generation zu Generation. München 1966
Fend, H.: Sozialisierung und Erziehung. Weinheim/Berlin/Basel 1971
Fischer, A.; Fuchs, W.; Zinnecker. J.: Einleitung. In: Jugendliche und Erwachsene - 85. Generation im Vergleich. Bd. 1. Leverkusen 1985. 9-32
Flitner, A.: Isolierung der Generationen? In: Neue Sammlung, 24. Jg. 1984, 345-355
Flitner, W.: Neue Wege der Erziehung und Selbstbildung. In: Erlinghagen, K. (Hrsg.): Wilhelm Flitner: Gesammelte Schriften. Bd 4: Flitner, W.: Die Pädagogische Bewegung. Beiträge - Berichte - Rückblicke. Paderborn 1987, 170-231
Fuchs, W.: Jugend als Lebenslaufphase. In: Jugendwerk der Deutschen Shell (Hrsg.): Jugendliche und Erwachsenen '85. Bd 1. Opladen 1985, 195-264
Fuchs, W.: Jugendliche Statuspassage oder individualisierte Jugendbiographie? In: Soziale Welt. 34.Jg. Göttingen 1983. 341-371
Giesecke, H.: Das Ende der Erziehung. Stuttgart 1985
Giesecke, H.: Einführung in die Pädagogik. Weinheim/München 1994
Giesecke, H.: Familie als pädagogisches Feld. In: Neue Sammlung 30/1990, 223-231
Giesecke, H.: Über die Antiquiertheit des Begriffes 'Erziehung'. In: ZfPäd., Jg. 33, 1987, 401-406
Giesecke, H.: Veränderungen im Verhältnis der Generationen. In: Neue Sammlung, 23. Jg. 1983, 451-463
Gießler, G.: Wer bin ich? Wer braucht mich? Wer akzeptiert mich? In: Neue Praxis 23.Jg., 1993, 87-94
Gillis, J.R.: Geschichte der Jugend. Weinheim/Basel 1980
Göppel, R.: Eltern und Kinder - Gefangene im Wiederholungszwang. In: ZfPäd., 41. Jg. 1995, 783-802
Grundmann, M.; Huinink, J.: Der Wandel der Familienentwicklung und der Sozialisationsbedingungen von Kindern. In: ZfPäd., 37. Jg. 1991, 529-554
Gudjons, H.: Pädagogisches Grundwissen. Bad Heilbrunn 1995
Hagestad, G.O.: Familie in an Aging Society. In: ZSE 12, 7. Jg., 1987, 148-160
Heid, H.: Erziehung. In: Lenzen, D. (Hg.): Erziehungswissenschaft. Reinbek 1994, 43-68
Herrmann, U.: Verantwortung statt Entmündigung, Bildung statt Erziehung. In: ZfPäd. Jg. 33, 1987, 105-114
Herrmann, U.: Zukunft und Erziehung. In: Neue Sammlung, 35, 1995, 45-60
Honig, M.-S.: Wem gehört das Kind? In: Liebau, E.; Wulf, Chr. (Hrsg.).: Generation. Weinheim 1996, 201-221
Hopf, W.: Familiale und schulischen Bedingungen rechtsextremer Orientierungen von Jugendlichen. In: ZSE, 11.Jg., 1991, 43-59
Hornstein, H.: Auf der Suche nach Neuorientierungen: Jugendforschung zwischen Ästhetisierung und neuen Formen politischer Thematisierung der Jugend. In: ZfPäd. 35. Jg. 1989, 107-125

Hornstein, W.: Die Erziehung und das Verhältnis der Generationen heute. In ZfPäd., Jg. 1983, Beiheft 18, 59-79
Hornstein, W.: Jugend 1985 - Strukturwandel, neues Selbstverständnis und neue Problemlagen. In: MittAB2. 1985, 157-166
Hornstein, W.: Jugend als Problem. Analyse und pädagogische Perspektiven. In: ZfPäd 25 1979 H.5, 671-698
Hornstein, W.; Lüders, Ch.: Arbeitslosigkeit - und was sie für Familie und Kinder bedeutet. In: ZfPäd., 33. Jg., 1987, 595-614
Hornstein, W.; u.a.: Jugend ohne Orientierung? München 1982
Inglehart, R.: Wertwandel in den westlichen Gesellschaften. In: Klages, H.; Kmieciak, P. (Hrsg.): Wertwandel und gesellschaftlicher Wandel. Frankfurt 1979
Jagodzinski, W.: Gibt es intergenerationellen Wertewandel zum Postmaterialismus? In: ZSE, Jg. 1985, 71-88
Jugend '92. Lebenslagen, Orientierungen und Entwicklungsperspektiven im vereinigten Deutschland. (Hrsg.): Jugendwerk der Deutschen Shell. Opladen 1992
Jugend '97. Zukunftsperspektiven, Gesellschaftliche Engagement, Politische Orientierungen. (Hrsg.): Jugendwerk der Deutschen Shell. Opladen 1997
Jugendwerk der Deutschen Shell (Hrsg.): Jugendliche und Erwachsene '85. Bd.1-5., Opladen 1985
Kant, I.: Ausgewählte Schriften zur Pädagogik und ihrer Begründung. Paderborn 1982
Kaufmann, F.-X.: Generationenbeziehungen und Generationenverhältnisse im Wohlfahrtsstaat. In: Lüscher, K.; Schultheis, F. (Hrsg.): Generationenbeziehungen in 'postmodernen' Gesellschaften. Konstanz 1993, 95-110
Kirchhöfer, D.: Eine Umbruchsgeneration? In: Jugend '92. Bd. 2. (Hrsg.): Jugendwerk der Deutschen Shell. Opladen 1992, 15-34
Kohli, M.: Das Feld der Generationsbeziehungen. In: ZSE, Jg.11, 1991, 290-294
Kohli, M.: Die Institutionalisierung des Lebenslaufs. In: KZfSS Jg. 37 (1985), 1-29
Krüger, H-H. (Hrsg.): Handbuch der Jugendforschung. Opladen 1988
Krüger, H.-H.: Einleitung. In: Krüger, H.-H.; Helsper, W. (Hrsg.): Einführung in Grundbegriffe und Grundfragen der Erziehungswissenschaft. Opladen 1995, 9-4
Krüger, H.-H.: Geschichte und Perspektiven der Jugendforschung. In: Ders. (Hrsg.): Handbuch der Jugendforschung. Opladen 1988, 13-26
Krüger, H.H. (Hrsg.): Handbuch der Jugendforschung. 2. Aufl. Opladen 1993, 17-30
Krumm, V.: Wie offen ist die öffentliche Schule. In: ZfPäd., 34. Jg., 1988
Krumrey, H.V.: Entwicklungsstrukturen von Verhaltensstandards. Frankfurt 1984
Liebau, E. (Hrsg.): Das Generationenverhältnis. Weinheim/München 1997
Liebau, E.: Gesellschaftlichkeit und Bildsamkeit des Menschen. In: Neue Sammlung, 24. Jg., 1984
Liebau, E.; Wulf, Ch. (Hrsg.): Generation. Weinheim 1996
Macha, H.; Mauermann, L. (Hrsg.): Brennpunkte der Familienerziehung. Weinheim 1997
Mannheim,K.: Das Problem der Generationen. In: KZfSS 1928, 2/3, 157-185, 309-330
Mansel, J.: Zur Reproduktion sozialer Ungleichheit. In: ZSE 13, 1993, 36-60
Mollenhauer, K.: Ist das Verhältnis zwischen den Generationen gestört? In: deutsche Jugend, 30. Jg., H.1, 1982, 27-37

Mollenhauer, K.; Brumlik, M.; Wudtke, H.: Die Familienerziehung. München 1975
Müller-Rolli, S.: Familie und Schule im historischen Prozeß der sozialen und kulturellen Reproduktion. In: Neue Sammlung, 25, 3, 1985, 340-358
Nohl, H.: Das Verhältnis der Generationen in der Pädagogik. In: Nohl, H.: Pädagogische und politische Aufsätze. Jena 1919, 21-35
Oelkers, J.: Theorien der Erziehung - Erziehung als historisches und aktuelles Problem. In: Roth, L. (Hg.): Pädagogik. München 1991, 230-240
Olk, Th.: Jugend und Gesellschaft. In: Heitmeyer, W. (Hrsg.): Interdisziplinäre Jugendforschung. Weinheim/München 1986, 41-62
Oswald, H.; Boll, W.: Das Ende des Generationenkonflikts? In: ZSE 12, 1992, 30-51
Pasquale, J.; Behnken I.; Zinnecker, J.: Pädagogisierte Kindheit in Familien. In: Renner, E. (Hrsg.): Kinderwelten. Weinheim 1995, 65-94
Projektgruppe Jugendbüro: Subkultur und Familie als Orientierungsmuster. München 1977
Rauschenbach, T.: Inszenierte Solidarität: Soziale Arbeit in der Risikogesellschaft. In: Beck, U.; Beck-Gernsheim, E. (Hrsg.): Riskante Freiheiten. Frankfurt 1994, 89-114
Rosenow, J.; Brandt, G.; v. Grote, C.: Erziehung zur Selbständigkeit in Arbeiter- und Angestelltenfamilien. In: ZfPäd., Jg. 28, 1982, 245-259
Schelsky, H.: Die skeptische Generation. Düsseldorf/Köln 1957
Schleiermacher, F.E.D.: Ausgewählte pädagogische Schriften. Paderborn 1983
Schmidtchen, G.: Wie weit ist der Weg nach Deutschland. 2. Aufl. Opladen 1997
Schulz-Hageleit, P.: Großeltern-Eltern-Kinder. In: Neue Sammlung 31 1991, 494-498
Schütze, F.: Biographieforschung und narratives Interview. In: Neue Praxis 13/1983, 283-293
Sinus-Institut (Hrsg.): Die verunsicherte Generation. Opladen 1983
Sinus-Institut (Hrsg.): Jugend privat. Opladen 1985
Tenbruck, F.H.: Jugend und Gesellschaft. Freiburg 1962
Tenorth, H.-E.: Geschichte der Erziehung. Weinheim 1992
Thiersch, H.: Können wir noch unsere Kinder lieben? In: Neue Sammlung, 20. Jg., 1980, 208-224
Tippelt, R.: Kinder und Jugendliche im Spannungsfeld zwischen der Familie und anderen Sozialisationsinstanzen. In: ZfPäd., 34. Jg. 1988, 621-640
Treml, A.K.: Über die beiden Grundverständnisse von Erziehung. In: Pädagogisches Wissen, 27. Beiheft der ZfPäd., 1991, 347-360
Uhle, R.: Über die Verwendung des Generationen-Konzepts in der These von der 89er Generation. In: Liebau, E.; Wulf, Ch. (Hrsg.): Generation. Weinheim 1996, 77-89
Wagner-Winterhagen, L.: Erziehung durch Alleinerziehende. In: ZfPäd., 34. Jg., 1988, 641-656
Weber, E.: Generationenkonflikte und Jugendprobleme aus (erwachsenen-) pädagogischer Sicht. München 1987
Weiss, W.W.: Erziehung zur Selbständigkeit. In: ZFPäd., Jg. 26, 1980
Winterhager-Schmid, L.: Die Dialektik des Generationenverhältnisses. In: Liebau, E.; Wulf, Chr. (Hrsg.): Generation. Weinheim 1996, 222-244

Wurzbacher, G.: Sozialisation, Enkulturation, Personalisation. In: Wurzbacher, G. (Hrsg.): Der Mensch als soziales und personales Wesen. Bd.1 1963
Ziehe, T.: Trendanalyse zur Situation der jungen Generation aus psychologischer Sicht. In: Ilsemann, W., v.: Jugend zwischen Anpassung und Ausstieg? Hamburg 1980, 47-55
Zinnecker, J.: Jugend 1981: Portrait einer Generation. In: Jugendwerk der Deutschen Schell (Hrsg.): Jugend '81. Bd.1.u.2. 80-123

Lothar Böhnisch

Das Generationenproblem im Lichte der Biografisierung und der Relativierung der Lebensalter

In die Lebensalter sind allgemeine gesellschaftliche Definitionen der Lebensführung, des gesellschaftlichen Status und des sozialen „Spielraums" der Menschen eingelassen. Die Lebensalter haben genauso eine subjektivbiografische Seite: Diese kann mit dem Konzept des „Generationenerlebens" (als lebensalterbezogenem Zeitverständnis) gefaßt werden. Jugendliche verstehen sich in derselben äußeren gesellschaftlichen Zeit anders als Erwachsene und ältere Menschen. Generationsverbundenheit und Generationskonflikte sind im Zusammenhang „der Generationenlagerung" (Mannheim 1929) zu sehen. Dasselbe Ereignis wird von Jungen und Alten - aufgrund ihrer verschiedenen Lebensalter und damit anderen Zeiterlebnisse - unterschiedlich interpretiert. Bei den Jungen ohne Rücksicht auf das Vergangene, bei den Älteren meist im Vergleich zum Vergangenen oder im Gefühl bzw. der Integration des Gegenwärtigen als des Gewordenen. In diesem Zusammenhang ist es wichtig, ob die gesellschaftlichen Bilder von Lebensalter, Lebenslauf und das subjektive biografische Lebens- und Generationsempfinden in der jeweiligen Lebensphase miteinander konvergieren oder auseinanderfallen.

Der Lebenslauf ist durch die (gesellschaftlich definierten) Lebensalter und die dazugehörigen Generationsbilder strukturiert, die Biografie durch die generationsbezogene Erfahrung und erlebte Verknüpfung (Integration) dieser Lebensalter: Jungsein, Älterwerden, Altsein. Schon in dieser Unterscheidung liegen Bewältigungsprobleme: Ältere Menschen werden dem Alter zugerechnet, fühlen sich aber noch nicht alt. Jugendliche kommen in ihrem Lebensgefühl nicht mit den gesellschaftlichen Definitionen von Jugend zurecht, wie sie in das gesellschaftliche Berechtigungswesen oder in die Schule eingelassen sind. Schon hier wird uns deutlich, daß Kindheit, Jugend, Erwerbsalter und Alter mehr sind als nur Bezeichnungen für Altersgruppen, daß in ihnen vielmehr eine gesellschaftliche Vorstellung und Ordnung steckt, nach der Menschen in einer modernen Gesellschaft ihr Leben in Einklang mit den gesellschaftlichen Erwartungen zu organisieren haben. Daß Kinder sich noch relativ eigensinnig entwickeln dürfen, daß

Jugendliche lernen, Erwachsene arbeiten und alte Menschen sich sozial bescheiden müssen, beinhaltet so viel an gesellschaftlichen Vorgaben, daß wir ruhig sagen können, daß sich über diese Definitionen der Lebensalter Gesellschaft massiv in die individuellen Lebenswelten vermittelt. Alt und jung war man zu allen Zeiten, aber wie wir heute das Alter, die Jugend, den erwerbsbezogenen Erwachsenenstatus erleben, ist typisch für unsere Zeit, denn die heutigen Lebensalter sind Konstrukte der modernen Industriegesellschaft.

Die Lebensalter sind also so angeordnet und nach der Logik der modernen Gesellschaft strukturiert, daß wir über sie unser Leben planen können und uns gleichzeitig immer wieder vergewissern oder in Lebenskrisen damit konfrontiert werden, ob wir diese Planung überhaupt einhalten können, ob wir diesem Leben überhaupt gewachsen sind. „Dieses Leben" meint dann meist den „Lebenslauf" in dem wir seit unserer Kindheit hineinmanövriert werden und uns mit dem Alter zunehmend ständig zurechtfinden müssen. Wenn es in der Alltagssprache heißt „jemanden für das Leben vorbereiten", oder „wie soll er/sie denn einmal sein/ihr Leben sein/bestehen", oder „welches Leben erwartet denn unsere Kinder und Jugendlichen angesichts ökonomischer und ökologischer Ungewißheiten", dann ist damit immer zweierlei ausgedrückt: Zum einen, daß es gesellschaftlich bedingte und vorstrukturierte Muster des Lebenslaufs gibt, die - zum zweiten - von den einzelnen Menschen je individuell - biografisch - bewältigt werden müssen.

Wie die Menschen sich in ihrer persönlichen Befindlichkeit mit diesen sozialintegrativen Erwartungen auseinandersetzen, wie sie sich dabei fühlen, erleben und davon betroffen sind, macht ihr „Sein" aus. Dieses „Sein" ist eng geknüpft an die Generationen, der man jeweils angehört. Dieses Generationserleben ist jeweils dafür ausschlaggebend, wie ich mich in der historischen Zeit fühle und befinde. Generation ist in der Moderne zu einer Schlüsselkonstellationen der Lebensbewältigung geworden. Die industrielle Arbeitsteilung mit ihrer Aufspaltung der Lebensbereiche und -vollzüge hat den Menschen aus selbstverständlichen Sozialzusammenhängen und der kollektiven Lebensführung der vorindustriellen Zeit herausgerissen und die soziale Integration zur maßgeblichen gesellschaftlichen und individuellen Aufgabe werden lassen. In dem Maße, in dem die Menschen nicht nur eingebunden sind in tradierte und überkommene Lebensvorgaben, die wenig biografische Spielräume aufweisen, sind sie auf sich selbst gestellt, dem (Integrations-)Risiko ausgesetzt, den Anschluß an die Gesellschaft nicht zu bekommen oder zu verlieren. Gleichzeitig zeigen sich aber auch neue Chancen, biografisch - für sich selbst - aus den gesellschaftlich „angebotenen" Lebenslaufperspektiven etwas zu machen. Dabei spielt natürlich eine Rolle, ob und wie man mit entsprechenden Herkunfts- und Bildungsressourcen ausgestattet ist. Der Unterschied zwischen den kollektivierten Sozialzusammenhängen der vor- und frühindustriellen Zeit und der individualisierten

Das Generationenproblem im Lichte der Biografisierung 69

Szenerie der industriellen Moderne ist deutlich geworden: Während man „früher" in der Regel mit seinem (vorbestimmten) Lebenslauf auf die Welt kam und sich dem schicksalhaft sicher sein konnte - aber vom Leben auch nicht mehr zu erwarten hatte - handelt es sich heute nicht mehr um unabänderliche Lebensschicksale, sondern um Lebenslaufoptionen, die die Gesellschaft bereithält und die zu erreichen Chance und Risiko gleichermaßen bedeutet. Die Chance, Lebensziele zu erreichen, die einem nicht in die Wiege gelegt werden, ist heute tendenziell gegeben. Das Risiko dagegen, an den gesellschaftlichen Hürden zu scheitern, in ein soziales Abseits zu geraten und keinerlei sozialen Rückhalt mehr zu haben, wie er für die vorindustriellen Sozialkollektive selbstverständlich war (wenn auch damit die Individualität ausgeschaltet wurde), ist dagegen gestiegen.

Diese industriekapitalistische Integrationskrise hat bis heute auch eine generationstypische Struktur, die sich durch die Lebensalter hindurchzieht, vor allem aber an der Jugend ihren augenfälligen Ausdruck findet. Historisch wurde das zum erstenmal in der Symbolik der Jugendbewegung und in den dahinterliegenden massiven Generationskonflikten deutlich. In ihnen drückte sich die strukturelle Integrationskrise der modernen Gesellschaft pädagogisch aus. Die Generationsgestalt der Jugend, die selbst Produkt dieser arbeitsteiligen Moderne ist, führt uns bis heute die Gleichzeitigkeit von sozialer Integration und Desintegration und in ihrer Unausweichlichkeit vor. Allerdings darf dies uns nicht den Blick dafür verstellen, daß die industriegesellschaftliche Integrations- und Desintegrationsthematik alle Lebensalter erfaßt. An der Jugend aber war und ist sie ohne gesellschaftliches Risiko thematisierbar, und deshalb dient die Jugend bis heute gleichsam als Bühne, auf der die gesellschaftliche Integrationskrise und der Konflikt zwischen den Generationen zelebriert wird. Die gesellschaftlichen Klagen über die Jugend, wie sie zur Jahrhundertwende vom neunzehnten aufs zwanzigste Jahrhundert oder in den zwanziger Jahren angesichts einer Jugend geführt wurden, die scheinbar nicht mehr die gesellschaftlich sanktionierten Normen und Lebensperspektiven teilt, sich neben die Gesellschaft stellt, unterscheiden sich nur in Ausdruck und Form von den Klagen über die Gruppen der „Aussteigerjugend" und der „Normverweigerer" zur Jahrhundertwende vom zwanzigsten zum einundzwanzigsten Jahrhundert.

Der Begriff der „jungen Generation" hat seitdem für die Sozialpädagogik eine mehrfache Bedeutung. Zum einen signalisiert er ein typisches strukturelles Integrationsproblem der modernen Jugend beim Hineinwachsen in die Gesellschaft (Mannheim 1929): Die junge Generation tritt gleichsam „neu" in die jeweilige gesellschaftliche Kultur ein und braucht deshalb - strukturell, nicht intentional gesehen - keine Rücksicht auf die bisherigen gesellschaftlichen Traditionen zu nehmen, was zu typischen Generationskonflikten führt. Gleichzeitig verweist der an der Jugend orientierte

Generationsbegriff auf ein bestimmtes Verhältnis der Generationen untereinander und mithin darauf, in welche Hierarchie die Lebensalter in der Moderne zueinander gebracht sind. Denn wachstumsorientierte moderne Industriegesellschaften sind von der Idee besessen, daß das jeweils Neue auch immer das Bessere ist.

Beide Dimensionen - der sich periodisch wiederholende gesellschaftliche Konflikt um die junge Generation als auch die an der Jugendsymbolik aufgehängte Hierarchisierung der Lebensalter (Entwertung des Alters) - abseits der Frage nach den realen Vorteilen für die Jugend - konstituieren eine zentrale Integrationsperspektive der Gesellschaft. Sozialintegratives Generationenverhältnis und systemintegrative Generationenhierarchie bilden den Kitt einer arbeitsteiligen und deshalb integrationsgefährdeten modernen Industriegesellschaft. Diese integrative Selbstverständlichkeit der Generationenfrage scheint heute brüchig geworden zu sein. Die Jugend ist längst nicht mehr Integrationssymbol der Gesellschaft (vgl. auch die Shell-Studie 1997), die Generationenhierarchie ist angesichts der zunehmenden Überalterung aber auch der Biografisierung der Gesellschaft ins Rutschen geraten. Das Generationenproblem hat sich pluralisiert, seine gesellschaftliche Bedeutung wird mehr beschworen, denn kollektiv erlebt. Das zynische Wort vom heutigen Menschen als dem Endverbraucher seiner selbst (Sloterdijk 1993) zielt auf ein Gemeinwesen, daß sich auf dem Weg zur generationslosen Gesellschaft befindet.

Ich will dieser so behaupteten Entstrukturierung des gesellschaftlichen Generationenverhältnisses im folgenden nachgehen, in dem ich die empirische Tendenz zur Relativierung der Lebensalter und zur Biografisierung als Indikator für diesen Zusammenhang heranziehe. Ich habe am Anfang zu zeigen versucht, wie Lebensalter und Generation aufeinander bezogen sind. Mit der Relativierung der Lebensalter - so die These - ist auch das Generationenproblem aus den Fugen geraten.

Für die Tendenz der Relativierung der Lebensalter wird eine Vielzahl von sozialökonomischen und soziokulturellen Entwicklungen, welche seit den 70er Jahren zur Verwischung der Grenzen zwischen den durch die Lebensalter strukturierten Lebensbereichen geführt hätten, verantwortlich gemacht. Die zunehmende Nivellierung des Konsumverhaltens, das kaum noch besonderen lebensalterspezifischen Gesetzlichkeiten zu folgen scheint, ist dabei am augenfälligsten. Lebensstile und Lebensgefühle haben sich von den einzelnen Lebensaltern gelöst und werden nahezu durchgehend von allen Altersgruppen beansprucht. Am deutlichsten wird dies wohl am Attribut der "Jugendlichkeit". Werbung und Marketing haben längst die Suggestion durchgesetzt, daß sich das Attribut "Jugendlichkeit" endgültig von der Gruppe der Jugend gelöst hat und anderen Lebensaltern zugänglich geworden ist, ohne daß sie in eine direkte Generationenkonkurrenz zur Jugend treten müßten.

Das Generationenproblem im Lichte der Biografisierung 71

Nicht nur der Habitus "Jugendlichkeit", auch die Jugendkultur im engeren Sinne gehört nicht mehr den Jugendlichen. War es in Westdeutschland bis in die 70er Jahre hinein so, daß subkulturelle Jugendgruppen - vor allem in den Großstädten - Stile kreierten und die Konsumindustrie (erst nach einer Schamfrist der Referenz gegenüber dem gesellschaftlichen Durchschnittsgeschmack) mit der Vermarktung und Verbreitung der entsprechenden Accessoires folgte (natürlich entschärft von der subkulturellen Aggressivität), so wartet die Konsumindustrie heute in der Regel nicht mehr auf das Ereignis der subkulturellen Kreation. Jugendkultur mit ihren Accessoires wird vielmehr in den Marketingetagen der Konsumindustrie *hergestellt* und *dann* vermarktet. Jugendkultur ist dadurch nicht mehr durch die Dialektik von unten (Jugendkreationen) und oben (vermarktendes Aufgreifen) geprägt. Sie ist vielmehr einseitig synthetisch geworden und folgt in ihrem symbolischen Gehalt einer Produktlinie, die sich um den Habitus Jugendlichkeit gruppiert, die auch anderen Altersgruppen zugänglich ist.

In diesem Sinne hat es die Konsumindustrie längst verstanden, die traditionellen kulturellen Vorstellungen von den Lebensaltern und die überkommenen Bilder des Generationenverhaltens durcheinanderzuwürfeln und je nach Markterfordernissen neu zu ordnen. Es werden immer wieder neue Verbrauchergruppen - Konsumlebensalter - kreiert und mit Etiketten der Marketingsprache belegt, die Yuppies, die Perspektivensucher, die Nachkarrieristen, die jugendlichen 60er, die aktiven 70er. Als *Yuppies* werden karriereorientierte Aufsteiger zwischen zwanzig und vierzig Jahren bezeichnet, die sich vom Durchschnittsbild der saturierten Mittelgeneration der Angestellten und Beamten bewußt absetzen wollen. Hoher Verdienst und demonstrativer Konsum suggerieren ein Generationsgefüge gemeinsam gelebter Markenexklusivität. Als *Perspektivensucher* wiederum gelten im Marketingjargon die 45-60jährigen, die dem Etikett "konsum-, kontakt- und erlebnisfreudig" nahekommen. Sie sind eine zahlenmäßig große, wachsende Gruppe, die nach einem aktiven Status der zweiten Lebenshälfte sucht und diesen Status durch entsprechend bewußten Konsum, der ihr körperliches und geistiges Aktivitätspotential erhalten und fördern soll, kennzeichnen will. Es sind Leute, die durch ihr Verhalten das von der Karrierekurve her monotone Generationsbild der erwerbstätigen Erwachsenengeneration aufbrechen, und dort nach neuen biografischen Höhepunkten suchen, wo sie die traditionelle Vorstellung vom Normallebenslauf nicht mehr vermuten läßt. Die *Nachkarrieristen* wiederum befinden sich im Übergang von der Lebensmitte zum Lebensabend, haben ihre Hauptkarriere beendet und wollen sich neue Betätigungsfelder erschließen. Diese Gruppe überschneidet sich oft - vom Alter her - mit der Gruppe der Perspektivensucher, ist aber an mehr interessiert als nur am Fitbleiben; ihr Bestreben geht vielmehr tiefer in Richtung auf Persönlichkeitsentwicklung, Erweiterung und Veränderung der Lebensperspektive. Schließlich gliedert das Konsummarketing auch das

Alter in die jugendlichen 60er und in die aktiven 70er, die mit ihrer Nachfrage nach Angeboten in den Bereichen Gesundheit, Gruppenreisen und Erholung und dem damit verbundenen aktiven Verhalten das Altersbild von Passivität und Rückzug korrigieren. Gerade ältere Menschen verfügen heute über mehr Zeit und Geld denn je, sind genußfreudiger und selbstbewußter geworden. Entsprechend ist in der Konsumöffentlichkeit die Altersetikette „inaktiv" und „hilfsbedürftig" verschwunden, die alten Menschen gelten als kommerzieller Aktivposten.

Über den Freizeit- und Konsummarkt wird schließlich auch das Gelingen einer modernen Frauenrolle suggeriert, die über die traditionelle Familienrolle hinausweisen soll, sich aber dennoch nicht von ihr verabschieden muß. Junge Frauen, die - trotz hoher Qualifikation - ihre Selbständigkeit nicht über einen Beruf verwirklichen können, suchen Eigenständigkeit im konsumtiven Habitus: In der Mode, in der gehobenen Geselligkeit, im Wohnambiente. Aber auch den Frauen, die nach dem Auszug ihrer Kinder wenig Chancen haben, in ihren erlernten Beruf zurückzukehren, wird ein eigenständiger Konsumstatus außerhalb der Familie angeboten: Im Freizeit-, Bildungs- und Kulturkonsum, in der sozialen und kulturellen Ehrenamtlichkeit.

Aber nicht nur das Generationengefüge und die Lebensalter werden durch das Verhalten der Altersgruppen differenziert und pluralisiert, auch die Grenzen der Generationen und Lebensalter untereinander - vor allem in den Altersgruppen zwischen 20 und 30 und zwischen 40 und 60 sind fliessender geworden. Die Zunahme von Lebensformen außerhalb des klassischen Familienmodells befördert die Durchlässigkeit der Generationengrenzen. Vor allem die *Singles*, deren Anteil an der Erwachsenenbevölkerung inzwischen auf über ein Sechstel geschätzt wird, sind auf diese Durchlässigkeit angewiesen, können sich nicht an dem klassischen Dreigenerationenphasenmodell orientieren. Auch die kinderlosen *Dinks* (double income no kids) gestalten ihr Leben nicht nach dem Rhythmus der Familienentwicklung, sondern am individuellen Projekt ihrer Biografien entlang.

Auch die traditionell lebensaltertypische Struktur gesellschaftlicher Bildungs-, Ausbildungs- und Karrieresysteme ist in ihren Hierarchien und Abgrenzungen inzwischen längst durchbrochen. Die Berufsfindung geht inzwischen weit über das Jugendalter hinaus, Weiterbildung und Umsteigen in andere Karrieren sind im gesamtem Berufsleben häufiger geworden. Wie erheblich ist eigentlich noch das soziale Merkmal Lebensalter, wenn man 35-40jährige Akademiker, die erst in diesem Alter nach einer Zeit ungesicherter und oft berufsfremder Arbeitsverhältnisse, nach Umschulungen und Warteschleifen einen gesicherten Beruf als Lebensmittelpunkt erreicht haben, mit 20-25jährigen vergleicht, die ein eigenes Datenverarbeitungsgeschäft oder eine Versicherungs- oder Vertriebsagentur als Selbständige betreiben? Was unterscheidet den 50jährigen Schichtarbeiter bei Opel in

Das Generationenproblem im Lichte der Biografisierung 73

puncto Lebenserfahrung von seinem 30jährigen Kollegen, wenn angesichts der Rationalisierung und Digitalisierung der Arbeitswelt die Berufs- und Betriebserfahrung an öffentlicher (wenn auch nicht biografischer) Bedeutung verloren hat? Die Erfahrungsvorsprünge, welche die Älteren traditionell gegenüber den Jüngeren für sich in Anspruch genommen haben, haben sich doppelt relativiert: Zum einen lernen und erlernen die Jungen heute augenscheinlicher mehr Neues, das die Älteren nicht kennen und deshalb auch nicht weitergeben können, als dies zu früheren Zeiten noch der Fall war. Zum anderen ist vieles von dem, was die Älteren früher gelernt haben - zumindest unter industriegesellschaftlichem Verwertungsaspekt - heute Scheinwert - oder belanglos geworden.

Dieses bunte und vor allem konsumtiv gesteuerte Bild der Relativierung der Lebensalter bringt uns natürlich zu der Überlegung, ob der tradierte, generationsbildende Aufbau der Lebensalter überhaupt noch den Lebenslauf steuern kann. Daß es Sinn macht, auf der einen Seite wie bisher mit den überkommenen Lebensaltern zu operieren und gleichzeitig den Blick für ihre biografische Relativierung offen zu halten, dabei hilft uns die von Habermas (1973) eingeführte begriffliche Unterscheidung zwischen Sozialintegration und Systemintegration: Systemintegrativ betrachtet strukturieren die traditionellen Lebensalter weiterhin den Lebenslauf, auch wenn ihre Grenzen untereinander fließend sind und sich oft verwischen. Erziehung, Bildung und Ausbildung (Kindheit und Jugend), Erwerbstätigkeit (Erwachsenenalter) und Entberuflichung (Alter) sind aber weiterhin die Kristallisationspunkte, an denen sich die Lebensperspektiven im Lebenslauf - von welchem Lebensstil und welcher Lebensform aus auch immer - ausrichten und an die die gesellschaftlichen Rollenerwartungen gebunden sind. Aus der sozialintegrativen Perspektive des jeweils biografischen Lebenssinns und der zwischenmenschlichen Lebensgestaltung haben sich dagegen Perspektiven entwickelt und werden konsumtiv und alltagskulturell gefördert, welche diese tradierte Struktur der Lebensalter relativieren und nivellieren. Das Relativierungspostulat macht also nur im biografisch-sozialintegrativen, nicht aber im gesellschaftsstrukturellen und systemintegrativen Bereich Sinn.

Deshalb werde ich im weiteren nicht von einer Relativierung, sondern von einer *Biografisierung* der Lebensalter sprechen: Je unterschiedliche Biografien entwickeln sich vor dem Hintergrund der historisch gewordenen Struktur der Lebensalter, auf die sie sich im Lebenslauf - auch wenn sie sich von ihr immer wieder entfernen, sie umgehen oder ihre Grenzen durchbrechen - doch immer wieder beziehen müssen. Aus der systemintegrativen Perspektive der Stabilität und des Funktionierens der Gesellschaft muß weiterhin erzogen und ausgebildet (Kindheit und Jugend), nach den Vorgaben der Arbeitsgesellschaft gearbeitet (Erwerbsalter) und in den entberuflichten Ruhestand (Alter) gegangen werden. Aus der Perspektive der Sozialintegration erweisen sich aber die in den Lebensaltern vorgegebenen Menschenbilder und Lebensmuster oft als kulturell überholt oder als nicht verläßlich, macht es für viele Menschen - aus unterschiedlichen Motiven heraus - keinen Sinn, eine genormte Erwerbs- und Altersbiografie einzugehen. Systemintegrative und sozialintegrative Bezüge des Lebenslaufs können also mehr oder weniger gravierend auseinanderdriften. Aus der dadurch entstehenden Spannung ergeben sich die sozialpädagogisch relevanten Bewältigungsprobleme.

Sozialisationstheoretisch gesehen wird in dieser biografischen Spannung auch jener *janusköpfige* Sozialisationsmodus stärker freigesetzt, in dem die Menschen - im Sog des Wandels der Arbeitsgesellschaft - gesellschaftlich offen und verfügbar, *gleichzeitig* aber bei sich und mit sich identisch sein müssen. Denn auch dieser Sozialisationsmodus liegt inzwischen quer zu den in den Lebensaltern eingeschriebenen Sozialisationsmustern. So entspricht das tradierte gesellschaftliche Jugendbild, das „heute etwas lernen, damit du morgen etwas hast und wer bist", nicht mehr der Lebenswirklichkeit einer großen Anzahl Jugendlicher, deren berufliche und soziale Zukunftsperspektiven ungewiß sind. Bei ihnen heißt es: „Wir wollen heute etwas vom Leben haben, uns heute etwas leisten können, heute wer sein, weil wir nicht so richtig überblicken können, was später mit uns sein wird". Ebenso ist der einmal erreichte Erwerbsstatus keineswegs mehr so stabil und verläßlich, wie er im systemintegrativen Verständnis der gesellschaftlichen Institutionen immer noch definiert ist.

Damit aber hat sich die Bewältigungsthematik weiter kompliziert: Die Menschen müssen nicht nur sehen, wie sie ihr Jungsein, Erwachsenensein und Altsein in der Spannung zu den gesellschaftlichen Lebensaltern und den in ihnen enthaltenen Erwartungen selbst bewältigen und gestalten; sie sind auch gehalten, selbst für ihre psychosozialen Bindungen und Rückhalte zu sorgen, ohne dabei den Anschluß an die gesellschaftliche Entwicklung zu verlieren. In dieser doppelten biografischen Bewältigungsthematik fließen also Lebensalter- und Sozialisationsdimension zusammen. Vor diesem Hintergrund gleicht die Biografie als Medium der subjektbezogenen Steuerung und Selbstthematisierung einem ungeraden und nicht absehbaren Weg durch einen Lebenslauf, der institutionell zwar vorgegeben scheint, der aber an Übersichtlichkeit und Kalkulierbarkeit eingebüßt hat. Deshalb ist es auch konzeptionell nicht mehr sinnvoll von gleichsam stufenförmigen Übergängen der jeweiligen Lebensalter zu sprechen, oder von „neuen" Lebensaltern, die sich „dazwischenschieben", wie zum Beispiel die „jungen Erwachsenen" oder die „jungen Alten". Dafür hat sich in den Biografien viel zu viel an unterschiedlichen Lebensalterbezügen vermischt (z.B. Anhalten der Jugendlichkeit, frühe Konsumorientierung bei Verlängerung der Jugendphase, Uneindeutigkeit des Alterns etc.).

Das Generationenproblem im Lichte der Biografisierung 75

Der Zugang zu den Lebensaltern scheint also heute weniger der der Generation, sondern zunehmend der der Biografisierung zu sein. Mit dem Begriff der *Biografisierung* ist vor allem die Tendenz gemeint, daß Menschen in allen Lebensphasen versuchen, die Dinge so zu tun und zu lassen, daß man sich einigermaßen dabei wohl fühlt, daß man gut über die Runden kommt und daß die biografische Bilanz einigermaßen stimmt. Auch Arbeitslose lassen sich heute nicht mehr so einfach in irgendwelche Arbeitsstellen verschieben, sondern wollen ihre Selbstachtung und ihren Selbstwert behalten. Die entsprechenden sozialpädagogischen Hilfen sind ja auch darauf ausgerichtet, ihnen Möglichkeiten zur Selbstwertschöpfung auch außerhalb der Arbeit zu geben. Dieses Streben nach einer guten biografischen Bilanz beginnt schon in der Jugendphase, wenn zum Beispiel in den oberen Klassen der Schule Schüler und Schülerinnen versuchen, Schule für sich so zu managen, daß sie durchkommen und sich eine passable Plattform für später bauen - oft neben den oder ungeachtet der schulischen Bildungsziele. Vor allem die Berufssoziologie hat in den letzten zehn Jahren empirisch zeigen können (vgl. Bolte/Voss 1988), daß die meisten Menschen sich in ihrer Lebensorientierung weniger an dem Sinn orientieren, den die Arbeit hat (Ist das, was ich produziere überhaupt sinnvoll?), sondern daran, ob sie sich bei der Arbeit wohlfühlen. Und wenn sie sich nicht wohlfühlen, dann suchen sie sich dieses Wohlbefinden *außerhalb* der Arbeit. Wichtig dabei ist: Sie fühlen sich nicht *entfremdet*, wie das die klassische kritische Theorie interpretieren würde, sondern sie definieren die an sich unbefriedigende Arbeit einfach für sich um: Sie brauchen das Einkommen, um - schlechte Arbeit hin oder her - „Mensch sein", sich was leisten und sich wohl fühlen zu können. Die Berufssoziologen schließen daraus, daß es sich hier weniger um einen Wertewandel, sondern um eine biografische Verschiebung des Wertehorizonts handelt, denn die Leute wollen ja weiterhin arbeiten: Es steht aber nicht mehr die Erwerbsarbeit im Mittelpunkt, sondern das biografische Insgesamt der *Lebensarbeit*. Die Metapher der Lebensarbeit verweist auf die *Biografisierung* der Lebensformen und Lebensperspektiven in unseren Industriegesellschaften. Nicht *was* ich erreichen, *wo* ich mich einfügen und was ich gesellschaftlich *Sinnvolles* tun will steht für zunehmend mehr Menschen im Vordergrund, sondern was *ich für mich* erreiche, wie *ich mich* wohl fühle und durchschlage, was *für mich* dabei herausspringt. Ich kümmere mich dabei wenig um Vergangenheit und Zukunft und werde so - zumindest im sozialen Bezug - *generationsdifferent*. „Das war vor meiner Zeit" ist heute zum geflügelten Wort geworden. Der zeitgenössische deutsche Sozialphilosoph Peter Sloterdijk hat dies in ein radikales Bild gefaßt: „Sie leben im Gefühl der Nicht-Wieder-Kehr, das zu Ende individualisierte Individuum will das Erlebnis, das sich selbst belohnt; es führt das Leben als Endverbraucher seiner selbst und seiner Chancen" (1993, 70).

In diesem dramatischen Bild wird uns deutlich, daß die Biografisierung - pädagogisch gesehen - zwei Seiten hat. Einerseits wissen wir bereits, daß die Menschen, sollen sie soziale Herausforderungen bewältigen und sich immer wieder neuen Lernprozessen aussetzen, ein stabiles Selbst haben, das Neue biografisch integrieren müssen. Für Schule, Berufsausbildung, Weiterbildung, Umschulung und Beratung ergibt sich daraus die Maxime, daß der Mensch nicht einfach in etwas eingepaßt werden kann, sondern sein Selbst, seine Befindlichkeit darüber entscheidet, was er von dem Angebotenen übernimmt und was er damit anfangen kann. Zum anderen aber machen wir auch die Erfahrung, daß Menschen nur sich sehen und ohne Rücksicht auf die Bedingungen und Folgen ihres Tuns nur sich selbst irgendwie einigermaßen durchbringen oder in sich selbst verwirklichen wollen. Was wir aus dieser Ambivalenz zu lernen haben ist folgendes: Bevor wir in der Sozialpädagogik und Sozialarbeit vorschnell subjektiv-biografische Konzepte entwerfen, müssen wir uns auch rückversichern, was es mit dem Trend zur Biografisierung denn gesellschaftlich auf sich hat.

In der Dimension der Biografisierung erfassen wir ja - soziologisch gesehen - die Subjektseite des gesellschaftlichen Individualisierungsprozesses. Wie gehen die Menschen mit dieser Individualisierung um, wo und wie orientieren sie sich, wenn die traditionellen Sozialbezüge und Rollenmuster nicht mehr verläßlich und selbstverständlich sind, wie bauen sie neue Sozialbezüge auf? Im biografischen Zugang nun sehen wir, daß das, was dem Menschen an konkreter, faßbarer und verläßlicher Orientierung in individualisierten Gesellschaften bleibt, letztlich sie *selbst* sind. Sie werden zum Mittelpunkt des Sozialen, von ihrem biografischen Sein und Selbst aus ordnen sie, ordnen wir die Welt, bauen neue Sozialbeziehungen auf. Die soziale Welt ist dann in Ordnung, wenn es bei einem selbst stimmt oder: Egal wie die Welt objektiv aussieht, wenn es bei mir stimmt, dann ist die Welt o.k., ob sie nun sozial gerecht oder ungerecht, ökologisch intakt oder bedroht ist. Ich richte mich nicht nach der Welt, die Welt hat sich nach mir zu richten. Und ich muß mich so ausbalancieren, daß ich mich einigermaßen wohlfühle. Nicht im Sinne der Orientierung an einem Gemeinwesen, sondern an meine, in soziale Ansprüche gefaßte *biografische Integrität*.

Dieser sozial erweiterte Begriff der Integrität ist für mich ein Schlüsselbegriff der Biografisierung. Dieser von Erikson (1995) geprägte und in sein Bild von der Integritätskrise eingegangene Begriff verweist darauf, daß die Menschen - vor allem, wenn sie im Erwachsenenalter mit biografischen Brüchen konfrontiert sind - sich mit dem arrangieren müssen, was sie bisher in ihrer Biografie geworden sind, um darauf das weitere Leben realistisch (und nicht auf nicht erfüllten Träumen) aufbauen zu können. Der Begriff der Integrität verweist also auf das Sich-Selbst-Sein im Sozialen. Angesichts der gesellschaftlichen Individualisierung und Biografisierung der Lebensverhältnisse ist die selbstbezogene Integrität zum Bezugspunkt biografischer

Handlungsfähigkeit geworden. Wenn wir die Biografie nun als Medium subjektiver Steuerung im Lebenslauf begreifen, so wird uns nun angesichts dieser Integritätsthematik deutlich, daß dieses Steuern weniger nach einem rationalen Lebensplan verläuft, sondern von der Befindlichkeit des Selbst geprägt ist. Deshalb ist es fragil und kontigent und muß immer wieder neu nach Handlungssicherheit suchen, also *bewältigt* werden. Im gesellschaftlichen Individualisierungsprozeß ist der Mensch ausgesetzt, Chancen und Risiken sind nicht so einfach kalkulierbar, und in dieser Verunsicherung klammert er sich immer wieder an sich selbst. Dieses Selbst als Steuerungsmedium ist in vielem irrational, die Tiefenschichten der Persönlichkeit machen sich in der biografischen Integritätsarbeit bemerkbar.

Biografisierung meint also nicht nur die Notwendigkeit und die Chance, die soziale Welt von sich aus zu thematisieren, sondern auch das Risiko, dieser Welt ausgesetzt zu sein. Die Hilflosigkeit ist der Schatten dieser Biografisierung. In der Hilflosigkeit wird die Selbstthematisierung zum Klammern an sich selbst. Die meisten lavieren zwischen Chance und Risiko, dem Sich-Enfalten und Wohlfühlen und dem Bloß-über-die-Runden-Kommen. Sie können dies leidlich, weil sie sich in unserer sozialstaatlichen Gesellschaft einigermaßen sozial gesichert fühlen: Im Sinne einer Hintergrundsicherheit, die das Gefühl erzeugt, einer Lage gewachsen zu sein. Die gesellschaftliche Individualisierung und Pluralisierung erhöht also nicht nur die Risikobereitschaft, sie erhöht auch die Sensibilität für soziale Sicherheit. Dies ist nur ein scheinbares Paradox. Wenn wir die sozialpolitischen Auseinandersetzungen der 90er Jahre in Europa anschauen, wird uns sehr schnell deutlich, daß die Angst grassiert, diese Sicherheit zu verlieren und abzustürzen. Das bedrohte Selbst steht den streikenden Arbeitern und Angestellten auf den Straßen stärker im Gesicht geschrieben denn je. Biografische Integrität und soziale Sicherheit sind heute eng verwoben, die Frage des sozialen Rückhalts ist in die Selbstthematisierung eingegangen.

Dieses biografische Ausgesetztsein, die Hilflosigkeit, die in kontingenten Lebenssituationen immer wieder eintreten kann, das Klammern an das Selbst zehrt die biografischen Ressourcen auf, engt die eigenen Möglichkeiten auf sich selbst ein, läßt wenig Überschüsse für andere, für die „selbstlose" Gestaltung des Sozialen, übrig. Biografisierung trägt immer das Risiko der Entsolidarisierung in sich. Ich muß *auch* schauen, wo ich bleibe. Aber mir bleibt nicht nur wenig Energie für die anderen, sondern auch wenig Raum, um darüber nachzudenken, welche politische Qualität das hat, was ich arbeite, mit dem ich mich umgebe, das ich mir leiste und wie ich mich durchschlage. Biografisierung trägt also immer auch das Risiko der *Entpolitisierung* in sich.

Biografische Integritätsarbeit als Lebensarbeit hat also eine einfache und erweiterte Dimension. Diese Begrifflichkeit soll deutlich machen, daß biografische Integritätsarbeit *Überschüsse* braucht, soll sie nicht nur an der

Selbsterhaltung um jeden Preis (egal was um mich herum passiert), sondern auch an der Gestaltung des Sozialen und damit vor allem auch an einer Generationenverständigung orientiert sein.

Sozialisatorisch gesehen ist biografische Bewältigung mehr am Projekt der Selbsterfüllung und nicht so sehr an der Erreichung gesellschaftlich vorgegebener und über die Lebensalter und Generationen vermittelten Entwicklungsaufgaben orientiert. Deshalb ist diese biografische Orientierung prinzipiell lebensalter- und generationsübergreifend. Die in die Lebensalter eingeschriebenen Erwartungen und Definitionen - Jugendliche sind noch nicht fertig, Erwachsene haben das ihre erreicht, im Alter hat man nichts mehr zu erwarten - laufen dem biografischen Projekt der lebenslangen Selbsterfüllung zuwider. Entscheidend sind die dominanten Themen der Integrität, die sich durch die Lebensalter ziehen. Dennoch ist die Struktur dieser dominanten Themen durch das Problem der *Vereinbarkeit* zwischen der Orientierung am Selbst und den über die Lebensalter vermittelten gesellschaftlichen Erwartungen geprägt. Diese Vereinbarkeitsthematik finden wir schon bei den modernen Kindern (Spannung zwischen Erziehung und Eigenleben), sehen wir bei Jugendlichen (Balance zwischen jugendlichem Experimentieren und frühem Zwang zur Bewältigung sozialer Probleme), erfahren wir bei den Erwachsenen (eben in der Spannung der Lebensarbeit und den damit zusammenhängenden Vereinbarkeiten) und erkennen wir zunehmend auch im Alter, in dem biografische Orientierung und gesellschaftliche Altersdimension zunehmend auseinanderfallen.

Mit der Entkoppelung von Lebensalter und Biografie hat sich also - so meine These - auch der Generationenzusammenhang entstrukturiert. Die soziologische Generationenlagerung, von der Karl Mannheim noch ausging, war deutlich an den dominanten, die Individualität letztlich überformenden gesellschaftlichen Definitionen der Lebensalter und ihrer Generationsbilder orientiert. Diese wiederum - so seine Erkenntnis - bezogen ihren soziologischen Gehalt und damit ihre allokative Kraft aus der Struktur der modernen Arbeitsteilung und der damit einhergehenden Ausdifferenzierung und Institutionalisierung des Lebenslaufs. Modernes Generationserleben - so müssen wir Mannheim heute ergänzen - war und ist am biografischen Erleben einer gemeinsamen geteilten durchschnittlichen Arbeitsbiografie zu je ihrer Zeit orientiert. Generationenverständigung und Generationenverantwortung (ebenso wie der entsprechend institutionalisierte Generationenvertrag) liefen (und laufen noch) über diesen biografisch zeitlich unterschiedlich erlebten, aber als Biografieprinzip gemeinsam geteilten, arbeitsgesellschaftlichen Zusammenhang, den es aus der Vergangenheit in die Zukunft zu halten galt und gilt.

Dieses arbeitsgesellschaftliche Generationenerleben hat sich wohl in dem Maße entstrukturiert, als der postmoderne Strukturwandel mit seiner Entwertung der Massenarbeit auf der einen, seiner weitergetriebenen Indivi-

Das Generationenproblem im Lichte der Biografisierung 79

dualisierung und Biografisierung auf der anderen Seite, das arbeitsgesellschaftsgebundene kollektive Zeitverständnis geschwächt hat. So wie die gesellschaftlich definierten Lebensalter und die biografischen Orientierungen, die bei vielen auseinanderdriften, erleben wir eine Entkoppelung von gesellschaftlicher Generationenbeschwörung (z.B. an der Beschwörung des Generationenvertrages) und biografischen Orientierungen, die nicht mehr nur generationstypisch - wie bisher in der Jugend - sondern oft durchgängig durch Rücksichtslosigkeit gegenüber Vergangenheit und Zukunft, also durch Generationenindifferenz charakterisiert sind. Generation ist also am Ausgang des 20. Jahrhunderts keine soziologisch feststehende, weil arbeitsgesellschaftlich ableitbare, Größe mehr. Sie muß - da sie zum Wesen der Industriegesellschaft gehört und den sozialen Kitt im historischen Verhältnis von Individuum und Gesellschaft abgibt - gesellschaftlich neu hergestellt werden. Insofern ist aus der soziologischen Kategorie Generation eine pädagogische und politische Herausforderung geworden, deren gesellschaftliche Funktionalität neu zu klären ist.

Literatur

Bolte, K.M.; Voß, G.G.: Veränderungen im Verhältnis von Arbeit und Leben. In: Reyher, L.; Kühl, J. (Hrsg.)Resonanzen. Beiträge zur Arbeitsmarkt- und Berufsforschung Nr. 111 (JAB). Nürnberg 1988
Erikson, E.H.: Identität und Lebenszyklus. Frankfurt a.M. 1995
Habermas, J.: Legitimationsprobleme im Spätkapitalismus. Frankfurt a.M. 1973
Mannheim, K.: Das Problem der Generationen (1929). In: Friedeburg, L. v. (Hrsg.): Jugend in der modernen Gesellschaft. Köln/Berlin 1965
Sloterdijk, P.: Im selben Boot. Frankfurt a.M. 1993

Michael Wimmer

Fremdheit zwischen den Generationen. Generative Differenz, Generationsdifferenz, Kulturdifferenz

> *Ich glaube, jeder Mensch halbiert ganz instinktiv und naiv die gesamte Menschheit in Alt und Jung und rechnet sich bis zu irgendeinem Moment zur einen, dann zur anderen Hälfte. Ich glaube, daß es überhaupt keine Brücke von der einen zur anderen Hälfte gibt. Ich weiß nicht, wann ich hinübergewechselt bin.*
> *(V. Klemperer 1995, 360f)*

Problemstellung

In sozial- und erziehungswissenschaftlichen Diskursen, in der politischen Diskussion sowie in den Medien läßt sich aus unterschiedlichen Gründen ein zunehmendes Interesse am Verhältnis der Generationen zueinander erkennen. Im Unterschied zu früheren Behandlungen des Generationenthemas, wo das Generationenverhältnis als gegeben vorausgesetzt wurde oder wo man es als Ursache, Ausdruck oder Indikator für gesellschaftliche Veränderungsprozesse betrachtete, steht heute das Generationenverhältnis selbst und als solches in Frage. Als ob die gesellschaftlichen Veränderungen ihr bisher als natürlich unterstelltes Fundament erreicht hätten, werden die sozial-kulturellen Basisordnungen nun selbst zum Problem. Die Radikalität dieses Prozesses wird jedoch in den Untersuchungen, die das Generationenverhältnis als Ausdrucksmedium[1] gesellschaftlicher Probleme thematisieren, eher verdeckt. Wurde der problemverursachende Referent in früheren Diskussionen um Generationskonflikte also selten im Generationenverhältnis selbst gesehen, so wird heute die Generationsdifferenz wieder *als* Generationsdifferenz problematisierbar. In diesen Diskursen ist aber oft nicht nur undeutlich, was das Generationenverhältnis in sich und aus sich heraus eigentlich zum *Verhältnis* macht, sondern angezweifelt wird zudem, ob man

---

[1] „Generationenkonflikte ... sind aber nicht nur *Ausdruck* gesellschaftlicher Umbrüche und Übergänge, sondern gleichzeitig auch notwendige *Medien* der Thematisierung sozialen Wandels und damit zentrale gesellschaftliche Orientierungskategorien" (Böhnisch/Blanc 1989, 15) (Hvg. v. M.W.)

angesichts der gesellschaftlichen Modernisierung und ihrer Folgen (Beck 1986) überhaupt noch von einem *Generationen*verhältnis sprechen kann, d.h. von identifizierbaren Altersgruppen, die mehr und anderes verbindet als allein das biologische Alter. Wird jedoch die Identifizierbarkeit eines altersgruppenspezifischen Generationszusammenhangs selbst zum Problem, dann verliert der Begriff der Generationsdifferenz ebenfalls seine Bestimmbarkeit, insofern die Differenz die Identitäten voraussetzt. In welchem Sinne also wird die Generationsdifferenz zum Problem, wenn nicht unter der Fragestellung der Identität der verschiedenen Generationen?

Im folgenden möchte ich der Frage nachgehen, inwiefern die Generationsdifferenz als solche nicht trotz, sondern gerade wegen der die Grundfesten des traditionellen Generationsverständnisses auflösenden Wandlungsprozesse zum Thema werden kann. Dabei möchte ich deutlich machen, daß durch die Erosion der mit dem Generationsbegriff verbundenen Konstruktionen von Gruppenidentitäten eine andere Differenz erkennbar wird als die, die erst aus der identifizierten Verschiedenheit von Generationen entsteht. Diese hier gemeinte Differenz, die durch die Vorstellung einer altersbedingten Verbundenheit der Mitglieder einer Generation und von einem mehrere Individuen zu einer Einheit zusammenfassenden Begriff verdeckt wird, geht nämlich jeder Konstruktion von generationellen Gruppenidentitäten voraus. In gewisser Weise werden diese durch die hier gemeinte Differenz erst motiviert. Der Funktionsverlust von Generation als sozialer Kategorie und identitätsstiftendem Ordnungsmuster gibt damit den Blick frei auf das Problem *generativer* Differenz, in dem sich zum einen eine existentielle Zeit- und Fremdheitserfahrung manifestiert, durch die eine grundlegende Diskontinuität und Asynchronizität von individueller und sozialer Zeiterfahrung unsere Vorstellungen sowohl von der Homogenität eines Generationszusammenhalts als auch von der Immanenz einer menschlichen Gemeinschaft in Frage stellt. Zum zweiten manifestiert sich zwar die generative Differenz in den Phänomenen, die man mit Generationen und Generativität verbindet, doch bezeichnet der Begriff der generativen Differenz weniger einen Gegenstandsbereich, sondern eher ein Konstitutionsprinzip, insofern sie selbst an der Generierung von Einheitsvorstellungen und Bildern von Generationen beteiligt ist. Generative Differenz ist also doppelt bestimmt, weil sie die Generationsdifferenz sowohl konstituiert als auch repräsentiert, durch das von ihr Repräsentierte aber zugleich verstellt wird.

Um meine Überlegungen zur Fremdheits- und Zeiterfahrung im Generationenverhältnis zu verdeutlichen, möchte ich 1. unter Bezug auf den aktuellen Diskurs zunächst das Problem der Fremdheit herausstellen, deren Spur durch das Erlöschen des Scheins der Natürlichkeit sichtbar wird. Daran anschließend soll 2. am Problem der Zeiterfahrung die Struktur der generativen Differenz skizziert und 3. am Beispiel der Kindheit die Funktion von Bildern und Konstruktionen problematisiert werden. Abschließend möchte ich 4. mit Anmerkungen zum Verhältnis von Generations- und Kulturdifferenz und den Anforderungen eines postkolonialen Generationsdiskurses.

1 Der gegenwärtige Diskurs über das Generationenverhältnis

Im Generationsbegriff überlagern sich mehrere Bedeutungsebenen, die sich auf unterschiedliche Phänomenbereiche beziehen, welche zwar aufeinander verweisen, aber keine Einheit bilden. Die vom Begriff suggerierte Einheit zerfällt in z.T. inkompatible Begriffsverwendungen, deren einzige formale Gemeinsamkeit darin besteht, daß in allen Diskursen die Altersdifferenzen eine Rolle spielen, allerdings inhaltlich höchst unterschiedlich akzentuiert. Doch obwohl der Generationsbegriff in sehr heterogene Problematisierungen zerfällt, so daß das Verhältnis zwischen sozialpolitischem, historisch-soziologischem, genealogischem und pädagogisch-anthropologischem Generationsbegriff unklar ist (Liebau 1997), werden in allen Diskursen weitgehende Veränderungen konstatiert.

Ohne diese hier differenziert auszubreiten, möchte ich transversal zu den verschiedenen Diskursen einige der Verschiebungen hervorheben, durch die das Problem der Fremdheit zwischen den Generationen sichtbar wird. Damit hängt die Frage nach der Bedeutung des Alters zusammen. Obwohl die Altersdifferenz der einzige allgemeine Bezugspunkt des Generationsdiskurses ist, bleibt völlig unklar, welche Bedeutung das Alter *als solches* hat. Nachdem man konstatiert hat, daß die mit den Altersgruppen bisher verbundenen Bedeutungen sich verändert haben oder sogar verschwunden sind, bleibt das Alter nun als purer Fakt übrig, der, wenn er nicht eine neue Bedeutung bekommen hat, gar nicht mehr von Bedeutung zu sein scheint.

1.1 Liquidation des historischen, Transformation des genealogischen, Restitution des anthropologischen Generationsbegriffs

Die gegenwärtige Diskussion um das Generationenverhältnis bewegt sich zwischen zwei einander widersprechenden Diagnosen. Zum einen wird von einer "Entdifferenzierung der Lebensalter" und porös gewordenen Grenzen zwischen den Altersgruppen gesprochen (Böhnisch/Blanc 1989, 10), von der Erosion der "intergenerativen Verstrebungen" (Rauschenbach 1994, 106), dem Konturverlust und der Diffusion der Grenzen zwischen den Generationen (Hornstein 1983, 74). Weiterhin wird aufgeführt, daß sich lebensalterspezifische Erfahrungsstrukturen aufgrund universeller Medialität und sich angleichenden Konsumverhaltens relativieren, daß die hierarchische Struktur gesellschaftlicher Bildungs-, Ausbildungs und Karrieresysteme durchbrochen sind, kurz: Daß sich die Verhältnisse von jung und alt neu mischen. Deshalb ließen sich gesellschaftliche Konflikte nicht mehr als Generationskonflikte interpretieren. Diese Entdifferenzierung, Relativierung und Angleichung wird verstanden als Resultat von Modernisierungs- und Individualisierungsprozessen, die mehr oder weniger alle betreffen. Traditionelle Grenzen zwischen den Generationen, die an Erfahrung, Wissen, Geld oder Macht gebunden sind und deren ungleiche Verteilung die in den Polaritäten von Lernen und Leben, Spiel und Arbeit, Erfahrung und Naivität, Wissen und Inkompetenz, Abhängigkeit und Autonomie sich bislang manifestierenden Generationsunterschiede organisierten, scheinen sich aufzulösen. Damit, so die Diagnose, verliert die bisher hierarchisch gegliederte generationale Ordnung ihre Geltung. Man hat keine Kindheit mehr (Postman 1983) oder man wird nicht mehr erwachsen (Marquard 1986, 76ff).

Zum anderen wird eine Zunahme an Differenzen auf Grund einer Pluralisierung von Lebensformen und -maximen konstatiert (Schulze 1992; Müller 1992), die nicht mehr mehrheitlich altersspezifisch verteilt und intergenerationell differenziert sind, sondern auch intragenerationell Differenzlinien einzeichnen bzw. in den verschiedenen Lebensaltern gleichermaßen zu finden sind und eine stärkere Trennkaft besitzen als die traditionellen Unterschiede. Parallel dazu werden Veränderungen erkennbar, die eine Vertiefung und Verfestigung der Trennung zur Folge haben (z.B. Hornstein 1983). Verantwortlich werden auch hier die mit der Modernisierung zusammenhängenden Enttraditionalisierungs-, Pluralisierungs- und Individualisierungsprozesse gemacht, die zu einer Desintegration von Gruppenzusammenhängen führe und zur Auflösung sozialer Bindekräfte aller Art. Die Folge vom Zerfall allgemeiner Konstitutionsbedingungen einer über kleine Nah-Gruppen hinausreichenden sozialen Identität sei, daß sich auch die identitätsbestimmende Generationszugehörigkeit zersetze und die Generationen sich nicht mehr als eine Erfahrungs- und Erlebniseinheit verstehen. Aufgrund der zunehmenden Entkoppelung von objektiven Verhältnissen und subjektivem Verhalten sowie der Entstandardisierung von Lebensläufen und der wachsenden Kontingenzerfahrung sei auch nicht mehr die Zugehörigkeit zu einer Generationseinheit im Sinne Mannheims (1964) erfahrungsrelevant, zumal Generationseinheiten durch altersgemischte Stilgruppen abgelöst würden. Nicht nur zwischen den Generationen sondern auch zwischen den vormaligen Generationseinheiten sind Differenzen entstanden, die ein gemeinsames Selbstverständnis als eine Generation verhindern und außerdem die Grenzen zwischen "uns" und "denen" zugleich verschieben und verstärken. Sie verlaufen nicht mehr zwischen den Altersgruppen, sondern höchstens noch zwischen einem zufälligen Segment einer Altersgruppe und allen anderen (Oswald/Boll 1992, 32), und die Kluft zwischen den jeweiligen Konstellationen ist mit dem Wegfall der geregelten Übergänge im traditionellen Lebenslaufregime und dadurch, daß die jeweilige Lebensform und Werthaltung eher identitätsbestimmend ist als die Generationszugehörigkeit, zugleich größer geworden. Kurz: Aufgrund der Wandlungen im traditionellen Lebenslaufregime und der Pluralisierung der Lebensformen vollzieht sich eine Zunahme von Differenzen und eine Verschärfung von Abgrenzungen, die sich im intergenerationellen Verhältnis als Vertiefung von Brüchen, als Separation oder als Indifferenz bemerkbar machen, als ein sich fremd bleibendes Nebeneinander. Charakteristische Generationsgestalten lassen sich also kaum noch identifizieren (Liebau 1992).

Was sich also wandelt im Generationenverhältnis, ist demnach nicht nur die Entdifferenzierung von Unterschieden generationeller Sinngebung hin zu einer diffusen Identität einer am Habitus der Jugendlichkeit orientierten Gesamtgesellschaft, zu einheitlichen Merkmalen und Erfahrungsräumen. Und es handelt sich auch nicht bloß um eine Vertiefung von Differenzen bis hin zur Trennung, zum Kommunikationsabbruch oder gar zum "Krieg der Generationen" (Gronemeyer 1989). Beide Bewegungen, die Verringerung von Abständen und die Vertiefung von Brüchen, finden vielmehr gleichzeitig statt.[2] So wird zwischen Kindheit und Erwachsensein eine sich verstärkende Annäherung diagnostiziert, zwischen Jugendlichen und Erwachsenen dagegen eine zunehmende Distanz, wie Hornstein darlegt (1983). Das gegenwärtige Verhältnis der Generationen stellt sich daher widersprüchlich dar: "Es gibt auf der einen Seite den Prozeß der zunehmenden Angleichung der Generationen hinsichtlich Bewußtseins- und Informationsstands (...) Und es gibt auf der anderen Seite die Kluft zwischen den Generationen, das beziehungslose Nebeneinander, die Fremdheit, das Inverschiedenen-Welten-Leben, die Mißverständnisse, die das Bild im Jugendalter bestimmen" (Hornstein 1983, 76). Bei der zunehmenden Differenzierung und Trennung der Altersgruppen (Böhnisch 1992; Flitner 1984) einerseits und der Entmischung der Altersgruppen zugunsten von Lebensstilgruppen (Wagner-Winterhager 1990; Schulze 1992) andererseits handelt es sich also weder um den Verlust noch um die Verabsolutierung von Grenzen zwischen den Generationen, sondern um ihre Verschiebung. Obwohl Ursachen und Wirkungen dieser Verschiebungen je nach Phänomenbereich variieren, können sie in ihrer Widersprüchlichkeit wahrscheinlich damit zusammenhängen, daß sich in komplexen pluralistischen Gesellschaften eine Transformation und Verlagerung von hierarchischen hin zu horizontalen

---

2 Diese Widersprüchlichkeit ist in der Geschichte der Generationszusammenhänge kein Novum, insofern Konfusion, Separation und Tradition die Grundmuster des Generationszusammenhangs darstellen (vgl. Bilstein 1994, 662). Der kategoriale Gegensatz generatio-corruptio gehört zum semantischen Horizont des Begriffs Generation, d.h. die Spannungsfelder von Distanzierung und Angleichung, von Kontinuität und Bruch sind dem Generationsbegriff inhärent, was sich an der Geschichte des Diskurses über das Generationenverhältnis aufzeigen läßt. Insofern hängt die Widersprüchlichkeit der gegenwärtigen Diagnosen mit der im Generationsbegriff selbst angelegten Ambiguität zusammen (vgl. auch Bilstein 1996).

Differenzen vollzieht, von der Dominanz einer vertikalen Ordnung nach Maßgabe der Lebenszeit, die jeder zu durchlaufen hat, hin zu einer Kontiguität von Lebensformen, Weltanschauungen und moralischen Orientierungen, deren kontingentes Nebeneinander weder eine Verbindung und geregelte Übergänge zwischen ihnen noch die Gründe der Zugehörigkeit erkennen lassen, die nur noch von der zufälligen sozialen Position oder der subjektiven Wahl der Individuen bestimmt zu sein scheint. Damit, d.h. mit dem tendentiellen Verlust der Hierarchisierbarkeit von Unterschieden, die in der durch Erfahrungs-, Wissens-, Macht- oder Besitzvorsprung bedingten Autoritätsordnung der Altersgruppen immer noch ihren Grund hatte, scheint das traditionelle Generationskonzept seine Erklärungskraft dafür verloren zu haben, wie Lebenszeitdifferenzen mit sozialen Differenzen synchronisiert bzw. als solche behandelt werden können.

Dies trifft jedoch auf die verschiedenen Dimensionen des Generationenproblems nicht in gleichem Maße zu. Ist es im makro-soziologischen Zusammenhang kaum noch möglich, Generationseinheiten als soziale Großgruppen zu identifizieren[3], so daß hier der soziale Wandel zu einem Referenzverlust des historischen Generationskonzepts geführt hat, so kann man für den mikro-soziologischen Zusammenhang sagen, daß sich zwar die empirischen Formen der Familie von der 2- zur 3-Generationen-Familie gewandelt haben, der genealogische Generationsbegriff aber nach wie vor seine Gültigkeit behält. Trotz der diagnostizierten Problematik, spezifische Generationsgestalten überhaupt noch identifizieren zu können, bleibt es aber eine ungeklärte Frage, wie dann das Verhältnis der Altersgruppen zueinander zu verstehen ist. Und wenn nicht mehr das Verhältnis der genealogischen Nachfolge primär für den sozialen Status ausschlaggebend ist, sondern sich familialer Generationsstatus und sozialer Status zunehmend entkoppeln, so daß Kind- bzw. Erwachsensein sich nicht mehr allein über die Stellung im Generationenverhältnis definieren lassen[4], dann stellt sich die Frage, welche Bedeutung das Alter bzw. die Altersdifferenz noch hat.

Als harter und bisher widerständiger Kern bleiben also sowohl in makro- wie auch in mikro-soziologischer Perspektive das Alter und die Altersdifferenz als zu klärende Phänomene übrig, Merkmale mithin, die im pädagogisch-anthropologischen Generationsbegriff von jeher dominant waren, kannte dieser seit Schleiermacher ohnehin nur zwei Generationen, die ältere und die jüngere. Verflüssigt sich also der historische Generationsbegriff und gewinnen die familialen Generationsbeziehungen neue Bedeutungen, so kann in pädagogisch-anthropologischer Perspektive die Eigenbedeutung der

---

3 Abgesehen wird hier von den Ansätzen, die mit dem Begriff der Kohorte arbeiten, der eher zur Konstruktion als zur Identifikation von Altersgruppen dient.
4 So kann man z.B. aufgrund der längeren Lebenszeit der Eltern in der genealogischen Ordnung der Familie bis ins hohe Alter hinein Kind bleiben, obwohl man außerhalb der Familie längst den Status des Erwachsenen erreicht hat.

Generativität als solche zum Thema werden. So wird z.B. in der erziehungswissenschaftlichen Reflexion auf die Diskussion um die Wandlung der traditionellen Generationsbeziehungen, die in der sogenannten Postmoderne-Diskussion um die Thesen vom "Ende der Kindheit" oder dem "Ende der Erziehung" geführt wurde, vorgeschlagen, Erziehung strikter als bisher geschehen als "intergenerationelles Verhältnis" zu begreifen. Damit solle auf der einen Seite dem Wandel der Erziehungsleitbilder, der Verschiebung der Machtbalance im Erziehungsverhältnis sowie dem sich angleichenden Informationsstand und der Notwendigkeit des lebenslangen Lernens Rechnung getragen (Ecarius 1997, 148), auf der anderen Seite aber auch die Angewiesenheit der Individuen auf andere, vor allem der Kinder auf Erwachsene angemessen berücksichtigt werden. Statt wie in der traditionellen Generationsbeziehung die Differenz von Älteren und Jüngeren entlang der Vorstellung autonomer Subjektivität binär nach Selbst- oder Fremdbestimmung zu codieren, gewähre erst ein Verständnis von Kindheit einen Ausweg aus den Paradoxien kindlicher Autonomie, das sie als Element einer generationalen Ordnung des Sozialen begreife (Honig 1996, 203). Gegen den historischen und den genealogischen wird damit der klassisch pädagogisch-anthropologische Generationsbegriff als der mit der „größten Reichweite" restituiert, dessen Bezug auf ein „universales anthropologisches Muster" (Liebau 1997, 305) auch angesichts der gegenwärtigen Veränderungen bedeutsam sei. Handelt es sich dabei um die Wiederherstellung der natürlichen Dignität des Generationsbegriffs oder um seine historisch-kulturelle Relativierung im Rahmen einer Historischen Anthropologie? Dazu einige Überlegungen, die zum Problem der Fremdheit führen werden.

1.2 Ontologisierung versus referenzlose Konstruktion: Die Eigenbedeutung der Generationsdifferenz

Worin besteht also letztlich die Differenz zwischen den Generationen und welche Bedeutung hat die Rückbesinnung auf die anthropologische Dimension? Kündigt in einer Zeit der Entstrukturierung sozialer Codierungen aufgrund von gesellschaftlichen Turbulenzen und Transformationen der Rückgang auf den Generationsbegriff eine Re-Substanzialisierung von sozialen und kulturellen Differenzen an, als deren letzter realer Grund nun wieder - vormodern[5] - die biologisch bedingte qualitative Verschiedenheit der Lebensalter ausgegeben wird? Sucht man also den Grund sozialer und kultureller Verschiedenheiten im Realen und soll durch die Anthropologisierung historisch-kulturell entstandener Unterscheidungen deren Konfusion

---

5 Nach Böhnisch/Blanc (1989, 14) stellt die Verschiedenheit der Lebensalter ein vormodernes Erklärungsmuster dar, das gerade durch den Generationenbegriff abgelöst worden sei.

als Fehlentwicklung deutlich werden? Oder entdeckt man umgekehrt gerade durch die Aufweichung sozialer Differenzen zwischen den Altersgruppen, daß die letzte Bedingung der Generationszugehörigkeit gerade nicht im biologischen Alter besteht, daß die tradierte generationale Ordnung eine sozial konstituierte ist und die durch sie legitimierten Statusdifferenzen der Altersgruppen doch nicht anthropologisch (im Sinne einer Konstanten der menschlichen Natur) motiviert sind? In diesem Fall bedeutete die Rede vom "intergenerationellen Verhältnis" nicht, die durch gesellschaftlichen Wandel verwischten sozialen Differenzen zwischen den Generationen durch den Rückgang auf fundamental-anthropologische Unterschiede zu restituieren, sondern sie als sozial und kulturell konstituierte Deutungsmuster zu betrachten, die einen auto-dekonstruktiven Wandlungsprozeß durchmachen. Doch sind Generationen nur soziale und kulturelle Konstruktionen, verdanken sich Generationsbilder und -bezüge reiner Erfindung und handelt es sich um bloß "geistige Orientierungsmuster im gesellschaftlichen Umgang" (Böhnisch/Blanc 1989, 13)? Ist "Generation" nur ein "psychohistorisches Orientierungsmuster", eine "kulturelle Steuerungskategorie gesellschaftlicher Systeme" (Böhnisch/Blanc 1989, 17)?

Diese Versuche, die Eigenbedeutung des generationellen Verhältnisses zu bestimmen, schwanken um zwei Alternativen, die beide das Problem der Generationsdifferenz reduzieren. Entweder werden empirische Merkmale der Generationsdifferenz mit dem biologischen Alter gekoppelt, das als grundlegende Bedingung nicht nur dieser Merkmale, sondern auch für den sozialen Status der Generationen angesehen wird, oder "Generationen" werden als kulturelle Konstruktionen betrachtet, die eine soziale Ordnungsfunktion haben und in denen sich gesellschaftliche Konflikte ausdrücken, ohne daß das Alter eine entscheidende Rolle spielt. Essentialismus, der die Eigenlogik kultureller symbolischer Ordnungen auf das Empirische reduziert, oder Konstruktivismus, der die kulturell-symbolische Ordnung für autark hält und die Verbindung zum Realen verliert. Doch kann die Verschiedenheit der Generationen nicht aus den "natürlichen" Merkmalen des Alters abgeleitet werden, wie ein Blick in kulturanthropologische Forschungsergebnisse zeigt, andererseits ist das Alter jedoch auch nicht völlig belanglos. Weder sind soziale Differenzen notwendig mit Altersdifferenzen verbunden, noch besteht zwischen Alter und sozialen Differenzen völlige Beliebigkeit und gar kein Zusammenhang. Das Alter ist nicht Nichts, es hat aber auch keine überhistorische und überkulturelle Bedeutung. Es ist von Bedeutung, die sich aber einer definitiven Bestimmung widersetzt. Anders gesagt: Das Alter hat keine bestimmte Bedeutung, ohne keine Bedeutung zu haben. Es manifestiert eine Beliebigkeit, die aber einen Inhalt hat, der sich jedoch weigert, Bedeutung zu werden. Man *ist* nicht sein Alter, denn es sagt einem nicht, wie und was man jeweils sein soll. Man *hat* aber auch nicht nur

Fremdheit zwischen den Generationen 89

ein Alter, das einem bloß äußerlich bliebe, denn man lebt nicht ohne Bezug zum eigenen Alter. So enthält das Alter - wie auch das Geschlecht, die Hautfarbe etc. - eine „unbestimmte Verpflichtung"[6], ihm eine Bedeutung zu geben. Es ist diese unbestimmte Verpflichtung, die den "intergenerationellen Dialog" motiviert und die erfahren werden kann in dem Moment, wo man nicht mehr gesagt bekommt, was das heißt, jung sein, alt sein.

Die Eigenbedeutung des "intergenerationellen Verhältnisses" läßt sich also ebensowenig als eine naturalistische Gegebenheit verstehen wie als eine bloß kulturelle imaginäre Konstruktion mit symbolischer Funktion. Sie ist vielmehr zwischen diesen beiden Ebenen zu lokalisieren und bezeichnet eine durch die den Generationen zugeschriebenen Bilder, sozialen Rollen, Funktionen und Positionen verdeckte, überlagerte oder codierte Andersheit oder Differenz. Der "Kern" oder das "Objekt", um das es im intergenerationellen Verhältnis letztlich geht, ist das Alter, die individuelle und gesellschaftliche Zeit als generative Differenz, die jeder inhaltlich - psychologisch, sozial, politisch - bestimmbaren oder bestimmten Unterscheidung vorausgeht und die bedeutsam ist, ohne von sich aus eine Bedeutung zu haben.

Erodieren die eingespielten quasi-natürlichen Bedeutungsmuster des Generationenverhältnisses, die als sozial-kulturelle Antwort auf die vage Verpflichtung zu verstehen sind, dann wird die generative Differenz selbst erfahrbar als Fremdheit zwischen den Generationen, die nicht endgültig aufgehoben werden kann, denn keine Kultur oder symbolische Ordnung kann die mit der generativen Differenz gegebene Unbestimmtheit definitiv in eine universell für alle gültige Bestimmtheit auflösen.

Diese irreduzible Fremdheit zwischen den Generationen verändert die theoretische Perspektive. Unabhängig von allen empirischen Untersuchungen über die konkreten Phänomene und ihre Bewertung steht mit dem Problem der Generationsdifferenz grundsätzlich das formale bzw. logische Verhältnis zwischen zwei Verschiedenen, d.h. das Problem der Andersheit zwischen diesen in Frage. Der sozial- und erziehungswissenschaftliche Diskurs über das Generationenverhältnis verweist also implizit auf das alte philosophische Problem des Verhältnisses zwischen dem Selben und dem Anderen, das je nach seiner in den phänomenologischen Beschreibungen und den empirischen oder strukturanalytischen Untersuchungen undiskutierten Fassung die theoretische Aufmerksamkeit, den methodischen Zugriff und die Bewertung der Ergebnisse mit bestimmt. Wie manifestiert sich also die Differenz zwischen beiden Generationen? Und welchen Stellenwert hat das "inter" des "intergenerationellen Verhältnisses", wie läßt sich das Zwischen bestimmen? Als Raum, als (Vermittlungs-) Geschehen, als Kluft, als „selektive Lücke" (Fogt 1982, 50)? Und wer kann von wo aus die Differenz beobachten, ohne nicht immer schon in ihr befangen zu sein?

---

6 Den Begriff der „unbestimmten Verpflichtung" entlehne ich dem Begriff der „vagen Schuld" von Rudi Visker.

Diese die Bedeutung des "intergenerationellen Verhältnisses" betreffenden Fragen sowie die im Diskurs über das Verhältnis der Generationen zueinander thematisierten beobachtbaren Veränderungen lassen deutliche Parallelen erkennen zur Problematik des "interkulturellen Verhältnisses" und der "multikulturellen Gesellschaft", denn, wenn die Analysen stimmen, leben wir auch nicht mehr in einer Drei- oder Vier-Generationen-Ordnung, sondern in einer multigenerationellen Gesellschaft, weil sich jede Generation in sich pluralisiert hat. Worin besteht also die Strukturhomologie zwischen "intergenerationellem" und "interkulturellem" Verhältnis? Der Kristallisationspunkt, der die Konvergenz der Problematisierungen in beiden Diskursen bewirkt, besteht m.E. im Problem der Fremdheit bzw. im Problem des Verhältnisses von Gleichheit und Verschiedenheit. Doch bevor ich das Problem der Fremdheit als Kern des gegenwärtigen Generationsdiskurses am Beispiel der Kindheit vorstellen und einige Überlegungen über die theoretischen Perspektiven vorstellen will, die durch eine Betrachtung der Generationsdifferenz als Kulturdifferenz eröffnet werden könnten, möchte ich die strukturelle Konvergenz zwischen beiden Differenzen verdeutlichen und danach die Konstitution von Generationsdifferenz, d.h. den Unterschied von Generationsdifferenz und generativer Differenz selbst thematisieren.

1.3 Unbestimmte Fremdheit als Konvergenz-"Kriterium"

Wenn die die Generationszugehörigkeit symbolisierenden und konstituierenden (Erfahrungs-, Wissens-, Macht-) Differenzen ihre Bedeutung verlieren, heißt das keineswegs, daß das Generationsgefüge als solches sich auflöst und generationelle Relationen gar keine Bedeutung mehr hätten. Was sich vielmehr zeigt, ist eine Entkoppelung von Lebenszeit bzw. Altersgruppe einerseits und sozialer Stellung und Bedeutung andererseits. Damit wird in unserer eigenen Kultur offensichtlich und zur Alltagserfahrung, was den Ethnologen durch die Untersuchung fremder Kulturen schon seit längerem bekannt ist: daß das generationelle Relationsgefüge eine kulturelle Leistung darstellt, die zwar in der Zeitlichkeit des Menschen, in der Natalität, dem Altern und der Sterblichkeit ihre Bedingung hat, ohne aber dadurch in ihrer spezifischen Ausprägung des Generationsgefüges motiviert zu sein (vgl. z.B. Renner 1996). Das läßt uns zwar die prinzipielle Wandelbarkeit und Variabilität von Generationenverhältnissen verstehen, nicht jedoch ihre jeweils spezifische Form, ihre Veränderung und ihre Konfusion.

Um die gegenwärtig sich vollziehende Transformation besser beurteilen zu können, ist es hilfreich, den o.g. Unterschied zwischen hierarchischen und horizontalen Differenzen kurz zu verdeutlichen. In den Folgen ihrer Verlagerung zeigt sich, daß die Wandlung der Beziehungen zwischen den Generationen strukturell analog zu derjenigen von einem kolonialen hin zu

Fremdheit zwischen den Generationen 91

einem postkolonialen Verhältnis zwischen den Kulturen zu begreifen wäre und zu homologen Problemkonstellationen führt, so daß die Kulturdifferenzen gewissermaßen als Muster für die Generationsdifferenzen zu verstehen wären, nach denen sie analysiert werden könnten.

Hierarchische Differenzen bestehen zwischen Ungleichen und organisieren ein Machtgefälle, durch das den Machtlosen die Position des Anderen zufällt, durch die sie zugleich - in welcher Form auch immer, am häufigsten jedoch durch die Beurteilung als (moralisch, physisch, psychisch, intellektuell) defizitär in Bezug auf die Selbstdefinition der Mächtigen - entwertet werden. Hierarchische Differenzen werden kulturell und sozial als Differenzen der Qualität bzw. als Wesensdifferenzen interpretiert, besser: Die Legitimation von hierarchischen Differenzen läuft in der Regel über die Behauptung von Wesensdifferenzen. *Horizontale* Differenzen bestehen dagegen in der Regel zwischen formal Gleichen, die auf der gleichen Stufe stehen, sich aber hinsichtlich wenigstens eines Merkmals voneinander unterscheiden. Die horizontalen Unterschiede basieren also auf einer von allen anerkannten formalen Gleichheit, wodurch sie selbst dann nicht zu einer Hierarchie werden, wenn zwischen den einzelnen Individuen oder Gruppen Welten liegen - sofern eine Weltanschauung oder eine Lebensform eine spezifisch abgegrenzte Lebenswelt konstituiert. Zwischen hicrarchischen Positionen dominiert die Herrschaftsbeziehung, zwischen horizontal benachbarten Positionen kann, bei wechselseitiger Anerkennung, völlige Fremdheit bestehen.

Wird die Generationsdifferenz also mit einer hierarchischen gleichgesetzt, dann würde sie mit der Transformation hin zu horizontalen Differenzen verschwinden und wäre nicht mehr als *Generations*differenz spezifizierbar. Es entsteht der Schein, sie würde erlöschen. Doch was verschwindet, ist die mit der Generationsdifferenz konnotierte Wesensdifferenz als kulturelles Attribut. Kinder unterschieden sich dann nicht mehr qualitativ von Erwachsenen, weil sie unmündig wären, ein Erfahrungsdefizit aufwiesen und noch lernen müßten, sondern sie unterschieden sich dann allein in ihrer Art des Lernens, in der Weise ihres Verhaltens, in der Form ihrer Erfahrungen. Die vormals hierarchisch als Wesensdifferenz interpretierte Altersdifferenz[7] bekommt eine neue Bedeutung in der nun als gleichberechtigt und partnerschaftlich interpretierten Interaktion zwischen Angehörigen

---

7 Die Altersdifferenz blieb trotz aller differenzierenden Entkopplungsanstrengungen des Generationsbegriffs vom Lebensalter und seine Orientierung hin auf eine "Erlebnisgemeinschaft" oder eine "konkrete Mitgliedschaft" (Fogt 1982) die dominante Variable, insofern das Gemeinsam-mit-anderen-geboren-werden zu einem bestimmten Zeitpunkt auch die Bedingung der hermeneutisch interpretierbaren Spezifik von Generationslagerungen und -zusammenhängen oder -einheiten bildete, so daß die jeweilige Erfahrungsschichtung und Erfahrungsdifferenz letztlich den zeitlichen Lebensabständen geschuldet blieb.

verschiedener Lebensaltergruppen, denn mit dem Typus der Differenz verschwindet nicht das von ihr Differenzierte, was neuere Studien zur Mehr-Generationen-Familie deutlich machen. Die Altersdifferenz distanziert, ohne zu hierarchisieren, und läßt dadurch den Altersunterschied selbst als Grund der Differenz erfahrbar werden. Er gibt der Erfahrung nicht mehr das Bild eines Wesens, sondern nur noch die lebenszeitliche Abständigkeit vom Anderen, eine irreduzible Fremdheit. Was also durch die Transformation hin zu horizontalen Differenzen ermöglicht wird, ist eine andere Erfahrung des Andersseins des Anderen, die nicht nur, aber auch intergenerationell bedeutsam wird. Was die Menschen verschiedener Lebensalter existentiell voneinander trennt, das ist die Zeit selbst, und erst sekundär der Status, das Wissen, der Besitz oder die Macht. Ungleichzeitigkeit bedeutet Fremdheit zwischen den verschiedenen Generationen, aber auch Gleichzeitigkeit der zur gleichen Zeit Geborenen bedeutet noch nicht Vertrautheit mit den Gleichaltrigen, denn sie ist nur eine andere Form der Fremdheit der Zeiterfahrung: die des Alterns, das nur individuell erfahren werden kann. So wie das Altern auch die gleichaltrigen Individuen singularisiert und die Generationszusammengehörigen füreinander zu Fremden macht (da Zeiterfahrung nur als je subjektive möglich ist), so wird im Altern der Gesellschaft, das sich als Abfolge von Generationen vollzieht, die Zeit in Form der Ungleichzeitigkeit erfahrbar, als Fremdheit zwischen den Generationen.

Die Gemeinsamkeit von Erfahrungs- und Deutungswelten erodiert und daran gekoppelt ist die immer schon damit einhergehende Klassifizierung in unterschiedliche Generationen als einander verschiedene und in ihrer Verschiedenheit als solche identifizierbare Erfahrungswelt, deren homogenisierende Kraft auf ihre jeweiligen Mitglieder als selbstverständlich angenommen wurde. Das Anderssein von denjenigen, die einer anderen Generation zugehören, unterschied sich im historischen Generationsverständnis qualitativ vom Anderssein der Mitglieder der eigenen Generation, weil man innerhalb jeweils einer Altersgruppe von allgemeinen, für alle gleichermaßen bedeutsamen und somit identitätskonstitutiven Strukturen und Bedingungen ausgehen konnte, die die jeweiligen Generationsgruppen in sich homogenisierten: Sozialisationsbedingungen, Wertorientierungen, Bedeutungswelten, Erfahrungshorizonte. War die andere Generation in gewisser Weise qualitativ anders, erschienen die Mitglieder der eigenen Generation nur als relativ anders. Anstatt mit Fremdheit hatte man es gegenüber Mitgliedern der eigenen Generation nur mit einer Verschiedenheit, mit einer Modifikation innerhalb eines grundsätzlich gleichen Lebenshorizonts zu tun.

So ließe sich der Transformationsprozeß interpretieren entweder als das Verschwinden der Fremdheit und somit als Verallgemeinerung des jeweiligen Andersseins zu allgemeinen Attributen, oder - umgekehrt - als eine Zunahme an Fremdheit sowohl zwischen den Generationen als auch innerhalb

Fremdheit zwischen den Generationen 93

der eigenen Generation. Die unterschiedlichen Lebensstile und -formen werden nicht mehr durch einen allen gemeinsamen Rahmen qualitativ bestimmbarer Kriterien zusammengehalten, der zwischen ihnen eine Gemeinschaft stiftete und aus der Fremdheit des Anderen eine bloß von der eigenen verschiedene Besonderheit machte. Statt dessen sind sie voneinander separiert und als Fremde isoliert. Das Problem der Fremdheit, das früher nur für eine bestimmte Position innerhalb einer Gemeinschaft zutraf (Simmel 1987), zieht ein ins Innere der eigenen Kultur und Gesellschaft bis hin ins einzelne Familiensystem. Damit wird deutlich, daß sich das vormals Vertraute, Eigene einem spezifischen Umgang mit der (originären) Fremdheit verdankte, in dem sie ins Eigene allererst transformiert wurde, d.h. daß es Techniken der Unsichtbarmachung und Aufhebung von Fremdheit gab, die heute in der bewährten Form nicht mehr greifen. Das Eigene, Vertraute als ursprüngliche Nähe wird erkennbar als Resultat einer Aneignung "originärer" Fremdheit, einer Aneignung allerdings, die vor der Mimesis ans Fremde nichts Eigenes kannte, die also - wie das Infans im Spiegel - als Eigenes aus einer ursprünglichen Entfremdung hervorgeht (Lacan 1973; Schmidgen 1997).

Die historisch wie auch systematisch komplexe Erfahrung des Fremden und die verschiedenen, sich wandelnden Umgangsweisen mit ihm können an dieser Stelle natürlich nicht dargestellt werden. Von Bedeutung ist hier, daß sich in dieser Erfahrung die Differenzen konstituieren und zugleich manifestieren. Exemplarisch ist daher die Entdeckung der Neuen Welt, die als Urszene der Neuzeit gelten kann, insofern sich in ihrem Verlauf kulturspezifische Muster der Bewältigung des Fremden zeigten und ausbildeten, die sich auch in anderen Entdeckungen wiederholten. Eine dieser Techniken der Transformation von Fremdem ins Eigene sind die Konstruktionen des Fremden (Fabian 1993; Schülting 1997), die Bilder des Anderen, die auch die Definitionen von Generationszugehörigkeit steuern. Aus dieser Perspektive lassen sich heute Generationsdifferenzen deshalb vielleicht am ehesten beschreiben als Kulturdifferenzen, d.h. nach dem Muster ethnologischer Untersuchungen, weil sich ähnliche Probleme wie die zwischen Kulturen heute zwischen Generationen und Lebensformen innerhalb eines Kulturraumes beobachten lassen. Betrachtet man die Generationsdifferenz als Kulturdifferenz, ist damit weniger die räumliche Fremdheit zwischen Territorien als vielmehr eine temporale gemeint, wie sie auch als Fremdheit vergangener Zeiten und Geschlechter verstanden werden kann. Generation bedeutet dann die Gegenwärtigkeit einer temporalen Differenz im Eigenen, die als Differenz von kulturellen Deutungs-, Erfahrungs- und Handlungszusammenhängen und Vorstellungssystemen manifest wird. Diesem Problem der temporalen als der generativen Differenz soll nun nachgegangen werden.

2 Die Konstitution von Generationsdifferenz: Alter und Erfahrung

Der Generationsdiskurs ist in sich sehr heterogen, zerfällt in die verschiedensten Problematisierungen, Perspektiven, Ebenen und thematischen Kontexte, und er zeichnet sich keineswegs dadurch aus, daß der Generationsbegriff einheitlich gebraucht würde. So stellt sich die Frage nach einer die Perspektiven koordinierenden Systematik, d.h. danach, was unter dem Begriff "Generation" begründet verstanden werden kann und darf.

Generationen wurden über alle Differenzen der verschiedenen Begriffsverwendung hinweg meistens verstanden als Entitäten, deren Identität sich über eine allen Elementen dieser Entitäten gemeinsame genealogische Position und daran gekoppelter Erfahrungen konstituiert. Die Differenz von Generationen scheint somit in der je historischen, familialen und gesellschaftlich-kulturellen Situation verankert zu sein als ihre objektive Bedingung der Möglichkeit vergemeinschaftender Erfahrungen. Mit der Pluralisierung von Wirklichkeiten schwindet die Bedingung der Möglichkeit der Konstitution von in sich einheitlichen Generationen, d.h. der Konstitution von altersabhängigen Gruppenidentitäten, die repräsentative Anteile einer Alterskohorte betreffen. Innerhalb einer Altersstufe bilden sich ganz verschiedene soziale Gruppen, deren dominantes, d.h. identitätsstiftendes Merkmal, nicht mehr das Alter zu sein scheint, zumal Alter selbst als ein soziales Konstrukt mit je nach Lebenszusammenhang unterschiedlicher Bedeutung verstanden werden kann. Schwindet jedoch die Dominanz des Altersmerkmals, durch die ein gruppenübergreifender Generationszusammenhang noch über die Unterschiede hinweg gestiftet werden könnte, reduziert sich der Generationsbegriff auf eine bloß äußerliche Zugehörigkeit zu einer Generation als numerischer Jahrgang, die bürokratisch-statistisch von Belang sein mag, nicht mehr jedoch als Konstituens von Gruppenzugehörigkeit. Doch ist Alter - wie auch Geschlecht, Nationalität, Beruf - mehr als nur ein formales Merkmal zur sozialstatistischen Konstruktion von Kohorten einerseits, und andererseits bringt Gleichaltrigkeit eine Alterität des Individuellen ins Spiel, die die supponierte Gemeinsamkeit von Erfahrungen stört. Alter und Erfahrung stehen also weder in einem bloß äußerlichen Verhältnis zueinander, noch kann beides als Identität behandelt werden. Wird Alter weder als formales, äußerliches Merkmal betrachtet noch als inhaltlich allein bestimmt durch gemeinsame Erfahrungen, steht erneut in Frage, was unter den Begriffen "Generation" und "Generationsdifferenz" zu verstehen ist.

2.1 Voraussetzungen und Implikationen des Generationsbegriffs

Generationen „sind 'empirische Einheiten', 'soziale Kohorten', die sich von anderen durch das Vorhandensein gemeinsamer verhaltensprägender Einflüsse und Erfahrungen in einem 'kritischen Lebensalter' (...) abgrenzen lassen". Im Unterschied zur bloß "konzeptuellen Einheit" von Kohorten, die allein über das Alter definiert sind, ermögliche das Generationen-Konzept "die Erklärung der Generationszugehörigkeit und ihre Auswirkungen auf das Erleben und Verhalten, das Deuten und Handeln in der sozialen Wirklichkeit" (Herrmann 1987, 366). Ziel ist die Bestimmung von Generationszusammenhängen bzw. dessen, was einer Generation ihre spezifische Identität gibt. Die Differenz der Generationen ergibt sich hier aus der Verschiedenheit ihrer Identitäten. Die durch Mannheim eingeführte Differenzierung in "Generationslagerung", "-zusammenhang" und "-einheiten", d.h. die Trennung von "Generation" als Konstrukt und der Größe der empirisch erfaßten Altersgruppe, ändert dabei nichts wesentliches am Ziel der Bestimmung der sozialen Identität und der Behauptung der Identifizierbarkeit von Generationen.

Dieses Konzept beruht auf mehreren Voraussetzungen, die alle problematisch sind:

a) Die Differenz zwischen Generationen resultiert aus ihren je eigenen Identitäten, die ihr also vorausgehen und für sich bestimmbar sein müßten.
b) Die Identität einer Generation - und sei es auch nur eine potentielle - wird verstanden als eine homogenisierte Immanenz.
c) Im Generationsbegriff als Konzept sozialer Identität wird - sei es durch Wesenszuschreibung, sei es durch eine Teleologie des Seelenlebens, sei es durch eine (verhaltensbiologische) Anpassungstheorie oder eine (Entwicklungs- oder Sozialisations-)Theorie sozialer Prägung - eine die Individuen gleichermaßen subjektivierende und sozialisierende Verknüpfung von Alter und Persönlichkeitsmerkmalen vorgenommen.

Alle drei Implikationen des Generationenkonzepts sind problematisch und behindern die Bemühungen, über pauschalisierende Oberflächenetikettierungen und über reduktionistische Bilder hinauszukommen. Denn obwohl sich gezeigt hat, wie problematisch es ist, Generationen als Entitäten zu konstruieren, wie jüngst wieder Uhle am Beispiel der "89er-Generation" (Leggewie 1995) deutlich gemacht hat (Uhle 1996), konzentriert sich die Aufmerksamkeit weiterhin auf die Beschreibung und (Re-)Konstruktion von Einheiten, wobei die Vereinheitlichungskriterien je nach Ansatz verschieden sind: statistisch-empirisch und anthropologisch ist es das Alter, einmal als formales, das andere Mal als inhaltliches Kriterium, sozialisationstheoretisch bzw. sozialpsychologisch sind es Erfahrungssedimente und -schichtungen, strukturalistisch und ethnologisch gelten kulturelle Codierungen und Bilder als konstitutiv. Bevor ich auf den Status dieser Repräsentationen am Beispiel der Kindheit eingehen werde, möchte ich kurz auf die o.g. Voraussetzungen des Generationskonzepts eingehen und den Unterschied von Generationsdifferenz und generativer Differenz verdeutlichen.

2.2 Geschlecht, Generation, Gattung als Differenzgeflecht

Der Begriff "Generation" stammt aus einem Bedeutungskomplex, der in seiner Kohärenz mit dem Begriff "Geschlecht" bezeichnet wurde, und dessen verschiedene Bedeutungsebenen sich im wissenschaftlichen Diskurs ausdifferenziert haben. Die polysemische Reichhaltigkeit von "Geschlecht" umfaßt Geschlecht im Sinne der Sexualität, Geschlecht als Abstammung, Familie, Stamm, Generation sowie Geschlecht als Rasse oder Gattung. Wie alle aus diesem Feld stammenden Begriffe soll auch der Generationsbegriff die disseminative Kraft von "Geschlecht" begrenzen, von der er jedoch in seiner Positivität und Eindeutigkeit bedroht bleibt. So soll "Generation" die Einheit derjenigen bezeichnen, die zusammen geboren werden und aufwachsen, den gleichen gesellschaftlichen und geschichtlichen Veränderungen ausgesetzt werden und so den gleichen Erfahrungs- und Sozialisationsbedingungen unterliegen, den gleichen "verhaltensprägenden Einflüssen und Erfahrungen im kritischen Lebensalter von 16-25 Jahren" (Herrmann 1987, 366).

Doch diese Vorstellung von einer Generation als einer Kollektivität, die durch eine auf Gleichzeitigkeit gegründete soziale Identität bestimmbar ist, wird zweifelhaft, wenn die solchermaßen angesetzte identitätskonstitutive Generationszugehörigkeit in Beziehung zur Geschlechtszugehörigkeit gesehen wird, die, als eine ebenso fundamentale Bedingung des Menschseins wie die Generationszugehörigkeit, die Einheit einer Generation von Anfang an in eine Differenz der Geschlechter spaltet. Statt daß eine Generation das Versammelnde eines Geschlechts wäre, ist jede Generation in Geschlechter unterteilt, die darüber hinaus Generativität erst ermöglichen. Das Gezeugtworden-Sein verweist genau auf diese Differenz in der zeugenden Generation, die ihre generative Gattungsfunktion (bisher) nur geschlechtlich erfüllen kann. Generations- und Geschlechtszugehörigkeit sind immer zusammen gegeben, und zwar so, daß aus den beiden interferierenden Differenzen neue Differenzen entstehen, so daß innerhalb einer Generation ein Geschlechterverhältnis waltet, wobei die verschiedenen Geschlechter je unterschiedliche Verhältnisse zu den Geschlechtern einer anderen Generation unterhalten.[8] Eine identitätsstiftende Gleichheit findet sich also weder in der Geschlechts-

---
8 Erste Ansätze, die das Verhältnis der verschiedenen sozialen Ordnungen zueinander zu berücksichtigen, findet man bei Hauser-Schäublin/Röttger-Rössler 1997.

noch in der Generationszugehörigkeit, da diese durch die Geschlechts- und jene durch die Altersdifferenz gestört wird. Und auch die Gattung des Menschengeschlechts gewährt keine ursprüngliche, allen Differenzen zugrundeliegende Identität, wie sie im scheinbar neutralen Begriff des Menschen oder des Menschseins suggeriert wird. Die Differenz der Geschlechter (Sexualität und Alter) und die Differenz Individuum-Gattung kommt ja nicht zu einer ursprünglichen Positivität des Menschen hinzu, der vorher weder das eine noch das andere (ne-uter) wäre. Der Versuch Heideggers, die existentiale Struktur des menschlichen "Daseins" fundamental-ontologisch von einer ursprünglichen Positivität aus zu denken, aus einer nicht-gespaltenen Identität des Menschseins, die nicht aus den binären Teilungen des Geschlechts hervorgeht, der Versuch also, die ungeschlechtliche Neutralität des menschlichen "Daseins" (Heidegger 1979, 7f.) als "ursprüngliche Positivität" und "Mächtigkeit des Wesens" (Heidegger 1978, 172) zu bestimmen, die vor jeder Negativität der Differenz die Identität "des" Menschen bezeichnen soll, ist nicht möglich. Wie Derrida gezeigt hat, stehen Neutralität und Asexualität - entgegen dem Anschein - selbst *in* der sexuellen Differenz, anstatt ihr entzogen zu sein oder zu ihr - als reine Positivität - in Gegensatz zu treten (Derrida 1988, 24). Das Sein des Daseins ist selbst in die Geschlechtsdifferenzen involviert, anstatt ihnen zugrundezuliegen oder ihrer spaltenden Bestimmung als eine ursprüngliche Einheit vorherzugehen.

Das Verhältnis mehrerer sozialer Ordnungen, die im Begriff "Geschlecht" zusammengedacht wurden, ist nicht als Randbedingung oder Nebenbedeutung je als einzeln wirksamer Ordnungen zu verstehen. Geschlecht oder Alter haben nicht den Status akzidentieller Attribute, die, je nach dem, welche Koordinate man als die primäre ansetzt, als sekundäre Merkmale betrachtet werden können, so daß die Geschlechterforschung außerdem noch das Alter, die Generationsforschung zusätzlich das Geschlecht berücksichtigen müßte. Da beides nicht unabhängig voneinander gegeben ist, entstehen auf diese Weise nur neue abstrakte Identitätskonstruktionen. Die Achsen zwischen Geschlecht, Generation und Gattung nicht additiv oder komplementär zueinander in Beziehung zu setzen und nicht jede für sich als etwas in sich und aus sich heraus Bestimmbares zu betrachten, das erst nachträglich in Relation gerät, sondern alle drei Bestimmungen als Differenzgeflecht aus Differenzen zu verstehen, wäre m.E. die Voraussetzung für einen neuen Generationsbegriff.

2.3 Individuelle und generationelle Zeiterfahrung

So impliziert Generationszugehörigkeit nicht nur eine Differenz zu den anderen Generationen, sondern bereits eine intragenerationelle Spaltung, die jede Rede von einer Generation als Einheit zu einer Abstraktion zwingt.

Schon die einfachste Form des Generationenverhältnisses umfaßt nicht zwei in sich homogene, aber voneinander verschiedene Einheiten, sondern wenigstens zwei jeweils in sich nach Geschlecht differenzierte Einheiten, die in Altersdifferenzen zueinander stehen, wobei das Verhältnis der geschlechtsspezifischen Generationseinheiten zueinander selbst differiert.[9] Zudem zerfällt die im Generationsbegriff vorgestellte Einheitlichkeit einer Altersgruppe in heterogene kleinere Gruppen aufgrund der Verschiedenheit der Problemlagen, Lebenswelten, Sozialisationsbedingungen etc. und der unterschiedlichen Verarbeitungsformen selbst gleicher Problemlagen, so daß sich Generationsdifferenzen bestenfalls noch zwischen besonderen Einheiten der einen Generation und den ihnen komplementären Segmenten einer anderen Generation manifestieren. Wenn nun durch konkrete Mitgliedschaften und Zugehörigkeitsgefühl sich auszeichnende Generationseinheiten als soziale Gruppen zu verstehen sind, deren bestimmendes Merkmal die Gleichaltrigkeit ist, diese soziale Gruppe aber neben anderen Gruppen stehen, die durch andere dominante Merkmale verbunden sind (Religion, Politik, Beruf, Status etc.), dann verliert die Alterszugehörigkeit ihre alle Mitglieder einer Generation (potentiell) verbindende und vereinheitlichende Bedeutung. Ist die Zugehörigkeit zu einer Altersgruppe zu einem Merkmal unter gleich wichtigen anderen geworden oder kommt ihr immer noch eine zentrale Bedeutung zu, insofern sich nur durch sie eine irreduzible Dimension sozialer Identität konstituiert? Und wenn es nicht das Alter ist, das die soziale Identität einer Gruppe konstituiert, das also nicht als bestimmender Grund einer Erlebnisgemeinschaft mit kollektivem Generationsbewußtsein angesehen werden kann, weil sich eine solche Gruppenidentität nur inhaltlich, d.h. vermittelt über gemeinsame Erfahrungen und Problemlagen herstellen kann, welche Bedeutung kommt ihm dann zu? Zwar wurde die Altersgruppenzugehörigkeit als hinreichende Bedingung des Generationsbegriffs schon seit langem kritisiert, als notwendige Bedingung jedoch beibehalten. Dadurch erscheint die Altersgruppenzugehörigkeit hier als ganz äußerliches Merkmal, ohne jede Eigenbedeutung, das aber unverzichtbar ist, damit eine soziale Einheit als *Generations*einheit bestimmt werden kann. Folglich kommt dem Lebensalter doch eine zentrale Bedeutung zu als das eine Generation erst versammelnde Merkmal, welches zwar nicht unmittelbar gemeinschaftsstiftenden Charakter hat, aber den gemeinsamen Erfahrungen auch

---

9 Am Status des Kindes in unserer Kultur wird dies sehr deutlich. Was bedeutet es z.B., wenn das geschlechtsneutrale Kind in der nachwachsenden Generation mit Bildern belegt wird, durch die der Status der Kindheit eher mit einem der beiden Geschlechter assoziiert wird, anstatt mit beiden Geschlechtern, und zugleich mit einer als Einheit verstandenen Generation identifiziert wird? Einerseits steht das Kind in der Struktur unserer kulturellen Semantik in der Opposition „Kind/Erwachsener", andererseits steht es in der die Erwachsenenseite durchziehenden Opposition „Mann/ Frau" auf der Seite der mit „Frau" konnotierten Vorstellungskette (Frau-Natur-Sinnlichkeit-Irrationalität-Körper-Affekte) entgegen der mit „Mann" konnotierten (Mann-Kultur-Moral-Rationalität-Geist-Denken).

nicht äußerlich bleiben darf. Ein solches Merkmal könnte in der Erfahrung der Gleichaltrigkeit selbst liegen. Doch worin besteht eine solche Erfahrung bzw. das Bewußtsein des Lebenszeitabstandes von Anderen? Verbindet das Bewußtsein der Gleichzeitigkeit als solches und trennt das Bewußtsein der Ungleichzeitigkeit? Gibt es überhaupt ein Bewußtsein der Gleichzeitigkeit, durch die man sich mit Anderen identisch weiß, in diesem Moment selbst?[10] Das Thema des Generationenzusammenhangs und der Generationsdifferenz beinhaltet also als konstitutives Problem das Verhältnis von Zeiterfahrung und Erfahrung des Anderen. Dabei wird in der gegenwärtigen Diskussion implizit davon ausgegangen, daß das Zusammen-mit-anderen-geboren-Sein das Fundament einer Zusammengehörigkeit bildet, die zwar anfänglich nur potentiell gegeben ist, aber als Potentialität die zusammen Geborenen *schon* miteinander verbindet. Das Anderssein der zeitgleich Geborenen erhebt sich damit auf dem Grund einer jedem Anderssein zugrundeliegenden Identität generationeller Zeitgenossenschaft. In dieser Perspektive geht die Generationszugehörigkeit - egal, wie sie sich in Erfahrungsschichtung oder innerer Lage konkretisieren und in Generationseinheiten manifestieren mag - jedem individuellen Zeiterleben voraus, oder anders gesagt, Generationszugehörigkeit als soziale Zeiterfahrung bildet das Fundament auch der je individuellen Biographie. In den Worten von Micha Brumlik: "Bei aller Unschärfe, sowohl was den quantitativen Umfang als auch was den Erfahrungsraum einer Generation angeht, kommen Menschen in ihrem alltäglichen Bewußtsein nicht umhin, auch ihr eigenes Leben als kollektive, zeitliche Erfahrung zu deuten" (Brumlik 1995, 15).

Doch worin bestehen soziale und individuelle Zeiterfahrungen und wie läßt sich durch sie der Generationszusammenhang begreifen? Im Alltagsbewußtsein wie im wissenschaftlichen Diskurs bezeichnet Generationszugehörigkeit - über alle sozialen, lebensweltlichen, geschlechtlichen Differenzen hinweg - die Ebene einer Verbindung mit Gleichaltrigen und Fremdheit gegenüber den anderen, jüngeren und älteren Generationen, die sich je nach den konkreten Bedingungen in Gruppenbildungen manifestieren kann, die aber auch im individuellen Alltagsbewußtsein in Form eines abstrakten Maßstabs zur Regelung von Nähe und Distanz das Verhältnis zu Anderen beeinflußt. Das individuelle Bewußtsein der Generationszugehörigkeit hat die abstrakte Form des Altersbewußtseins, aus dem keineswegs eine konkrete Mitgliedschaft in einer empirischen "Generationseinheit" hervorgehen muß. Denn im Unterschied zu diesen, in denen sich der Generationszusammenhang in Form gemeinsamer Erfahrungen und der Übereinstimmung ihrer Bewertung manifestiert, gründet das Altersbewußtsein als *individuelle* Generationszugehörigkeit in der existentiellen Erfahrung von Lebenszeit selbst, die den konkreten, gesellschaftlichen wie persönlichen Erfahrungen

---

10 Hier wäre eine Auseinandersetzung mit dem Problem der Zeiterfahrung notwendig, die ich hier schuldig bleiben muß (vgl. z.B. Merleau-Ponty 1966, 397-418 u. 466-492; Blumenberg 1986).

erst ihre Bedeutsamkeit und Wertigkeit verleiht. Was als wichtig oder weniger wichtig erfahren wird, hängt nicht nur an den Inhalten, am "Was" des Erfahrenen selbst, sondern mindestens ebenso daran, *wann* man es erlebt, als junger, mittelalter oder alter Mensch. Die erste Liebe in jungen Jahren z.B. hat ihre Bedeutung durch das Alter der Liebenden und ist mit späteren deshalb nur schwer zu vergleichen. Bedeutet das Älterwerden eine zunehmende Reduktion von Möglichkeiten aufgrund bereits getroffener Entscheidungen und der selektiven Funktion von unverfügbaren, aber lebenslaufbedingenden Verhältnissen, dann konstituiert das Vergehen von Lebenszeit unabhängig von der Qualität und Quantität verfügbarer Möglichkeiten den subjektiven Bedeutungshorizont möglicher Erfahrungen. So wie die reine Wiederholung einer Erfahrung eine Differenz des Erfahrenen mit sich bringt, so konstituiert die bloße Differenz vergangener Lebenszeit einen Abstand z.B. zwischen denen, die die Fülle von Lebensmöglichkeiten noch vor sich haben, und denen, die durch ihren bisherigen Lebensweg bereits eine Bestimmtheit erlangt haben, welche ihnen nur noch begrenzt Möglichkeiten offen läßt. Allein das deutliche Bewußtsein, daß jede Entscheidung oder Wahl für etwas die Abwahl anderer Möglichkeiten und eine Entscheidung gegen anderes impliziert, macht dieselbe Erfahrung für jung und alt zu etwas sehr Verschiedenem. Daß alles (Lebens-) Zeit kostet, gibt jedem Augenblick einen anderen Stellenwert und eine andere Bedeutung für denjenigen, der sich der Irreversibilität der Zeit und ihrer Knappheit bewußt ist, gegenüber demjenigen, der sich dessen nicht bewußt ist, weil er glaubt, immer auch noch anders oder gar immer neu anfangen zu können. *Soziale*, durch gemeinsame Sozialisationsbedingungen und konkrete Erfahrungen bestimmte, und *individuelle*, durch die Erfahrung des Alters und des Vergehens der Lebenszeit bestimmte Generationszugehörigkeit bilden deshalb verschiedene Dimensionen des Generationsproblems.

2.4 Generative Differenz und Generationsdifferenz

Was beide Problematisierungen - die Konstitution eines empirischen Generationszusammenhangs und die existentielle Zeiterfahrung - verbindet, ist das Problem des Verhältnisses zum Anderen: zu den anderen Mitgliedern der eigenen Generation und denjenigen der anderen Generationen, d.h. das Problem der Generationsdifferenz. Doch wenn die Vorstellung von je für sich bestimmbaren Generationen als homogene Einheiten eine unzulässige Vereinfachung darstellt, so daß man die Differenz zwischen ihnen nicht einfach aus ihren Identitäten ableiten kann, um welche Differenz geht es dann, zwischen wem oder was? Besteht die Generationsdifferenz nur zwischen verschiedenen Generationen, deren interne Differenzierungen aus qualitativ anderen Ursachen hervorgehen und daher keine *Generations*-,

Fremdheit zwischen den Generationen 101

sondern Geschlechts-, Status- oder Bildungsdifferenzen sind? Oder gibt es auch innerhalb einer Generation Differenzen, die als generative Differenzen anzusehen sind? Zur Klärung dieser Fragen möchte ich noch mal auf das Problem der Zeiterfahrung zurückkommen.

Allgemein wird davon ausgegangen, daß die Gleichzeitigkeit, das Zusammen-mit-Anderen-geboren-Sein eine ursprüngliche Verbindung, wenn nicht gar Vertrautheit, zu diesen Anderen mit sich bringt.[11] Hier gründet im Zusammen-mit-Anderen-geboren-Sein die Generationszugehörigkeit, die, wie die Zugehörigkeit zum männlichen oder weiblichen Geschlecht, das "Mitsein" (Heidegger 1979, 114ff) von Anfang an in gleichzeitig und ungleichzeitig Mitseiende spaltet. Doch wie kann die Gleichzeitigkeit des Geborenseins eine Nähe zum Anderen stiften, die sich nicht nur von außen, aus der Beobachterperspektive konstatieren läßt, sondern die sich in der Konstitution des subjektiven Bewußtseins als Verbundenheit manifestiert? Gleichzeitigkeit als verbindendes und vereinheitlichendes Merkmal, das die zur gleichen Zeit, aber getrennt voneinander Geborenen zu einer Generation als Einheit versammelt, ist ein Konstrukt aus der Beobachterperspektive, genauer: aus der Perspektive der älteren auf die nachwachsende oder neugeborene Generation.[12] Diesem Konstrukt, daß die Grundachse der Sozialität eines Individuums, d.h. die ursprüngliche Beziehung zu Anderen in Form gleichzeitigen Geborenseins quasi natürlich mitgegeben sei, kann schon auf der empirischen Ebene widersprochen werden[13]. Wenn die Gleichzeitigkeit der Geburt und die Ähnlichkeit von Erfahrungen die wichtigsten Kriterien sind, über die sich Generationszugehörigkeit konstituiert, dann sind es nicht nur die Jugenderfahrungen im kritischen Alter von 16-25, sondern auch die ersten frühkindlichen Erfahrungen des Anderen, des eigenen Körpers und seines Bildes, der verschiedenen Objekte wie der Brust, der Stimme, der Mutter sowie der Sprache und der durch sie konstituierten Bilder des Eigenen.[14] Allerdings sind es auch diese Erfahrungen, in denen im Zuge der

---

11 So z.B. auch bei Heidegger (1979, 384f.), der an den Generationsbegriff Diltheys anknüpft.
12 Dies trifft auch auf die Bestimmung der nachwachsenden Generation als „Neuankömmlinge, die als Fremdlinge in sie (die Welt) hineingeboren werden" (Arendt 1981, 15) zu.
13 Zu erinnern ist bloß an die Eifersucht gegenüber dem Milchbruder als "Archetyp der Sozialgefühle", wie Lacan schreibt (1980, 54ff), an die Alienation des Spiegelstadiums (Lacan 1973), die sich im Bezug zu Gleichaltrigen als spekularem Anderen wiederholt, an die erste Person, die die Mutterfunktion übernimmt und damit die Position des/der erste/n andere/n, gar nicht zu sprechen von der Einführung in die Sprache. M.a.W. läßt sich eine nur auf Gleichzeitigkeit der Geburt gegründete Beziehung zu den andern Mitgeborenen allein auf einer imaginären Ebene situieren, deren Realitätsschein mit dem ersten Aufgehen symbolischer Ordnungen vergeht.
14 Vor diesem Hintergrund erweist sich eine Trennung von Eltern-Kind-Konflikten um alltägliche Angelegenheiten und Generationskonflikten, die politischen Charakter haben, als problematisch, wenn nicht unsinnig (vgl. Oswald/Boll 1992). Statt zu fragen, welche Konflikte Generationskonflikte sind und welche nicht, wäre zu fragen, wann und unter welchen Bedingungen politische Themen Gegenstand der Auseinandersetzungen zwischen den Generationen werden.

Genese des Subjekts die imaginäre Identität mit dem Anderen gebrochen wird.

Konstituiert sich also die Generationszugehörigkeit über die Ähnlichkeit von Erfahrungen, bleibt die Alterserfahrung dagegen stets eine individuelle, insofern sie existentiell an die eigene Lebenszeit gebunden bleibt, d.h. an den eigenen Körper und seine Endlichkeit. Das, was sich *in der Zeit* ereignet und erlebt wird, kann zu Übereinstimmungen mit anderen führen, doch die Erfahrung *der Zeit selbst*, die Erfahrung des Alterns, der Vergänglichkeit und des Todes singularisiert das Subjekt, anstatt daß sich in ihr eine Identität mit den anderen zu erkennen geben würde. Zwar konstituiert die Zeiterfahrung eine Beziehung zum Anderen, doch nicht als Identität, sondern als Differenz, da die Andersheit des Anderen gerade im Verhältnis zur Zeit nur als Ungleichzeitigkeit erfahren werden kann[15]. Das subjektive Bewußtsein des eigenen Alters geht zwar einher mit der Zurechnung zur eigenen Altersgruppe, doch stiftet es allein aus sich heraus keine über diese individuell sich vollziehende soziale Selbstverortung hinausgehenden konkreten sozialen Beziehungen. Die Distanz zu Anderen, auch zu Gleichaltrigen, wird dadurch nicht verringert oder aufgehoben. Das auch in der Begegnung mit Anderen stets individuell bleibende Bewußtsein der Gleichaltrigkeit reduziert folglich nicht die Andersheit des Anderen. Soll es zu einem konkreten Zugehörigkeitsgefühl oder zu einer Erlebnisgemeinschaft kommen, bedarf es darüber hinaus nicht nur einer ähnlichen Lage oder gleicher Erfahrungen, sondern auch ähnlicher Wertungen und Urteile hinsichtlich der Erfahrungen, durch die aber wiederum nicht das individuelle Verhältnis zur je eigenen Lebenszeit vereinheitlicht wird. *Dieses* Zeitverhältnis bleibt als unaufhebbare Distanz zwischen den Mitgliedern auch in der kollektiven Identifikation als Generationseinheit erhalten.

Insofern Menschen immer nur als einzelne gezeugt und geboren werden, diese Singularität sich als Trennung von Anderen und als je individuelle Lebenszeit manifestiert, besteht auch zu den gleichzeitig geborenen Anderen eine generative Differenz, die nicht in einen Generationszusammenhang oder einer Generationseinheit aufgehoben werden kann. Oder anders gesagt: Die Erfahrung der eigenen Lebenszeit und ihrer Wirkungen auf alles in der Zeit Erlebte einerseits und die in der Zeit gemachten Erfahrungen andererseits gehören verschiedenen Registern an und bilden keine Identität. In der individuellen Lebenszeiterfahrung identifiziert man sich selbst *als* jung oder alt, ohne sich *mit* den anderen Gleichaltrigen zu identifizieren. *Mit* Gleichaltrigen identifiziert man sich allein aufgrund gemeinsamer Erfahrungen und Einstellungen und nicht, weil man sie *als* gleichaltrig identifiziert. Daß es überhaupt zur Identifikation mit Gleichaltrigen kommt, liegt an vermittelnden Inhalten, d.h. daran, daß 1. bestimmte gesell-

---

15 Vgl. dazu Deleuze 1969, 350-373.

schaftliche Erfahrungen nur zur gleichen Zeit möglich sind und nur zu diesen Zeitpunkten gemacht werden können, und 2., daß in ihre Bewertung ähnliche individuelle Lebenszeiterfahrungen eingehen, die aber immer an die individuelle Form gebunden bleiben. Die Identität der Erfahrungen und Bewertungen, d.h. das darauf gegründete Zusammengehörigkeitsgefühl von Generationseinheiten, ist von daher ein Schein oder bestenfalls eine selbst temporäre Illusion, die enttäuscht werden und sich wieder verflüchtigen kann. So wie die *inter*generationelle Differenz die Vorstellung einer menschlichen Gemeinschaft als Immanenz transzendiert, so dekonstruiert also die *intra*generationelle Differenz jede Vorstellung eines homogenen Generationszusammenhangs.

Die generative Differenz geht also der Generationsdifferenz voraus und läßt diese als Unterschied zwischen verschiedenen Identitäten erst entstehen. In ihr ist quasi die Zeitdifferenz als solche wirksam als das Geschehen- und Entstehenlassen dessen, was geschieht und entsteht. Als solche kann sie nicht präsent werden und ist sie nicht erfahrbar, sondern nur im individuellen Altern, das aber eben, um erfahren werden zu können, auch schon immer bestimmter Präsentationen bedarf und sich im Bewußtsein nur an erlebten und erfahrenen Inhalten festmachen läßt. Als im Altern erlebte, gerinnt die generative Differenz sofort zu festen und identifizierbaren Vorstellungsinhalten, in denen sie ihren generativen und differentiellen Charakter einbüßt. Das Verhältnis zwischen generativer Differenz und Generationsdifferenz läßt sich also analog zum Verhältnis zwischen Metonymie und Metapher verstehen oder zwischen Signifikant und Signifikat als autodekonstruktive Bewegung: Jede in einer Einheit oder Identität gerinnende differentielle Bewegung wird von diesen scheinbar festen Bewußtseinsgestalten verdeckt, die ihrerseits jedoch jederzeit von der differentiellen Bewegung wieder erfaßt und verwandelt werden können.[16]

Die Geschlechterdifferenz, d.h. die Differenz von Individuum und Gattung ist also nicht einfach gegeben, so wie man von der sexuellen Differenz annehmen könnte, sie sei gegeben, weil das sexuelle Geschlecht in der Regel das ganze Leben lang beibehalten wird. Sie konstituiert sich temporal erst in der individuellen Zeiterfahrung als generativer Differenz und bewirkt die sich selbst in der Zeit wandelnde Selbstverortung in Bezug zur jeweiligen Altersgruppe. Zu dieser jedoch bleibt ein Verhältnis der Fremdheit bestehen, das aber durch Generationsbilder und die auf gleiche Erfahrungsanlässe gegründeten Vorstellungen einer ursprünglichen Einheit, Verbundenheit und Gemeinsamkeit verdeckt wird. Am Beispiel der Kindheit soll dieser Zusammenhang nun verdeutlicht werden.

---

16 Diese Bewegung der Signifikantenlogik Lacans oder der temporalisierten Differenz im Sinne Derridas kann hier nicht angemessen ausgeführt werden (vgl. dazu Derrida 1974; 1988a; Weber 1978; Wimmer 1988, 110-145).

3 Kindheit als kulturelle Konstruktion

Aus den bisherigen Ausführungen folgt, daß eine Klärung des Generationenverhältnisses die Beziehungen zwischen den Individuen berücksichtigen muß, da sonst soziologische Abstraktionen entstehen, die ausklammern, was jede Logie des Sozialen zu klären hätte. So müssen nicht nur inter- und intragenerationelle Relationen zusammen betrachtet, sondern diese müssen auch in Verbindung mit dem Problem der Individualität gesehen werden. So besteht z.B. in der Pädagogik das Problem nicht nur darin, wie sich die ältere Generation gegenüber der jüngeren, vor allem zur Kindheit, verhält, sondern wie zu einzelnen Kindern eine individuelle Beziehung entstehen kann, die durch das allgemeine generative Verhältnis zur Kindheit doch bereits sozial codiert ist. Was heißt unter diesen Bedingungen eigentlich „Individualität" des Kindes? Um deren Ausbildung und Vervollkommnung ging es bekanntlich Schleiermacher, der Erziehung zwar ausgehend vom Generationenverhältnis begründet hat, deren theoretische Durchführung jedoch an der Herausbildung der Individualität orientierte, die gerade nicht einer Gruppen- oder Generationsidentität ganz subsumierbar ist.[17] Doch wird nicht die irreduzible Individualität des Kindes vom Generationenverhältnis überlagert, vom Blick und seinen Bildern, vom Wissen, Wollen und von den Werten der Erwachsenen, durch die im Zuge der Rationalisierung und Verwissenschaftlichung der Kindheit ein Kindheitsgefängnis in Gestalt eines Vorstellungssystems entstanden ist, aus dem es kein Entkommen gibt, da auch das Entkommenwollen als zur Kindheit gehörig definiert wurde? Nicht nur ist alles, was sichtbar ist, aussagbar und so zum Wissen geworden, sondern heute dringt der Blick, vom Wissen belehrt, hinter die Phänomene in die Tiefe des Unsichtbaren. In diesen Techniken der Entdeckung gibt es, das Kind betreffend, nichts prinzipiell Unsagbares mehr, kein Geheimnis des dem Begriff stets fremd bleibenden Singulären.

Dabei spielt für uns das Unsagbare eine zentrale Rolle. Es ist nicht Nichts, ohne deshalb schon ein Etwas zu sein, das sich bestimmen ließe. In der Geschichte der Kulturen, die mit dem Namen Europa zusammenhängen, hat sich ein Diskurs herausgebildet, der dieses Unsagbare selbst zum Thema macht, es entziffern und zum Sprechen bringen will, das sich aber in jeder Aussage zurückzieht und von Aussage zu Aussage aufschiebt (Foucault 1974, 389ff). Das Individuelle, oder besser, das singuläre Subjekt als das Unsagbare gilt uns als Grund des Sagbaren, das jeder Aussage Zugrundelie-

---

17 Schurr führt das Motiv selbst, Pädagogik als wissenschaftliches System zu begründen, darauf zurück, daß Schleiermacher die Frage nach der irreduziblen Individualität des Menschen von der spekulativen Anschauung des Individuellen als reine Geistigkeit, wie es in „Monologon" verstanden wurde, lösen und in ihrer konkret-historischen Entwicklung darstellen wollte (Schurr 1975, 19 u. 494; vgl. auch Wimmer 1996, 208ff).

gende, aber selbst in ihr Fehlende. „Individuum est ineffabile", es verweigert sich jedem Begriff, der es um seine Eigentümlichkeit reduzierte. Doch die Frage, worin die Unsagbarkeit des Unsagbaren eigentlich besteht, läßt den Willen zum Wissen nicht zur Ruhe kommen. Sei es durch Beobachtung, sei es dadurch, daß man es zum Sprechen bringt, damit es seine Wahrheit sage, Ziel war und ist bis heute, dem Fremden im Diskurs des Eigenen seine Fremdheit wenigstens so weit zu nehmen, daß man es verstehen kann.

3.1 Probleme der Fremderfahrung

So wurde in unserer Kultur die Fremdheit des Kindes nicht nur entdeckt, sondern in gewisser Weise auch wieder zum Verschwinden gebracht, wodurch die Fremdheit des Kindes zu einem Gespenst geworden ist, das den pädagogischen Diskurs durchgeistert, das man nicht los wird, das man aber auch nicht in den Griff bekommen kann. Wenn die Fremdheit des Kindes wie diejenige jedes Anderen sich nicht auf den Begriff bringen läßt, wenn sie sich jeder Ontologie entzieht, aber - wie zu zeigen wäre - in ihrem präontologischen Status jede ihrer Repräsentationen heimsucht, dann müßte man den Diskurs der Ontologie verlassen und eine 'hauntology' (Derrida 1995) begründen, eine Gespensterkunde also, eine Wissenschaft des Fremden, das kein Wesen ist, aber auch kein Un-Wesen im ontologischen Sinn, eine Wissenschaft des Anderen, das kein Seiendes ist, aber auch nicht Nichts, sondern „anders als Sein" (Lévinas 1992). Zwar können diese mit dem Problem der Fremdheit und Singularität des Kindes zusammenhängenden Fragen weder hier noch jetzt beantwortet werden, aber durch einige Hinweise lassen sie sich vielleicht etwas verdeutlichen.

Klar dürfte sein, daß das Fremde kein bestimmtes Objekt ist, sondern jeder, jedes und alles einem fremd sein und auch werden kann (Wimmer 1997). Wie ein Virus kann das Fremde alles infizieren, womit es in Berührung kommt, und dadurch dessen scheinbar bekannte Bedeutung verändern oder auflösen. „Fremdheit ist in diesem Sinne ansteckend wie Krankheit, Liebe, Haß oder Gelächter" (Waldenfels 1997, 10). Theoretisch kann einem also alles fremd werden, was als fremd betrachtet wird. Doch zur theoretischen Einstellung später. Praktisch macht sich das Fremde selbst immer irgendwie bemerkbar, indem es eine Antwort provoziert. Insofern für das Fremde in Wahrnehmung, Bewertung und Beurteilung keine vorab passenden Codierungen, Verhaltens- und Handlungsroutinen zur Verfügung stehen, löst es Verunsicherung aus, Verwunderung (Greenblatt 1994, 27ff), Erstaunen, Überraschung, die von der ambivalenten Kombination aus Anziehung und Abstoßung, Faszination und Schrecken in allen möglichen Mischungsverhältnissen begleitet werden, und zwar vor jedem moralischen Urteil (Schäffter 1991; Eifler/Saame 1991; Münkler/Ludwig 1997).

Insofern das Eigene, die vertraute Heimwelt, aus einer symbolisch strukturierten und kulturell bestimmten Bedeutungswelt besteht, die als letztlich unmotivierte Antwort auf die unassimilierbare Fremdheit und Unbestimmtheit u.a. des eigenen Körpers zu verstehen ist, stellt die Begegnung mit dem Fremden die Selbstverständlichkeit der Heimwelt in Frage und konfrontiert einen mit einer irreduziblen Fremdheit in einem selbst, die gerade in der symbolischen Ordnung der Heimwelt verleugnet wird. Das, was in einem selbst bedeutsam ist, sich aber weigert, Bedeutung zu werden, verliert den Ausdruck, in dem und durch den man sein Drängen glaubte, gebannt zu haben, und zwingt erneut zu einer Antwort, die um so schwerer wird, als die scheinbare Natürlichkeit der ersten Heimwelt verloren ist. Deshalb evoziert die Begegnung mit dem Fremden zugleich die Möglichkeit des Selbstverlustes wie auch der Vernichtung des Anderen, der Befreiung von beengenden Sicherheiten ebenso wie der Verteidigung gegen Versicherungen, Hingabe und Gewalt, Idealisierung und Verteufelung.

Diese Erfahrung kann im Prinzip von jedem Anderen evoziert werden, insofern jeder Andere ganz anders ist als ich. Ist er aber anders als ich, dann deshalb, weil er ein anderes Ich ist, als ein Ich aber eben nicht unendlich anders. Ist in dieser Perspektive der „natürlichen Einstellung" (Husserl 1950, 57) der Mitmensch mir schon als *anderes* Ich fremd, nicht aber als anderes *Ich*, dann ist das Kind mir doppelt fremd, sofern es - noch - kein Ich ist. Nicht nur ist mir seine Innerlichkeit unzugänglich, weil es seine ist, sondern die Innerlichkeit selbst hat eine andere Qualität, so daß unklar ist, ob sie überhaupt als Innerlichkeit begreifbar ist. Bedeutet also Fremdheit Unzugänglichkeit, so ist sie doch in gewisser Weise zugänglich, wenn auch nicht in ihrer Originalität, da es sonst gar nicht als Fremdes erfahrbar wäre (Husserl 1977). Doch diese Zugänglichkeit variiert, so daß das Kind mir fremder ist als „ausgewachsene" Menschen meiner Mitwelt.

3.2 Kindheit als Ent-Fremdung des Kindes

Die Fremdheit des Kindes hat deshalb lange vor ihrer Entdeckung, ihrer Erforschung und der Entstehung der modernen Kindheit Bilder und Bedeutungsmuster evoziert, die den Blick auf Kinder regelten. Dazu gehört das "Urkind" der vorolympischen Götterwelt des Mittelmeerraumes ebenso wie das "Erlöser-Kind" des Christentums, das einen regelrechten Kult des Kindes initiierte, der auch säkularisiert in der Aufklärung und der Romantik bis hin zur Reformpädagogik fortwirkt, wo das Kind zur Chiffre des ungeteilten, nicht-entfremdeten Lebens wird als Träger von Natürlichkeit und Spontaneität (Richter 1987; 1996). Die Bilder vom fremden Kind, die die Erfahrung der Andersheit von Kindern ausdrücken und zugleich bewältigen, sind jedoch ambivalent, denn dem göttlichen Kind einer Kinderverehrung korrespondiert das teuflische Kind, das in voraufklärerischen Zeiten als Einfallstor des Satans in die Welt galt.

Das Kind, das diese imaginäre Anthropologie der Kindheitsbilder als kulturelle Konstruktionen evozierte, durch die ihm eine Wesensbestimmung erst zuwuchs, wurde in seiner Fremdheit, d.h. als Eigenwesen aber erst im 18. Jh. entdeckt und dann zum Gegenstand des Wissens. Im Prozeß der Zivilisation, der Differenzierung von Erwachsenen und Kindern im Zuge der u.a. von Foucault beschriebenen Hervorbringung des modernen Subjekts wurden Kinder gleichsam zur fremden Ethnie im eigenen Land. "Man kennt die Kindheit durchaus nicht", so Rousseau im Vorwort zum „Emile", und Hölderlin schreibt im „Hyperion": "Von Kindheit haben wir keine Begriffe". Die Geschichte des pädagogischen Blicks auf das Kind als Fremder, in der sich Wahrnehmung und Wissen mehrfach transformieren und in der dem Kind ein Wesen gemacht wird, welches es zum modernen Kindheitskind werden läßt (Wimmer 1984; 1988, 247ff), kann hier nicht näher ausgeführt werden. Erwähnt werden soll nur die Deklaration des Kindes als Natur (Baader 1996), in der sich die ganze Ambivalenz zeigen ließe, impliziert dies doch weder herrschaftsfreie Beziehungen noch notwendigerweise Verständnis. Auch Naturkindheit ist Erziehkindheit, begründet geradezu die veredelnden Eingriffe der Erzieher. Die Eroberung des Kindes durch die Wissenschaft seit dem 18 Jh. steht ganz im Zeichen seiner Naturmythisierung und ist nach Gstettner als organologisches Deutungsmuster von Kindheit mit der Schwarzen Pädagogik liiert, das im völkischen Programm des Faschismus münde (Gstettner 1981). Die romantisierende Vorstellung von Kindheit als verlorenem Paradies oder gelobtem Land der Zukunft sieht im Unterschied zur Aufklärung im Kind jedoch die Vollkommenheit des Menschen, die Utopie der Freiheit und die verfrühte und zugleich verspätete Wahrheit der Menschheit. Auch die Romantik sieht im Kind vor allem Natur, aber eine gepflegte, veredelte Natur (Ewers 1989). Nur unterscheidet diese Repräsentation des Kindes nicht, wie die Aufklärung, unvollkommene Natur und vollkommene Kultur, sondern Unnatur von gesunder Natur, was in beiden Fällen den pädagogischen Eingriff legitimiert, sei es, um Korrekturen anzubringen, sei es, um Abweichungen zu verhindern (Richter 1987, 249ff).

Im Dunkeln bleibt immer, was eine Geschichte der Kindheit vom Kinde selbst aus als wirklich kindlich beschreiben würde. In den Kindheitsbildern repräsentiert sich dagegen das kollektive Imaginäre der Erwachsenen, das, verbunden mit dem wissenschaftlichen Wissen vom Wesen und Werden des Kindes, eine „Mythologie der Kindheit" (Lenzen 1985) bildet. Die Fremdheit des Kindes, in Wissen, Metaphern und Bildern aufgelöst, strukturiert den Diskurs als implizite und explizite Anthropologie. Dieser Diskurs hat gewalttätige Züge, weil er Imaginäres und Reales kurzschließt und das, worüber er spricht, nicht nur repräsentiert, sondern zugleich konstituiert und darüber verfügt. Er bildet nicht eine prädiskursive Wirklichkeit des Kindes ab, sondern generiert sie und konstituiert damit in eins eine Sozialform, sofern ein Diskurs etwas ist, was eine Form sozialer Bindung bestimmt (Lacan 1986, 89). Repräsentationen des Kindes als Vorstellungen, Darstellungen und Stellvertretungen (Derrida 1982) machen es verfügbar und berechenbar selbst da, wo es als selbsttätiges Wesen repräsentiert wird, denn die Vorstellung der Selbstverwirklichung ist auch nur eine, die das Kind im Akt der Repräsentation menschlich vermißt und in ihrer Repräsentationsfunktion das menschliche Maß selber besitzt. So ist in der pädagogischen Vermessung der Kindheit die Fremdheit der Kinder verschwunden.

4 Generationsdifferenz, Kulturdifferenz und das Problem eines postkolonialen Diskurses

Vergleicht man die Entdeckungsgeschichte der Kindheit mit der der Neuen Welt, dann kann man homologe Strukturen in der Begegnung und Bewältigung des inneren wie äußeren Fremden feststellen, so daß beide Diskurse, der über die Wilden und der über das Kind, als koloniale Diskurse qualifizierbar sind (vgl. z.B. Malson/Itard/Mannoni 1972; Oelkers 1996; Treml 1996). Nun hat man heute die Fremdheit des Kindes neu entdeckt. Man erkannte, daß es sich bei den Theorien über und Bildern vom Kind um Konstruktionen handelt (Scholz 1994; Drackié 1996; Gottowik 1997). Wir befinden uns daher in einer postkolonialen Situation, in der das scheinbar Bekannte wieder fremd wird, ohne aber ein neues Bild abzugeben. Denn das Kind als Fremder ist keine neue Konstruktion, sondern Bedingung der Möglichkeit aller anderen Konstruktionen und zugleich das, was sich in jedem Bild entzieht. Das Fremde, das als solches nicht Repräsentierbare, hinterläßt damit in jeder Repräsentation seine präontologischen Spuren wie eine Gespensterschrift. Jede Darstellung ist so zugleich eine Verstellung des Fremden und zugleich seine An-Abwesenheit als Spur.

Die Frage nach dem Anderen verlangt also nach einer anderen Frage, einen anderen Diskurs, der der bipolaren Oppositionslogik des kolonialen Diskurses entkommt. Das gilt auch für den Generationsdiskurs, und dies um so mehr, als er sich, wie der pädagogische, auf die Dualität von Älteren und Jüngeren bezieht. Die reine Umkehrung von Schleiermachers Ausgangsfrage, was die ältere mit der jüngeren Generation wolle, läßt zwar eine Machtverschiebung erkennen, aber keinen Ausweg aus dem kolonialen Diskurs zwischen den Generationen. Schon allein die Vorstellung, es müsse um ein „Wollen" gehen, setzt den Hegelschen Kampf um Anerkennung in Gang, in dem eine Fortsetzung der Bilderproduktion vom Anderen programmiert ist.

Das Generationenverhältnis in der Opposition von Autonomie (der Älteren) und Heteronomie (der Jüngeren) zu schematisieren, wie dialektisch und prozessual variabel dabei auch immer die Positionen verteilt sein mögen, schließt von vornherein diejenigen aus, für die die Frage von Autonomie und Heteronomie gar keine ist, wie z.B. die Jüngsten. Diese Frage ist nämlich keineswegs universal[18], sondern entspringt erst einer bestimmten Perspektive: derjenigen eines Beobachters, aus der die andere Generation in Opposition zur eigenen sich darstellt, derjenigen eines Subjekts also, das die Anderen beobachtet und sich vorstellt, also repräsentiert im dreifachen (kolonialen) Sinn: Der Andere, Fremde wird vom Subjekt vorgestellt, als Vorgestellter (in einer Konstruktion, in einem Bild, Begriff, Schema, Sinn etc.) dargestellt, als Dargestellter vom Subjekt stellvertreten, denn es handelt sich immer um Darstellungen, die auf den inneren Vorstellungen des Subjekts basieren.

Wird also die Generationsdifferenz so wie die Kulturdifferenz in der Struktur dieser Repräsentationslogik konstituiert, dann ergeben sich hinsichtlich des Anderen identische Muster, insofern schon *vor* jeder Reflexion z.B. auf Integration und/oder Differenz die entscheidenden Weichen gestellt sind. Denn innerhalb dieser kolonialen Repräsentationslogik manifestiert sich die Tendenz des europäischen ethnozentrischen Subjekts, den oder das Andere als marginal zu konstituieren und den Anderen nur durch Assimilation anzuerkennen, d.h. in der Komplizität von Darstellen und Vertreten (Derrida 1982; Spivak 1994).

Wenn wir aber ohne Darstellungen des Fremden nicht einmal um seine Existenz wissen könnten, welchen Status können diese dann haben (Berg/Fuchs 1993)? Wie kann ein postkolonialer Diskurs (Weimann 1997; Riese 1997) aussehen, der das Fremde zwar zugänglich macht, ohne aber dabei seine Unzugänglichkeit zu tilgen? Es geht also um eine Darstellung des Anderen, in der das Dargestellte nicht ohne weiteres stellvertreten und assimiliert werden kann, in der es eine Eigenaktivität behält, eine Widerständigkeit. Dies ist nicht in einer Beobachtung zweiter Ordnung möglich, wenn überhaupt die Metaphorik des Sehens angemessen sein sollte, weil es um den Beobachteten selbst geht, der den sich beim Beobachten beobachtenden Beobachter beobachtet. Wenn wir in einer Kultur der Stellvertretung des Anderen leben - und gerade die Pädagogik kennt die damit zusammenhängenden Paradoxien -, und wenn jede Repräsentation gar nicht anders kann, „als das Repräsentierte wie sich selbst als kulturell determiniert darzustellen" (Riese 1997, 315), dann kann dieses Spiegelgefängnis der Imma-

---

18 Dies verweist auf das Problem des Verhältnisses von Universalismus und Relativismus, das interkulturell u.a. am Beispiel der Menschenrechte umstritten ist (McCarthy 1993; Shute/Hurley 1996), das aber auch innerhalb einer multikulturellen und multigenerationellen Gesellschaft von zentraler Bedeutung ist. Man denke an die Diskussion um den Kommunitarismus oder um das Problem der Gerechtigkeit, auch zwischen den Generationen.

nenz vielleicht nur vom unassimilierbaren Anderen geöffnet werden, der „die Stimme des Anderen in uns (...) zum Delirieren" bringt (Spivak 1994, 89).
Die bloße Verabschiedung des Essentialismus durch den Konstruktivismus löst dieses Problem postkolonialer Repräsentation also nicht. Zwar wissen wir nun, daß das Leben, alles - Nation, Kind, Geschlecht usw. - Konstruktionen und Erfindungen sind, aber warum erscheinen sie dann so unveränderlich und Kultur so natürlich? Was wäre das Andere von Konstruktionen und was kann an die Stelle von Konstruktionen treten? Keine Erfindungen mehr oder mehr Erfindungen? Lassen wir unserer Phantasie vielleicht deshalb keinen freien Lauf, weil wir doch noch an das echte, authentische Fremde glauben, es vielleicht brauchen? Das Problem postkolonialer Repräsentation im interkulturellen Verhältnis ist, wie mir scheint, deshalb das gleiche wie im Generationenverhältnis, das damit auch als interkulturelles verstehbar wird. Dann bleibt uns, in den Worten von Michael Taussig, „die blöde und oft verzweifelte Lage, unbedingt das Unmögliche zu wollen. Während wir dies für unsere rechtmäßige Aufgabe halten und so als Komplizen des Wirklichen handeln, wissen wir aber in unserem tiefsten Inneren genauso, daß Vorstellung und Sprache an eine ganze Reihe von Repräsentationstricks gebunden sind, die (...) bloß eine willkürliche Beziehung zum wendigen Referenten haben, der sich heimlich, still und leise der Verständlichkeit entzieht" (Taussig 1997, 14). Der Geschichte der Konstruktionen entkommt man dann vielleicht nur, wenn man sich dem Zauber des Signifikanten überläßt, und damit dem Zwang, wenn nicht der Andere, so doch anders zu werden. Dann kann man vielleicht die Spur des Anderen wiederfinden und in seiner Antwort dem gegenüber eher gerecht werden, was auf der Grundlage seiner Einzigartigkeit seine Anerkennung fordert.

Literatur

Arendt, H.: Vita Aktiva oder Vom tätigen Leben. München/Zürich 1981
Baader, S.M.: Die romatische Idee des Kindes und der Kindheit. Neuwied/Kriftel/ Berlin 1996
Beck, U.: Risikogesellschaft. Frankfurt a.M. 1986
Berg, E.; Fuchs, M.: Phänomenologie der Differenz. In: Berg, E.; Fuchs, M. (Hg.): Kultur, Soziale Praxis, Text. Frankfurt a.M. 1993, 11-108
Bilstein, J.: Kunst im Generationenspiel. In: Neue Sammlung, 34.Jg, 1994, 645-666
Bilstein, J.: Zur Metaphorik des Generationenverhältnisses. In: Liebau/Wulf (1996), 157-189
Blumenberg, H.: Lebenszeit und Weltzeit. Frankfurt a.M. 1986
Böhnisch, L.: Sozialpädagogik des Kindes- und Jugendalters. Weinheim/München 1992

Fremdheit zwischen den Generationen 111

Böhnisch, L.; Blanc, K. (Hg.): Die Generationenfalle. Frankfurt a.m. 1989
Brumlik, M.: Gerechtigkeit zwischen den Generationen. Berlin 1996
Deleuze, G.: Logique du sens. Paris 1969
Derrida, J.: Grammatologie. Frankfurt a.M. 1974
Derrida, J.: Sending: On Repesentation. In: Social Research, vol.49, 1982, 294-326
Derrida, J.: Geschlecht (Heidegger). Sexuelle Differenz, ontologische Differenz. Wien 1988
Derrida, J.: Die différance. In: Ders.: Randgänge der Philosophie. Wien 1988a, 29-52
Derrida, J.: Marx' Gespenster. Frankfurt a.M. 1995
Dracklé, D. (Hg.): jung und wild. Berlin 1996
Ecarius, J.: Was will die jüngere mit der älteren Generation? In: Olbertz, J.H. (Hg.): Erziehungswissenschaft. Opladen 1997, 143-158
Eifler, G.; Saame, O. (Hg.): Das Fremde. Wien 1991
Ewers, H.-H.: Kindheit als poetische Daseinsform. München 1989
Fabian, J.: Time and the Other. New York 1983
Fabian, J.: Präsenz und Repräsentation. In: Berg, E.; Fuchs, M. (Hg.): Kultur, Soziale Praxis, Text. Frankfurt a.M. 1993, 335-364
Flitner, A.: Isolierung der Generationen? In: Neue Sammlung, Jg. 24, 1984, 345ff
Fogt, H.: Politische Generationen. Opladen 1982
Foucault, M.: Die Ordnung der Dinge. Frankfurt am Main 1974
Gottowik, V.: Konstruktionen des Anderen. Berlin 1997
Greenblatt, S.: Wunderbare Besitztümer. Berlin 1994
Gronemeyer, R.: Die Entfernung vom Wolfsrudel. Düsseldorf 1989
Gstettner, P.: Die Eroberung des Kindes durch die Wissenschaft. Reinbek 1981
Hauser-Schäublin, B.; Röttger-Rössler, B. (Hg.): Differenz und Geschlecht. Berlin 1997
Heidegger, M.: Metaphysische Anfangsgründe der Logik im Ausgang von Leibniz. Gesamtausgabe Bd.26. Frankfurt a.M. 1978
Heidegger, M.: Sein und Zeit. 15. Aufl. Tübingen 1979
Herrmann, U.: Das Konzept der „Generation". In: Neue Sammlung, 27. Jg., 1987, H.3, 364-377
Honig, M.-S.: Wem gehört das Kind? In: Liebau, E.; Wulf, Ch. (Hg.): Generation. Weinheim 1996, 201-221
Hornstein, W.: Die Erziehung und das Verhältnis der Generationen heute. In: ZfPäd., 18. Beiheft, Weinheim 1983, 59-79
Husserl, E.: Ideen zu einer reinen Phänomenologie und phänomenologischen Philosophie. Erstes Buch: Allgemeine Einführung in die reine Phänomenologie. Husserliana III. Den Haag 1950
Husserl, E.: Cartesianische Meditationen. Hamburg 1977
Klemperer, V.: Ich will Zeugnis ablegen bis zum letzten. Tagebücher 1933-1941. Berlin 1995
Lacan, J.: Schriften I. Frankfurt a.M. 1973
Lacan, J.: Schriften III. Frankfurt a. M. 1980
Lacan, J.: Encore. Seminar Buch XX. Weinheim/Berlin 1986
Leggewie, K.: Die 89er. Portrait einer Generation. Hamburg 1995
Lenzen, D.: Mythologie der Kindheit. Reinbek 1985

Lévinas, E.: Jenseits des Seins oder anders als Sein geschieht. Freiburg/München 1992
Liebau, E.: Die Kultivierung des Alltags. Weinheim/München 1992
Liebau, E.: Generation. In: Wulf, Ch. (Hg.): Vom Menschen. Handbuch Historische Anthropologie. Weinheim/Basel 1997, 295-306
Malson, L.; Itard, J.; Mannoni, O.: Die wilden Kinder. Frankfurt am Main 1972
Mannheim, K.: Das Problem der Generationen. In: Ders.: Wissenssoziologie. Soziologische Texte 28. Berlin/Neuwied 1964, 509-565
Marquard, O.: Apologie des Zufälligen. Stuttgart 1986
McCarthy, Th.: Multikultureller Universalismus. In: Mencke, Ch.; Seel, M. (Hg.): Zur Verteidigung der Vernunft gegen ihre Liebhaber und Verächter. Frankfurt a.M. 1993, 26-45
Merleau-Ponty, M.: Phänomenologie der Wahrnehmung. Berlin 1966
Müller, H.-P.: Sozialstruktur und Lebensstile. Frankfurt a.M. 1992
Münkler, H.; Ludwig, B. (Hg.): Furcht und Faszination. Facetten der Fremdheit. Berlin 1997
Oelkers, J.: Die Erziehung des Wilden als pädagogische Fiktion. In: Müller, K.E.; Treml, A.K. (Hg.): Ethnopädagogik. Berlin 1996, 241-270
Oswald, H.; Boll, W.: Das Ende des Generationenkonflikts? In: ZSE, 12. Jg., 1992, H.1, 30-51
Postman, N.: Das Verschwinden der Kindheit. Frankfurt a.M. 1983
Rauschenbach, Th.: Inszenierte Solidarität: Soziale Arbeit in der Risikogesellschaft. In: Beck, U. u.a. (Hg.): Riskante Freiheit. Frankfurt a.M. 1994
Renner, E.: Generationen in Stammesgesellschaften. In:Liebau/Wulf (1996) 105-121
Richter, D.. Das fremde Kind. Frankfurt a.M. 1987
Richter, D.: Der Beitrag der Literatur für eine Anthropologie der Kindheit. In: Darcklé, D. (Hg.): jung und wild. Berlin 1996, 76-89
Riese, U.: Repräsentation, postkolonial. Eine euro-amerikanische Assemblage. In: Weimann, R. (Hg.): Ränder der Moderne. Frankfurt a.M. 1997, 301-354
Schäffter, O. (Hg.): Das Fremde. Opladen 1991
Schmidgen, H.: Einbildung und Ausführung. In: Paragrana. Internationale Zeitschrift für Historische Anthropologie, Band 6, H.1, Berlin 1997, 25-42
Scholz, G.: Die Konstruktion des Kindes. Opladen 1994
Schülting, S.: Wilde Frauen, Fremde Welten. Reinbek 1997
Schulze, G.: Erlebnisgesellschaft. Frankfurt a.M. 1992
Schurr, J.: Schleiermachers Theorie der Erziehung. Düsseldorf 1975
Shute, St.; Hurley, S. (Hg.): Die Idee der Menschenrechte. Reinbek 1996
Simmel, G.: Der Fremde. In: Ders.: Das individuelle Gesetz. Frankfurt a.M. 1987
Spivak, G.Ch.: „Can the Subaltern Speak?". In: Williams, P.; Chrisman, L. (Hg.): Colonial Discourse and Post-Colonial Theory. New York 1994, 66-111
Taussig, M.: Mimesis und Alterität. Hamburg 1997
Treml, A.K.: Die Pädagogisierung des 'Wilden' oder: Die Verbesserung des Menschen durch Erziehung. In: Müller, K.E.; Treml, A.K. (Hg.): Ethnopädagogik. Sozialisation und Erziehung in traditionellen Gesellschaften. Berlin 1996, 221-240
Uhle, R.: Über die Verwendung des Generationen-Konzepts in den Thesen von der 89er-Generation. In: Liebau/Wulf (1996), 77-89

Fremdheit zwischen den Generationen

Wagner-Winterhager, L.: Jugendliche Ablöseprozesse im Wandel des Generationsverhältnisses. In: Die Deutsche Schule, Jg. 82, 1990, 452ff
Waldenfels, B.: Topographie des Fremden. Frankfurt a.M. 1997
Weber, S.M.: Rückkehr zu Freud. Frankfurt a.M./Berlin/Wien 1978
Weimann, R. (Hg.): Ränder der Moderne. Frankfurt a.M. 1997
Wimmer, M. (1984): Erziehung und Leidenschaft. In: Kamper, D.; Wulf, Ch. (Hg.): Der Andere Körper. Berlin 1984, 85-102
Wimmer, M. (1988): Der Andere und die Sprache. Berlin 1988
Wimmer, M. (1996): Bildung einer „vernünftigen Natur". In: Wulf, Ch. (Hg.): Anthropologisches Denken in der Pädagogik 1750-1850. Weinheim 1996, 196-217
Wimmer, M. (1997): Fremde. In: Wulf, Ch. (Hg.): Vom Menschen. Handbuch Historische Anthropologie. Weinheim/Basel 1997, 1066-1078

Michael Winkler

Friedrich Schleiermacher revisited.
Gelegentliche Gedanken über Generationenverhältnisse in pädagogischer Hinsicht

I.

> „Man kann nicht klagen, daß unter allen Erschütterungen, welche das jetzige Geschlecht erleidet, es seiner unmittelbaren Verhältnisse gegen das künftige vergesse. Frankreich dachte noch unter den blutigsten bürgerlichen Verwirrungen an die Erziehung der, wie man hoffte, künftigen Republikaner. In Deutschland haben diejenigen, die auf neuem, selbstgebahntem Wege sich einer eminenten Ausbildung der höheren Kräfte bewußt wurden, ihr mögliches getan, um zu zeigen, daß die vielbeklagte Erschlaffung des Zeitalters ihren Grund in der Erziehung habe, und sich so wenigstens polemisch des neuen Geschlechts angenommen"
> (Schleiermacher 1957, 65)

Eine Entdeckung für die pädagogische Theorie deutet sich hier an: 1805, noch deutlich unter dem Eindruck der französischen Revolution und ihrer epochalen Folgen, angeregt auch von den Debatten in den Kreisen der Frühromantiker und der Auseinandersetzung mit der idealistischen Philosophie nimmt Friedrich Schleiermacher in seiner Rezension zu Zöllners „Ideen zur Nationalerziehung" erstmals Bezug auf das Generationenverhältnis als Fokus pädagogischer Reflexion. Zwar wählt er den Begriff des „Geschlechts", behält also die Perspektive auf den Zusammenhang der menschlichen Gattung bei, die das Nachdenken über Erziehung in der Aufklärung leitete; unübersehbar spielt er auch auf jene Aspiration an, nach der eine Veränderung der Erziehung eine andere Gesellschaft schaffen könnte. Die geschichtsoptimistische Begründungslinie der Pädagogik klingt noch an. Gleichwohl wecken die Frühromantiker Zweifel an der Pädagogik, nehmen sie gegenüber dieser doch ein eigentümlich gespaltenes Verhältnis ein, bei dem die Kritik an den Nützlichkeitsvorstellungen der Philanthropisten, an deren Inanspruchnahme und Gängelung des Subjekts, mit pädagogischer Euphorie einhergeht, nach der die Willkür des Kindes zu fördern sei. Fragwürdig wird zugleich die Idee eines durch Erziehung bewirkten historischen Kontinuums, sei es als Tradition bestehender Verhältnisse, sei es auch als Fortschritt zum Bessern; statt dessen ist mit historischen Brüchen, mit Erschütterungen ebenso wie mit einer fehlenden Bereitschaft zur politischen Gestaltung zu rechnen, die noch ein streitbarer, provozierender Umgang mit der jungen Generation kompensieren soll. Auch das ist neuartig: Wie sich die Subjekte in dieser Situation verhalten, scheint zur Disposition gestellt: Es gibt, wider die später behauptete historische Kausalität, keine Sicherheit mehr, daß kollektive und individuelle Subjekte ihnen übertragene Aufgaben auch verfolgen. Was dann die ältere Generation mit der jüngeren wolle? Den Anstoß geben, in Verhältnisse einzutreten, diese beizubehalten oder auch zu verändern! Und was hält die jüngere von solchen Ambitionen?

Wie auch die Antworten auf diese Fragen ausfallen, die Fragestellung selbst erinnert daran, daß Friedrich Schleiermacher die Bedeutung zukommt, das Generationenverhältnis als für eine wissenschaftliche Betrachtung der Pädagogik entscheidenden, realen und begrifflichen Zusammenhang entdeckt zu haben. Wenngleich die Verwendung des Begriffs der Generation selbst, vor allem aber von solchen, die als synonym für diesen gelten, bis in die Antike zurückreicht, liegt die Originalität seines Denkens innerhalb des - im weitesten Sinne - sozialphilosophischen Feldes darin, daß er Abschied nimmt von einem Blick, der die menschliche Gattung in ihrer Gesamtheit erfaßt, diese etwa im historischen Fortschritt wahrnimmt. Jene geschichtsphilosophisch aufgeladene Anthropologie, wie sie noch Kant, auch Fichte, in der Figur des Weltgeistes auch Hegel verwenden, ersetzt Schleiermacher durch einen Zugang, der sich auf einen strukturellen Zusammenhang richtet; nicht mehr der ganzen Gattung gilt seine Aufmerksamkeit, sondern einem zunächst aus Gründen der theoretischen Vergewisserung angenommenen, auf einer Realabstraktion beruhenden Verhältnis innerhalb ihres lebendigen Reproduktionsprozesses.

Die Motive für die Wahl dieses Verhältnisses als Grundlage pädagogischer Reflexion müssen hier offenbleiben; neben anthropologischen Erwägungen spielen vor allem zeitdiagnostische Beobachtungen eine Rolle. Schleiermacher wählt das Generationenverhältnis als fundierendes Datum theoretischer Reflexion, weil die Einsicht in die Historizität menschlicher Verhältnisse Geschichte hat unmöglich werden lassen: So konfrontiert die französische Revolution mit einer doppelten Erfahrung des Bruchs. Als Ereignis widerspricht sie Traditionserwartungen, in ihren Folgen dementiert sie die durch sie selbst geweckten Hoffnungen. Zudem läßt die Preußen zwischen Revolution und Restauration wiegende Unentschiedenheit defensiver Modernisierung Schleiermacher ahnen, daß der Werkbegriff von Geschichte fragwürdig geworden ist. Brüche einerseits, Kontingenzen andererseits, schließlich eine Eigenmächtigkeit sozialer Verhältnisse erzwingen einen Fokus der Reflexion, der sich von dem der Aufklärung wie von dem unterscheidet, den Herders Vorstellung organischer Entwicklung nahelegt.

Schließlich vollzieht Schleiermacher einen Perspektivenwechsel gegenüber dem Denken, das historisch Pädagogik dominiert und über ihn hinaus auch beherrschend bleiben soll: Sieht man von Comenius ab, so bezieht sich die Erziehungsreflexion seit der Aufklärung zwar auf die Gattungsentwicklung, sieht aber ihren eigentlichen Gegenstand in jenem Nukleus des pädagogischen Bezugs. Dieser leitet sich aus dem seit der Renaissance verfügbaren Modell des Hofmeisters ab, das sozialgeschichtlich naheliegend, das Paradigma für eine reflektierte Erziehung darstellt; neben der klösterlichen Erziehung konnten nur in den sozialen Oberschichten Vorstellung und Praxis einer Erziehung entwickelt werden, welche über ein Aufwachsen in alltäglichen Umgangsverhältnissen hinausgeht. Zwar war dieses Modell, wie etwa Ernst Christian Trapp zeigt, für die Schulpädagogik problematisch geworden, doch standen Alternativen nicht zur Verfügung. Dabei liegt die besondere Provokation des Schleiermacherschen Ansatzes noch darin, daß er sich auch gegen das Rousseausche Konzept wendet, weil dieses bei aller kritischen Intention ebenfalls das Verhältnis des Erziehers zu seinem Zögling als vorbildlich entwirft.

Wider den ersten Eindruck hat die Erziehungswissenschaft Schleiermachers epochale Entdeckung der fundierenden Funktion des Generationenverhältnisses eigentümlicherweise kaum genutzt; vermutlich gründet diese Zurückhaltung bei seiner Rezeption sogar darin, daß er das Verhältnis des Erziehers zu seinem Zögling als Paradigma pädagogischen Denkens verwirft. Auch wenn die Rezeptionsgeschichte seiner Pädagogik bis heute noch nicht erarbeitet wurde, kann man davon ausgehen, daß die Bedeutung des Generationenverhältnisses erst seit Erscheinen der von Erich Weniger und Theodor Schulze besorgten Ausgaben seiner „Pädagogischen Schriften" erkannt worden ist; weder Willmann noch Natorp heben es hervor. Wo die pädagogische Literatur Schleiermacher überhaupt im Zusammenhang einer Diskussion des Generationenverhältnisses in Erinnerung bringt, beläßt sie es bei der Anspielung, während sie inhaltlich mehr auf Dilthey (vgl. Herrmann 1987), dann vor allem auf Karl Mannheim Bezug nimmt. Allein Walter Hornstein weist in seiner Abhandlung „Die Erziehung und das Verhältnis der Generationen heute" (Hornstein 1983) auf Parallelen der Gegenwartssituation zu der von Schleiermacher eingeführten Figur hin. Im allgemeinen jedoch überwiegen in der erziehungswissenschaftlichen Diskussion von - um die meist verwendeten Stichworte zu nennen - Generationenproblematik und

Generationenkonflikt soziologische Modelle, bzw. kritisch phänomenologische Ansätze (zuletzt in Liebau 1997). Diese zielen weniger auf eine im strengen Sinne erziehungswissenschaftliche Theoriebildung, sondern nehmen eine kulturkritische Vergewisserung vor, die sich inspirieren läßt von Zeitdiagnosen einerseits, Ergebnissen der Jugendforschung andererseits, pädagogische Reflexion aber mit dem Gestus der Sorge vortragen; Ausdehnung institutioneller Angebote, der Verbindlichkeitsverlust kollektiver Orientierungen führt dann in solcher Wahrnehmung dazu, daß die „Kluft zwischen den Generationen [sich] weitet" oder gar die Gefahr einer „Isolierung der Generationen" droht (Flitner 1984).

Um nicht mißverstanden zu werden: Diese Zugänge befruchten zweifelsohne die Debatte gerade durch ihre Bezugnahme auf empirische Forschungen. Gleichwohl dürfen ihre Grenzen für eine wissenschaftliche Theoriebildung in der Pädagogik nicht übersehen werden. Sie zielen - wie schon Urich Herrmann bemerkt hat - eher auf Generationeneffekte und weniger auf Generationszusammenhänge (vgl. Herrmann 1987): Allerdings macht die jüngere sozialwissenschaftliche Diskussion deutlich, daß bspw. die Phänomene Kindheit und Jugend selbst nur im Kontext generativer Verhältnisse angemessen zu begreifen sind, wo sie als ein „generationell strukturiertes Segment der Sozialstruktur" identifiziert werden können (Honig 1993).

Angesichts dieser Situation verfolgen die hier angestellten Überlegungen zunächst einen Weg, der traditionalistisch, wenn nicht sogar überholt erscheint. Sie nähern sich nämlich der Fragestellung nach dem Generationenverhältnis durch Interpretation der von Schleiermacher angestellten Überlegungen an. Damit wählen sie einen historisch-systematischen Zugang, der im Bewußtsein um die geschichtliche Bedingtheit von Gegenstand und Reflexionsmittel in Erinnerung rufen will, daß die Auseinandersetzung mit historischen Textmaterial systematische Einsichten fördern kann, denen zumindest Relevanz für den Prozeß der Theoriebildung zukommt. Dieser Weg wird hier gewählt, um die bei Schleiermacher gegebene Komplexität in ihren analytischen Potentialen für die Erziehungswissenschaft wenigstens anzudeuten. So soll hier zunächst die theoriebildende Bedeutung des Generationenverhältnisses in seinem Ansatz grundlagentheoretisch rekonstruiert, dann angesichts veränderter Wirklichkeiten befragt werden. Auch hier bleibt übrigens der Bezug auf Schleiermacher bestehen, weil das von ihm vorgeschlagene begriffliche „Fachwerk" genutzt wird, um Erfahrungen zu erschließen und zu berücksichtigen. Gegenüber möglichen Einwänden muß freilich schon hier festgehalten werden, daß die Argumentation eher schematisch und formal vorgetragen wird, Bezugnahmen auf verfügbare Literatur unterläßt, weil dies den verfügbaren Raum gesprengt hätte.

Friedrich Schleiermacher revisited

II.

„Das menschliche Geschlecht besteht aus einzelnen Wesen, die einen gewissen Zyklus des Daseins auf der Erde durchlaufen und dann wieder von derselben verschwinden, und zwar so, daß alle, welche gleichzeitig einem Zyklus angehören, immer geteilt werden können in die ältere und die jüngere Generation, von denen die erste immer eher von der Erde scheidet. Allein wenn wir das menschliche Geschlecht betrachten in den größeren Massen, die wir Völker nennen, so sehen wir, daß diese in dem Wechsel der Generationen sich nicht gleich bleiben; sondern es gibt darin ein Steigen und Sinken in jeder Beziehung, worauf wir Wert legen. Ob dieses so gestellt ist, daß, wenn wir das ganze Leben eines Volkes betrachten, das Steigen die eine und das Sinken die andere Hälfte ausmache, oder ob beides wechsele: das lassen wir hier unentschieden. Das aber ist klar, daß dem Steigen und Sinken menschliche Tätigkeit zum Grunde liegt; diese ist um so vollkommener, je mehr ihr eine Vorstellung von dem, was geschehen soll, vorangeht, und ein Typus vorliegt, wonach die Tat eingerichtet werden muß, d.h. je mehr sie Kunst ist. Ein großer Teil der Tätigkeit der älteren Generation erstreckt sich auf die jüngere, und sie ist um so unvollkommener, je weniger gewußt wird, was man tut und warum man es tut. Es muß also eine Theorie geben, die von dem Verhältnisse der älteren Generation zur jüngeren ausgehend sich die Frage stellt: Was will denn eigentlich die ältere Generation mit der jüngeren? Wie wird die Tätigkeit dem Zweck, wie das Resultat der Tätigkeit entsprechen? Auf diese Grundlage des Verhältnisses der älteren zur jüngeren Generation, was der einen in Beziehung auf die andere obliegt, bauen wir Alles, was in das Gebiet dieser Theorie fällt. (...)
Damit es aber nicht scheine, als sei das etwas Erschlichenes, so müssen wir noch einmal auf den Anfang zurückgehen. Wir sind davon ausgegangen, die Tätigkeit der älteren Generation auf die jüngere müsse den Charakter der Kunst an sich tragen. Ist nun diese Voraussetzung richtig, so versteht sich von selbst, daß es auch eine Erziehungslehre geben muß; denn jede Kunst fordert eine Kunstlehre. Aber es gibt doch auch menschliche Tätigkeiten, bei denen dieser Charakter ganz zurücktritt. Es fragt sich also nur, ob das Erziehen wirklich eine Kunst ist.
Der Mensch ist ein Wesen, welches den hinreichenden Grund seiner Entwicklung vom Anfange des Lebens an bis zum Punkt der Vollendung in sich selbst trägt. Das liegt schon im Begriff des Lebens, vornehmlich in dem des geistigen, intellektuellen. Wo ein solcher innerer Grund nicht ist, da ist auch keine Veränderung des Subjekts, oder nur Veränderung mechanischer Art. Darin liegt aber nicht, daß die Veränderungen eines lebendigen Wesens nicht dürfen mit bestimmt und modifiziert sein durch Einwirkungen von außen; vielmehr ist eben dieses das Wesentliche im Begriff der Gemeinschaft, oder wollen wir höher hinaufsteigen, im Begriff der Welt." (Schleiermacher 1902, 5f)

Läßt man außer Betracht, daß Schleiermachers Pädagogik weitgehend allein im fatalen Zustand geschönter Vorlesungsnachschriften überliefert ist, so liefert die hier ausführlich wie dargegebene Stelle aus seiner Pädagogikvorlesung von 1826 die - wie die hinzugefügte Überschrift lautet - „Grundlage zur wissenschaftlichen Betrachtung". Dies könnte als ebenso evident wie trivial erscheinen, würde nicht die Umständlichkeit eines doppelten Zugangs für diese Begründung irritieren: Auf einer ersten Ebene bezieht sich Schleiermacher nämlich auf soziale Kollektive in ihrer historischen Entwicklung, welche er durch das Generationenverhältnis gliedert; er vergewissert sich damit einer methodischen Grundlage, um überhaupt pädagogische Handlungen als solche identifizieren zu können. Dagegen wählt er auf einer zweiten Ebene eine individuell angelegte Konstruktion; dabei bringt er selbst noch zum Ausdruck, daß er diese zweite, auf den Entwicklungsprozeß des Einzelnen, im Ansatz - wie besonders deutlich seine Vorlesung von 1820 zeigt - auch stärker psychologisch argumentierende Überlegung als für die Begründung des pädagogischen Handelns entscheidend hält.

In ihrer Gesamtheit verbirgt die zitierte Überlegung Schleiermachers mithin eine mehr als komplexe Argumentationsstruktur, die weit über die Feststellung hinausreicht, daß so Pädagogik durch das Generationenverhältnis konstituiert werde. Dabei lassen sich mehrere einzelne Überlegungen rekonstruieren.

Zum einen geht es Schleiermacher nicht um Pädagogik als Handlungsanleitung, sondern um ihre wissenschaftliche Untersuchung. Folgt man der heute üblichen Unterscheidung müßte man sein Anliegen als das der Erziehungswissenschaft bezeichnen. Das verweist allerdings auf den systematischen Kontext, in welchem Schleiermacher die wissenschaftlichen Bemühungen verortet, welche der - im weitesten Sinne - sozialen Praxis gelten, für die Schleiermacher eine Kunstlehre zu entwickeln denkt.

Diesen Kontext gibt ihm die „Ethik" oder auch „Sittenlehre", welche er selbst auch als maßgebend für seine erziehungstheoretischen Überlegungen ansieht. Weder in der Intention noch in der Durchführung geht es dabei jedoch um einen normativen Zusammenhang. Auch wenn sich - wie die jüngere Kritik behauptet - ein eschatologischer Zug einschleicht, faßt Schleiermacher zumindest den von ihm als „Güterlehre" bezeichneten Kernbestand seiner Ethik als Versuch, die wirklichen „socialen" Verhältnisse und deren faktisch wirksame Regeln zu beschreiben, in ihrer Genese zu verstehen und im Blick auf die in ihnen gegebenen Problem- und Möglichkeitsstrukturen hin zu analysieren. Die - in seltsamer Unbestimmtheit - sowohl von Platon wie auch von Aristoteles beeinflußte Theorie des „Höchsten Gutes" und der „Gütergemeinschaften" muß dabei realwissenschaftlich als Beschreibung und Analyse zunächst der Gattungskonstitution und -reproduktion im Prozeß von Vermittlung und Austausch zwischen Natur und Vernunft, dann der unterschiedlichen konkreten Praxen gelesen werden, in welchen sich dieser Prozeß realisiert, dabei zugleich Ideale und Normen hervorbringt, die eine die jeweilige Gegenwart transzendierende Perspektive für die Beteiligten eröffnen. Hierin liegt eine Doppeldeutigkeit des Modells, weil es gleichzeitig abhebt auf objektivierte, in Strukturen geronnene Verhältnisse einerseits, andererseits auf Veränderung in diesem doch nur im Vollzug von Handlungen zu begreifenden Zusammenhang. Schleiermacher nähert sich also in der Vorstellung von einer zur Güterge-

Friedrich Schleiermacher revisited 121

meinschaft gerinnenden Praxis dem an, was Anthony Giddens mit dem Begriff der „structuration" in die sozialwissenschaftliche Debatte eingebracht hat.

Weder die pädagogische Theorie noch die für andere Teilgebiete dieses menschlichen Organisations- und Bildungsprozesses formulierten „Kunstlehren" Schleiermachers zielen dabei auf ein unmittelbar anwendungsbezogenes Handlungswissen. Sie wollen eine historische Wirklichkeit begreifen, so ein Reflexionswissen um Voraussetzungen, Grundbedingungen und Optionen der jeweiligen Handlungsbereiche zu formulieren. Schleiermacher hofft, auf diesem Weg den Akteuren ein „höheres Bewußtsein" und damit die Möglichkeit zu eröffnen, in freiem und verantwortlichem Handeln die jeweiligen Gütergemeinschaften zu leiten, um eine „höhere Potenz der Gemeinschaft" stiften zu können. Es geht also um eine wissenschaftliche Theorie, die jenen, „welchen die Erziehung Beruf" sein soll, die für sie entscheidenden ethischen und damit Lebenssachverhalte vor Augen stellt.

Schleiermacher ist sich freilich des Dilemmas bewußt, daß sich zwar Pädagogik als eine historische Praxis und als Kommunikation vorfinden läßt, aufgrund dieser Empirie keine spezifisch pädagogische Qualität zu bestimmen wäre, der auch normative Relevanz zukäme. Was wir als Praxis vorfinden, reicht zumindest für die Konstitution von Theorie nicht hin, weil es gleichsam systematisch zufällig ist; Herbart hat übrigens eine ähnliche Problematik im Auge, wenn er daran erinnert, daß erfahrungsgesättigte Versuche der Theoriekonstitution dem ohnedies praktizierten Schlendrian verfallen könnten. Normative Angebote würden allerdings wiederum der historisch vorfindlichen Praxis apriori die Legitimität absprechen.

Den Ausweg aus diesem Dilemma eröffnet die Wahl einer weiteren Perspektive, die eine - nach heutigem Sprachgebrauch - funktionsanalytische Untersuchung des sozialen Reproduktionsprozesses vornimmt, damit auch einen geschichtlichen Horizont aufnimmt. Aber dies führt zunächst in ein weiteres Dilemma: Die Untersuchung sieht sich nämlich nun mit einer Vielzahl von sozialen Handlungen im historischen Prozeß konfrontiert, die qualitativ indifferent sind. Anders formuliert: In der sozialen Erfahrungswelt lassen sich pädagogische Handlungen als solche mit unmittelbarer Evidenz gar nicht erkennen; ein selbstverständliches und insofern gewisses Objekt erziehungswissenschaftlicher Beobachtung fehlt bekanntlich jenseits des Blicks auf Institutionen, die sich als pädagogische ausgeben, aber bis heute oft genug den Vorwurf auf sich ziehen, doch gar nicht als pädagogisch gelten zu dürfen.

Hier nun endlich führt Schleiermacher das Generationenverhältnis ein. Vergleichbar zur Theorie der Politik, die ihr ähnlich gelagertes Problem der Gegenstandsidentifikation löst, indem sie das Theorieobjekt mit dem „Gegensatz von Obrigkeit und Untertan" (Schleiermacher 1845, 3) markiert, wählt er in der Pädagogik das Verhältnis der Generationen als methodisches und zugleich heuristisches Basiskonstrukt, um gegenüber dem unentschiedenen historischen Prozeß eine spezifisch pädagogische Problemstruktur und damit ein in der Theorie abzubildendes Feld relationaler Möglichkeiten sichtbar zu machen. Das bedeutet freilich auch, daß er sich konfrontiert sieht mit der prinzipiellen methodischen Schwierigkeit eines jeden Sozialwissenschaftlers, dessen Gegenstand nicht von vornherein die Objektqualität eines sozialen oder soziologischen Tatbestands hat, sondern erst - um Schleiermachers Terminologie aufzunehmen - durch symbolisierendes Handeln konstruiert werden muß: Das Generationenverhältnis stellt eine schon immer reflexiv und insofern begrifflich vermittelte Figur dar, um überhaupt Theorie begründen zu können.

Dabei muß das Generationenverhältnis für die pädagogische Theorie als grundlegend in einem sehr präzisen Sinne betrachtet werden: Es stellt nur das Fundament dar, auf welchem dann die Erziehungstheorie errichtet werden muß. Anders gesagt: Schleiermacher sieht das Generationenverhältnis als methodische Voraussetzung pädagogischer Reflexion an, setzt diese aber nicht mit jener ineins. Dabei besteht eine prinzipielle Offenheit in der Anlage der Theorie: Die mit dem Generationenverhältnis gedachte Grundlegung hat zunächst nur die - wie Schleiermacher verschiedentlich festhält - Qualität des Fachwerks, dem Erfahrung, mithin empirische Daten erst eingefügt werden müssen, um zu einer den historischen und gesellschaftlichen Verhältnissen angemessenen Theorie zu gelangen (Schleiermacher 1902, 420f).

Nicht genug damit: Auch wenn das Generationenverhältnis als Ergebnis einer „Realabstraktion" gelten kann (Sünkel 1964, 34), insofern ein Datum darstellt, das sich als Erfahrungsbefund noch ausmachen läßt, findet Schleiermacher es auf dem Wege spekulativer Vergewisserung. Es geht um ein - im strikten Sinne - Verfahren der Gegenstandskonstruktion, die erst hypothetisch Gültigkeit hat und sich bewähren muß. Ein Indiz dafür findet sich in der Erwägung Schleiermachers, hier sei ein Zugang „erschlichen" worden. Als weiteres Indiz läßt sich auch anführen, daß er keinen Zusammenhang zwischen der Diskussion des Generationenverhältnisses und der von innerfamiliären Beziehungen herstellt. Obwohl Schleiermacher als einer der ersten pädagogischen Autoren gelten kann, der systematisch die Familie und ihre Erziehungsleistung untersucht, stellt er diesen - zumindest für heutige Leser naheliegenden - Zusammenhang nicht her, vermutlich weil das Generationenverhältnis für ihn nur erkenntnismethodisch Relevanz hat, während Familie empirisch zu thematisieren ist.

Endlich: diese erkenntnismethodische Qualität des Bezugs auf das Generationenverhältnis bringt Schleiermacher nicht zuletzt darin zum Ausdruck, daß er es für fragwürdig hält. Genau genommen stellt also das Generationenverhältnis kein Fundament dar, sondern hält die Ausgangsstruktur fest, von der aus die Fragen gestellt werden können, welche die praktische Ausgestaltung des Generationenverhältnisses erlauben - und zwar rekon-

Friedrich Schleiermacher revisited 123

struktiv für die Vergangenheit wie aber auch prospektiv für die Zukunft. Die spekulative Leistung einer grundlagentheoretischen Vergewisserung entdeckt also weniger eine Sachstruktur, sondern eine Problemstruktur. Allgemeiner formuliert: Das von Schleiermacher festgehaltene Generationenkonzept zeichnet zunächst aus, daß es sowohl in seiner gedanklichen Genese wie auch in seiner weiteren Funktion reflexiv angelegt ist. Soziale Wirklichkeit soll in bestimmter, nämlich pädagogisch geladener Weise strukturiert und zugleich geöffnet werden - die pädagogische „Ladung" dieses Zugangs spiegelt dabei die Erfahrung wider, daß es pädagogische Vorstellungen gibt. Die so gefundene, ordnende Frage öffnet dann einen bestimmten Blickwinkel, der zugleich aber auch erlaubt, die pädagogisch spezifischen Probleme, vor allem auch die Optionen zu diskutieren, die sich bei der Wahl einer solchen pädagogischen Perspektive ergeben. Freilich muß man einschränken, daß er zwar den Problemgehalt der Pädagogik zugänglich macht, aber nicht zu Lösungen für diesen führt.

Paradoxerweise wäre aber (und ist in der Rezeptionsgeschichte Schleiermachers) diese Grundlegung pädagogischer Theorie jedoch nur unzureichend wahrgenommen, wenn nicht sogar mißverstanden worden, wollte man sie auf das Generationenverhältnis allein beschränken. Zwar erlaubt das Generationenverhältnis, methodisch einen historischen Wandlungsprozessen unterworfenen sozialen Wirklichkeitsbereich auszuschneiden, um an diesem die Grundstruktur von Pädagogik zu studieren. Aber diese selbst muß triadisch bestimmt werden. Mit der Erinnerung an das, „worauf wir Wert legen", ruft Schleiermacher nämlich selbst den mit dem Begriff des Gutes bezeichneten ethisch-sozialen Lebensprozeß in Erinnerung, wie dieser von ihm als „Übung" oder auch Zivilisation in der Ethik beschrieben wird (Schleiermacher 1981, 241f), dabei als zwar untrennbar von dem Gattungsprozeß gilt, zugleich doch von diesem unterschieden wird. Die Differenz zwischen einer bloß ethischen (vielleicht auch anthropologischen oder soziologischen) und der pädagogischen Debatte beruht nun darauf, daß wir bei jener nur mit einer Generation, genauer: mit der menschlichen Gattung schlechthin zu tun hätten, hier aber das spezifische Nacheinander der Generationen in ihrem Verhältnis zu dem Ganzen zum Thema machen. Im pädagogischen Zusammenhang haben also beide Generationen mit einem „dritten Faktor" zu tun, wobei die Generationenfolge im Verhältnis zu der als Geschichte gegebenen sozialen und kulturellen Wirklichkeit den gegenständlichen Horizont pädagogischer Theorie markiert.

Eigentümlicherweise befaßt sich also Schleiermachers Theorie der Erziehung inhaltlich kaum mit dem Generationenverhältnis. Ihre theoretische Qualität und auch ihre Leistungsstärke liegen vielmehr einerseits in ihrer Grundkonstruktion einer triadischen Struktur, andererseits in deren Auflösung durch einen subjekttheoretisch gelesenen Prozeß. Die individuelle Entwicklung ist dabei bedingt durch die Tätigkeitspotentiale des Subjekts, mit welchen sich dieses auf die äußeren Bedingungen seines Lebens bezieht, mithin aneignet, was als Ergebnis des die menschliche Gattung auszeichnenden Einigungsprozesses von Geist und Natur in der objektivierten Gestalt geschichtlich-gesellschaftlicher Praxis als Gut sich darstellt. Allerdings bindet Schleiermacher dies doch wiederum zurück an Überlegungen, welche er in der ersten Ebene der Fundierung erziehungswissenschaftlicher Theorie entworfen hat: Die ältere Generation organisiert zumindest funktional, dann auch legitimerweise jene Rahmenbedingungen, auf welche die jüngere Generation in ihrer bildenden Tätigkeit sich bezieht.

Von hier aus wächst endlich das Grundgerüst der Schleiermacherschen Erziehungstheorie, läßt sich doch diese zunächst als eine Analyse der für diese Organisation von Aneignungsprozessen möglichen Handlungsformen „Behütung, Gegenwirkung und Unterstützung", dann als Untersuchung der im gesellschaftlichen Reproduktionsprozeß historisch entstandenen Organisationsformen entziffern, innerhalb welcher der subjektive Bildungsprozeß sich vollzieht. Genauer noch: Schleiermacher geht es einerseits um eine kritische Analyse dieser Organisationsformen, weil er sie nämlich in ihren Möglichkeiten, sowohl hinsichtlich ihrer bildenden Potentiale wie auch hinsichtlich unerwünschter Effekte darstellt. Andererseits aber beschäftigt ihn die Frage nach den selektiven Prozessen, in welchem sich selbst konstituierende Subjekte eine durch die ältere Generation zugänglich gemachte gesellschaftliche Welt aneignen.

Ein irritierendes Spiel mit Gewißheit und Ungewißheit in diesem Theorieaufbau soll dabei noch am Rande erwähnt werden, weil es auf die spezifische kognitive Struktur verweist, welche die pädagogische Reflexivität mit Schleiermacher gewinnt: Auf der ersten Reflexionsebene, die das Generationenverhältnis im Kontext der skizzierten triadischen Struktur festhält, verfolgt Schleiermacher zunächst eine erkenntnismethodische Absicht. Doch die so identifizierte Grundstruktur von Pädagogik wird dann in ihrem Problemgehalt thematisch gemacht, indem sie in die bekannte Frage überführt wird, was denn die ältere Generation mit der jüngeren wolle. Eigentümlicherweise bleibt sie jedoch trotz dieser so angedeuteten Fragwürdigkeit als bestimmte, reflexive Gewißheit bestehen, die eine unhintergehbare Voraussetzung pädagogischer Reflexion markiert. Umgekehrt zeigt sich hingegen, daß die Überlegung der zweiten Ebene, welche dem individuellen Bildungsprozeß gilt, nur vordergründig Sicherheit verbürgt. Tatsächlich zeigt sich vielmehr, daß gerade dieser Bezug auf Individualität überhaupt erst das Problem pädagogischer Kontingenz sichtbar macht: Wie auch immer Gesellschaften den Prozeß des Aufwachsens, der Entwicklung und Bildung ihrer Subjekte faktisch organisieren und gestaltet sehen wollen, sie müssen damit rechnen, daß diese als Individuen sich anders verhalten; keineswegs ist es illegitim, auf deren Bildungsprozesse zumindest indirekt Einfluß nehmen zu wollen, doch bleibt der Ausgang dieses Geschehens prinzipiell of-

Friedrich Schleiermacher revisited 125

fen. Pädagogische Theorie kann mithin nur jene Räume in ihrer Ausdehnung, zugleich auch in den sie auszeichnenden sozialen und kulturellen Spannungsverhältnissen thematisieren, welche historisch möglich sind. Hierin liegt die Gewißheit, die der analytische Zugang der ersten Ebene sichtbar macht. Was indes faktisch als Erziehungsprozeß geschieht, läßt sich weder apriori festlegen noch technischer Beeinflussung unterwerfen. Hier muß man sich leiten lassen von der prinzipiellen Fragwürdigkeit, die sich aus der Generationenfolge im Verhältnis zu den gegebenen gesellschaftlichen Bedingungen ergibt. Und dies bedeutet, daß wir zu einem Prozeß kommunikativer Auslegung dieser Situation gezwungen sind. Schleiermachers Entdeckung des Generationenverhältnisses schließt also auch ein, daß er der Pädagogik ein Denken zugänglich gemacht hat, das sich als Hermeneutik der Erziehungssituation beschreiben läßt (vgl. Winkler 1989).

III.

Schleiermachers Absicht lag zweifelsohne darin, eine Theorie der Erziehung zu entwerfen, die den gegebenen, von ihm vorgefundenen und divinatorisch antizipierten gesellschaftlichen Verhältnissen gerecht wurde; Allgemeingültigkeit hat er bekanntlich explizit abgelehnt (vgl. Schleiermacher 1902, 488). Seine Überlegungen faszinieren dabei durch eine in vielen Bereichen gleichwohl bleibende Geltung, die auch darauf zurückzuführen ist, daß er fast durchgängig eine Analyse von Problemstrukturen durchführt, die sich noch heute stellen. Gleichwohl bleibt festzuhalten, daß er selbst das kritisch-analytische Potential seiner Grundlegung nur eingeschränkt nutzt und darstellt. So greift er die Frage nach dem Verhältnis der Generationen im gesellschaftlichen Zusammenhang nicht explizit auf, wenngleich er den so eingeführten Fokus einer Reflexion von Erziehung als eines sozialen Phänomens an keiner Stelle aufgibt. Insbesondere im Blick auf die Prozeßdimension des pädagogischen Geschehens bleibt bei ihm die Perspektive auf das Subjekt maßgebend, das sich im Zusammenspiel von Entwicklung und eigener Tätigkeit bildet. Tatsächlich kann man die Theorie der Erziehung Schleiermachers sogar als den Versuch rekonstruieren, die historisch und soziale gegebene Praxis so zu artikulieren, daß dem Individuum die Chance entsteht, diese seiner eigenen Entwicklung angemessen anzueignen.

Wenn nicht die schon angedeuteten zeitgeschichtlichen oder aber didaktische Gründe in der Aufeinanderfolge der Kollegs über Pädagogik und Psychologie ausschlaggebend waren, so könnte man ein Zugeständnis Schleiermachers an das zeitgenössische Bildungsdenken darin sehen, daß er die formative Struktur der ersten Analyse-Ebene von Erziehung insofern statisch gegenüber dem deutlich prozessualen Akzent in der zweiten Ebene beläßt. Betrachtet man indes die von Lorenz von Stein, Otto Willmann, Wilhelm Dilthey und auch Emile Durkheim ähnlich angelegten Versuche, erziehungswissenschaftliche Theoriebildung im Ausgang vom Generationenverhältnis in seinem Zusammenhang mit dem gesellschaftlichen Reproduktionsprozeß zu betreiben, läßt sich auch dort beobachten, daß sie die so gegebenen analytischen und theoretischen Potentiale nicht ausschöpfen. Erst die jüngeren gesellschaftlichen Entwicklungen wie die diesen korrespondierenden theoretischen Modelle scheinen eine erneute Nachfrage angeregt zu haben: Wenn nicht schon die Diagnose möglicher Krisensymptome am Generationenverhältnis selbst die Frage nach diesem aufdrängt, so hat möglicherweise die Beobachtung vorgeblich fortschreitender Individualisierungsprozesse hier eine Auslöserfunktion. Immerhin bildet doch die „Beschäftigung mit Generationenbeziehungen (...) sozusagen ein Gegenmodell zur Individualisierungsdiskussion", mit dessen Hilfe „viele Forschungen zur Individualisierung und Singularisierung der Gesellschaft als Mythen entlarvt" werden (Höpflinger 1995, 11).

Systematisch gilt freilich auch hier, daß sich der Fokus der Analyse weniger auf die Generationsbeziehung selbst, sondern auf die durch diese gleichsam für die Pädagogik eingeklammerte soziale Praxis zu richten hat. Es geht also um den „dritten Faktor", wobei die Besonderheit des Schleiermacherschen Ansatzes darin liegt, Theorie der Erziehung nicht anthropologisch zu begründen, sondern die Analyse einer letztlich phänomenologisch gefundenen Problemstruktur des Sozialen zu betreiben. Nur implizit spielt in dieser auch eine anthropologische Annahme mit, insofern er nämlich davon ausgeht, daß sich die Generationen auf das beziehen müssen, „worauf wir Wert legen". Diese Formel erinnert daran, daß jenseits der unmittelbar physisch-biologisch Verfaßtheit menschlicher Individuen empirisch eine gesellschaftlich-geschichtliche, objektivierte und zugleich doch immer wieder zu realisierende Praxis besteht, die dabei stets auch symbolisch und deontisch, also in Werthaltigkeit präsent ist. Diese objektivierte Praxis wurde einerseits durch frühere Gattungstätigkeit erzeugt, bildet andererseits eine unhintergehbare Voraussetzung künftigen Gattungslebens. (Dabei läßt Schleiermacher offen, in welchem Ausmaß diese die Reproduktion der Gattung bestimmt; für ihn ist nur die Faktizität des Zusammenhangs von Gattungsleben und Geschichte als Grundlage für die Erziehung entscheidend, wobei auch in seinem Ansatz durchaus noch biologische Annahmen denkbar wären, welche eine erhebliche Minderung des Erziehungsanteils bedeuteten.) Es geht also um Objektivationen vergangener Tätigkeit, welche als solche konstitutiv für jede weitere Lebenspraxis wirken, nämlich als Bedingung und Voraussetzung des gegenwärtigen wie künftigen Lebens, als Mittel für dieses, endlich aber auch als Anlaß, sich von diesem zu distanzieren. Daß diese Möglichkeit mitbedacht werden muß, liegt in der entscheidenden Prämisse der Überlegung: Auszugehen ist nämlich davon, daß menschliche

Friedrich Schleiermacher revisited

Subjekte als tätig begriffen werden müssen, weil dies schon „im Begriff des Lebens liegt". Diese empirische wie aber auch logische Annahme schließt ein, daß Leben auf Lebenserhalt in einem umfassenden Sinne gerichtet sein muß; Leben verträgt sich, wie im 20. Jahrhundert Hans Jonas einmal erörtert, nur schwer mit „Nicht-Leben" (vgl. Jonas 1979).

Damit läßt sich die von Schleiermacher zugänglich gemachte Struktur in ihrem pädagogischen Problemgehalt inhaltlich entziffern. Man kann sie nämlich als Todes- oder Geburtsproblem analysieren. Wenn das gesellschaftlich-geschichtliche Gut mit der biologischen Naturverfaßtheit als Bedingung der Möglichkeit des Lebenserhalts zu vermitteln ist, dann bedeutet dies einerseits, daß Verfahren zu entwickeln sind, diesen immer schon objektivierten Einigungsvorgang als spezifisches Humanum über die physische Begrenztheit individueller Gattungsmitglieder hinaus zu erhalten (vgl. hierzu eindrucksvoll Baumann 1994). Es geht also um die - letztlich kollektive - Überwindung eines Todesproblems. Umgekehrt bedeutet der Eintritt einer jüngeren Generation, daß sich diese mit einer vorgegebenen Welt auseinandersetzen muß, die über ihre Naturgegebenheit hinaus schon eine menschliche Bedeutung erhalten hat. Sie begegnet als umgestaltete Welt, welche nicht zuletzt Muster und Regelungen für Handlungen und Beziehungen birgt, in der zugleich Potentiale der Entwicklung und Veränderung ruhen, weil sie als Ergebnis von Entdeckungen und Erfindungen die Wiederholung des Weges zu diesen erspart; freilich birgt diese Welt auch Gefährdungen. Geburtsproblem bedeutet mithin einerseits, daß die jüngere Generation auch als bedrohlich von der älteren Generation wahrgenommen wird, weil jene das von dieser Geschaffene in Frage stellt. Andererseits aber zeigt sich Geburt als Eintritt in eine Welt, die als bedeutungsvolle nicht mehr selbstverständlich ist, daher semantisch dekodiert werden muß.

Die Bewältigung des Todes- und Geburtsproblems bedarf einer spezifischen Handlungsform, deren Entstehung durchaus mit evolutionstheoretischen Annahmen diskutiert werden muß. Abgesehen von der Reaktion auf den biologischen Status von Menschen als Frühgeburt leistet daher Erziehung eine Sicherung der Kontinuität des Gattungslebens, mithin auch der gesellschaftlichen Reproduktion, eröffnet andererseits der jüngeren Generation Handlungsmöglichkeiten, indem sie Regeln des Kulturgebrauchs und des sozialen Handelns, mithin eine Art Grammatik der Lebenswelt zur Verfügung stellt. Darin liegt zugleich eine Chance zur Offenheit, hängt doch von der jungen Generation selbst ab, ob sie sich für den Eintritt in bestehende Verhältnisse oder für deren Veränderung entscheidet.

Systematisch gesehen schließt Erziehung aufgrund dieser Doppelseitigkeit des Ausgangsproblems zwei Tätigkeitssubjekte ein, die mit zwei unterschiedlichen Handlungsformen interagieren; wir sind mit einer Bisubjektivität konfrontiert, wie sie insbesondere in der Dienstleistungstheorie als fundamental für den Erfolg von Dienstleistungen angesehen wird. Die „Logik der Erziehung" muß dabei jedoch von einem Primat der Aneignungstätigkeit seitens der jüngeren Generation ausgehen, weil sie tätige Auseinandersetzung mit der Umwelt - bei Schleiermacher den Prozeß der Einigung von Vernunft und Natur - als konstitutives Grundmerkmal menschlichen Lebens annimmt. Nur vordergründig führt dies zur Trivialität, daß eine jüngere Generation bestehen muß, um überhaupt erziehen zu können. Sehr viel weniger trivial ist die Einsicht, daß diese jüngere Generation von vornherein selbsttätig auftritt und gedacht werden muß, ihre eigene Auseinandersetzung mit der Lebenswirklichkeit und deren Aneignung durch sie aller Erziehung vorausgeht. Das gibt nicht nur den späteren, vor allem in der Reformpädagogik gedachten Überlegungen über die Eigentätigkeit des Kindes recht, sondern impliziert vielmehr, daß Erziehung entweder nach Formen der Eigentätigkeit des „Zöglingssubjekts" selbst dort zu suchen hat, wo sich diese - man denke an den Fall des Autismus - nicht unmittelbar erschließt; oder sie muß den Anstoß zur Eigentätigkeit erst geben, um überhaupt in einen Erziehungsprozeß eintreten zu können (vgl. Benner 1987, 63 ff).

Auf diese eigene Aneignungstätigkeit der jüngeren Generation bezieht sich nun die Vermittlungstätigkeit der älteren Generation. Sie besteht wesentlich darin, durch Organisation von Situationen und situativer Möglichkeiten der Aneignungstätigkeit einen Inhalt zu geben, zudem durch Präsentation und Repräsentation eigener Lebensentwürfe und -formen Präferenzmodelle und insofern Wertvorstellungen anzubieten, mithin Orientierungsvorschläge zu machen, welche den Aufbau subjektiv eigener Axiologien ermöglichen. Dabei steht schon für Schleiermacher fest, daß die Vermittlungstätigkeit der älteren Generationen stets nur einen Teil der Umwelt organisiert, auf welche sich die Aneignungstätigkeit der jungen Generation bezieht; ein pädagogischer Totalitarismus wird von Schleiermacher explizit ausgeschlossen, wenngleich Vermittlungstätigkeit nicht bloß die Aneignungstätigkeit unterstützt, sondern auch zu intervenieren versucht, wo diese selbstdestruktiv wird oder durch den Aneignungsprozeß künftige Aneignungstätigkeit gefährdet; Behütung, Gegenwirkung und Unterstützung definieren sich aus diesem Zusammenhang, wobei letztere Handlungsform als die fundamentale zu gelten hat.

Zugleich muß man sich eine irritierende Einsicht vergegenwärtigen: Von einem Primat der Aneignungstätigkeit auszugehen bedeutet, daß in jeder pädagogischen Situation auch eine Veränderung der Wirklichkeit, mithin des dritten Faktors erfolgt. Aneignung darf nicht als passives Geschehen, sondern muß als aktive Auseinandersetzung mit der Wirklichkeit begriffen werden - systematisch findet hier der Begriff der Arbeit seine pädagogische Relevanz. Innerhalb der Generationsbeziehung verändert also die jüngere Generation unvermeidlich nicht bloß die für beide Generationen gültige Welt sondern auch die ältere Generation. Oder anders formuliert: Erziehung läßt sich als ein wichtiges Element der kulturellen Evolution bestimmen - und zwar nicht nur, weil in ihr die Zeit verkürzt wird, welche für die Erkenntnis und Entwicklung von Erfindungen nötig ist, mithin also eine Erfahrungsakkumulation möglich wird, sondern weil in ihr selbst ein kultureller Beschleunigungseffekt eingebaut ist. In pädagogischen Situationen entsteht Neues, so daß allerdings zwangsläufig Diskrepanzen auftreten, wenn die vermittelnde Tätigkeit dem nicht gerecht wird. Dies scheint aber besonders dort der Fall zu sein, wo die vermittelnde Organisation von Wirklichkeit institutionell gefestigt wird. Schon Friedrich Paulsen hat hier nämlich einen Verzögerungseffekt zumindest für das Schulsystem beobachtet und als Gesetzmäßigkeit festgehalten. Dieser sogenannte Paulsen-Effekt (Paulsen 1885) läßt sich sogar noch zuspitzen. Schule kommt offensichtlich doppelt zu spät, weil sie nämlich einerseits hinter der gesellschaftlichen Entwicklung herhinkt, andererseits dann aber noch zusätzlich von den Veränderungen überholt wird, welche durch die Aneignungstätigkeit der jüngeren Generation entstehen (vgl. Sünkel 1994).

In idealtypischer Betrachtung bleibt dies freilich verborgen, weil hier meistens eine Veränderung gesellschaftlich-kultureller Lebensbedingungen in dem Zeittakt gesehen werden, den die Generationenfolge vorgibt. Die Welt verändert sich also in dieser Sichtweise im Wechsel der Generationen. Neuzeitlich wird diese Unterstellung freilich immer unwahrscheinlicher, nicht zuletzt weil die Etablierung der Pädagogik als Beruf, vornehmlich also eines Bildungssystems, selbst für Beschleunigungseffekte sorgt. In der späten Moderne schließlich nimmt die interne Beschleunigung des dritten Faktors eine solche Dynamik an, daß selbst die gesellschaftlich etablierten Lernzeiten zu lang geraten. Damit entsteht durchaus ein Paradox: Einerseits verlangen der Zuwachs an Wissen und die in ihrer Komplexität steigenden Anforderungen der sozialen Praxis schon in rein quantitativer Betrachtung eine Verlängerung der „pädagogischen Zeit". Andererseits aber verbietet sich diese aufgrund der Veränderungsdynamik selbst. Man müßte also immer mehr an Inhalten in immer weniger Zeit aneignen und vermitteln. Als pädagogische Antwort hierauf wurde traditionell das Verfahren der „Concentration" vorgeschlagen, die moderne Antwort findet sich in der Idee der Schlüsselqualifikation; beidemal geht es um Formen der Verdichtung von Inhalten sowie um eine Verbesserung der Methode ihrer Vermittlung. Einiges spricht jedoch dafür, daß es sich dabei um schlechte Lösungen handelt, nicht nur weil kaum Konsens über die verdichteten Inhalte besteht und diese selbst dem Wandel unterworfen sind; vielmehr bleibt die Aneignungstätigkeit der jungen Generation selbst ausgeblendet.

Tatsächlich regt dies jedoch dazu an, noch einmal die von Schleiermacher festgehaltene Ausgangsstruktur radikaler zu befragen: Schon seit dem Ausgang des 18. Jahrhunderts zeichnet sich nämlich die Möglichkeit ab, daß die triadische Ausgangsstruktur pädagogischen Handelns aufgrund der Eigenschaften des dritten Faktors zerfällt; diese Möglichkeit wird im Laufe des 20. Jahrhunderts zum wahrscheinlichen Erfahrungsbefund, um an dessen Ende eine solche dramatische Bedeutung zu gewinnen, daß sie in reflexiver Selbstbezüglichkeit der Moderne thematisch gemacht werden muß.

- Zum einen führen Eigentümlichkeiten der sozialen Praxis selbst dazu, daß zumindest Teile der jungen Generation systematisch davon ausgeschlossen werden, diese anzueignen. Zu nennen wären hier die über das Privateigentum vermittelten Herrschaftsverhältnisse, die dazu führen, daß gleichsam zwei Formen historischer Lebenswirklichkeit zur Verfügung stehen. In Klassengesellschaften etwa erhält die jüngere Generation nur dann Zugang zu allen gesellschaftlichen Möglichkeiten, wenn sie selbst der herrschenden Klasse angehört; strukturell zeigt sich dies in globalisierten Weltverhältnissen als Differenz der Zugangsmöglichkeiten für ganze Ethnien. Faktisch werden dabei große Teile der Bevölkerung von einer Aneignung des gesellschaftlich-kulturellen Erbes ausgeschlossen, wobei nicht nur historisch der Fall hinzutritt, daß dies auch explizit als Form herrschaftlicher Verfügung geschieht, nicht zuletzt um die Möglichkeit auszuschließen, daß die jüngere Generation - wie etwa das historische Vorbild etwa der Arbeiterklasse des 19. Jahrhunderts zeigt - als Teil ihres Aneignungsprozesses die vermittelnde Tätigkeit selbst organisiert, um so den Anschluß an die gesellschaftlichen Möglichkeiten sicherzustellen. Man könnte hier davon sprechen, daß durch die Aneignungstätigkeit der jungen Generation die Einheit des dritten Faktors, insofern aber auch des Gesamtgeschehens restituiert werden muß.

  In der Gegenwart scheint dies nun nicht mehr möglich zu sein. Offensichtlich schreiten die Zerfallsprozesse innerhalb moderner Gesellschaften als Charakteristikum von Gesellschaftlichkeit soweit voran, daß diese nur noch als einzelne, eher zufällige Milieus beschrieben werden können, auf welche sich dann individuelle Angehörige der Generationen beziehen. Die Komplexität des gesellschaftlichen Prozesses führt in das Fehlen von Kohärenz, so daß die Vorstellung eines gesellschaftlich-geschichtlichen Erbes illusionär, zugleich aber auch die Idee eines in Generationsform darstellbaren Aneignungsprozesses ihre Glaubwürdigkeit verliert.

- Dann: Traditionell waren die Aneignungsbemühungen seitens der jüngeren Generation damit konfrontiert, daß sich die Welt als widerständig erwies. Tatsächlich war dies auch die Erfahrung, welche dann die der neuzeitlichen Idee von Bildung zugrundeliegende Figur prägte: Subjektive Selbstkonstitution vollzieht sich darnach in einem mühsamen und anstrengenden Prozeß der Aneignung, in welchem sich die Subjekte der jüngeren Generation auch darauf verwiesen sehen, die vermittelnde Tätigkeit der älteren Generation wollen zu müssen. Widerständigkeit der Objektivität in durchaus subtilen und sublimen Formen wird dabei auch zum Grund, pädagogische Hilfeangebote dort zu machen, wo letztendlich die subjektive Tätigkeit der jüngeren Generation gefährdet wird. In den modernen Gesellschaften der Gegenwart zeichnet sich jedoch eine eigentümliche Zuspitzung dieser Situation ab. Einerseits gewinnen die sozialen und kulturellen Bedingungen eine zunehmende Eigenmächtigkeit; zunehmend machen die Subjekte die Erfahrung ihrer Ohnmacht gegenüber den als Sachzwängen erscheinenden Verhältnissen, die sich unabhängig und unbeeindruckt von Akteuren durchsetzen und entwikkeln. Faktisch tritt die junge Generation nur in den Weltveränderungsprozeß ein, der sich unabhängig von subjektiver Aneignungstätigkeit zu vollziehen scheint. Sie ist Subjekt in einem Aneignungsprozeß, der sie als Subjekt nicht benötigt, Aneignung eigentlich nur noch in der zynischen Form einer Vereinnahmung durch eine Wirklichkeit kennt, die sich sogleich selbst dementiert. Die Angehörigen der jüngeren Generation empfinden dies in besonderem Maße, sehen für sich kaum Chancen, in die soziale Wirklichkeit einzutreten, gar diese zu beeinflussen. Diese Erfahrung machen sie in den unterschiedlichsten Bereichen, als Erfahrung des Ausschlusses vom Arbeitsmarkt ebenso wie als Gefühl, von Politik ignoriert zu werden. Aneignungstätigkeit wird hier zurückverwiesen auf das aneignende Subjekt, das sich so zugleich als Objekt von Fremdbestimmtheit empfindet, der gegenüber höchstens Protest wirkt, die meist aber nur in Resignation wahrgenommen wird.

Doch scheint dies noch eine moderne Form mißlingender Aneignung gegenüber der, die eine spätmoderne Konsumgesellschaft kennzeichnet: Hier sehen sich die Angehörigen der jungen Generation mit dem Paradox konfrontiert, zur Aneignung verurteilt zu sein. Die Produkte dieser Gesellschaft, selbst noch die Handlungsformen und symbolischen Regelungen tragen die Aufforderung zur konsumptiven Aneignung in sich, sprechen die junge Generation an, um diese in den Bann einer gegenständlichen Welt zu ziehen, die aber doch nur Konsumsubjekte will. Dieser Verlust der Widerständigkeit führt zu einer Aneignung, die zugleich mißlingt, weil sie eingebaut wird in eine Entwertungs-Erwartungsspirale, mit der jedes eben erreichte Produkt doch schon für überholt erklärt wird. Das Subjekt erfährt sich in seiner Subjektivität doch schon wieder als minderwertig, ohne darauf hoffen zu dürfen, auf die Tätigkeit der Vermittlung seitens der älteren Generation zurückgreifen zu dürfen. Nicht bloß ist die soziale und kulturelle Welt als Konsumwirklichkeit in einer Spannung zwischen Selbstexplikation und Eigenmystifizierung in künstlich erzeugter Aura gefangen, welche den Rückgriff auf Unterstützung durch andere verbietet. Das Subjekt muß schon selbst sich dieser Welt nähern, weil es andernfalls an seine eigene Wirkmächtigkeit nicht glauben könnte, die ihm diese Welt suggerieren muß, um sie doch sogleich wieder entziehen zu können. Noch in der Gestalt der Dienstleistungsgesellschaft spiegelt sich dieses Spiel wider, weil diese das Subjekt zwischen Hilfsbedürftigkeit und Souveränität schwanken läßt, um die Dienstleistung doch aufrechtzuerhalten; überflüssig darf sie sich nicht machen, weil sie andernfalls ihrer ökonomischen Grundlage verlustig geht.

- Endlich: In Verbindung mit der fortschreitenden sozialen Differenzierung überschreiten zugleich die kulturellen Beschleunigungsprozesse noch jene Dynamik, die bislang - mit dem Wort von Günther Anders - als „Antiquiertheit des Menschen" bezeichnet worden ist. Schon die Diskrepanz zwischen der Geschwindigkeit in der kulturellen Evolution und der Generationenfolge hatte nicht nur zu einem „künstlichen Veralten" der älteren Generation, sondern auch zu einer Art Umkehrung in der generativen Beziehung geführt: Die jüngere Generation schien nun im pädagogischen Prozeß näher an dem aktuellen Entwicklungsstand der sozialen und kulturellen Objektivation, während die ältere zunehmend zu veralten schien. Nicht zuletzt die Entwicklung moderner, EDV-gestützter Medien hat hier zu Umkehrung des generativen Verhältnisses insofern geführt, als nun häufig Angehörige der jüngeren Generation den Aneignungsprozeß zu unterstützen hatten, welchem sich die ältere Generation unterzog. Institutionelle Normalität hat dies etwa in den Feldern der Erwachsenen- und Weiterbildung gefunden.

Aber auch hier zeichnet sich eine Zuspitzung ab. Innerhalb des Generationenverhältnisses muß nämlich nicht nur eine Umkehrung der generativen Beziehungen als Folge der Beschleunigung im dritten Faktor bewältigt werden. Vielmehr kommt hinzu, daß die Veränderung der gesellschaftlich-kulturellen Formen und Inhalte des sozialen Lebens zu einer radikalen Entwertung schon jeweils erreichter Zustände führen. So sieht sich die junge Generation nicht nur darauf verwiesen, sich in selbsttätiger Aneignung mit einer Welt auseinanderzusetzen, die in ihrer Veränderungsdynamik der älteren Generation soweit enteilt ist, daß diese zu vermittelnder Tätigkeit gar nicht mehr in der Lage ist. Die jüngere Generation sieht sich also nicht nur damit konfrontiert, selbst die Welt ohne Unterstützung durch vermittelnde Tätigkeit aneignen zu müssen; vielmehr muß sie diese doch schon potentiell selbst wieder verwerfen. Sie hat zu tun mit einem gesellschaftlich-geschichtlichen Erbe, das ihr als ein Verfallsprodukt begegnet: Sie muß - in dramatisierender Zuspitzung formuliert - nicht nur das Gefühl der Sorge für das Überlieferte entwickeln, sondern sogleich dessen Entsorgung ins Auge fassen, damit aber auch die Negation ihrer eigenen Aneignungsleistung als Moment der Aneignung zumindest vorwegnehmen.

IV.

Wer die Entwicklung moderner Gesellschaften unter der von Schleiermacher für die Erziehungswissenschaft skizzierten Perspektive der Generationsbeziehung in ihrem Verhältnis zur praktischen Objektivation des gesellschaftlich-geschichtlichen Lebens analysiert, kann zwei Stadien unterscheiden: In modernen Gesellschaften kommt es offensichtlich zunächst zu einer Explosion dieser Struktur; sie zerreißt, weil die in zunehmenden Maße die ältere Generation als Subjekt vermittelnder Tätigkeit ausfällt, die jüngere hingegen allein auf sich selbst als Subjekt der Aneignungstätigkeit verwiesen ist. Systematisch gesehen muß sie sich nicht nur die Weltverhältnisse ohne Unterstützung aneignen, sondern diese auch neu schaffen, was zunächst eine dramatische Aufwertung von Subjektivität bedeutet; der prometheische Mythos gewinnt eine neue Bedeutung. Aber dies bleibt nicht mehr auf die jüngere Generation allein beschränkt. Das Muster einer Reduktion auf subjektive Aneignung verallgemeinert sich gesellschaftlich universell, führt damit zu einer Implosion des Generationenverhältnisses: Angesichts sowohl einer beschleunigten Veränderung wie auch eines rasch zunehmenden Zerfalls der gesellschaftlich-geschichtlichen Lebensbedingungen sind alle Individuen gleichermaßen darauf angewiesen, Aneignungsleistungen zu vollbringen. Gegenüber dieser Welt gibt es jenseits einer sich zudem verkürzenden Zeit der Kindheit keine generative Differenz mehr, vielmehr sind alle faktisch wie aber auch in den selbst noch kommerziell angebotenen Mentalitätsmustern auf Jugendlichkeit verwiesen.

Die Veränderungen moderner Gesellschaften haben also zunächst dazu geführt, daß die vermittelnde Tätigkeit der älteren Generation als Folge der im dritten Faktor gedachten gesellschaftlichen Entwicklungen selbst zunehmend ausfällt; potentiell zerbricht damit die Struktur des pädagogischen Problems, wobei allein die jüngere Generation als Subjekt von Aneignungsprozessen zurückbleibt. Diese Subjektivität wird zunehmend gefährdet: Sie ist bedroht durch die Partikulierungstendenzen im dritten Faktor selbst, der die einzelnen Mitglieder der jungen Generation in ihrer Aneignungstätigkeit auf ihre Individualität zurückwirft, damit aber den Partikularisierungspozeß als Ergebnis der Aneignungsleistung selbst verschärft; sie sind außerstande an einer gesellschaftlichen Praxis teilzuhaben, die ihnen auch als solche kaum erscheint, sondern können sich nur noch in Teilsegmenten als Erfahrungsgrund des Sozialen bewegen oder sind hochgradig vereinzelt, so daß alle Form von Sozialität als ihr eigenes Produkt erscheinen muß, somit auch nicht mehr als Generationserfahrung reflektiert werden kann. Mit einigem Zynismus kann man sie dann als „Kinder der Freiheit" bezeichnen (vgl. Beck 1997). Im Erscheinungsbild wirkt dies als eine freilich unvermeidliche Zunahme von Egoismus, führt aber wohl auch dazu, daß die Aneignungstätigkeit selbst sich dahingehend verändert, daß alle rezeptiven Momente in dieser zugunsten einer Form von Produktivität verschwinden. Nur vordergründig widersprechen dem die vor allem kulturkritischen Behauptungen von einer zunehmenden Konsumorientierung der jungen Generation. In der Tat agiert sie eher symbolisch handelnd, weil hier die gesellschaftlichen Verfallsimperative sich als Erfahrungsbefund weniger dramatisch auswirken. Das schnell gesprochene Wort ist schon Vergangenheit, braucht insofern nicht mehr abgelegt, als Müll entsorgt oder gar zerstört werden, um anderen Objektivationen Platz zu machen.

Der Anteil der Pädagogik an dieser Entwicklung darf nicht unterschätzt werden: Als Schulpädagogik hat sie in Gestalt eines institutionalisierten Bildungssystems durch Inklusion aller Individuen selbst zu einer Beschleunigung der gesellschaftlich-geschichtlichen Praxis mitgewirkt; sie hat, vielleicht nicht als Täter, wohl aber im Effekt, jene Akkumulation von Erfahrungswissen einerseits, die Ausbildung generalisierter Verhaltensstandards andererseits ermöglicht, welche Bedingungen einer modernen Gesellschaft sind. In ihrer institutionellen Gestalt als beruflich betriebener Unterrichtung und Erziehung schloß sie alle Individuen ein, hat insofern das Generationenverhältnis als Erfahrungsbefund überflüssig werden lassen. Gleichwohl bleibt es analytisch wenigstens als Fokus relevant, um an den Wirkungen solcher institutionalisierten Bildung sichtbar und deutlich zu machen, wie das pädagogische Geschehen sich verändert, weil subjektive Aneignungstätigkeit in institutionellen Regelungsformen sich vollzieht. Als Sozialpädagogik hat sie darauf reagiert, daß die pädagogische Problemstruktur zunehmend zerbrochen ist, Aneignung als Leistung der jungen Generation erfolgt; Sozialpädagogik stellt mithin den Versuch dar, die gefährdete Subjektivität zu sichern, indem eine verlorene Vermittlungstätigkeit dadurch rekonstruiert wird, daß das Aneignungssubjekt sie gleichsam mit übernimmt (vgl. Winkler 1988). Sie hat daher eine Art intermediäre Funktion, weil die Aktivität der älteren Generation fiktiv, nämlich ebenfalls in institutionellen Zusammenhängen so hergestellt wird, daß die jüngere Generation die Voraussetzungen ihrer eigenen Bildungstätigkeit noch schaffen kann. Das begründet allerdings auch eine besondere Brisanz der Sozialpädagogik, weil sie nicht nur mit extremen Belastungssituationen der Beteiligten zu rechnen hat, sondern auch in ihrem Ausgang völlig offen ist.

Ihr Dilemma besteht freilich darin, daß sie aufgrund der gesellschaftlichen Entwicklungen nicht nur in immer stärkerem Maße mit der skizzierten Problemlage konfrontiert ist, sondern diese selbst noch verschärft: Sie reagiert auf das Problem eines Auseinanderbrechens der pädagogischen Problemstruktur, mithin auf die Unmöglichkeit von Erziehung, indem sie institutionell Bedingungen schafft, unter welchen die Subjekte doch wiederum zu Aneignungsleistungen und damit zu einer Konstitution ihrer eigenen Subjektivität befähigt werden. Ihr Institutionalisierungsprozeß macht sie aber zu einer Normalbedingung gesellschaftlicher Sozialisationsprozesse, die angesichts der Veränderungsdynamik zunehmend alle Subjekte der Gesellschaft selbst erfaßt. Sozialpädagogik, nicht minder übrigens Erwachsenen- und Weiterbildung, werden zu Infrastrukturen, welche jedoch dazu führen, daß hochgradig individualisierte Aneignungsverhältnisse jenseits generativer Ordnungen gesellschaftlich universell werden, nicht zuletzt, weil sie medienvermittelt zur Wirkung kommen (vgl. z.B. Kade 1993).

Hier nun deutet sich eine neue Variante in der Gestalt der pädagogischen Problemstruktur an: Die gesellschaftlich-geschichtliche Praxis, welche als der dritte Faktor beschrieben wird, verliert zunehmend ihre objektive Gestalt und sickert in die individuellen Lebensbezüge als formatives Muster für Aneignungsprozesse ein. Subjektivität konstituiert sich dann nicht mehr in Auseinandersetzung mit einer Welt und deren Aneignung, definiert sich auch nicht mehr durch ein Zuviel oder ein Zuwenig an Vermittlungstätigkeit, sondern leistet allein noch Aneignung von Aneignung. Institutionalisierte Pädagogik hat dies ermöglicht, weil sie gleichsam den Durchgangsraum für solche Aneignung zur Verfügung stellt, zugleich auch diese zum Programm erhoben hat; daß das Lernen des Lernens betrieben werden müsse, macht zwar Sinn unter der Voraussetzung, daß Vermittlungstätigkeit ausfällt und das Subjekt sich als Aneignungssubjekt selber konstituieren muß, birgt aber zugleich die perfide Konsequenz, Wirklichkeiten, soziale und kulturelle Objektivität für obsolet zu erklären. In einer pädagogisierten Welt, wird die Welt selbst ebenso überflüssig wie noch das Subjekt selbst; es braucht sich nicht mehr, weil auch die Welt verschwindet. Oder anders: Subjektivität tritt nur noch als vorübergehende Gestalt auf, als ein Intermezzo eines Lernprozesses, den sie ziellos durchmacht.

Welche Konsequenzen könnte man daraus aber ziehen? Zweifelsohne darf man nicht hoffen, daß Pädagogik, die Sozialpädagogik allzumal über das Maß hinaus, das ihr in den Funktionszusammenhängen moderner Gesellschaften und durch diese zugewiesen ist, sich selbständig macht oder den sozialen Zumutungen verweigert. Dennoch liegt nahe, daß sie sich der Wirkungen vergewissert, die sie selbst zumindest miterzeugt hat. Wenn zutrifft, daß sie angesichts einer zerbrechenden pädagogischen Problemstruktur als eine das vermittelnde Handeln restitutive Kraft sozial etabliert wurde und dies auch in ihre Eigendefinition übernommen hat, bleibt ihr nur die Möglichkeit einer - um den modisch gewordenen Ausdruck aufzunehmen - reflexiven Modernisierung. Zur Disposition muß gestellt werden, ob die durch sie bereitgestellten Problemlösungen nicht ein mehr an Problemstellungen erzeugt haben. Trifft dies aber zu, dann wäre nach einem möglichen neuen Ausgangspunkt für sie zu fragen.

Hier aber lassen sich zwei Möglichkeiten denken: Die eine, keineswegs unwahrscheinliche und durchaus programmatisch erklärte, wäre die einer Abschaffung von Pädagogik. Angesichts fortschreitender Individualisierung auch in den Aneignungsprozessen müßte die Vorstellung eines vermittelnden Handelns endgültig suspendiert, die Subjekte auch um den Preis auf sich verwiesen werden, daß sie in den ihnen auferlegten Bildungsprozessen selbst scheitern; günstigenfalls haben sie noch, abhängig von ihrer ökonomischen Situation die Möglichkeit Hilfen für diesen individualisierten Aneignungsprozeß zu verschaffen oder die in ihm entstehenden Defizite etwa therapeutisch zu bearbeiten. Die andere Möglichkeit aber besteht in der radikalen Rückwendung auf das elementare pädagogische Problem. Aufgabe von Pädagogik wäre es dann, das generative Verhältnis wieder herzustellen, möglicherweise auch hier mit irritierenden Folgen. Es könnte nämlich sein, daß dieses als Generationsbeziehung ein Übergewicht gegenüber dem Verhältnis der Generationen zum dritten Faktor hat. Das Generationenverhältnis gewinnt dann eine für die Beteiligten sinnhafte Eigenmächtigkeit, die noch über das hinausgeht, was Schleiermacher zeigen wollte.

Empirisch scheint dies ausgeschlossen; die Debatten, wie sie insbesondere im Horizont von Individualisierungstheoremen geführt werden, weisen in die andere Richtung, weil ein Ende generativer Beziehungen in den Horizont der individuellen Möglichkeiten tritt. Banal formuliert: Wer seine Eltern schon verloren hat, sich selbst der Funktion und der Aufgabe generativer Reproduktion entzieht, für den verliert das Generationenverhältnis als solches eine lebensgeschichtliche Bedeutung. Aber, Vorsicht wäre doch angebracht: Insbesondere die jüngere Familienforschung weist auch darauf hin, daß die bewußte Ausgestaltung des Generationenverhältnisses, seine Konkretisierung als bedeutungsvolle Lebensform an Gewicht gewinnt. Hier erhält Pädagogik eine neue Qualität, die ihr doch seit Bestimmung ihrer Fundamentalproblematik möglich war: Gleich wie man die Frage akzentuiert, ob man mithin in den Mittelpunkt stellt, welche Absichten die ältere mit der jüngeren Generation verfolge oder umgekehrt darnach sucht, was denn die jüngere sich noch von der älteren erwartet, als Voraussetzung geht doch ein, daß am Generationenverhältnis als perspektivenbildender Fokus festgehalten wird (vgl. Brumlik 1995).

Wer also noch die Frage darnach aufwirft, was die eine Generation mit der anderen will, sieht sich selbst in der freilich durchaus problematischen Zuordnung zu einer Generationsformation. Das mag zuerst für jene zutreffen, die sich selbst noch auf ein generatives Verhalten einlassen. Über diese hinaus kommt es dann auf zweierlei an. Einmal muß das Generationenverhältnis als konstitutiv für ein pädagogisches Geschehen akzeptiert werden. Walter Benjamin hat dies mit der Überlegung festgehalten: „Ist nicht Erziehung vor allem die unerläßliche Ordnung des Verhältnisses zwischen den Generationen und also, wenn man von Beherrschung reden will, Beherrschung der Generationenverhältnisse und nicht der Kinder?" (Benjamin 1972, 125). Benjamin hat dabei zurecht offengelassen, von welcher Seite aus das Generationenverhältnis seine Ordnung erhalten soll. Man darf nämlich keineswegs der pragmatischen Suggestivkraft erliegen, die Schleiermacher aus der rhetorischen Situation einer Vorlesung heraus seiner Frage gegeben hat. Denn dem systematischen Ansatz nach bleibt das Subjekt der Frage auch in seiner Theorie unbestimmt, weil er weiß, daß beide Generationen sich mit der ihnen vorgegebenen gesellschaftlichen Situation auseinandersetzen müssen. Insofern kommt es also - zweitens - darauf an, die generative Differenz als Ausgangspunkt von Auseinandersetzungen, nämlich als noch biologisch vermittelten Unterschied in Weltzugängen anzuerkennen, zu sichern und auszugestalten. Dies aber bedeutet, daß in einer spätmodernen Gesellschaft das Generationenverhältnis nicht bloß als Faktizität hingenommen oder gar dogmatisch gesetzt wird. Entscheidend ist vielmehr, daß es selbst als methodische Bedingung einer reflexiven Auseinandersetzung gesehen wird, über welche Weltzugänge, mithin Subjektivität in ihren unterschiedlichen Realisationsformen thematisch gemacht, begriffen und am Ende auch von den Beteiligten organisiert werden kann.

Eine reflexive Sicherung des Generationenverhältnisses kann zu einer Pädagogik zurückführen, die aus einem Verständnis von Differenzen heraus Weltaneignung erlaubt. In einer undeutlich gewordenen Welt, die keine Ordnungsschemata mehr kennt, bringt das methodisch in Geltung gebrachte Generationenverhältnis ein Differenzkriterium in Erinnerung, von dem aus Orientierungen entwickelt und aufgebaut werden können. Zumindest den Beteiligten ermöglicht es, historische und soziale Situationen nicht nur auszulegen, sondern in ihnen Optionen zu erkennen. Kurz: Sie erlaubt, daß sich Subjekte ihrer selbst und eines ihnen möglichen Lebenssinns vergewissern.

Ein dreifaches Dilemma läßt sich freilich dabei nicht übersehen: Die Subjekte müssen das Generationenverhältnis schon selbst einklagen - übrigens unabhängig davon, ob sie sich der älteren oder der jüngeren Generation zurechnen. Es ist insofern reflexiv gebrochen, vielleicht von daher ein Indiz für jene reflexive Moderne, die als zweite gerade behauptet wird. Eine solche Klage kann zudem auf gesellschaftliche Verbindlichkeit nicht mehr hoffen; sie ist willkürlich, selbst noch von Zügen der Individualisierung geprägt. Vor allem darf sie mit Verbindlichkeiten nicht mehr rechnen. Möglicherweise entstehen sogar noch mehr Ungewißheiten und Unsicherheiten für all diejenigen, die das Generationenverhältnis zum methodischen Anlaß ihres Fragens wählen, sich mithin nicht vereinnahmen lassen, sondern Problemstrukturen sich noch bewußt machen und thematisieren. Insofern bleibt Skepsis maßgebend, die in der Kommunikation der Beteiligten zur Wirkung kommt und nur diesen eine Perspektive eröffnet. Eigentümlicherweise scheint aber das schon die Perspektive gewesen zu sein, die Schleiermacher zu Beginn des 19. Jahrhunderts nahegelegt hatte.

Literatur

Baumann, Z.: Tod, Unsterblichkeit und andere Lebensstrategien. Frankfurt a.M. 1994
Beck, U. (Hrsg.): Kinder der Freiheit. Frankfurt a.M. 1975
Benjamin, W.: Einbahnstraße. Frankfurt a.M. 1972
Benner, D.: Allgemeine Pädagogik. Weinheim/München 1987
Brumlik, M.: Gerechtigkeit zwischen den Generationen. Berlin 1995
Flitner, A.: Isolierung der Generationen? In: Neue Sammlung 24, 1984, 345-355
Herrmann, U.: Das Konzept der „Generation". In: Neue Sammlung 27, 1987, 364-381
Höpflinger, F.: Generationenbeziehungen und Generationenverhältnisse - ein Problemaufriß. In: Badelt, C. (Hrsg.): Beziehungen zwischen Generationen. Wien 1997, 7-19
Honig, M.-S.: „Generationsverhältnisse" als kindheitstheoretisches Konzept. Unveröffentl. MS. München 1993
Hornstein, W.: Die Erziehung und das Verhältnis der Generationen heute. In: Beiträge zum 8. Kg. der DGfE. ZfPäd. 18. Beiheft. Weinheim/Basel 1983, 59-79
Jonas, H.: Das Prinzip Verantwortung. Frankfurt a.M. 1979
Kade, J.: Einheit der Pädagogik unter den Bedingungen pluraler Aneignungsverhältnisse MS o.O. 1993
Liebau, E. (Hrsg.): Das Generationenverhältnis. Weinheim/München 1997
Paulsen, F.: Geschichte des gelehrten Unterrichts. Leipzig 1885
Schleiermacher, F.D.E.: Pädagogische Schriften. Langensalza 1902
Schleiermacher, F.D.E.: Pädagogische Schriften. hrsg v. E. Weniger. 2. Band. Düsseldorf/München 1957
Schleiermacher, F.D.E.: Ethik (1812/13). hrsg. v. H-J Birkner. Hamburg 1981
Schleiermacher, F.D.E.: Die Lehre vom Staat. hrsg. v. C. Brandis. In: Friedrich Schleiermachers Sämtliche Werke. 3. Abteilung. 8. Band. Berlin 1845
Sünkel, W.: Friedrich Schleiermachers Begründung der Pädagogik als Wissenschaft. Ratingen 1964
Sünkel, W.: Schule mit Verspätung. In: Sünkel, W.: Im Blick auf Erziehung. Bad Heilbrunn 1994, 87-95
Winkler, M.: Eine Theorie der Sozialpädagogik. Stuttgart 1988
Winkler, M.: Vom Normalbegriff der Erziehung zur Hermeneutik der pädagogischen Situation: Friedrich Schleiermacher und das moderne Erziehungsdenken. In: Herrmann, U.; Oelkers, J. (Hrsg.): Die französische Revolution und die Pädagogik. Beiheft des Jahrgangs 1989 der ZfPäd. Weinheim 1989, 211-226

Micha Brumlik
Zeitgenossenschaft: Eine Ethik für die Generationen

1 Vorbemerkung

Die Rentenkrise hat die Aufmerksamkeit für das Problem ebenso geschärft wie die Umweltzerstörung. Die Frage, was die jeweils Lebenden ihren näheren oder ferneren Nachfolgern an Verbindlichkeiten oder Gütern hinterlassen müssen oder überlassen sollen, ist ins Zentrum der öffentlichen Aufmerksamkeit gerückt (Birnbacher 1988; de Shalit 1995; Zirfas 1996). Auch die Frage, was die jeweils Lebenden ihren Vorgängern an Anerkennung oder Ehre schulden, ist in Deutschland zum Gegenstand heftiger politischer Debatten geworden (Brumlik 1995, 89f). Die Intensität, mit der dieses Thema immer wieder erörtert wird, läßt seine hohe Komplexität immer wieder in den Hintergrund treten. Wenn - so scheint es - moralische Verpflichtungen existieren, die nun wirklich alle betreffen und damit unabweisbar sind, so sind es die Pflichten „unseren Kindern" gegenüber. Die gerne aufgenommene Floskel übergeht jedoch in aller Regel erstens die Frage, wer „wir" sind und dementsprechend zweitens das Problem, wer mit „unseren Kindern" überhaupt gemeint ist. Daher sei im folgenden zunächst der Begriff der „Generation" ansatzweise erläutert, und im folgenden gefragt, was in diesem Zusammenhang „Ethik" heißen kann. Schließlich versuche ich, ein „ethisches Problem" der Erziehung zu benennen und endlich, einen Lösungsvorschlag zu unterbreiten.

2 „Generation"

Der soziologische Begriff der „Generation", wie er im Gefolge Karl Mannheims entwickelt wurde, erläutert den Begriff der Generation als „Kohorte", d.h. als ein wesentlich durch das Merkmal eines gemeinsamen Geburtszeitraums geprägtes Aggregat von Menschen. Darüber hinaus wird als „Generation" jeweils das Aggregat jener Menschen verstanden, die im Rahmen einer bestimmten Gesellschaft etwa alle fünfundzwanzig Jahre geboren werden - danach trete eine neue Generation auf. Damit ist eine implizite Theorie über die Dauer geprägter Erfahrungen und Mentalitäten in den wesentlichen

Einflußbereichen einer Gesellschaft beansprucht und zugleich die Behauptung aufgestellt, daß es deutlich qualitativ voneinander abgrenzbare Zeiträume gibt, die keineswegs mit jeder beliebigen Jahresziffer von Neuem bestimmt werden können. Das wird in Ausdrücken wie „Das zwanzigste Jahrhundert", „die siebziger Jahre", „das Biedermeier" oder die „Gründerjahre" deutlich. In diesem Sinn sind „Generationen" vor allem die Bewohner bestimmter Zeiträume. Dabei treten das Geburtsdatum und die durch es bestimmten möglichen historischen und sozialen Erfahrungen von Menschen in einem gegebenen Zeitraum in den Mittelpunkt der Betrachtung.

Der landläufige Begriff der „Generation" bezieht sich ja nicht nur auf den Zeitraum der Geburt, sondern auch auf den Geburtszeitraum in einer bestimmten Kultur oder Subkultur. Wer den Schriftsteller Ernest Hemingway und seine Altersgenossen beschreiben will, bedient sich des Schlagwortes von der „lost generation", wer Anführer, Teilnehmer und Mitläufer der deutschen Studentenbewegung der späten sechziger Jahre benennen will, spricht gerne von den „68ern". Daß diese „Generationen" alles andere als typisch oder gar repräsentativ für all ihre Altersgenossen sind, liegt auf der Hand: Keineswegs alle US-Amerikaner, die um 1890 geboren wurden, nicht einmal jene, die im ersten Weltkrieg kämpften, teilten das Lebensgefühl von Gertrude Stein, Scott Fitzgerald oder Henry Miller; keineswegs alle Deutschen, die zwischen 1940 und 1950 geboren wurden und später studierten, waren von rebellischen und sozialrevolutionären, von antiautoritären oder marxistischen Ideen überzeugt.

Es ist soziologisch alles andere als ausgemacht, welches Gewicht unter den vielen Merkmalen, die einen Lebenslauf mit beeinflussen wie Geschlecht, Sprache, Schicht, Bildung, Elternhaus, Hautfarbe, sexuelle Neigung dem Merkmal „Geburtsdatum" zukommt. Aber sogar wenn diesem Merkmal eine genau zumessbare Bedeutung zukäme, wäre noch immer nicht ausgemacht, wie es genau zu definieren wäre. Der Zeitpunkt der Geburt in Stunden und Minuten kann kaum gemeint sein - das ist der Ansatz der Astrologie. Sind damit Monate oder gar Jahre gemeint, läßt ein Generationsbegriff, der über Geburtszeiträume, die etwa zehn Jahre umfassen, überhaupt noch trennscharfe Differenzierungen zu? Und wenn es nicht der Geburtszeitraum ist, ist es dann vielleicht die Teilhabe an bestimmten Ereignissen wie Katastrophen, politischen Aufbrüchen oder kulturellen Verständigungsformen, die - unabhängig vom Geburtsdatum - die (gemeinsame) Erfahrungen prägen? Und zwar so, daß wessen Leben von dem medial vermittelten Krieg in Vietnam, der psychodelischen Musik und dem Aufbegehren an Universitäten und Colleges geprägt war, ein „68er" ist?

In dieser Perspektive erweist sich der Begriff der „Generation" als ein bestimmtes Deutungsmuster, das es Individuen im Rückblick erlaubt, bestimmte Prägungen oder Gemeinsamkeiten mit anderen reflexiv zu bestimmen. Dieser Begriff der „Generation" dient dann eher der hermeneutischen

Verständigung von einzelnen oder Gruppen als der beobachtenden Erklärung großer Aggregate von Menschen. Es zeigt sich, daß der Begriff der Generation im Gegensatz zu seiner Beliebtheit in Zeit- und Kulturkritik als soziologischer Faktor definitorisch unterbestimmt ist und allenfalls in den Kohortenanalysen der Wahl- und Konsumforscher trennscharfe Ergebnisse vorzuweisen hat. Wenn es dennoch - wenigstens in der Theorie - zutrifft, daß der Geburtszeitraum eine mindestens ebenso wichtige Determinante für den Lebensverlauf von Individuen darstellt wie etwa ihr geographischer oder sozialer Geburtsort, dann wird es bei einer „ethischen" Bestimmung dieser Problematik um zwei Fragen gehen: In welchem Ausmaß stellt der Zeitpunkt der Geburt - ceteris paribus - ein Gut oder ein Übel dar, das in seiner Irreversibilität gleichwohl kompensierenden Gerechtigkeitsvorstellungen offensteht? Inwieweit stellen die Erfahrungen, die ein Mensch aufgrund seines Geburtsdatums in ihrer einmaligen Kombination machen muß, Anlässe zu besonderen Weisen der Lebensgestaltung und Lebensführung dar? Auf die erste Frage antworten im engeren Sinne moralische Überlegungen, in denen es um Gerechtigkeitsfragen geht, während auf die zweite Frage Argumente antworten, in denen es um Formen des geglückten Lebens, also um ethische Fragen geht. Die oben angeführten sozialwissenschaftlichen Defizite des Begriffs der „Generation" dürfen in einer normativ gerichteten Analyse zunächst übergangen werden.

3 Ethische Konstellationen

In dieser Perspektive geht es um zugleich gröbere wie grundsätzlicher ansetzende Kategorien - es geht um die Bedeutung nicht nur der Zeitlichkeit des Handelns, sondern um die Bedeutung der Zeitlichkeit und Begrenztheit der Akteure selbst und damit um die Bedeutung der Zeit für Moral und Ethik. Freilich ließ der Begriff der „Generation" als soziologischer Begriff von Anfang an keine individuell existentielle Betrachtungsweise zu, schließlich geht es um öffentliche Zeitverhältnisse und um die Herausforderung, diese öffentlichen Zeitverhältnisse an Gerechtigkeitskriterien und Reflexionen des guten Lebens gemessen zu regeln. Vor allem aber sind Generationenverhältnisse ganz unterschiedlicher Art zu berücksichtigen.

Dabei empfiehlt es sich, methodisch von der Perspektive eines lebenden, moralisch verantwortlich und handlungsfähigen Aggregats von Menschen auszugehen, die in unterschiedlichen Beziehungen zu anderen Generationen stehen. Dieses Aggregat bezeichne ich nicht als Generation, sondern als die „Zeitgenossenschaft". Zeitgenossen sind all jene Menschen, die in einer gegebenen Kultur und einem Zeitraum, der durch symbolische Schwellen markiert ist, gleichzeitig leben. Als allgemeinste Unterscheidung zur Erläuterung zeitgenossenschaftlicher Beziehungen bietet sich die Haltung der Zeitgenossen gegenüber nicht mehr lebenden und noch nicht lebenden Generationen an. Daraus läßt sich eine grobe Typologie von drei möglichen zeitgenossenschaftlichen Konstellationen entwickeln, die ihre je eigenen Probleme und Strukturen aufweisen.

3.1 Abgeschiedene und Gegenwärtige

Da nicht mehr lebende Generationen kausal auf die gegenwärtige Generation wirken, aber aufgrund der Unumkehrbarkeit der Zeit keine Möglichkeit der Gegenwärtigen besteht, auf das Tun oder Unterlassen dieser Vorherigen einzuwirken, kann es hier immer nur um die Frage gehen, in welche Beziehung die Abgeschiedenen zur Gegenwart gestellt werden. Dabei geht es darum, ihrem Tun oder Unterlassen auch dann, wenn sie selbst nicht mehr bewußtseins- und handlungsfähig sind, einen Wert beizumessen und ihm öffentlich Ausdruck zu verleihen. Dabei spielen zeitliche Nähe oder eben zeitliche Ferne eine erhebliche Rolle: Unsere Einstellung gegenüber Verstorbenen ändert sich je nachdem, ob es sich um noch bekannte Zeitgenossen oder um Menschen, deren Leben und Sterben Jahrhunderte oder gar Jahrtausende zurückliegt, handelt. Es entsteht der Anschein, als ob sich durch die zeitliche Ferne die Intensität der Bewertung des Lebens von Personen als jener Personen, die sie waren - und nicht nur als Symbole für bestimmte Prinzipien -, vermindert. Offensichtlich lassen sich in der Regel moralische Gefühle wie „Trauer", die gegenüber verstorbenen Zeitgenossen noch möglich sind, gegenüber den Bewohnern anderer Zeiträume nicht aufrechterhalten.

3.2 Gegenwärtige und Zukünftige

Bei der Beziehung der Zeitgenossen zu zukünftigen Menschen, zu Menschen, von denen als Einzelindividuen allenfalls in unterschiedlichen Graden wahrscheinlich ist, daß sie existieren werden, geht es nicht um Fragen der Zumessung von Ehre und Anerkennung bzw. der Bewertung ihres Handelns. Während es bei der Beziehung zu den Vergangenen ausschließlich um die Bewertung des Handelns von wirklichen Individuen geht, geht es bei der Beziehung zu den Zukünftigen um keine wirklichen Individuen, sondern bestenfalls um mögliche Menschen, über deren Individuierung nicht nur nichts bekannt ist, sondern auch gar nicht bekannt sein kann. Während es also bei den Abgeschiedenen nur noch um ihre moralische Handlungs- oder Leidensfähigkeit geht, geht es bei den Zukünftigen ausschließlich um die notwendigen somatischen, psychischen und sozialen Bedingungen ihrer Individuierung. Gegenwärtige Zeitgenossen verhalten sich zu den Abge-

Zeitgenossenschaft: Eine Ethik für die Generationen 143

schieden als zu *moralischen Personen*, zu den Zukünftigen aber als zu *möglichen Menschen*. Diese möglichen Menschen scheinen immerhin moralisch beglaubigte Ansprüche zu haben. Dabei treten paradoxal wirkende Konstellationen auf.

Während man sich einerseits sicher sein kann, daß es zukünftig überhaupt Menschen geben wird, kann niemand wissen, welche konkreten Menschen existieren werden. Läßt sich sinnvoll davon sprechen, daß mögliche Wesen tatsächlich Träger moralischer oder positiver Rechte sind? Ist die Vorbedingung moralischer oder rechtlicher Ansprüche nicht mindestens eine raumzeitlich begrenzte Existenz? Zudem beeinflussen alle Überlegungen oder Handlungen, die sich auf mögliche Menschen beziehen, die Umstände, unter denen sie existieren werden oder nicht. Wer etwa im Interesse der besseren Existenz möglicher Menschen bestimmte sozialpolitische Änderungen einführt, die das Zeugungsverhalten der Gegenwärtigen beeinflussen, könnte dadurch genau die Existenz jener Menschen, in deren Interesse eine veränderte Politik betrieben wird, unmöglich machen (Brumlik 1992, 108f). Schließlich scheint bei den Beziehungen zu den Zukünftigen ein ähnlicher Diskontierungseffekt einzutreten wie in den Beziehungen zu den Abgeschiedenen. Möglichen Bewohnern des gleichen Zeitraums, also Menschen, die noch während der eigenen Lebenszeit existieren könnten, scheinen stärkere Ansprüche zu gelten als solchen, die erst in hundert, hunderten oder gar tausenden von Jahren existieren könnten. Tatsächlich nimmt schon die Wahrscheinlichkeit des Auftretens *bestimmter* menschlicher Individuen mit zunehmender zeitlicher Distanz ab. Galten gegenüber den Abgeschiedenen als vorherrschendes moralisches Gefühl Trauer, Stolz oder Verachtung, so gilt gegenüber den Zukünftigen Hoffnung oder Furcht. An die Stelle von Bewertungen treten unterschiedlich eingefärbte Erwartungen, an die Stelle von Deutungen die Kalkulation von Risiken oder Chancen.

3.3 Zeitgenossen unterschiedlichen Alters

Als dritter Typus der intergenerationellen Konstellation verbleiben schließlich die Beziehungen zwischen Menschen, die gleichzeitig leben, aber unterschiedlichen Alters sind. In dieser Konstellation nehmen Parameter, die auch in den beiden anderen Typen eine wichtige Rolle spielen, eine zentrale Bedeutung an: Räumliche und soziale Nähe in Form von Verwandtschaft, Freundschaft und Nachbarschaft sowie unterschiedliche Weisen der Integration in ein gemeinsames soziales System. Die moralischen Gefühle von Trauer und Stolz sind hier ebenso bedeutsam wie Hoffnung und Furcht - stärker noch aber tritt hier wegen der Gleichzeitigkeit und der sozialräumlichen Nähe der Beziehungspartner deren normative Kehrseite, die unterschiedlich abgestufte Loyalität, in den Vordergrund.

3.4 Ethik

Was heißt nun in diesem Zusammenhang Ethik? Es hat sich in der allgemeinen moralphilosophischen Debatte eingebürgert, zwischen Moral und Ethik zu unterscheiden, und dabei Fragen der Moral dem Bereich der Untersuchung gerechter Prinzipien und (un-)dingter Pflichten zuzuordnen, Fragen der Ethik jedoch dem Bereich von Maximen des guten und geglückten Lebens. Dieser bereichsspezifischen Unterscheidung läßt sich auch eine methodische Differenz zur Seite stellen: Unabhängig davon, ob es sich um Fragen der Gerechtigkeit oder der Lebensführung handelt, wird man zu unterschiedlichen Ergebnissen je danach kommen, ob man als systematischen Ausgangspunkt von der Frage der Gerechtigkeit ausgeht und von dort entweder versucht, Hinweise für eine Theorie der Lebensführung zu gewinnen oder beide Fragen eben strikt voneinander trennt; oder ob man von einer Bestimmung höchster Güter ausgeht und von dort aus versucht, Fragen der Gerechtigkeit zu klären. Ist also erfahrene und ausgeübte Gerechtigkeit Teil und Voraussetzung des guten Lebens? Läßt sich nur von einem entfalteten Begriff des guten Lebens sagen, was Gerechtigkeit (vgl. etwa Seel 1995) sein könnte? Welcher methodische Ausgangspunkt und welche Bereiche sind für eine normative Theorie intergenerationeller Beziehungen sinnvoll?

3.4.1 Gerechtigkeit

Auf den ersten Blick scheint sich bei der Betrachtung der ersten, der zukunftsgerichteten Konstellation zu ergeben, daß vor allem Verteilungs- und damit Gerechtigkeitsfragen - von Schulden bis Umweltbelastungen - im Zentrum stehen. Bei einem nähern Blick verwirrt sich das Bild: etwa in der Abtreibungsfrage - ist es ein Vor- oder Nachteil, gezeugt oder geboren zu werden? Gibt es das Anrecht darauf, geboren (Brumlik 1992, 47f) zu werden? Vielleicht. Gibt es das Anrecht darauf, gezeugt zu werden? Kaum. In gewisser Weise könnte der Wunsch nach einem Kind dem Wunsch nach dem Erwerb eines Gutes gleichgesetzt werden. Steht dieser Wunsch aber nicht oft genug im Horizont einer bestimmten Form der Lebensführung? Kinder oder nicht - das scheint heute alleine in der Verfügungsgewalt vor allem der Frauen zu stehen. Woher kommt es trotzdem, daß der Gedanke, die Menschheit könne eines Tages - und sei es auch friedlich - aussterben, in gewisser Weise melancholisch stimmt? Welche Intuition sinnvollen Lebens steht hinter dieser Melancholie? Es zeigt sich, daß auch die Beziehung zu den Zukünftigen niemals nur auf Gerechtigkeitsfragen reduzierbar ist, sondern ganz offensichtlich Sinn-und Selbstverständnisentwürfe beinhaltet.

3.4.2 Lebensformen

Umgekehrt scheint es bei den Beziehungen zu den Vergangenen beinahe ausschließlich um Sinn- und Selbstverständnisprobleme der Gegenwärtigen zu gehen. Welche Form von Achtung, Ehrerbietung und Pietät bringen Gruppen und Gesellschaften in ihrem Vergangenheitsbezug auf? Das hängt davon ab, als was sie ihre Gruppe oder Gesellschaft ansehen. Daran, wen man von den Vergangenen ehrt, wird deutlich, in welcher Gegenwart eine Gesellschaft steht und welche Zukunft sie sich wünscht (Brumlik 1996). Es scheint dabei immer nur um den Willen der Gegenwärtigen zu gehen. Denn schließlich besteht überhaupt keine Möglichkeit, den Vergangenen, die ja tot sind, in irgendeiner Weise ihr eventuell verletztes Recht so zurückzuerstatten, daß sie darüber Genugtuung empfinden. Und dennoch wagte nicht nur Walter Benjamin den Gedanken, daß es vor allem die Gerechtigkeit gegenüber den Abgeschiedenen ist, an der sich wahrhaft politisches und revolutionäres Handeln zu bewähren habe (Benjamin 1980, 696f). Ist es jedoch erlaubt, sich der Ansprüche derer, die ja nicht mehr widersprechen können, hypothetisch anzunehmen? Wo verläuft die Grenze zwischen Rücksichtnahme und Ausbeutung? In dem Augenblick, in dem diese Frage überhaupt zugelassen ist, wird über die Selbstverständigungsprozesse der Gegenwart hinaus auch eine Gerechtigkeit der Vergangenheit gegenüber allen möglichen Paradoxien eingeräumt. Eine entscheidende Voraussetzung für eine auf die Vergangenheit gerichtete Theorie der Gerechtigkeit zwischen den Generationen ist eine Klärung dessen, was man als kollektives Gedächtnis, als kollektive Erinnerung ansieht.

3.4.2.1 Kollektives Gedächtnis

Individuelle Erinnerung und kollektives Gedenken haben, das ist die hier vertretene Grundthese, mehr miteinander gemeinsam, als üblicherweise akzeptiert. Durch die institutionelle Ausdifferenzierung des kollektiven Gedächtnisses moderner Gesellschaften in Geschichtswissenschaft hier und inszeniertes Geschichtsbewußtsein dort ist das Bewußtsein des moralischen Charakters historischen Wissens verlorengegangen. Spätestens seit den Arbeiten von Maurice Halbwachs hat es sich eingebürgert, auch die individuelle Erinnerung als Teil eines kollektiv verankerten, letztlich gesellschaftlich gestifteten Gedächtnisses anzusehen. Der Bezug menschlicher Gesellschaften zu ihrer Vergangenheit ist ein außerordentlich voraussetzungsvoller, hochkomplexer kultureller Prozeß, an dem nichts, aber auch gar nichts selbstverständlich ist. Es ist ein Prozeß, der, wie vor allem Jan und Aleida Assmann (1992) in immer neuen Arbeiten gezeigt haben, auf das engste mit der sozialen Evolution hochkultureller Gesellschaften, d.h.

mit der gleichzeitigen Entwicklung von Schriftlichkeit und Staatlichkeit verkoppelt ist. Geschichtsschreibung, Geschichtswissenschaft und Geschichtskultur, wie wir sie kennen, wären darüber hinaus erst in der Moderne, mit der Ausdifferenzierung der Sphären von überwölbenden lebensweltlichen Deutungsmustern, fallibler Wissenschaft, positivem Recht und autonomem politischen System auseinandergetreten. Vergangenheitsbezüge haben ihre fraglos geltende normative Kraft verloren. Spätestens in der Moderne wird klar, daß die sogenannte kollektive Erinnerung mindestens zwei idealtypisch zu unterscheidende Aspekte besitzt, die ich der Einfachheit halber als kognitive und normative Aspekte bezeichnen möchte.

In kognitiver Hinsicht geht es demnach darum festzustellen, was gewesen ist, wie es gewesen ist und warum es sich so und nicht anders ereignet hat. In normativer Hinsicht ging und geht es darum, auf der Basis angenommener und rekonstruierter Vergangenheiten Maßstäbe und Prinzipien für das kollektive Handeln von Gruppen, Klassen oder gar Staaten zu gewinnen.

Der kognitive Aspekt ist seit der Aufklärung, nach dem Untergang der Geschichtsphilosophie und schließlich im Historismus auf der Basis der Quellenkritik in der Geschichtswissenschaft institutionalisiert worden, einer Geschichtswissenschaft, die im Bewußtsein der eigenen Standortgebundenheit bei der moralischen Bewertung vergangener Ereignisse Vorsicht walten ließ, um dafür das geschichtliche Material um so freier zu beliebigen Sinnstiftungen freizugeben. Derartige Sinnstiftung, wie sie sich etwa in Nationalfeiertagen, bei der Erstellung und Enthüllung von Denkmälern, der Einrichtung von Museen, der Benennung von Straßen oder dem Verfassen und Komponieren von Hymnen vollzieht, hat im genauen Sinn des Wortes einen liturgischen Charakter. Unter „Liturgie" sollen in diesem Zusammenhang all jene Rituale verstanden werden, deren Zweck die Bewahrung gesellschaftlich für bedeutsam gehaltene Ereignisse ist. Rituale sind kollektive symbolische Handlungen, die in Stereotypen und Wiederholungen beliebige Haltungen und Verhaltensweisen über bestimmte Situationen hinaus abrufbar machen. Liturgien aller Art stellen im Unterschied zu historiographischer Forschung Formen gesellschaftlichen Vergangenheitsbezugs dar, die sich nicht darauf beschränken zu schildern, wie oder warum es gewesen ist, sondern deren Zweck es ist, die Vergangenheit zu vergegenwärtigen und zu demonstrieren, wie die Vergangenheit in die Gegenwart übergeht, wie sie ein Teil von ihr ist und wird. Damit gilt: An Liturgien läßt sich ablesen, welche Teile der vielen möglichen Vergangenheitsausschnitte eine Gesellschaft als die ihren, als eine ihr Handeln und Leiden normativ bestimmende Vergangenheit, ansieht. Liturgien, die die Kluft von Gegenwart und Vergangenheit symbolisch schließen, sind im strengen Sinn des Wortes immer religiöse Veranstaltungen, unabhängig davon, ob und wieweit die entsprech-

Zeitgenossenschaft: Eine Ethik für die Generationen

enden Rituale dem Fundus einer bestimmten, historisch entstandenen Konfession entnommen sind. Wenn es zutrifft, daß Erinnerungen gesellschaftlich nach Relevanzgesichtspunkten und Interessen institutionalisiert werden, dann folgt daraus, daß bei jedem Erinnern und bei jeder Erinnerung ein umfassender Welt- und Selbstbezug hergestellt oder revidiert wird. Alle Geschichten bzw. narrativen Partikel haben nämlich eine Vor- und eine Nachgeschichte und zehren von Bezügen und Verweisen, die in ihnen selbst nicht ausdrücklich erwähnt sind, von einem Hintergrundwissen, einem schweigenden, nicht explizierten und auch niemals völlig explizierbaren Wissen über die Welt. Dieses Wissen ist intersubjektiv konstituiert. Ich und andere sind im Erinnern deshalb von Bedeutung, weil nur die anderen die moralische Richtigkeit meiner Handlungen oder Widerfahrnisse beurteilen oder akzeptieren können und weil nur die anderen im Zweifelsfall die theoretische Wahrheit meiner Erinnerungen beglaubigen können. Hier liegt die Schnittstelle einer Theorie individueller Erinnerung und kollektiven Gedächtnisses: Fragen nach der Richtigkeit und Wahrheit der Erinnerungsinhalte lassen sich im Prinzip nur anhand der Erinnerungen anderer beantworten und beglaubigen. Die anderen werden im Erinnerungsbezug als Richter und Zeugen deshalb bedeutsam, weil die holistische Struktur des individuellen Gedächtnisses erstens stets affektive und bewertende, d.h. moralische Stellungnahmen zum Erfahrenen und Erlebten beinhaltet und weil zweitens die individuelle Erinnerung ihrem holistischen Charakter zum Trotz in jedem ihrer einzelnen Bestandteile brüchig werden kann, d.h. den Kontingenten des Vergessens und Täuschens ausgesetzt ist, auf die anfangs hingewiesen wurde. Die anderen als Zeugen und Richter, als die Beglaubiger der Richtigkeit individueller Handlungen und der Wahrheit narrativer Interpretationen werden damit zum Garanten des angemessenen Selbstverständnisses einer Person, eines Selbstverhältnisses, das heute gern als „Identität" bezeichnet wird. Nur im Verein mit anderen kann ein Individuum festhalten, wer es gewesen ist und wer es damit ist.

Damit - so scheint es - ist die Wahrheitsfrage endgültig aus der Geschichtswissenschaft und dem kollektiven Gedächtnis vertrieben, geht es auch in ihr nur noch um Identitätsprobleme von Gruppen oder Einzelnen. Dieser Konsequenz ist nur zu entgehen, wenn man den häufig kritisierten, aber offenbar für Gesellschaften aller Art unaufgebbaren liturgischen Teil des kollektiven Gedächtnisses ernst nimmt und ebenfalls unter Wahrheitsansprüche stellt. Wenn es nämlich zutrifft, daß alle historische Betrachtung affektiv und holistisch strukturiert ist, folgt daraus noch lange nicht, daß historische, allemal selektive Aussagen deswegen prinzipiell nicht wahr sein können; vielmehr ist damit zunächst die Frage nach den angesichts bestimmter Ereignisse angemessenen, warum nicht „wahren" Gefühlen und Weltbildern, gestellt. Jenseits von Tatsachenerhebung und Quellenkritik erweist sich die Frage nach der Wahrheit geschichtlicher Erfahrung eben auch als die Frage nach der Bereitschaft, bei der Betrachtung historischer Ereignisse Gerechtigkeitsprinzipien walten zu lassen.

3.4.2.2 Gerechtigkeit gegenüber den Abgeschiedenen

Der deutsch-jüdische Kritiker Walter Benjamin hat dieses Problem in seiner letzten Schrift, den geschichtsphilosophischen Thesen, präzise diagnostiziert und eine Lösung im Grundsatz skizziert. Diese Lösung besteht in der Überwindung des Historismus zugunsten einer Historiographie als Teil einer Herstellung praktischer Wahrheit. In seinen Thesen über den Begriff der Geschichte aus dem Jahr 1940 setzt sich Benjamin mit dem von Schriftstellern und Philosophen immer wieder bemerkten Gefühl der Traurigkeit auseinander, das sich bei der Betrachtung und beim Verstehen historischer Ereignisse einstelle.

„Die Natur dieser Traurigkeit" so Benjamin „wird deutlicher, wenn man die Frage aufwirft, in wen sich denn der Geschichtsschreiber des Historismus eigentlich einfühlt. Die Antwort lautet unweigerlich in den Sieger. Die jeweils Herrschenden sind die Erben aller, die je gesiegt haben. Die Einfühlung in den Sieger kommt demnach den jeweils Herrschenden allemal zu gute." In seinen „Thesen" hat Walter Benjamin darüber hinaus den kühnen Gedanken gewagt, daß auch die Toten vor Verfolgung nicht sicher sind und in diesem Zusammenhang dem Historiographen die Funktion eines Erweckers politischer Hoffnung zugeschrieben: „Nur dem Geschichtsschreiber wohnt die Gabe bei, im Vergangenen den Funken der Hoffnung anzufachen, der davon durchdrungen ist: Auch die Toten werden vor dem Feind, wenn er siegt, nicht sicher sein. Und dieser Feind hat zu siegen nicht aufgehört" (Benjamin 1980, 695). Die Toten, so legt uns Walter Benjamin in deutlichen Worten nahe, gehören zu unserem moralischen Universum - sie sind weder im Guten noch im Schlechten aus ihm ausgeschieden - weshalb es den Nachkommen untersagt ist, sie durch Vergessen auszugrenzen. Die Toten sind aber nicht nur die Abgeschiedenen - sie sind auch als die zu betrachten, die sie waren nach Prinzipien der Gerechtigkeit, als Täter, Opfer und Mitläufer. Damit zwingen sie die Gegenwart in einen moralischen Zusammenhang, in das, was Benjamin als „eine geheime Verabredung zwischen den gewesenen Geschlechtern und unserem" bezeichnet hat. Im Unterschied zum Historismus, dem es um Billigkeit durch Einfühlung gegenüber den je in ihre Umstände verflochtenen Tätern geht, zielt eine universalgeschichtlich verfahrende Geschichtsbetrachtung auf Gerechtigkeit für die Opfer der Weltgeschichte. Billiger ist weder eine Zurückweisung des metahistorischen Skeptizismus, noch eine Befreiung des historischen Bewußtseins aus den Zwängen der Identitätspolitik zu haben.

4 Zeitgenossenschaft und gutes Leben

Noch stärker scheint die Vermischung von Fragen der Gerechtigkeit und des guten Lebens in den intergenerationellen Beziehungen zwischen zu unterschiedlichen Zeitpunkten geborenen Bewohnern des gleichen Zeitraums zu sein. Wenn Kinder Ergebnis des Wunsches nach einer bestimmten Form des Lebens sind, erwerben sie damit Ansprüche auf gerechte Behandlung? Haben umgekehrt Kinder, die zu ihrer Zeugung, Geburt und frühen Erziehung kaum ja oder nein sagen konnten, dennoch Pflichten, auch von Dank und Loyalität, gegenüber ihren Erzeugern? Wie weit reichen diese Pflichten? Ist ein Leben gut zu nennen, das in Hader mit den eigenen Eltern mündet?

Welche Pflichten generieren gemeinsame Teilhaberschaft an einem gemeinsamen Sozialsystem für Angehörige unterschiedlicher Generationen, auch dann, wenn sie nicht miteinander verwandt sind? Warum sind wir über die Steuern für die Pflege und Ausbildung von anderer Leute Kinder verpflichtet? Es ist diese Frage, der ich mich nun zuwenden möchte, der Frage nach einer öffentlichen Ethik intergenerationeller Beziehungen.

4.1 Anderer Leute Kinder

Unsere Verpflichtungen gegenüber anderer Leute Kindern werden üblicherweise mit demographisch-utilitaristischen Argumenten begründet - daß schließlich sie es sind, die über ihre Arbeitskraft und -zeit die Renten und damit unsere eigene materielle Zukunft sichern. Die Renten und Sozialstaatsdebatte hat aber gezeigt, daß diese Argumentation nicht unbedingt zwingend ist. Schließlich lassen sich auch Alterssicherungssysteme denken und - etwa wie in Chile oder in den USA - tatsächlich umsetzen, die nicht auf der Basis eines Generationenvertrages, sondern auf der Basis des Kapitaldeckungsverfahrens beruhen. Demnach wären alle - was jedenfalls die Sicherung des eigenen Alters angeht - dazu verpflichtet, wie es heute gerne heißt, „selbst Vorsorge zu treffen" und das heißt, zu sparen. Der individuell geleistete Konsumverzicht in der Gegenwart wird so zum Garanten einer Risikominderung in der Zukunft. Unter dieser Bedingung kann es keine weitere Verpflichtung geben, sich um anderer Leute Kinder zu kümmern, da man ihnen aufgrund eigenverantwortlicher Vorsorge nichts schuldet (Stark 1995). Womöglich - aber das ist eine andere Frage - hat man gegenüber den eigenen Kindern besondere Verpflichtungen (Thomä 1992). Gilt damit, daß die Sorge bzw. die Pflicht um anderer Leute Kinder letzten Endes nur eine Form der allgemeinen Pflichten des Wohlwollens, der Gerechtigkeit oder des Mitleids gegenüber anderen Menschen darstellt? Auch in diesem Fall entfiele das Problem einer besonderen - öffentlichen - Ethik der Generationen. Um zu klären, ob das vage Gefühl, in noch nicht bestimmtem Ausmaß für anderer Leute Nachkommen verantwortlich zu sein, ist zunächst ein Perspektivenwechsel einzuschlagen - ein Perspektivenwechsel, der den individuellen Nutzen ebenso übergeht wie die allgemeine Moralität, und sich auf ein Thema einläßt, das nur selten in moraltheoretischer oder ethischer Hinsicht behandelt worden ist - nämlich auf die Frage, warum es gut oder sinnvoll ist, daß die Menschheit eine Zukunft hat. Damit ist ein entscheidender Perspektivenwechsel vollzogen. Ging es zunächst darum, wozu wir den Künftigen gegenüber verpflichtet sind, so geht es nun darum, warum es für uns - auch unabhängig von individuellen Nutzenerwägungen - gut ist, auf eine Kontinuität der menschlichen Gesellschaften setzen zu können. Argumente zu dieser Frage liegen aus den Bereichen der analytischen Philosophie, der Existenzphilosophie, des Marxismus und der Transzendentalpragmatik vor.

4.2 Die Zukunft der Menschheit

4.2.1 Jonathan Bennett

Jonathan Bennett (1978) erläutert seinen ausdrücklich als nicht prinzipiengestützt ausweisbaren Wunsch nach einer Fortexistenz der Menschheit aus seiner Bewunderung für die Vergangenheit des Menschengeschlechts, der Bewunderung für eine Universalgeschichte, die sich auch als kollektives Unternehmen, als das kollektive Abarbeiten an einer bisher nicht vollendeten Aufgabe verstehen läßt. Die Bewunderung für diese Anstrengung läßt den Wunsch entstehen, daß das begonnene Werk vollendet wird. Es sind also weder die Menschen selbst noch ihre Existenzweise, die eine Kontinuität als wünschenswert erweist, sondern die Größe ihrer Leistungen. Der Anschluß an Kants kleinere geschichtsphilosophische Schriften ist unübersehbar (Kant 1964, 33ff u. 85ff). Bennetts Argumente für eine Fortsetzung des Menschengeschlechts wirken zunächst ebenso einleuchtend wie überflüssig. Daß die Menschheit fortexistieren soll, scheint schließlich das Selbstverständlichste überhaupt zu sein. Freilich sind die Dinge - läßt man die vor allem zur Zeit der nuklearen Überrüstung debattierten Fragen und Ängste vor einem qualvollen Massensterben außer acht - wesentlich komplizierter. Daß ein qualvolles Massensterben in vielen Hinsichten moralisch inakzeptabel ist, muß hier nicht weiter entfaltet werden. Der Testfall auf die Stärke unserer Intuitionen wären Entwicklungen, in denen die Menschen aus unterschiedlichen Überlegungen heraus - ganz ohne Zwang - massenhaft in voller Verantwortung und unter materiell gesicherten Umständen die Fortpflanzung so einstellen, daß das Ende der Gattung absehbar ist. Dann stellt sich die Frage, ob nicht alle bisher erläuterten moralischen Fragen nicht genau dort ihren Ort haben, wo und sofern es Menschen gibt, daß aber dieser Tatbestand selbst sinnvoller Weise im Rahmen einer säkularen Moral, die sich vom Glauben an einen göttlichen Schöpfungsplan verabschiedet hat, nicht mehr bewertbar ist. Unter dieser Bedingung stellt der Wunsch, die Gattung möge fortexistieren, in der Tat nicht mehr dar, als die Sinnbedingung eines Entwurfs des guten Lebens. Unsere Handlungen und Wünsche erhalten ihren vollen Wert nur in dem Maß, in dem sich andere ihrer erinnern und sich - im Guten wie im Schlechten - auf sie beziehen. Das würde im Umkehrschluß bedeuten, daß Handlungen und Wünsche, auf die sich Spätere nicht beziehen können, keinen besonderen Eigenwert haben - eine gewiß unplausible Folgerung. Womöglich läßt sich aber behaupten, daß Handlungen und Wünsche, die ihren Sinn in sich selbst haben und für die Ausführenden bedeutungsvoll und gut sind, in ihrem ohnehin schon hohen Wert gesteigert werden, wenn sich andere bedeutungsvoll auf sie beziehen können. Unter dieser Bedingung ließe sich der Wunsch nach einer in menschlicher Geschichte und Erinnerung gegründeten Beziehung möglicher Späterer auf unsere Taten auch als Ausdruck eines Willens zur Perfektionierung unserer eigenen Absichten ansehen. Prinzipien der Gerechtigkeit und Maximen des guten Lebens - so ließe sich vielleicht sagen - enthalten immer Idealisierungen und damit Kriterien, an denen eine stets ungenügende Praxis gemessen wird. Der Wunsch, diese von uns vertretenen Praxen auch später - wenn wir zu entsprechendem Handeln nicht mehr in der Lage sind - von anderen Generationen fortgesetzt zu wissen, ist dann nichts anderes als die Beglaubigung der Ernsthaftigkeit unserer moralischen Prinzipien und ethischen Maximen.

4.2.2 Derek Parfit

Derek Parfit glaubt demgegenüber - ganz unabhängig von Prinzipien und Maximen - mit einer utilitaristischen Argumentation zeigen zu können, daß eine bewußte und nicht von übermäßigem Leiden geprägte Existenz ein intrinsisches Gut, einen Selbstzweck, darstellt, das der Mehrung wert ist. Im Unterschied zur Argumentation Bennetts geht es hier nicht um komplexe Handlungspläne und -absichten, sondern darum, daß die bewußte menschliche Existenz im Regelfall als solche einen objektiven Wert darstellt, der zu mehren ist. Damit ist Parfit gezwungen, „Existenz" im Sinne von menschlichem Leben als eine Eigenschaft zu behandeln und damit gegen Kants einschlägige Einwände zu argumentieren (Parfit 1984). Die Schwierigkeit dieser Argumentation liegt darin, daß Parfit - anders als Bennett - weniger eine Konzeption des guten und sinnvollen Lebens entfaltet, sondern gleichsam naturalistisch ein objektives Gut postuliert. Bewußtes menschliches Leben ist dann nicht deshalb ein Gut, weil je einzelne Menschen an diesem ihrem Leben hängen, sondern weil bewußtes Leben in einer Hierarchie möglicher Zustände der Welt an oberster Stelle rangiert. Die dann aufbrechende Frage zielt auf die Validität der Kriterien dieser „objektiven" Güterhierarchie und danach, ob es tatsächlich möglich ist, die Subjektivität von Lebensbejahung oder -ablehnung auszublenden. Sollte sich dies als nicht möglich erweisen, läßt sich aber bewußte Existenz nicht als ein „objektives" Gut an und für sich ausweisen. Dann ist der Wunsch, es solle auch in Zukunft Menschen geben, „nichts" weiter als eine subjektive Konzeption des guten Lebens und der Horizont von Bennett folglich nicht überschritten.

4.2.3 Hannah Arendt

Freilich läßt sich der Wunsch nach Fortsetzung des menschlichen Tuns über den Fortbestand der Menschheit nicht nur als Ausdruck eines kontingenten Wunsches, sondern auch als Ergebnis einer Analyse der menschlichen Grundsituation erläutern. So versucht Hannah Arendt in einer existenzphilosophischen Überlegung zu verdeutlichen, warum sich menschliches Selbstverständnis - anders als Heidegger meinte - nicht vom Gedanken der Endlichkeit und Sterblichkeit, der Mortalität, sondern angemessen nur vom Gedanken des Handelns, des Neuen und damit der „Natalität", der Gebürtlichkeit her fassen läßt (1981). Für Arendt, die die menschliche Existenz aus dem Begriff der Handlung heraus versteht, wird - im Unterschied zu Heidegger - nicht die Frage nach dem Sinn der Endlichkeit und damit der Sterblichkeit zum Zentrum ihres Denkens, sondern das Problem der Gestaltung der Welt in öffentlicher Kommunikation mit anderen. Weltgestaltende, -bewahrende und -verändernde Handlungen sind in ihrer Zeitgestalt und ihrer Unterschiedlichkeit für Arendt in erster Linie dadurch gekennzeichnet, daß sie einen jeweils neuen Anfang setzen. Nimmt man mit Arendt den Gedanken ernst, daß Handlungen sehr wesentlich von ihren Urhebern abhängen und nicht - was ja ebenfalls erläuterbar wäre - Züge in einem Kommunikationsgeflecht sind, dann läßt sich daraus schließen, daß im engsten und genauesten Sinne neue Anfänge dadurch entstehen, daß neue Menschen auf die Welt kommen. Die prinzipielle Anfänglichkeit von Handlungen und die Gebürtlichkeit von Menschen werden so zu einander ergänzenden Hinsichten einer Argumentation, die das Entstehen des Neuen zu ihrem Schwerpunkt hat. Indem Menschen sich als handelnde Wesen verstehen und in ihrem Handeln auf je neue Anfänge verwiesen sind, haben sie auch ein substantielles Interesse an je neuen Handlungszentren, sprich Personen, die in ihrer Gebürtlichkeit im Raum der Öffentlichkeit erscheinen. Ob der Hinweis auf das „Neue" als Sinnbedingung eines jeden Handelns und die Verknüpfung dieser Sinnbedingung an das Auftreten neuer Akteure im einzelnen und zusammen zwingend sind, läßt sich bezweifeln. Sogar wenn das Entstehenlassen von Neuem wirklich der wesentliche Aspekt aller Handlungen wäre - unabhängig davon, welchen sonstigen Zwecken sie dienten, wäre die Frage, ob das Entstehen an und für sich ein Gut darstellt, noch nicht beantwortet. Hier gerät Arendts Argument in ähnliche Schwierigkeiten wie Parfits objektivistische Auszeichnung des menschlichen Lebens als eines möglichen objektiven Guts.

4.2.4 Karl Otto Apel

Einen anderen Versuch, den Fortbestand der Menschheit aus den internen Sinnbedingungen menschlicher Existenz sinnfällig zu machen, hat der Sprachphilosoph Karl Otto Apel vorgelegt. Apel will über die allgemeinen Sinnbedingungen menschlicher Rede nachweisen, daß jeder mit normativen Richtigkeits- und theoretischen Wahrheitsansprüchen geäußerte Satz auf die regulative Idee und den idealen Horizont einer unbegrenzten Kommunikationsgemeinschaft angewiesen ist (Apel 1978). Ob diese sprachpragmatisch unumgängliche Idealisierung der unbegrenzten Kommunikationsgemeinschaft als Aufforderung zur Aufrechterhaltung einer unendlichen Kommunikationsgemeinschaft (Apel 1988) verstanden werden darf? Ausgangspunkt dieser Argumentation ist die in jedem menschlichen Leben erfahrene Differenz der Endlichkeit geäußerter Bedeutungen und der Sterblichkeit derer, die sie äußern. Ließen sich überhaupt gehaltvolle, bedeutsame Bedeutungen äußern, wenn sie nicht mit dem Signum der Endlichkeit gezeichnet wären? Könnten Wesen, die unendlich lange bewußt leben, überhaupt noch Relevanzen entwickeln? Drängt aber nicht - sofern Endlichkeit und Sterblichkeit wirklich die Bedingung der Möglichkeit von Bedeutung sind - jeder erhobene Geltungsanspruch auf eine weitere Überprüfung und Einlösung durch eine unbegrenzte Gemeinschaft endlicher Wesen und damit auf die Fortexistenz des Menschengeschlechts? Womöglich liest man Apel so zu konkretistisch - am Ende geht es gar nicht um Menschen, sondern um Vernunftwesen. Wären aber beliebige Vernunftwesen in der Lage, Behauptungen von Menschen über ihre Affekte überhaupt zu verstehen?

4.3 Zukunft, Gebürtlichkeit und das Entstehen des Neuen

Es lassen sich vier Typen einer Philosophie der Zukunft und künftiger Generationen unterscheiden:

a) Argumentationen, die kollektives, künftiges menschliches Leben für ein Gut halten, das zu mehren sei (Parfit);
b) Argumentationen, die den Wunsch nach einem guten kollektiv künftigen Leben für eine Implikation unserer geschichtlichen Verfaßtheit und unseres Einverständnisses mit mindestens einigen Teilen der kollektiven Vergangenheit halten (Bennett);

c) Argumentationen, die die Möglichkeit eines kollektiv künftigen Lebens für eine Sinnbedingung unseres sprachlichen Vernunftgebrauchs (Apel) oder unseres Handelns (Arendt) halten;
d) Argumentationen, die gutes kollektiv menschliches Leben für ein objektiv existierendes Telos halten (Bloch).

So läßt sich zwischen transzendentalen (Zukunft als Bedingung der Möglichkeit eines angemessenen Selbstverständnisses), ontologischen (Zukunft als objektive Möglichkeit) und teleologischen Ansätzen (Zukunft als erstrebenswertes Gut) unterscheiden. Ich übergehe im folgenden die ontologischen Ansätze, da sie in vieler Hinsicht dem zeitgenössischen Denken mit seiner Kontingenzerfahrung nicht mehr entsprechen und damit schon die eingeschlagene Fragerichtung verpassen. Gleichermaßen lasse ich die teleologischen Ansätze deshalb beiseite, weil sie auf eine Tautologie hinauslaufen: Zu wünschen, daß es kollektiv menschliche Zukunft gebe, findet seinen Grund darin, daß wir es wünschen. Anstatt dessen versuche ich, die transzendentalen Überlegungen weiter zu erläutern.

Sowohl Jonathan Bennett als auch Hannah Arendt, aber auch Karl Otto Apel vertreten die Auffassung, daß Menschen, sofern sie überhaupt (sprachlich oder nichtsprachlich) handeln und damit auf neue oder erneuerte Zustände in der Welt, in der sie leben, zielen, sowohl eine Gemeinschaft als auch eine Zukunft im Blick haben (so auch Shalit 1995, 13f). Menschliches Leben, das haben alle diese Ansätze gemeinsam, läßt sich nur intersubjektivitätstheoretisch fassen - Freiheit und Handeln, das Folgen und Brechen von Regeln kann einer oder eine alleine schon aus konzeptuellen Gründen nicht vollbringen. Damit ist menschliches Handeln allemal auf eine Gemeinschaft mindestens von Gleichzeitigen verwiesen. Zugleich eignet jedem, individuellem wie auch kollektivem Handeln eine zeitliche Dimension. Darauf hat insbesondere G.H. Mead in seiner Spätphilosophie immer wieder hingewiesen: „Ich möchte so nachdrücklich wie möglich den Bezug der Vergangenheiten und Zukünfte auf die Tätigkeit, welche im Zentrum der Gegenwart steht, unterstreichen. (...) Die Gegenwarten, in denen wir leben, haben also Ränder, und sie in eine umfassendere, unabhängige Chronik einzupassen, erfordert wiederum eine noch umfassendere Gegenwart, welche nach einem erweiterten Horizont verlangt. Aber noch der weiteste Horizont gehört zu einem Tun, dessen Vergangenheit und Zukunft aus es zurückweisen" (Mead 1969, 322). Hier - überraschend genug - konvergiert die zukunftsgerichtete des Meadschen Pragmatismus mit Arendts Existenzphilosophie und liefert jene systematischen Argumente, derer Arendts Theorie der Natalität bedarf.

Mead, der jedenfalls in „Geist, Identität und Gesellschaft" die Fähigkeit zur Reflexivität unmittelbar aus der Gesellschaftlichkeit der Menschen ableitet, also aus ihrer Fähigkeit, sich über Symbole zu sich selbst gemäß der Erwartung zu verhalten, die andere an sie richten, hat an anderer Stelle, nämlich in der „Philosophie der Sozialität" den anspruchsvollen Versuch unternommen, die von ihm ebenfalls als konstitutiv angesehene Fähigkeit zur temporalen Gliederung des Erlebnisstroms aus der biologischen, systemischen Konstitution intelligenter Tiere abzuleiten. Reflexive Zeiterfahrung findet ihre Basis in der Fähigkeit von Tieren, sich in Form von Erwartungen auf ihre Umwelt zu verhalten: „Der Organismus sieht sich aufgrund seiner Verhaltensgewohnheiten und antizipatorischen Einstellungen auf das bezogen, was über seine unmittelbare Gegenwart hinausgeht. Die Eigenschaften von Dingen, die sich in der Aktivität des Organismus auf das beziehen, was jenseits der Gegenwart liegt, nehmen den Wert dessen an, worauf sie sich beziehen. Das Bewußtseinsfeld stellt also die größere Umwelt dar, derer die Aktivität des Organismus bedarf, die aber dafür zugleich die Gegenwart transzendiert" (Mead 1969, 255).

Anders als Bloch, dessen teleologisches Weltbild mit der Biologie und zumal mit Darwins Evolutionstheorie nur wenig anfangen konnte, geht es Mead stets darum, die eigentümlichen Vermögen der menschlichen Gattung zu Sprache und Selbstreflexion nicht einfach als Faktum vorauszusetzen, sondern in ihrer Möglichkeit genetisch darzustellen. Zeit und Zeiterfahrung erweisen sich in dieser Perspektive dann nicht als unhintergehbare Voraussetzungen, sondern als Funktionen lebendiger Systeme, die sich ihrer Umwelt gegenüber gerade dadurch erfolgreich behaupten können, daß sie zwischen ihren inneren Zuständen unterscheiden, d.h. Erwartungen, Antizipationen und Hypothesen ausbilden können. Indem Mead das Trial-and-Error-Verhalten von Tieren als Paradigma des Zukunftsbezuges ausweist, fundiert er ihn jenseits von Sprache und Bewußtsein. Ein ekstatischer Zukunftsbezug, so ließe sich sagen, ist das allgemeinste Wesensmerkmal alles Lebendigen. Erklärungsbedürftig ist demnach weniger dieser Zukunftsbezug als die Fähigkeit, eine Vergangenheit zu haben bzw. sich in der Gegenwart zu situieren, d.h. handeln zu können. Für Mead bedingen bekanntermaßen die Fähigkeit zum intersubjektiv möglichen reflexiven Symbolgebrauch, zur Übernahme der Erwartungen anderer und zur kontrollierten, selbstbewußten Handlung gegenseitig. Das menschliche Selbst als Aktzentrum besteht nach Mead aus zwei nicht nur analytisch zu trennenden Aspekten, dem „I" und dem „Me", auf Deutsch würden wir vom „Ich" und vom „Mich" sprechen. Bewußtes Handeln ist möglich, weil jeder Mensch seine Handlungen ex post aus der Perspektive seiner Mitmenschen beurteilt, bewußtes Handeln kann indessen einen jeweils neuen Anfang in der Zeit nur setzen, weil seine Reaktionen auf die Erwartungen der anderen diesen nie ganz entsprechen: „Das 'Ich' liefert das Gefühl der Freiheit, der Initiative. Die Situation ist nun für uns gegeben, in selbstbewußter Weise zu handeln. Wir sind unserer selbst und der Situation gewahr, aber wie wir genau handeln werden, tritt niemals in die Erfahrung ein, bevor die Handlung nicht vollzogen ist" (Mead 1962, 177f).

5 Intergenerative Ethik als Sinnbedingung menschlichen Handelns

Eine Ethik der Generationen bezüglich ihrer Vergangenheits- und Zukunftsdimensionen zu begründen, resultiert dann in der Maxime, die Sinnbedingungen des je eigenen Handelns zu sichern. Bezüglich der Vergangenheit, und das heißt der Abgeschiedenen, geht es darum, ihre Anstrengungen auch noch im Horizont jener Ziele und Vorstellungen zu verstehen, die uns eignen. Mindestens einem Teil der Abgeschiedenen Respekt entgegenzubringen und sie damit in unsere moralische Gemeinschaft zurückzuholen, heißt dann nichts anderes, als die Bedingungen des eigenen Handelns auch öffentlich anzuerkennen. Sich um die Geschicke der Zukünftigen öffentlich, und das heißt gesellschaftlich zu sorgen, bedeutet zunächst die Anerkennung der Ernsthaftigkeit der je eigenen individuellen und kollektiven Absichten - sofern sie überhaupt auf mehr zielen, als nur auf die Befriedigung des Augenblicks.

Jeder theoretische Wahrheitsanspruch, jeder Anspruch auf normative Richtigkeit, ästhetische Evaluation und theologische Erfüllung, der im Bewußtsein der eigenen Zeitlichkeit und Endlichkeit erhoben wird, drängt auf Überprüfung und Beglaubigung: Auch und gerade unter anderen Umständen als den je gegenwärtigen. Aus der Anerkennung der Ernsthaftigkeit dieser eigenen Ansprüche erwächst dann die Forderung nach Sicherung jener Bedingungen, unter denen diese Ansprüche getestet oder bestätigt werden könnten - einer menschlichen Zukunft. Der Schluß von der Anerkennung der Ernsthaftigkeit der eigenen wesentlichen Ansprüche zwingt nicht in einem formallogischen Sinne eine praktische, d.h. in unserem Fall ethische Wende herbei. Die Anerkennung der Ernsthaftigkeit der eigenen Ansprüche unterstreicht lediglich, daß diese Ansprüche eine Einlösung und Erfüllung nicht alleine in der Gegenwart finden können. Ob Menschen erstens überhaupt zu einer solchen Klärung, und zudem unter Abwägung aller Umstände und Gesichtspunkte, dazu bereit sind, die entsprechenden Konsequenzen zu ziehen, ist eine andere Frage. Denn ebenso, wie es möglich ist, etwa durch dauerhaftes Lügen gegen die Sinnbedingungen des Sprechens zu verstoßen, ist es möglich, manchmal vielleicht sogar zwingend, trotz der Einsicht in den situations- und lebenszeitübergreifenden Charakter vieler eigener Ansprüche nichts zu deren Sicherung zu tun.

Anderer Leute Kinder gehen uns also deshalb etwas an, weil wir die Maximen unseres eigenen Handelns akzeptieren und als situations- und epochenübergreifend anerkennen, und sie damit als solche auch zukünftig anerkannt sehen wollen. Insofern ist das Interesse an anderer Leute Kinder dort, wo es die selbstverständlichen und kategorischen, moralischen Pflichten gegenüber den Mitmenschen übersteigt, tatsächlich Ausdruck eines

Zeitgenossenschaft: Eine Ethik für die Generationen

Selbstinteresses, das nur deshalb nicht egoistisch ist, weil es sich eingestanden hat, in seiner ganzen Verfaßtheit und seinen Strebungen nicht autark sein zu können. In dem Interesse an der Zukunft menschlicher Gemeinschaften geht es gewissermaßen um die Beglaubigung der Intersubjektivität der eigenen Strebungen und damit um die Sicherung der Existenz von Menschen, die anders sind als man selbst. Denn nur insofern diese Menschen wirklich andere Menschen sind, können sie auch in einem vollgültigen Sinn das bestätigen, worauf es uns ankommt. Andernfalls ginge es lediglich um eine Verlängerung unserer Meinungen über uns und damit gerade nicht um eine Beglaubigung. Daß dieses Selbstinteresse etwa Kinderloser an der Zukunft allemal schwächer ist als das leiblicher Eltern (Thomä 1992; O'Neill/ Ruddick 1979), steht dabei gar nicht in Frage. Aber gerade weil es schwächer ist, ist es zur Klärung der Frage nach dem Sinn einer intergenerationellen Ethik auch aufschlußreicher. Hannah Arendt jedenfalls war sich sicher, daß die Einsicht in das Faktum einer zeitlich - und das heißt durch Tod und Geburt - geprägten menschlichen Welt eine praktische Wendung nehmen müsse. „Der Neubeginn, der mit jeder Geburt in die Welt kommt, kann sich in der Welt nur darum zur Geltung bringen, weil dem Neuankömmling die Fähigkeit zukommt, selbst einen neuen Anfang zu machen, d.h. zu handeln. (...) Und da Handeln ferner die politische Tätigkeit par excellence ist, könnte es wohl sein, daß Natalität für politisches Denken ein so entscheidendes, kategorienbildendes Faktum darstellt, wie Sterblichkeit seit eh und je (...) der Tatbestand war, an dem metaphysisch-philosophisches Denken sich entzündete" (Arendt 1981, 15f).

Gerade wenn dies zutrifft, entstehen aber eine Reihe neuer Probleme, die jene Fragestellung, was uns anderer Leute Kinder angehen, verschärft. Politik, so scheint es, ist immer auf bestimmte verfaßte und abgegrenzte Gemeinschaften bezogen. Bestehen abgestufte Verpflichtungen gegenüber den Kindern von Freunden, von Bekannten, von Bewohnern der gleichen Stadt, des gleichen Staates, der gleichen überstaatlichen Gemeinschaft oder gar jenen der ganzen Welt? Bestehen die Sinnbedingungen unseres Handelns also im Sichern der Fortexistenz jener uns prägenden Gemeinschaften oder der Menschheit schlechthin? Auch mit jenen Menschen, mit denen uns nichts gemeinsam (Lingis 1994) ist?

Literatur

Apel, K.O.: Verantwortung heute - nur noch Prinzip der Bewahrung und Selbstbeschränkung oder immer noch der Befreiung und Verwirklichung von Humanität. In: ders.: Diskurs und Verantwortung. Frankfurt a.M. 1988, 179-216
Apel, R.O.: Ist der Tod eine Bedingung der Möglichkeit von Bedeutung? In: Mittelstraß, J.; Riedel, M. (Hg.): Vernünftiges Denken. Berlin 1978, 407-419
Arendt, H.: Vita activa oder Vom tätigen Leben. München 1981
Assmann, J.: Das kulturelle Gedächtnis, Schrift, Erinnerung und Identität in frühen Hochkulturen, München 1992
Benjamin, W.: Über den Begriff der Geschichte. In: ders.: Gesammelte Schriften. Bd.I,2. Frankfurt a.M. 1980
Bennett, J.: On maximizing happiness. In: Sikora R.I.; Barry, B. (Hg.): Obligations to Future Generations. Philadelphia 1978, 61-73
Birnbacher, D.: Verantwortung für zukünftige Generationen. Stuttgart 1988
Bloch, E.: Experimentum mundi. Frankfurt a.M. 1985
Brumlik, M.: Advokatorische Ethik - Zur Legitimation pädagogischer Eingriffe. Bielefeld 1992
Brumlik, M.: Gerechtigkeit zwischen den Generationen. Berlin 1995
Brumlik, M.: Individuelle Erinnerung, Kollektive Erinnerung - psychosoziale Konstitutionsbedingungen des erinnernden Subjekts. In: Loewy, H., Moltmann, D. (Hg.): Erlebnis-Gedächtnis-Sinn. Frankfurt a.M. 1996, 31-46
de Shalit, A.: Why posterity matters. London/New York 1995
Kant, I.: Ideen zu einer allgemeinen Geschichte in weltbürgerlicher Absicht. In: ders.: Werke Bd.9. Darmstadt 1964, 33-50
Kant, I.: Mutmaßlicher Anfang der Menschengeschichte. In: ders.: Werke Bd.9. Darmstadt 1964, 85-102
Lingis, A.: The community of those who have nothing in common. Bloomington/Indianapolis 1994
Mead, G.H.: Mind, self and society. Chicago 1962
Mead, G.H.: Philosophie der Sozialität. Frankfurt a.M. 1969
O'Neill, O; Ruddick, W. (Eds.): Having children - Philosophical and legal reflections on parenthood. Oxford 1979
Parfit, D.: Reasons and persons. Oxford 1984
Seel, M.: Versuch über die Form des Glücks. Frankfurt a.M. 1995
Stark, O.: Altruism and beyond - An economic analysis of transfers anid exchanges within families and groups. Cambrigde 1995
Thomä, D.: Eltern - Kleine Philosophie einer riskanten Lebensform. München 1992
Whitehead, A.N.: Prozeß und Realität - Entwurf einer Kosmologie. Frankfurt a.M. 1979
Zirfas, J.: Solidarität und Gerechtigkeit zwischen den Generationen. In: Liebau, E.; Wulff, Ch. (Hg.): Generation. Weinheim 1996, 261-279

Birgit Richard, Heinz-Hermann Krüger

Mediengenerationen: Umkehrung von Lernprozessen?

1 Einleitung

Das Thema Mediengenerationen kann man unter verschiedenen Blickwinkeln diskutieren. So können darunter Angehörige einer bestimmten Altersgruppe gefaßt werden, die in einer spezifischen historischen Zeitepoche in ihrer Sozialisation Erfahrungen im Umgang mit Medien machen. Umgekehrt lassen sich aber auch bei den Medien selber gleichsam in einem metaphorischen Sinn unterschiedliche Generationen von Medien in Gestalt von technischen Standards und Gerätetypen (Atari, Amiga, Commodore VC 64 oder MAC, IBM) differenzieren, um die sich dann jeweils spezifische Nutzergenerationen gruppieren. Und unter Berücksichtigung des Wechselwirkungsverhältnisses zwischen beiden Dimensionen läßt sich der Wandel von Mediengenerationen seit der Nachkriegszeit rekonstruieren. Standen Kinder und Jugendliche in den 50er und 60er Jahren noch vor dem Problem, die eigene Musik im elterlichen Radio hören bzw. die eigene Sendung in dem von der Familie gemeinsam genutzten Fernseher sehen zu dürfen (vgl. Saxer 1989, 651), so sind spätestens seit den 80er Jahren die auditiven Medien, wie z.B. Radiorekorder und Walkman, zum selbstverständlichen Bestandteil im Kinder- und Jugendalltag geworden (vgl. Krüger/Thole 1993, 451). Seit der ersten Hälfte der 90er Jahre haben über 50 Prozent der Kinder und Jugendlichen in Deutschland einen eigenen Fernsehapparat in ihrem Kinderzimmer stehen und über 40 Prozent haben ein interaktives Medium in Gestalt des Computers im persönlichen Besitz, das sie autonom nutzen können (vgl. Krüger 1996, 115).

Dieser Trend zu einer immer stärkeren medialen Durchdringung des Alltagslebens von Kindern und Jugendlichen sowie der immer früheren Nutzung auch der neuen Informations- und Kommunikationstechnologien durch die Heranwachsenden hat im medientheoretischen Diskurs zu der Diagnose geführt, daß die Lebensphasen Kindheit und Jugend verschwinden würden (vgl. u.a. Postman 1983; Glogauer 1995) und das pädagogische Generationenverhältnis in Familie und Schule sich auflöst bzw. umkehrt, da die jüngere Generation gegenüber der älteren Generation beim Umgang und der Nutzung der neuen interaktiven Medien einen Informations- und Kompetenzvorsprung habe (vgl. Lenzen 1996, 8). Eine etwas andere Einschätzung wird von Bolz (1997, 60) vertreten, der von der These ausgeht, daß im Zeitalter von Multimedia die verschiedenen Generationen in unterschiedlichen Medienwelten leben, die kaum noch gemeinsame Bezugspunkte haben. Die differenzierten Musikangebote für die 15-25 Jährigen bzw. für die 25-35 Jährigen in den Musiksendern VIVA 1 und 2 scheinen diese Diagnosen zu bestätigen.

Beide im aktuellen medientheoretischen Diskurs vorgetragenen Behauptungen - die Unterschiede zwischen den Generationen haben sich egalisiert bzw. umgekehrt sowie die These, daß es keine medialen Gemeinsamkeiten mehr zwischen den Generationen gäbe - scheinen uns zu pauschal und undifferenziert. Wir werden im folgenden in einem ersten Schritt die Frage diskutieren, ob und inwieweit die Heranwachsenden bei der Nutzung der neuen interaktiven Medien eine Avantgardeposition einnehmen. In einem zweiten Schritt werden wir am Beispiel des virtuellen Haustiers Tamagotchi und der Zugangsproblematik von Kindern und Jugendlichen zum Internet aktuelle Veränderungen im Verhältnis der Mediengenerationen analysieren. In einem abschließenden Ausblick werden wir der Frage nachgehen, welche neuen Lernformen zwischen den Generationen angesichts der veränderten Erfordernisse des Multimedia Zeitalters erforderlich sind.

2 Neue Medien und die Umkehrung des Generationenverhältnisses?

„One thing I've been saying over and over again is that parents should learn from their kids" (Papert, 1996, 85).

Der Mythos, daß nur Kinder und Jugendliche als „User" (BenutzerInnen) mit den Neuen Medien adäquat umgehen können, soll hier relativiert werden. Der Komplexität der sehr ausdifferenzierten Medienlandschaft und dem Ineinanderwirken von alten und neuen Medien, getreu McLuhans These, der Inhalt des neuen Mediums ist immer das alte, wird eine solche Vorstellung nicht gerecht. Die Übertragung der angeblichen Avantgardeposition der Jugendlichen in der Mediennutzung auf den schulischen und familiären Bereich, im Speziellen die Forderung, nun müssen Lehrer und Eltern von Kindern und Jugendlichen lernen und nicht mehr umgekehrt, provoziert die Frage, in welchen Anwendungsbereichen Kinder und Jugendlichen tatsächlich einen Wissensvorsprung haben.

Offenkundig wird vor allem ein motorisch-sensueller Vorsprung im Bereich der Video- und PC-Spiele sowie in den Grundfertigkeiten für die Bedienung von „devices", wie Joystick, Trackball, Konsolen. Den Erwachsenen fehlen diese motorischen Fähigkeiten und die Konzentration auf die

Mediengenerationen: Umkehrung von Lernprozessen?

Minimalanforderung des Tastendrucks. Es kann aber nicht das Ziel sein, Erwachsenen diese Fertigkeiten zu vermitteln. Andere, nicht mediatisierte Spielwelten von Kindern sind für Erwachsene genausowenig nachvollziehbar und sollten es auch bleiben.

Was läßt sich also sinnvoll vom Umgang der Kinder und Jugendlichen mit Medien lernen? Autoren wie Papert (1996), Katz (1996) oder Barlow (1997) bleiben hier Antworten schuldig. Keiner konkretisiert, welche spezifischen neuen Komponenten Kinder und Jugendliche in den Lernprozeß einbringen sollen. Daß Erwachsene im Umgang mit den neuen Medien weniger experimentierfreudig sind, Gebrauchsanweisungen oder ein Handbuch bemühen und nicht erst nach dem „Trial-and-error-Verfahren" ausprobieren, ist ein Topos in der journalistischen Diskussion. Ebenso, daß Kinder mehr freie Zeit haben, um mit den Neuen Medien nicht primär zweckgerichtet im Sinne eines unmittelbaren Nutzens umzugehen. Kindern und Jugendlichen fällt es leichter, durch experimentelles Ausprobieren Lücken der Programme zu umgehen. Sie wachsen ähnlich wie beim Erlernen einer Sprache quasi in die Benutzung eines Mediums hinein. Ihren wichtigsten Vorsprung gegenüber den Erwachsenen erwerben sie jedoch dadurch, daß sie nicht allein lernen. Das Lernen in einer Gruppe innerhalb und außerhalb von Schule und Familie führt zur kollektiv-spielerischen Einübung in den Mediengebrauch. Der gemeinsame Lernprozeß und der Austausch über die Erfahrungen mit dem Medium sind die Grundlage für einen effektiven Lernprozeß. Erwachsene müssen sich ein Neues Medium selbst erschließen, oft unter dem Druck, es sofort im Beruf anwenden zu müssen. Natürlich lernen sie bei Fortbildungen auch in der Gruppe, häufig aber alleine zu Hause.

Es gilt nun, die jeweils spezifische Bedeutung und den Umgangsmodus, der für eine Mediengeneration prägend ist, herauszuarbeiten. Welche Eigenarten entwickeln kindliche und jugendliche Medienkulturen, die Erwachsenen nicht adaptieren können oder wollen? Grundsätzlich lassen sich drei Formen des Mediengebrauchs unterscheiden:

a. Der affirmative (passive) Gebrauch basiert darauf, daß Anwendungen zweckrational eingesetzt werden und zwar direkt zur Lösung formaler Probleme in Beruf und Familienalltag.
b. Der subversive (aktive) Gebrauch impliziert den Einsatz eines Mediums gegen seine eigentliche Bestimmung. Hacken, Zappen oder Scratchen in den Computer- und Musikkulturen sind jugendspezifische Nischen der Mediennutzung, die nicht primär zweckgerichtet ist.
c. Der bildende und aktive Gebrauch der Medien zur eigenen Weiterentwicklung oder zur Unterstützung von Bildungsprozessen soll im Idealfall a. und b. zusammenführen.

Vor allem bei der zweiten genannten Gebrauchsform scheint es sich um eine speziell jugendliche Art des Umgangs mit einem Medium zu handeln. Das Nutzbarmachen einer innovativen Schlüsseltechnologie ist eher ein zentrales Charakteristikum der jungen Medien-Generation. Bereits die historische Entwicklung zeigt die Verwobenheit von autonomer Nutzung und Konsum: Mit der Herausbildung der neuen Konsumentengruppe der Teenager in den 50er Jahren entsteht auch eine Avantgarde in der Mediennutzung, da die Jugendlichen neue Geräte auf dem Markt der Unterhaltungselektronik aufgrund ihres hohen Zeitbudgets zuerst erschließen und dann für hedonistische Zwecke enteignen. Die Kinder und Jugendlichen sind Motor der medialen Aufrüstung und der Ablösung von Gerätesystemen innerhalb der Familie, weil sie den Markt und seine Produkte besser kennen. Die Art der jugendlichen Nutzung wird oft als Zeitverschwendung disqualifiziert, da sie nicht der Bewältigung einer speziellen Aufgabe dient.

Die ältere Generation wird gegenwärtig im Hinblick auf die Medienentwicklung als rückständig charakterisiert, da sie nur mit eindimensionalen, undialogischen, nicht-inter-aktiven und unverbundenen Medien aufgewachsen ist. Der hohen Suggestivkraft der Slogans für die Multimedia-Gesellschaft mag sich jedoch auch die ältere Generation nicht entziehen. Wer möchte zurückbleiben, wenn „Mehr Kommunikation, mehr Kontakt, mehr Intelligenz" (Diefenbach 1997, 73) winken. Die „e-democracy" (elektronische Demokratie) setzt sich nach dem Vorbild des freien Spiels der Marktwirtschaft durch (Diefenbach 1997, 72).

Die sogenannten „digerati", die neue Klasse der elektronisch, nicht mehr literarisch Gebildeten, geht von einer „spontaneous order" aus, die zentrale Autoritäten durch freiwillige, dezentrale Koordinationsprozesse ersetzt. Nach dem Vorbild des sich selbst regulierenden Marktes, der Freiheit und persönliche Verantwortung garantiert, würden Initiative, Innovation, Toleranz, Heterogenität und Abweichung belohnt (Freyermuth 1996, 229). Traditionelle Medien gaukeln Scheinwelten vor, das Internet erlaube hingegen den direkten Zugriff für alle Bürger und die Möglichkeit Fragen zu stellen. Das Internet verbindet, was die TV-Kultur getrennt hat (Barlow 1997, 20).

Die Lobrede von interaktiven Multi-Media Anwendungen geht von der Annahme der vollen Autonomie individuellen Handelns aus. Es gilt jedoch der Leitsatz von Bolz: „Je interaktiver ein Medium, desto marginaler die Information" (Bolz 1997, 61). Das bedeutet auch, daß das Medium und seine Bilder nichts über die auf einer anderen Ebene gelagerten, unsichtbaren Programm- und Machtstrukturen sozialer Ordnungen und Öffentlichkeiten aussagt. Da Kinder und Jugendliche diese Medien vorbehaltlos bedienen, sind sie wie auch bei den handfesten Produkten die bevorzugte Zielgruppe, die in die Neuen Medienkomplexe eingebunden werden soll. „Children understand computers because they can control them. They love them because they can make their own windows of interest" (Negroponte 1996, ix). Hinter der Philosophie des „Being connected" steht, daß der Computer sich als Fenster zur Welt öffnet. Kinder und Jugendlichen stellen die Strukturen ihres Ausblicks in die Welt nicht in Frage. Daß die eigenen „windows of interest" schon durch Windows 95 vorgestellt sind, interessiert sie nicht.

Eine weitere problematische Diagnose ist die Behauptung, Erwachsene würden die Neuen Medien nicht nutzen. Viele Erwachsene sind im Computerbereich als Programmierer tätig und in fast jedem Bereich der Arbeit sind sie inzwischen in Computertätigkeiten einbezogen. Auch im privaten Bereich verwenden sehr viele Erwachsene den Computer. Ein gigantischer Software- und Hardware-Markt bedient ihre Bedürfnisse, z.B. durch einen großen Markt für Spiele, Sport oder Porno-CD-ROMs für männliche Erwachsene.

Das Alter regelt die Modi im Umgang mit den Medien, Geschwindigkeit, Zeitinvestition, Art der Beschäftigung bzw. die Inhalte. Der „generation gap" zeigt sich heute vor allem in einer Kluft zwischen den verschiedenen Wahrnehmungswelten und -geschwindigkeiten der Generationen (vgl. Richard/Krüger 1997). Kinder und Jugendliche leben bereits in anderen Wahrnehmungsgeschwindigkeiten, ihre Sinne sind jedoch eher als weitergebildete, denn als fehlgebildete zu verstehen. Sie testen die Medien unbewußt im Sinne von Benjamins positivem Zerstreuungsbegriff, der nach wie vor den Umgang mit den technischen Medien treffend faßt: „Die Aufgaben, welche in geschichtlichen Wendezeiten dem menschlichen Wahrnehmungsapparat gestellt werden, sind auf dem Wege der bloßen Optik, also der Kontemplation, gar nicht zu lösen (...) Die Rezeption in der Zerstreuung, (...) und das Symptom von tiefgreifenden Veränderungen der Apperzeption ist, hat im Film ihr eigentliches Übungsinstrument. (...) Das Publikum ist ein Examinator, doch ein zerstreuter" (Benjamin 1977, 41).

Der ständige Umgang mit Neuen Medien läßt Kinder und Jugendliche eine immer selektivere und differenziertere Wahrnehmung entwickeln, die aus einem Leben mit hohen Störfaktoren die wesentlichen Impulse herausfiltert. Die junge Generation trainiert die zerstreute Rezeption im Umgang mit den technischen Medien.

3 Zum Verhältnis der Mediengenerationen

Leitmedien bzw. bedeutungsvolle Einzelmedien stehen wie subkulturelle Musikpraxen von Anfang an unter dem Verdikt der Schädlichkeit. Ähnlich wie beim Erscheinen neuer jugendlicher Subkulturen führt das Erscheinen eines bedeutenden Neuen Mediums oder einer speziellen Anwendung zu

„moral panics" (Hebdige 1973) von Seiten der Älteren. Generationskonflikte haben einen ihrer Schwerpunkte im Kampf um die autonome Nutzung von Medien. Familiale Machtkonstellationen werden in diesen Auseinandersetzungen ausgehandelt. Die digitalen Medien heben die Konflikte in eine neue Dimension, da sie individuelle und nicht kollektive Nutzungsformen erfordern. Eine gemeinsame familiäre, oder allgemeiner ausgedrückt, eine Nutzung mit körperlich anwesenden Mitmenschen, wie bei vielen analogen Medien, ist in ihren Strukturen nicht vorgesehen und wird auch von den fanatischen Befürwortern der Digitalität ausdrücklich nicht gewünscht. Kinder und Jugendliche sitzen alleine oder mit Altersgenossen vor räumlich zugeteilten Medien, die sie autonom und nicht unter ständiger Aufsicht nutzen können. Damit wachsen auch die Probleme, die aus der Welt der älteren Generationen empfangenen Informationen adäquat zu verarbeiten.

a. Tamagotchi: Spiel mit virtuellen Haustieren

„It's more than a toy, it is a learning device. It teaches people to be responsible - to care for something like a pet. You cannot just ignore your Tamagotchi when it needs you (...) Business people have been known to postpone meetings because their Tamagotchi needed its waste removed or its sore feelings consoled" (Mary Woodworth, US Division Bandai im Internet Februar 1997).

Computer und Alltagsgegenstände werden lebendig, sie bekommen digitales Leben eingehaucht. Ein Zoo von virtual pets, Hunde, Katzen, Fische, Aliens, Dinosaurier siedelt sich im heimischen PC an. Das japanische Programm Aquazone simuliert z.B. ein Aquarium: Künstliche Fische schwimmen, vermehren sich und sterben durch zu wenig oder zu viel Futter (zu Formen des „artificial life" siehe Richard 1997a).

Die Besonderheit des japanischen Tamagotchi ist, daß das virtuelle Haustier transportabel ist und einer Person zugeordnet ist, die für die Aufzucht verantwortlich ist. Es ist ein sehr persönliches Spielzeug, daß man

Mediengenerationen: Umkehrung von Lernprozessen? 165

durch Interaktion, sprich Knopfdruck, selbst prägt. Anderen „artificial life" - (künstliches Leben) Anwendungen im PC fehlt diese körpergebundene Dimension. Im Unterschied zu Creatures, dem bekanntesten und komplexesten „artificial life" Spiel auf CD-ROM, in dem bis zu sechs Wesen, männliche und weibliche „Norns",

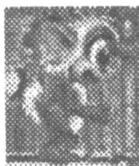 (Norn Kiki)

aufgezogen, gepflegt und unterrichtet werden müssen, bleiben die Tamagotchi Küken, vorerst allein und ungeschlechtlich. Eingeschlossen in ihrem Gehäuse, einem handflächengroßen Schlüsselanhänger aus Kunststoff, also einem typisch japanischen Format, vermehren sich die Wesen nicht, durchlaufen aber verschiedene Altersstufen.

Tamagotchi erlauben kein vernetztes, sondern nur individuelles Spielen. Sie können im Gegensatz zu den im Rechner stationär verankerten Artificial-Life-Anwendungen nicht wie ein Programm beendet oder der Spielstand gespeichert werden. Man trägt sie mit sich herum und sie nehmen mit anschwellendem Piepsen Einfluß auf Alltagshandlungen, wenn sie ein lebensnotwendiges Bedürfnis haben. Hier entstehen „Spielsubjekte", mit denen man sich auseinandersetzen muß, etwas scheinbar Wesenhaftes, das ein hohe Aufmerksamkeit erfordert. Der Aufbau einer persönlichen Beziehung wird durch die elektronische Geburt und die Benennung des Tierchens besiegelt. Das vorherige Einstellen der Uhr synchronisiert die eigene Lebenszeit mit der des virtuellen Haustiers. Das Tamagotchi ist mehr als ein Spielzeug, was die seit Monaten andauernde aufgeregte Berichterstattung in den Medien und das hysterische Kaufverhalten von Kindern und Jugendlichen anzeigt. Die Ablehnung der Erwachsenen ist meist groß. Man empört sich über die Manipulationen der Konsumindustrie und erhebt sich über die naive Dummheit der Kinder, die verrückt nach diesem Spiel sind.

Die virtuellen Küken sind deshalb so erfolgreich, weil sie einem Bedürfnis der Zeit Ausdruck verleihen. Dennoch verkörpern sie mehr als nur eine kulturindustrielle Marketingstrategie. Von mobilen kleinen Videospielen, die es auch vorher auf dem Markt gab, unterscheiden sie sich durch ihr lebendiges Innenleben, das durch den bewahrenden Umgang zu einem digitalen Bezugsobjekt avanciert. Die zahlreichen „Websites" im Internet beweisen, daß es sich um einen Gegenstand von globaler Bedeutung handelt, der sowohl die Menschen westlicher als auch fernöstlicher Kultur in seinen Bann schlägt.

Die ältere Generation äußert die Sorge, daß die Kinder Schaden nehmen. Sie betrachtet es als eine unnatürliche Angelegenheit, daß man einem elektronischen Phantom so viel Aufmerksamkeit widmet. Wissenschaftler, vor allem SoziologInnen, PädagogInnen und PsychologInnen werden um Rat gefragt. Die amerikanischen Soziologen Xavier Bensky und Usman Haque stellen im „Neo-Tokyo-On-line magazine" von März 1997 fest, daß es sich um eine neue Anforderung an den Konsumenten handelt, eine „Ware" weiterzuentwickeln. Tamagotchi bieten einen emotionalen Ausgleich, sie repräsentieren ein „unrequited love paradigm" und bestätigen die Wichtigkeit der BesitzerInnen, deren eigene Identität gestärkt wird im Dialog mit dem künstlichen Anderen. Für Greg Weatherford sind es Ersatzbezugsobjekte, die den Mangel an persönlichen Kontakten ausgleichen (Insidebiz März 1997, URL). Der Deutsche Kinderschutzbund behauptet (NRZ Artikel vom 11.6.1997 „Wenn's piept, ist das Küken frech"), Tamagotchi würden einen negativen Einfluß auf das Sozialverhalten ausüben und das Verantwortungsgefühl des Kindes schwächen, weil man das Spiel wieder neu starten könne, wenn das Wesen stirbt. Außerdem könnte man andere Spiele wenigstens abschalten. Man kann Tamagotchi jederzeit durch Batterieabklemmen abstellen, aber das widerspricht natürlich seiner Struktur, da es ein dauerhaftes Zerstreuungsspiel ist.

Aus japanischen Schulen wurden Tamagotchi verbannt und vielerorts wie z.B. in Italien wird ernsthaft überlegt, Tamagotchi zu verbieten: Kinder würden einen Schock erleiden, wenn das virtuelle Tierchen stirbt. Das pädagogische Argument, daß Kinder entweder übermäßig trauern würden und den Verlust nicht verkraften können, wenn das Wesen stirbt oder die andere Befürchtung, die Kinder könnten auch das Lebendige vernachlässigen, in der Hoffnung auf die Reset-Taste, treffen nicht den Kern. Verlustängste und die Trauer mögen heftig sein, aber auch Kinder können zwischen Spiel und Ernst sehr wohl unterscheiden.

Außerdem gibt es den nur teilweise berechtigen Einwurf, dieses Produkt wäre kommerzielle Ausbeutung. Als kommerzielle Produkte sind Tamagotchi, wie auch der Gameboy, natürlich Übungsgadgets der Freizeitindustrie, die Kinder und Jugendliche möglichst früh in ein Netz von digitalen Objekten einweben sollen. Auch gruppiert sich bereits ein komplettes Merchandising-Programm von T-Shirts, über Uhren und Etuis für das Plastikei um das Produkt. Dabei ist jedoch zu beachten, daß die herstellende Firma Bandai von der Nachfrage derart überrollt wurde, daß man von kalkulierter Manipulation nicht sprechen kann. Die Produktionsschwierigkeiten begünstigen außerdem die schnelle Nachproduktion des Produktes als Plagiat und verschlechtern die Marktchancen des Originals.

Die vehementen Diskussionen um ein formal und materiell eher beiläufiges Spielzeug geben Aufschluß über die Veränderung gesamtgesellschaft-

Mediengenerationen: Umkehrung von Lernprozessen?

licher Handlungsweisen. Der Bereich der Produkte für Kinder und Jugendliche spiegelt die Produktwelt der älteren Generation verzerrt wieder. Gameboy, Pager und Tamagotchi für die jüngere Generation sind die Pendants für Handys, Palm- oder Laptops, Messenger-Pads der älteren Generation mit leicht verschobenen Funktionsbereichen. Alle diese elektronischen Gadgets weisen auf die pausenlose Empfangsbereitschaft des Menschen, die in einer Kommunikations- und Informationsgesellschaft vermeintlich gewährleistet sein soll. Auch die Tamagotchi spiegeln diese Mobilität wieder, das „Immer-Erreichbar-Sein-Müssen", das „Immer-Um-Etwas-Kümmern" und transportieren dieses Leitmotiv der Gesellschaft in die Kindheit. Daher ist die Besorgnis und Kritik einer Erwachsenengesellschaft, die sich immer mehr von elektronischen Gadgets, wie Handy oder Laptop, einkreisen läßt, eigentlich eine ungewollte Kritik an der eigenen Lebensweise. Der entscheidende Unterschied ist, daß piepsende Tamagotchi bei Kindern oder scheppernde Walkmans bei Jugendlichen als störende Gadgets wahrgenommen werden, da sie nicht den Anschein einer gesellschaftlich nützlichen Tätigkeit vermitteln. Der Biusinessman mit dem Handy oder dem Laptop wird zwar belächelt, aber auch als Inbegriff einer Arbeits- und Leistungsgesellschaft verstanden.

Das Piepen des Tamagotchi weist wie bei anderen technischen Geräten auf einen Alarm, eine Nachricht oder auf leere Akkus, also auf Energieverlust hin. Die Aufgabe ist die pausenlose Versorgung des virtuellen Wesens mit elektronischer Energie, eine Trainingseinheit für die Anforderung einer immer mehr von gespeicherter und jederzeit abrufbarer Energie abhängigen Gesellschaft. Die Tamagotchi sind von ihrer Anlage her die elektronische Implementierung des Fürsorgeprinzips. Das Spiel hat eher einen bewahrenden, konstruktiven als einen destruktiven Charakter. Ziel ist es, das virtuelle Wesen in dem Schlüsselanhänger so lange wie möglich am Leben zu halten. Die gute Pflege per Knopfdruck beeinhaltet regelmäßiges Füttern mit Grundnahrungsmitteln und Leckereien, das Reinigen des Tierchens und des Käfigs, das Sorgen für Nachtruhe, medizinische Versorgung, Spielen und das Disziplinieren. Es kann als eine Art von Fürsorgespielzeug charakterisiert werden, das besonders für kleine Jungen geeignet ist, da es nicht wie bei den Ballerspielen darauf ankommt, alles was sich bewegt, zu vernichten, sondern die Dauer des Spiels über Wochen durchzuhalten. Die Information über Gesundheitszustand und Allgemeinbefinden erfolgt numerisch über Zahlenwerte, man kann sie nur bedingt an dem Wesen ablesen.

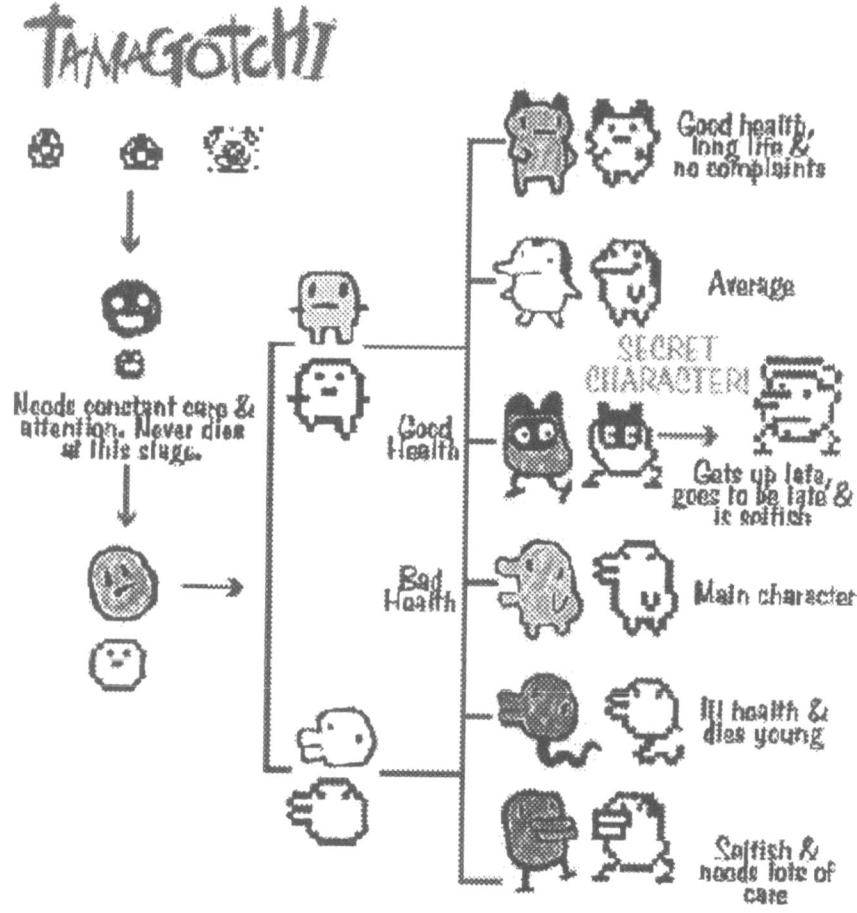

Das Tamagotchi hat eine Art von Lebenslauf, es verändert sein Aussehen je nach Altersstufe und Charakter. Das böse, unerzogene bzw. vernachlässigte Tamagotchi mutiert zu einem häßlichen Wesen, ist aufmüpfig, piept immer lauter und ohne Grund. Es reagiert nicht mehr auf Zuneigung und wird krank. Die pädagogischen Maßnahmen, die je nach Hersteller und Modell den Tamagotchi Besitzern zur Verfügung stehen, sind allerdings sehr rudimentär. Man kann es strafen, anschreien oder durch Leckereien belohnen und streicheln. Allerdings nutzt sich mit wachsender Gewöhnung an den Gegenstand und an das Spielzeug der Effekt ab und die Fürsorgehaltung kann aus Langeweile abgelegt werden. Im Internet gibt es nun Tips, wie man das Tierchen am schnellsten zu einem bösen Charakter macht oder es schnell sterben lassen kann (Tamagotchi Quälseiten im Internet).

Mediengenerationen: Umkehrung von Lernprozessen? 169

Trotz des möglichen Umschlagens des bewahrenden Verhaltens in den Versuch, das Leben des virtuellen Wesens möglichst schnell zu beenden, vermittelt das Spiel in einer sehr rudimentären Form etwas über die Grundbedürfnisse und die Endlichkeit alles Lebendigen. An einem digitalen Wesen wird exemplifiziert und visualisiert: Wenn Wesen hungern, im Dreck leben müssen, keine Zuwendung erhalten, sich niemand mit ihnen beschäftigt, sie nicht schlafen dürfen, keine medizinische Betreuung bekommen oder gequält werden, müssen sie sterben.

Trotz der primitiven Gestaltung der Spiele, die an die Frühzeit der Videospiele, z.B. an Pacman, erinnern, ist die Suggestivkraft des bewegten Tierchens nicht zu unterschätzen. Es wirkt trotz Strichmännchen- bzw. Kindchenschemaform lebendig und kommunikativ. So meint man z.B., daß es die „Arme" ausstreckt und lächelt. Die menschliche Phantasie läßt aus Strichen lächelnde Münder werden.

Wie ist es zu erklären, daß diese primitiv gestalteten Wesen den Eindruck von lebendigen Kommunikationspartnern hervorrufen und die Menschen so emotional auf ein Plastikei reagieren? Forschungen am MIT zu Computer-Agenten, die vom Menschen als Gegenüber akzeptiert werden, erläutern, daß es nicht auf ein perfektes 3D-Rendering der Computergrafik oder -animation ankommt, sondern auf die Abstraktion von wesentlichen Gesten und Mimik, die der Mensch mit Lebendigsein verbindet. Grundemotionen können z.B. durch Emoticons, wie das Zeichen „ :)", das Lächeln und Freude bedeutet, ausgedrückt werden. Emoticons dienen der Übertragung emotional körperlicher Anteile in der Internet-Kommunikation. Sie sind eine textliche Übersetzung von emotionalen Befindlichkeiten (Faßler 1996, 410), die wiederum in einem Bild visualisiert werden.

Persönlichkeit erhalten virtuelle Wesen erst seit der Implementierung von „artificial life": „Artificial Life is a whole new level of human-computer interaction. It's a step along the way to a time when humans and computers as intelligent agents can work together for productivity and entertainment" (Yoshi Matsumodo, Fujitsu Interactive, San Francisco 1997). Sobald das Tierchen eingeschaltet ist, werden sofort persönliche Beziehungen aufgebaut. Zu anderen Formen von Artificial Life, wie den ökologischen Simulatoren im Internet (Vivarium, Polyworld oder Tierra), ist dies aufgrund der nicht personifizierten und individuell differenzierten Populationen nicht möglich. Leben und Sterben werden hier als evolutionäre Tatsachen hingenommen. Erst die Übertragung der Forschungsergebnisse auf Spielzeug und damit einhergehend, die Vereinzelung und personelle Zuordnung der virtuellen Wesen führen dazu, daß die Spielenden eine persönliche emotionale Beziehung aufbauen, wofür die Friedhöfe und Gedenktafeln für die verblichenen Tamagotchi im Internet sprechen (zu Tamagotchi Graveyards, Tamagotchi Rememberance Book, 1997). Dabei hat ein Tamagotchi Graveyard einen ähnlich abstrakten bzw. irrealen Status wie ein „virtual pet cemetary" für die Bestattung realer Haustiere im Internet (zu Tamagotchi im Internet siehe Richard 1997b).

Diese Phänomene zeigen an, daß es sich bei der Behauptung von Greg Weatherford (Insidebiz März 1997), daß es den SpielerInnen nichts ausmacht, wenn das Tierchen stirbt, weil man neu anfangen kann, um ein Mißverständnis handelt. In einem Zeitalter, wo „War for eyeballs", der Kampf um die Aufmerksamkeit von den Medien, ausgerufen wird, bedeutet ein Gegenstand etwas, in den man viel Aufmerksamkeit in Form von Knopfdruck investiert hat. Das Sterben des Tamagotchi ist die notwendige Voraussetzung für sein Leben. Ohne den drohenden Tod verliert das Spiel sofort seinen Reiz. Bei Plagiaten und Klonen des Tamagotchi, z.B. bei virtuellen Hunden, die keine Reaktion bei Nichtbeachtung zeigen und fröhlich weiterleben, wird die Besonderheit des Lebendigen nicht ausgedrückt.

Die Tamagotchi stellen durch die massive Medienpräsenz zwangsläufig eine Verbindung zwischen den Generationen her, auf dieser Ebene aber nur ein restriktive. Sie können aber auch zwischen Mediengenerationen vermitteln. Es scheint sich um ein generations- und kulturübergreifendes Bedürfnis zu handeln, digitales Leben zu behüten und der Aufforderung „Make it happy" nachzukommen. Obwohl Tamagotchi und Konkurrenzprodukte (besonders Nanobabies der Firma Playmates, NanoPets Kitties, Puppies) ursprünglich vor allem für 8-13jährigen Mädchen konzipiert waren, sind sie zum generations- und geschlechterübergreifenden Spielzeug geworden. In Japan treibt dies bizarre Blüten, wenn Arbeiter und Angestellte in der Mittagspause auf die Toilette schleichen, um ihren virtuellen Liebling zu versorgen und ganze Firmenteams ihre Solidarität an einem Tamagotchi erproben.

Die Diskussion um die Schädlichkeit zeugt davon, daß das Spiel Tamagotchi einen qualitativen medialen Sprung erzeugt hat, der in der Implantierung der Wissenschaft vom Artificial Life ins Alltagsleben bzw. seiner Funktionalisierung für die Kulturindustrie besteht. Die neue Dimension dieses Spiels, die sich vor allem im Internet ausdrückt, hat für alle Generationen, nicht nur für Kinder und Jugendliche Konsequenzen: Sowohl Ta-

Mediengenerationen: Umkehrung von Lernprozessen? 171

magotchi- als auch Friedhöfe für reale Haustiere abstrahieren von der Realität von Tod und Sterben und demonstrieren in der Trauer eine ähnliche Verbundenheit wie zu einem menschlichen Wesen.

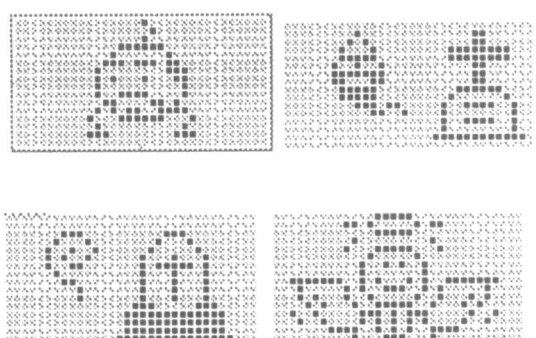

Die Trauer um ein künstliches Wesen kündet also von einer neuen Dimension des artifiziellen Lebens: seiner potentiellen Gleichwertigkeit zu organischem Leben im Zusammenhang des Netzes. Kinder machen den Unterschied zwischen der Trauer um ein künstliches oder natürliches Leben oft nicht. Durch die Tamagotchi werden Erwachsene auf diese symbolische Ununterscheidbarkeit von Trauer um ein virtuelles oder reales Haustier, ein künstliches oder organisches Leben, erst einmal aufmerksam gemacht.

b. Netz-Generationen

Kinder und Erwachsene pflegen bei genauerer Betrachtung einen ähnlichen Umgang mit dem Internet. Die den technischen Medien innewohnende betäubende Struktur (McLuhan) macht es unumgänglich, daß auch Erwachsene in ihrer privaten Nutzung des Internets ähnlich unvernünftig verfahren wie Kinder. Das Internet formuliert das Problem des gleichberechtigten Zugangs der Generationen zu Informationen auf neue Weise. Für das Verhältnis der Mediengenerationen stellt sich die Frage angesichts des globalen World Wide Webs (WWW) die Frage nach der Gültigkeit europäischer Traditionen des Jugendschutzes im 20. Jahrhundert neu, während sie für den Umgang mit dem Spielzeug Tamagotchi unserer Ansicht nach nahezu unerheblich ist. Die amerikanischen Anhänger einer unbeschränkten Netzkultur sprechen sich im Rahmen der free speech Kampagne (blue ribbon campaign) gegen jegliche Kontrollen aus. Sie formulieren die Vorzüge des Internets als Heilsbotschaft. Die Grundvoraussetzungen, daß alle Informationen für alle frei zugänglich sind (Stichwort Access), alle Menschen sich äußern können, nichts zensiert und unterdrückt werden darf, erzeugen die illusionäre Vorstellung von einer gerechten Welt. Das führt zu dem Trugschluß, daß es sich hier um eine direkte Einflußnahme handelt, die mit Formen direkter Demokratie identisch sei. Die Nicht-Sichtbarkeit von Hierarchien wird gleichgesetzt mit einem System ohne jedes Machtinteresse. Die im Medium digitalisierten Machtstrukturen bestimmen jedoch de facto, wer gehört werden darf, bzw. von wem man größere Notiz nimmt. So ist auch die Behauptung, Jugendliche können endlich ihre Bedürfnisse den Erwachsenen gegenüber zum Ausdruck bringen und an Diskussionen teilnehmen, weil die visuelle Altersidentifikation entfällt, nur bedingt richtig.

Im Netz wird die Generationskluft strukturell nicht aufgebrochen, sondern eine Trennung der Generationen wird perpetuiert: Zum einen werden spezielle Kinder- und Jugendseiten weniger von Erwachsenen frequentiert. Zum anderen haben nur die Kinder und Jugendlichen die Möglichkeit, Diskussionsforen zu gestalten, die entweder eine spezielle sprachliche Ausdrucksfähigkeit besitzen oder sich in bestimmten Sachgebieten besonders gut auskennen. Die Neuen Medien ermöglichen prinzipiell nur den sozial privilegierten und sprachlich kompetenten Kindern und Jugendlichen einen persönlichen Ausdruck. Besonders talentierte Kinder und Jugendliche, deren Fähigkeiten über eine reine Bedienung des Mediums hinausgehen, werden auch im realen Leben gehört und anerkannt.

Das Netz eignet sich nur bedingt zur Kompensation sozialer Defizite. Die Position von Kindern und auch von Erwachsenen im Netz entspricht ungefähr ihrer gesellschaftlichen Stellung. Viele der angebotenen Interaktionsformen der Neuen Medien verheißen Beteiligung am tagespolitischen Geschehen. Die Menschen gewinnen hier aber nicht mehr Einfluß, als bei ihrem Auftritt in einer Fernsehshow. Die lustvolle narzißtische Spiegelung im „chat" und in den Spielwelten produziert eine geschwätzige, oberflächliche Kommunikation und reproduziert die Banalität des Alltäglichen. Wenn die Multimedia-Angebote nur dazu benutzt werden, Geburtstagskarten für die Großmutter neu zu gestalten oder das Nachbarschaftsschwätzchen ins Netz zu verlagern, Beispiele, die bei Papert (1996, 96f) positiv hervorgehoben werden, kann man nicht von einer neuen Verknüpfung der Generationen sprechen.

Für Jon Katz kommen ausschließlich die Kinder als Zentrum der digitalen Revolution in Frage: „They're the citizens of a new order, founders of the Digital Nation. (...) After centuries of sometimes benign, sometimes brutal oppression and regulation, kids are moving out from under pious control, finding one another via the great hive that is the Net" (Katz 1996, 122). Die von Katz gewählten Ausdrücke „new order" und Bienenstock „hive" verweisen deutlich auf seine Denkrichtung. Die Kinder sollen früh an die Strukturen eines Metaorganismus herangeführt werden, in dem das

Mediengenerationen: Umkehrung von Lernprozessen? 173

Individuum nur ein dialogischer Knoten im Netzwerk ist. Es darf aber eifrig daran mitstricken (vgl. Sloukas Kritik an der Metapher des Netzes als Superorganismus 1996, 87ff).

Das Netz ist kein Analogon zu einem biologischen Organismus oder zu einer natürlichen Organisationsform, sondern basiert ausschließlich auf den sozialen Strukturen und Modellen der Gesellschaft, die in einem maschinentechnischen Formalismus zusammengefaßt sind (Faßler 1996, 109ff). Eine anarchische Struktur könnte daher nur in der prinzipiell unmöglichen Formalisierung einer anarchischen Gesellschaftsform bestehen. Ansonsten wird diese durch bestehende gesellschaftliche Ordnungen und Modelle überformt bzw. zurückerobert.

Eine unumstößliche Tatsache ist jedoch, daß die Multi-Media-Maschinen Umwelten bzw. eine soziale Atmosphäre kreieren (Barlow 1997, 22). Auf die kindliche und jugendliche Mediennutzung übertragen bedeutet das, daß Schule und Familie immer noch die Aufgabe haben, Kinder und Jugendlichen in ihren Streifzügen durch die neuen virtuellen Welten zu begleiten, zu leiten oder wenn es notwendig wird, klare Grenzen zu setzen. Blockiersoftware und guided tours sind dabei legitime Mittel für die Strukturierung der notwendigen Auseinandersetzung mit den Stufen der Vorenthaltung, Aneignung und Enteignung zwischen den Generationen. Sie sind kein Ausdruck kruder Autorität, wie Katz es fehlinterpretiert. „Children are being subjected to an intense wave of censorship and control V-Chips, blokking software, rating systems on everything from movies and music to computer games" (Katz 1996, 123). Zensur und Kontrolle von analogen und digitalen Medien sind für ihn Zeichen des Mißbrauchs elterlicher Gewalt, die Kinder als ihr Eigentum betrachtet. Blockiersoftware ist aufgrund ihrer medialen Struktur generell nicht mit Zensur gleichzusetzen. Zensur bewirkt, daß bestimmte Informationen so tief in Nischen der Gesellschaft eingelagert werden, daß sie nur unter größten illegalen Anstrengungen beschafft werden können. Die oberflächliche Struktur des Internets verhindert eine derartige tiefe Lagerung der Informationen.

Erwachsene sollten immer helfend im Hintergrund verweilen, d.h. mit Kindern Sicherheitshinweise absprechen, z.B. keine privaten Angaben wie Adressen weiterzugeben und On-line-Zeiten zu vereinbaren (Katz 1996, 168). Noch wichtiger ist es aber, sich grundsätzlich über die Strukturen des Mediums kundig zu machen. Sonst droht die Gefahr schwerer Mißverständnisse wie im Fall des Bundesministeriums für Jugend und Familie, das im Internet alle indizierten Internet-Seiten mit Adressen (URL) aufführte oder der Christian Society, die im Internet „schmutzige Seiten" herausfilterte und auflistete (www.christiangallery.com/sick/.html). Diese Kennzeichnung als besonders „verdorben", kann jeden User dazu auffordern, sich diese Seiten erst recht anzuschauen. Lächerlich und völlig an der Nutzungspraxis von Kindern und Jugendlichen vorbei wirken Vorschläge von Katz (1996, 166), die Kinder sollten dann, wenn sie auf Internet-Schmutz stoßen, den Eltern Meldung erstatten. Er ignoriert den Reiz des heimlichen Suchens und Findens, des rein privaten Geheimnisses. Der abgeschlossene Rezeptionsakt vor dem PC, dem personal computer, verlangt es nicht, öffentliche Peinlichkeitsschwellen zu überschreiten. Es ist alles verfügbar und niemand scheint es zu kontrollieren.

Die private Aktivierung von Sicherungen setzt das Engagement der Erwachsenen voraus. Sie müssen nämlich Homepage für Homepage durchgehen, um die pornographischen und gewalttätigen Darstellungen dingfest zu machen und dann zu sperren. Die Kritik an den Sicherungen deutet auch auf die Bequemlichkeit, die pädagogisch notwendige Diskussion und die Auseinandersetzung zwischen den Generationen einfach auszusetzen.

Katz „Cyberrights for Kids" fordern von der älteren Generation unbeschränkten und unkontrollierten Zugang für Kinder. Das Argument gegen Blockiersoftware ist neben dem Mißbrauch von elterlicher Autorität, daß Kinder und Jugendliche die Sicherungen entweder knacken oder umgehen, weil die Eltern unmöglich alle schädlichen Seiten erfassen können. Es mag sein, daß Software-Sicherungen wie Cyberpatrol, NetNanny, NetSitter, Surfwatch für kleine Netzfreaks einfach zu entschlüsseln sind. Zensur wird außerdem vom Netz als Störung interpretiert und umgangen. Das rechtfertigt jedoch nicht, generell keine Sicherungen vorzunehmen.

Die Argumentation ließe sich umdrehen: Wenn die Software für Kinder und Jugendliche leicht zu entschlüsseln ist, so kann sie auch keinen Schaden anrichten. Sie stellt eine Herausforderung dar, die Kontrolle der älteren Generation auszuhebeln und ist eher ein Test der Medienkompetenz der Jugendlichen. „... if a parent is too uptight about the potentially provocative and/or explicit elements of the web, oh well. Anyone with six brain cells to rub together can evade CyberPatrol's restrictions (for instance)" (James Burrell on Tue, 9 Jul 96 10:03, Internet, Hotwired Threads: Selling out Kids Online).

Die Gefahr der Sperrung von politisch unbequemen Netzseiten und die Gefahr durch die Umgehung der Blockiersoftware halten sich dabei die Waage. Außerdem ist die Tatsache nicht weiter verwunderlich, daß Software-Firmen wie z.B. Cybersitter sich der Kontrolle bemächtigen und bestimmen, was gesperrt wird. Das Netz wird durch ökonomische Interessen beherrscht. Hier zeigen sich die Gesetze des freien Marktes, die angeblich alles so positiv regulieren sollen, und die selbst ernannte elektronische Elite auf der anderen Seite so schätzt.

Was Zeitschriften wie „WIRED" und teilweise selbstberufene Wissenschaftler und Cybergurus wie Katz, Barlow und Papert rigoros propagieren, kann als Digitaltotalitarismus bezeichnet werden. Der Zwang zum digitalen Glück verlangt auch von der älteren Generation den Mitvollzug der Digitali-

Mediengenerationen: Umkehrung von Lernprozessen? 175

sierung, wenn sie nicht zu „PONA" zu „People of no account"[1] absinken wollen. „When the digital revolution rolls over you, you're either part of the steamroller or part of the road" (Banderole der Zeitschrift WIRED 1997). Auch gemäßigte „digerati" formulieren die Anforderungen an die Erwachsenen als eine Drohung: „Entweder lernst Du programmieren oder Du bist Deinen Kindern total entfremdet, und sie werden dich verachten." Neben dem Bildungszwang für Erwachsene ist die Mindestforderung für den Umgang mit der anderen Generation, diese unreglementiert agieren zu lassen. „Parents who thoughlessly ban access to online culture or lyrics they don't like or understand, or parents who exaggerate and distort the dangers from violent and pornographic imagery are acting out of their own anxiety and arrogance imposing brute authority" (Katz 1996, 123).

Dies mutet merkwürdig an: Der Egoismus der Erwachsenen sollte den Heranwachsenden nicht verbieten, auch an Pornos und Gewalt teilzuhaben. Die dementsprechenden Bilder sind entgegen allen anders lautenden Behauptungen auch Ungeübten über primitive Suchwörter-Recherche innerhalb von einigen Minuten zugänglich. Die von einem Autor wie Michael Schetsche (1997) nicht zynisch gemeinte Beschreibung ließe sich zur Frage umformulieren: Warum sollen Kinder und Jugendliche nicht auch etwas über die Vielfältigkeit des Sexuellen von Sadomasochismus bis zu Windelfetischismus oder über Nekrophilie und Sodomie erfahren, wenn sie diese Seiten nun einmal finden? Er bestätigt, daß man etwas finden kann, behauptet aber, daß das Gefundene nicht weiter schlimm wäre. „Von den von mir zwischen Juni und September 1996 erhobenen und analysierten gut tausend Photos aus Newsgroups von freien und geschützten WWW-Seiten, zeigten ganze drei Kinder in sexueller Interaktionen untereinander oder mit Erwachsenen. Außerdem entdeckte ich vier Bilder, die dem Augenschein nach ganz oder teilweise unbekleidete Kinder zeigten. In den untersuchten Newsgroups konnte ich keine Kinderpornographie ausmachen" (Schetsche 1997, 160). Wenn es nur drei mißbrauchte Kinder sind, dann geht es ja noch, scheint die zynische Aussage in diesem Zitat zu sein. Der Schwerpunkt der Internet-Pornographie Debatte wird von den uneingeschränkten Befürwortern der Pornographie sehr geschickt auf die Anzahl der Bilder gelenkt. Von Inhalt, Art und Zweck der Darstellung wird abgesehen. Der amerikanische Kulturkritiker Dery (1996, 235f) beispielsweise findet Bedenken übertrieben und entkräftet die Argumente der Gegner scheinbar damit, indem er Studien zitiert, die besagen, daß es sich nur bei einem Bruchteil der Bilder im Internet um pornographische handelt.

Die Diskussion muß auf die „Qualität" der Darstellung gelenkt werden und auf die Tatsache, daß diese in anderen Medien illegalen Abbildungen hier überhaupt uneingeschränkt existieren dürfen und auch von Wissen-

---

1 „PONA" ist ein doppeldeutiger Ausspruch: Es bedeutet Leute ohne (Internet)-Anschluß sowie Leute ohne Bedeutung

schaftlern wie Schetsche (1997), die zu unrecht behaupten, es gäbe keine entsprechenden Newsgroups, abgerufen werden können. Natürlich muß man gezielt danach suchen, die Sprache des Pornografischen beherrschen, sich in bestimmten Spielwelten oder Chats umhören und das Vertrauen bestimmter Newsgroup Betreiber gewinnen, wenn man an die illegalen Informationen gelangen will. Mit viel Geduld gelingt es jedoch fast jedermann.

„*In practice, the current danger in this extreme form has been greatly exaggerated in the media. Pornography on the Internet is not easy to find, and the number of reported cases of seduction is minute compared with those that happen in other contexts*"
(Papert 1996, 75).

„*The idea that „young people" are a single group that needs to be „protected" from „harmful" information does not bear close examination. An average city street is a hell of a lot more dangerous than 99% of the Net*"
(A. Lizard on Wed, 3 Jul 96 14:00, Internet, Hotwired Threads: Selling out Kids Online).

Neben dem Quantitätsargument lautet ein anderes immer wieder geäußertes Standardargument, draußen auf der Straße sei alles noch viel gefährlicher. Die Gefahren des Internet sind keine körperlichen, also sind sie geringer einzuschätzen. Cyber- bzw. Netsex bei Jugendlichen wird in Amerika eher toleriert, da er körperlos und sauber ist: „A shy fourteen-year-old Rob tells me, that he finds online flirting easier than flirting at school or at parties. At parties, there is pressure to dance close, kiss, and touch, all of which he both craves and dreads. He could be rejected or he could be physically excited, and „that's worse", he says" (Turkle 1995, 226).

Die neuen körperlosen Medien verstärken jedoch den Ekel der jüngeren Generation vor dem Körper, der als meat bezeichnet wird und die Furcht vor körperlichen Begegnungen z.B. mit dem anderen Geschlecht in der Realität. Einsamer, selbstbestimmter Online-Sex, verdeckt pubertätsbedingte Probleme. „The young have a moral right of access to the machinery and content of media and culture" (Katz 1996, 123).

Katz sieht in den CyberRights for Kids eine moralische Verpflichtung zur vollen Zugangsberechtigung. Die amerikanischen digerati argumentieren auf der Basis des im First Amendment der amerikanischen Verfassung enthaltenen Passus des „Free Speech" (z.B. im Film „Larry Flint. Die nackte Wahrheit thematisiert) gegen den vom Kongreß erlassen „Communication Decency Act". Free speech ist aus europäischer Sicht dann einzuschränken, wenn Kinderschänder und Sodomisten, Gewalttäter oder Fans von snuff videos frei zu Wort kommen und behaupten können, sie würden dies aus Liebe zum jeweiligen ausgenutzten Objekt tun. „Die Regulierungen der Spannen zwischen Individualisierung und verfassungsrechtlicher Sicherheit ist dringlich" (Faßler 1996, 397).

Eine gezielte Umsetzung des Jugendschutzaspektes, deutlich zu unterscheiden von einem Flächenbombardement a là Compuserve, ist nicht aufzugeben. Auch wenn Bolz (1997, 184) in der Kritik an den Medien eine

Mediengenerationen: Umkehrung von Lernprozessen?

Verweigerungshaltung gegenüber der Komplexität der Welt sieht, sollte die ältere Generationen bestimmte Inhalte kritisieren und eingreifen, wo Schaden entstehen könnte.

Man muß hinnehmen, daß Kinder und Jugendliche bestimmte Dinge finden, diese sollten von Erwachsenen aber nicht offen angepriesen werden. Bei einem öffentlich zugänglichen Internet-Rechner, ob bei Ausstellungen oder Infosystemen, sollte ausgeschlossen werden, daß Sex und Gewaltseiten aufgerufen werden können. Erfahrungen mit Internet-Anwendungen in öffentlichen Räumen, wie z.B. dem sogenannten Cyberworkshop im Rahmen der INTERACT-Ausstellung im Wilhelm Lehmbruck Museum in Duisburg zeigen, daß auch ungeübte, meist männliche Benutzer (z.B. einer 8. Klasse einer Realschule) sofort die ihnen sonst verwehrte Möglichkeit nutzen, Porno-Seiten anzuschauen. In einer Ausstellung im Gasometer in Oberhausen gibt es sogar die Chance eines kleinen Skandals, weil dort die aufgerufenen Seiten auf riesige Leinwände projiziert werden. Ein Blick in die URL-Histories der jeweiligen Rechner zeigte, daß hauptsächlich nach Sexseiten Ausschau gehalten wird. Die Ausstellungsmacher haben nicht bedacht, daß man bestimmte Netzseiten sperren kann, selbst rudimentäre Vorsichtsmaßnahmen wurden nicht getroffen. Eine visuelle Belästigung der MitbenutzerInnen wird in Kauf genommen.

Barrieren und eine allgemeine soziale Kontrolle, wie es sie sonst im öffentlichen Bereich zum Schutz von Kindern und Jugendlichen gibt, fallen hier weg. Von diesen „unerzogenen" Kindern und Jugendlichen spricht Katz nicht. In seinen „CyberRights for Kids" bekommen nur verantwortungsbewußte Kinder den Status von ethnischen Minderheiten und Schwulen zugesprochen. Sie dürfen dann auch ihren Mediengebrauch selbst bestimmen, wie sie auch entscheiden dürfen, wie sie erzogen und gebildet werden wollen, und was, wann wieviel sie essen wollen und wann sie ins Bett gehen (Katz 1996, 166). „CyberRights for Kids" knüpft an die Debatte der amerikanischen Kinderrechtsbewegung in den 70er Jahren an, in der die Selbstbestimmungsrechte für Kinder in allen wichtigen Lebensfragen von Geburt an gefordert wurden. Verbote verhindern nach Ansicht der „digerati", daß Kinder in ihrem zukünftigen Leben selbst entscheiden können, sie könnten dann ihre Zukunft nicht bewältigen. Allerdings bekommt nur das verantwortungsbewußte Kind, das „responsible child", das es zu formen gilt, diese CyberRights, weil es souverän mit dem Medium umgeht. Das „responsible child" raucht und trinkt nicht, nimmt keine Drogen, prügelt sich nicht und erfüllt seine Haushalts- und Schulpflichten.

„Katz' concept of the Responsible Child is degrading, and his implication that rights only apply to those who meet his definition of „responsible" is ridiculous (...) I am trying to envision a world in which, if I am fired from my job or begin drinking, I lose my rights as a citizen" (Angela West Emmer on Sat, 20 Jul 96, 00:02, Internet, Hotwired Threads: Selling out Kids Online).

„He's not talking about rights but privileges. A significantly different thing. A „RIGHT" is available to all. „Privileges" are available only to those who demonstrate some „vague unspoken politically correct" social behavior" (Gösta Lovgren on Tue, 9 Jul 96 21:50, Internet, Hotwired Threads: Selling out Kids Online).

Es sind also doch wieder die Erwachsenen, die bestimmen, wer die auserwählten Kinder und Jugendlichen sind, die in den Genuß dieser Selbstbestimmung kommen. Wenn diese sich nicht daran halten, ersetzt Medienentzug den Stubenarrest, mit dem heute kein Kind mehr zu schrecken wäre. Katz spricht im Namen der Kinder und läßt sie nicht selbst sprechen. In der Internet-Debatte über seinen Artikel fordern Kinder und Jugendliche auch mehr Rechte in der materiellen Welt, nicht nur in der Cybersociety: „Having digital rights is great, but totally pointless. What I'd really like are rights in the material world. In schools, a person can be searched without probable cause." That doesn't (or isn't supposed to, anyway) happen to adults (The Messiah on Mon, 17 Jun 96 22:58). Laisser-faire und die Wiederbelebung eines Anti-Autoritarismus im Sinne Paperts, Katz oder John Perry Barlows auf der Basis der Grundannahme, daß Kinder schon selbst wissen, was sie tun und was sie anschauen wollen, führt jedoch weiter in die Sackgasse destabilisierter Werte und Vorstellungen.

Wie beim Fernseh- und Videokonsum sollte die ältere Generation nicht die Kontrolle aus den Händen geben. Kinder können eben nicht eigenbestimmt erfassen, ob die Bilder von Zerstückelten, Entstellungen oder Hardcore-Pornographie für sie von Schaden sind. Die Auseinandersetzungen innerhalb der Familie um die Formen der Nutzung der Neuen Medien sind für die Familie notwendige Diskussionen, die den Kindern Grenzen verdeutlichen. Die Eltern tragen mit dem Mittel des positiven Streits dazu bei, der heranwachsenden Generationen die ethischen Grenzen des „free speech" zu verdeutlichen.

4 Das Verhältnis der Mediengenerationen in Lernprozessen

Das Multimedia Zeitalter erfordert neue Lernformen zwischen den Generationen. Das sinngebende Zentrum der Mediennutzung ist im Moment weder die Familie noch die Schule. Seymour Papert (1996) will die Familie über den Computer wieder zum Lernort machen. Er befürwortet Formen wie „Homeschooling", die in Amerika aufgrund vieler religiöser Gruppen, die Kinder zu Hause erziehen, verbreiteter sind. Papert befürwortet auch die für Amerika typische Vermischung von staatlichen und kommerziellen Bildungsangeboten.

Das Leitmedium familiärer und schulischer Erziehung soll der Multimedia-Computer werden. Wenn die Schule dies nicht anbietet, müssen El-

Mediengenerationen: Umkehrung von Lernprozessen?

tern das Schicksal ihrer Kinder selbst in die Hand nehmen, d.h. bei Papert vor allem mit Unterstützung von Software Großkonzernen wie IBM staatliche Bildungsangebote zu ergänzen. Das Schulsystem charakterisiert er wie auch Barlow als grundsätzlich verbesserungsbedürftig, die Bildungsinhalte als nicht zeitgemäß. „In unserem Erziehungssystem geht es überhaupt nicht ums Lernen, sondern um Indoktrination. Da werden austauschbare Rädchen für die Industrieproduktion geformt. (...) Auf das Informationszeitalter werden sie überhaupt nicht vorbereitet. (...) Europa hängt in der Softwarentwicklung ziemlich zurück. Wenn eine Gesellschaft im Informationszeitalter bestehen will, muß man die Kinder anhalten, eingefahrene Wege zu verlassen" (Barlow 1997, 19). Lernen mit Computern heilt für Papert alle Lernschwierigkeiten, die für ihn nur in den schulischen Strukturen begründet sind. Er fordert eine Individualisierung des Lernens, quasi für jedes Kind ein Expertensystem zu erstellen, eine Lösung die schon in der Software-Entwicklung aufgrund mangelnder Vergleichbarkeit und Kompatibilität der Systeme gescheitert ist.

Die Lösung kann aber nicht sein, daß die Bildungsziele im MultiMedia-Bereich von Edutainment Firmen (Future Kids, Comenius, Bertelsmann, AT&T, IBM) gesteckt werden. Vor allem die zusätzlichen kostenpflichtigen Angebote können sich nur Bessergestellte leisten. Außerdem strebt diese kommerziell gesteuerte Bildung nach einer Software-Sozialisation, der frühen Gewöhnung und Einpassung einer jungen Generation in die Welt-Systeme Microsoft, IBM und Intel. Die Welt des Fun muß einfach zugänglich sein. Das sogenannte Prosuming (Alvin Toffler) als gleichzeitiges Konsumieren und Produzieren ist Firmenideologie. Außerdem macht sich Schule anfällig für Schwankungen auf dem Markt, wenn ein Computersystem das andere ablöst.

Neil Postman (1997, 19) sieht in der Diskussion um Internet und Multimedia grundsätzlich eine falsche Problemstellung, solange in New Yorker Schulen viele Kinder noch nicht einmal einen eigenen Stuhl haben. Die US-digerati entwickeln außerdem keine übergreifenden Lehr- und Lernkonzepte für den Einsatz von Multimedia in der Erziehung: Papert (1996) bietet außer bestimmten Softwarelösungen, wie der von ihm entwickelten hervorragenden Kinder-Programmiersprache LOGO keine Anbindungen an schon bestehende traditionelle Lerninhalte. Dennoch ist seine Programmiersprache eine gute Einführung in die Welt der vernetzten Multimedia-Anwendungen nicht nur für Kinder. Sie übt einige mediale Grundkompetenzen und ist als Baukastensystem angelegt, das die Steigerung der Komplexität von Anwendungen je nach Fähigkeit möglich macht.

Einen anderen Ansatz versuchen die von Margaret Riel vorgestellten internationalen Lernzirkel, allerdings auch unter kommerzieller Schirmherrschaft des sogenannten AT&T LEARNING NETWORK. Via Internet werden globale Projekte zu übergeordneten Themen bearbeitet. Es gibt eine Deadline bis zu der eine gemeinsame Publikation erstellt werden soll (Riel 1996, 224). Hier arbeiten unterschiedliche Altersgruppen zusammen. Die Schüler sind begierig, alles richtig zu machen, weil sie den Respekt vor den anderen Gruppen haben, vor denen man sich nicht blamieren möchte (Riel 1996, 229). Der Lehrer ist Berater und Coordinator.

Daß die technischen Multi-Media Anwendungen im Bereich von Bildung und Erziehung eingesetzt werden sollen, ist unumstritten. Es reicht nicht, die alten Inhalte in ein Neues Medium zu übertragen. Das Ergebnis wären Pauk- und Abfrageprogramme auf CD-ROM. Wenn zwischen den Generationen ein Wissenstransfer erfolgen soll, so gilt es folgende Voraussetzungen zu beachten: Neue Medien mit neuen Strukturen verlangen, da muß man Papert zustimmen, neue Methoden des Lernens. Es geht um eine generelle Veränderung schulischer und familiärer Lernsituationen mit dem Ziel, das Verhältnis der Mediengenerationen zueinander neu zu ordnen. Im Zentrum sollte neben einer Thematisierung der ambivalenten ökonomischen, gesellschaftspolitischen Bedingungen und den Auswirkungen der digitalen Medien, vor allem eine Vermittlung grundsätzlicher Techniken und Kompetenzen stehen, da spezielle Anwendungen längst überholt sind, wenn die Kinder erwachsen sind.

Die ergänzenden Fähigkeiten der Erwachsenen, sie müssen nicht auch programmieren und motorisch so geschickt spielen können, stehen hilfreich im Hintergrund. Sie vermitteln Analyse- und Rezeptionskompetenz und Fertigkeiten wie Sammeln, Speichern, Ordnen, Bewerten, Weiterverarbeiten, Konvertieren, Aneignen (Downloaden), sowie Transformieren von Informationen. Faßler (1996, 395) bezeichnet diese grundsätzlichen Verfahren mit Suchen, Auswählen und Nutzen.

Die jüngere Generation muß nicht Programme, sondern Prinzipien und Strukturen der Medien beherrschen. Das nennt Papert sehr treffend „technological and computer fluency". Kinder und Jugendliche lernen die Sprache der Medien flüssig zu beherrschen. Dabei sollte die ältere Generation vor allem nicht vergessen zu vermitteln, wie man körperlich anwesenden Menschen begegnet und mit ihnen kommuniziert und nicht primär Barlows Forderung (Barlow 1997, 22), wie man mit Maschinen zusammenlebt, in die Tat umsetzen. Erst im Rahmen schon lange vor dem Computerzeitalter erprobter Lernformen, wie interdisziplinärer Projektarbeit und Lernen in Gruppen und Teams, bekommt die Kommunikation mit der Maschine ihren Sinn.

Literatur

Barlow, J. P.; Postman, N.: Der digitale Mensch. Spiegel Themenheft Nr. 3. 1997, 16-24
Benjamin, W.: Das Kunstwerk im Zeitalter seiner technischen Reproduzierbarkeit Frankfurt a.M. 1977
Bolz, N.: 1953 - Auch eine Gnade der späten Geburt. In: Hörisch, J. (Hrsg.): Mediengenerationen. Frankfurt a.M. 1997, 60-89;
Dery, M.: Cyber. Die Kultur der Zukunft. Berlin 1996
Diefenbach, K.: Kontrolle, Kulturalisierung, Neoliberalismus. In: nettime: Netzkritik. Berlin 1997, 71-88
Faßler, M.: Mediale Interaktion. München 1996
Glogauer, W.: Die neuen Medien verändern die Kindheit. Weinheim 1995
Hörisch, J. (Hrsg.): Mediengenerationen. Frankfurt a.M. 1997
Katz, J.: The rights of Kids in the Digital Age. In: WIRED. 4.07.1996
Krüger, H.-H.: Aufwachsen zwischen Staat und Markt. In: Benner, D.; Kell, A.; Lenzen, D. (Hrsg.): Bildung zwischen Staat und Markt. 35. Beiheft der ZfPäd. 1996, 107-124
Krüger, H.-H.; Thole, W.: Jugend, Freizeit, Medien. In: Krüger, H-H. (Hrsg.): Handbuch der Jugendforschung. Opladen 1993, 447-472
Lenzen, D.: Medien-Generationen. In: Erziehungswissenschaft (1996) 11.14, 7-9
Papert, S.: The connected family. Bridging the digital generation gap. Marietta 1996
Postman, N.: Das Verschwinden der Kindheit. Frankfurt a.M. 1983
Richard, B.: Digitale Todesbilder: Künstliches Leben, virtueller Tod. In: Zukünfte, Sekretariat für Zukunftsforschung, Essen 1, 1997a
Richard, B.: Liebenswerte Eier im Netz. Erscheint in: Content.de. Internetzeitschrift Heft Nr.1, Herbst 1997b
Richard, B.; Krüger, H.-H.: Welcome to the Warehouse. In: Ecarius, J.; Löw, M (Hrsg.): Raumbildung- Bildungsräume. Opladen 1997, 147-166
Riel, M.: Classroom collaboration in global Learning Circles. In: Susan Leigh Star (ed.): The Cultures of Computing. Oxford/Cambridge USA 1996 (reprint, 1st edition 1995), 219-242
Saxer, U.: Jugend im Einfluß der Massenmedien. In: Markovski, M.; Nave-Herz, R. (Hrsg.): Handbuch der Jugend- und Familienforschung. Band II, Neuwied/Frankfurt a.M. 1989, 647- 664
Schetsche, M.: In den Wüsten des Begehrens. In: Telepolis. 1/März 1997, 155-173
Slouka, M.: War of the worlds. London 1996
Turkle, S.: Life on the screen. New York 1995

Dorothee M. Meister, Uwe Sander

Migration und Generation

Was passiert, wenn 'Fremde' in eine Gesellschaft immigrieren? Diese Frage hatte und hat nicht nur akademischen Rang und wird offen gestellt, sondern ihr skeptischer Tenor schuldet sich gemeinhin einem mehr oder minder explizit formulierten Zielwert. Fremde, so die logische Konsequenz von Gesellschaftsmodellen, die von einer normativen und kulturellen Homogenität gesellschaftlicher Einheiten wie 'Volk' oder 'Nation' ausgehen, heben tendenziell gesellschaftlichen Zusammenhalt auf und können auf Dauer nur dann akzeptiert werden, wenn sie sich in die bestehende Kultur des Einwanderungslandes integrieren. Andernfalls drohe, so auch die verbreitete Ansicht in Politik und Alltag, gesellschaftlicher Zerfall. Diese Argumentationen basieren auf ethnisch-kulturalistisch orientierten Staats- und Gesellschaftsideen, wie sie im 18. und 19. Jahrhundert mit der Genese der Nationalstaaten entstanden sind (vgl. Heckmann 1991, 1992). In diesem Zeitraum formieren sich die zerfallenden spätfeudalen Strukturen in Europa neu unter dem Label der 'Nation' als „Ersatzreligion" (Wehler 1989), und das Konzept der 'Kultur' als Gesamtausdruck der wertebezogenen Charakteristik eines 'Volkes', einer 'Nation' oder selbst globaler Kontexte wie 'Europa', der 'westlichen Welt' usw. macht eine beispiellose Karriere. In den 90er Jahren des 20. Jahrhunderts, nachdem die Ost-West-Differenz als politische Ordnungskategorie transnationaler Zusammenhänge fast schlagartig bedeutungslos wird, erlebt 'Kultur' noch einmal einen Bedeutungsaufschwung, indem auf der verwaisten Bühne des Ost-West-Konflikts nun der 'Kampf der Kulturen' (Fukuyama 1992) inszeniert wird. In einer sich globalisierenden und nationale Differenzen übergreifenden Weltgesellschaft, die sich im Laufe des 20. Jahrhunderts z.B. in ökonomischer, medialer und konsumkultureller Hinsicht ausbildet, gewinnen ab den 80er und 90er Jahren scheinbar paradoxerweise wieder klassische, 'vormoderne' Kategorien wie Nation, Ethnie, Rasse, Kultur und Religion an Bedeutung. Und darüber geraten nicht nur Wanderungsbewegungen wieder zunehmend in ein Spannungsfeld internationaler Beziehungen und nationaler Systeme, das ethnisch, kulturell und religiös aufgeladen ist. Auch binnengesellschaftliche Gruppen in verschiedenen Staaten orientieren sich (wieder) an ethnischen Identitäten. Dieses Faktum konterkariert diejenigen Gesellschaftstheorien, die sich lediglich um *historische* Erklärungsversuche von Rassismus oder Nationalismus bemühen bzw. die, wie etwa die Luhmannsche Systemtheorie, Hautfarbe, Herkunft oder Ethnizität lange Zeit in den theoretisch marginalisierten Bereich sekundärer Differenzierungsformen einordnen (vgl. hierzu: Esser 1988). Erst mit der weltweiten Renaissance ethnisch-kultureller Kategorien in den achtziger Jahren, mit der Zunahme politischer Strategien und sozialer Bewegungen, die sich auf historische Ursprünge und Rechte, auf eine ethnisch-nationale Kultur diesseits oder jenseits staatlicher Einheiten oder auf Religion als konstitutive Identifikationsmuster von Personen, Personengruppen und staatlichen Einheiten berufen, mußte sich die sozialwissenschaftliche Theoriebildung umorientieren. Daß in dieser erzwungenen Renaissance ethnischer Theoriekonzepte die alten Migrationstheorien kaum mehr hinreichende Erklärungsfolien abgeben, möchten wir in diesem Artikel erläutern.

Seit in modernen Gesellschaften die Folgen von Migrationsprozessen wissenschaftlich erforscht werden, finden Theoriemodelle Anwendung, die an zentraler Stelle ein 'Generationen'-Konzept mit einschließen. Allerdings bewegt sich das migrationstheoretische Verständnis von Generation nur bedingt in einer ansonsten prominenten Begriffsverwendung, die z.b. in der Jugendforschung lange Zeit maßgeblich war. Diese jugendtheoretischen Generationeneinteilungen greifen zurück auf ein Generationenkonzept, wie es von Mannheim (1928) entwickelt wurde und dann im Anschluß an Mannheim eine lange Traditionslinie aufweist (vgl. Braungart 1984, Schmied 1984, Herrmann 1987). Allerdings erfuhr dieses Mannheimsche Generationenkonzept in den 80er und 90er Jahren unter den gesellschaftlichen Bedingungen von Individualisierung und Pluralisierung mehr und mehr Kritik. Aus heutiger Sicht vernachlässigen nämlich Generationenkonzepte von Jugendgestalten - die sich allerdings trotz dieser Kritik noch immer großer Beliebtheit erfreuen - notwendige sozialkulturelle Differenzierungen. Darüber hinaus heben sie zu stark ab auf den kurzfristigen Generationswechsel gegenüber langfristigen geschichtlichen Trends, unterstellen eine bezweifelbare Wirksamkeit der Prägephase, vernachlässigen die Macht der individuellen Schicksale bereits im Jugendalter und rechnen nicht mit der in den letzten zwei Jahrzehnten zu beobachtenden Beschleunigung des Generationenumschlags. Die Problematik solcherart pauschalisierender Generationenbilder wird offensichtlich. Generationen vereinheitlichen diffuse Jugendphänomene über interne Differenzen wie Geschlecht oder soziale Lage hinweg zu *einer* Jugend, die zwar in der theoretischen Konstruktion plausibel klingt und, was nicht unterschätzt werden darf, benennbar wird, meistens jedoch so empirisch nie auffindbar ist. So muß etwa heute der Kritik von Helsper (1991) an dem Versuch von Fend (1988) zugestimmt werden, Jugend in der „Sozialgeschichte des Aufwachsens" im 20. Jahrhunderts noch einmal über das Generationenkonzept zu rekonstruieren.

Migration und Generation

Die Frage stellt sich, ob nicht eben diese Kritikpunkte auch im Kontext von Migration und Generation greifen. Zu berücksichtigen ist dabei zusätzlich, daß in der Migrationsforschung der Generationenbegriff auf ganz spezifische Weise, und zwar viel unreflektierter genutzt wird als in der Jugendforschung. Alle von Mannheim skizzierten Generationen-Charakteristika werden von der Migrationsforschung zwar auch unterstellt, verbleiben jedoch in einem präreflexiven, selbstverständlich vorausgesetzten Status. Im Kontext von Migration meint z.b. die 'erste' Generation immer diejenigen Einwanderer, die im erwerbsfähigen Alter immigriert sind, die 'zweite' Generation sind deren Kinder, die also im Aufnahmeland geboren wurden, oder die noch sehr jung bei der Migration waren, die 'dritte' Generation meint dann wiederum deren Kinder, also diejenigen, deren Eltern bereits im Aufnahmeland geboren sind. In der Migrationsforschung steht der Generationenbegriff also vor allem für das Kind-Eltern-Großeltern-usw.-Verhältnis in Relation zum Migrationszeitpunkt. Die Mannheimsche 'Generationseinheit' tritt hier lediglich vermittelt auf, indem nämlich unterstellt wird, daß 'von Generation zu Generation' für Migranten und deren Nachkommen veränderte kollektive Problemlagen auftreten, die dann einheitliche generationengestufte Assimilationsverläufe und -formen provozieren.

Dieser besagte migrationsspezifische Zusammenhang von Migration und Generation basiert also *einerseits* auf gesellschaftlichen Erwartungen darüber, wie Integrationsprozesse 'Fremder' in einer Gesellschaft unter Einbeziehung zeitlicher Dimensionen zu verlaufen hätten. Ihr normativer Kern bewertet Immigrationsprozesse am Maßstab der positiven Einpassung in die Kultur des Aufnahmelandes. *Andererseits* verweist der Zusammenhang von Migration und Generation auch auf Vorstellungen, wie sich soziale Identitäten von Personen unter den Bedingungen der Migration und damit bei neuen kulturellen Gegebenheiten verändern. Vorausgesetzt wird dabei meist, daß räumliche Wanderungsprozesse aufgrund kultureller Unterschiede in psychische und soziale Disbalancen führen und persönliche Krisen bei den Betroffenen auslösen, die für die Identität einer Person eine besondere Belastung bzw. Herausforderung darstellen.

Vor diesem Hintergrund müßte für die heutige Situation geklärt werden, welche konkreten Ablösungsprozesse von der Herkunftskultur tatsächlich stattfinden und welche gesellschaftlichen und persönlichen Bedingungen spezifische Veränderungsprozesse bei Migranten provozieren. Dies ist heute nicht nur eine zeitliche Frage in historischer Sicht, ob nämlich Integrationsprozesse 'von Generation zu Generation' verlaufen, sondern auch die Frage, welche Integrationsbedingungen für bestimmte Altersgruppen jeweils existieren. Es interessieren darüber hinaus auch zeitgleiche Vorgänge, so etwa in welchem Verhältnis die unterschiedlichen Altersgruppen (z.B. Eltern-

und Kind-Generationen) innerhalb einer zusammenlebenden Migrantenpopulation zueinander stehen.

1 Migration und Integration - von Generation zu Generation?

Im Kontext von Migration wurde lange Zeit die Annahme vertreten, daß sich die Differenzen von Migranten und Autochthonen quasi automatisch in einem zeitlichen Prozeß abschwächen würden. Das Konzept der *Integration* steht für diesen temporalen Prozeß einer subordinierenden Einpassung von Einwanderern. Als Maßstab dieses idealtypischen Integrationsvorgangs dienen klassischerweise die oben angesprochenen Zeitintervalle der 'Generationen'.

In der Migrationsforschung existieren im Grunde zwei Vermutungen, wie die Eingliederung im Migrationsverlauf erfolgen könnte. Das ältere und lange Zeit sehr populäre Modell geht in seiner Assimilationsannahme davon aus, daß eine Eingliederung von Migranten prinzipiell nicht in Frage stehe, sondern im Ablauf der Generationen quasi zwangsläufig erfolge. Die dahinterstehende Hypothese verbindet mit den dazu gehörenden Begrifflichkeiten wie Assimilation, Akkulturation und Integration eine mehr oder weniger normativ aufgeladene Vorstellung von sozialkulturellen Anpassungsleistungen durch die Migranten: Es geht darum, daß Werte und kulturelle Muster der Aufnahmegesellschaft 'integriert' werden müssen und die immigrierende Person in die sozialen Kreise der Aufnahmegesellschaft übernommen wird, wobei traditionellerweise von einer sozialkulturellen Homogenität ('Kultur') der Aufnahmegesellschaft ausgegangen wird.

Ursprünglich sind diese Einheitsvorstellungen in den 'klassischen' Einwanderungsländern entstanden[1]. Auch in sozialwissenschaftlichen Studien, zunächst in den 20er und 30er Jahren unseres Jahrhunderts wurde auf der Grundlage von evolutionären Migrationsmodellen meist eine zunehmende Assimilierung von Ethnien und 'Rassen' in eine bestehende Mehrheitskultur ausgegangen. In diesen ersten Studien meint Assimilation zwar nicht vollkommene Verschmelzung, sondern vor allem den elementaren Fortbestand der nationalen Existenz und das 'Funktionieren' der Gesellschaft. Assimi-

---

[1] So basierte die (propagierte) gesellschaftliche, normative und kulturelle Einheit der USA seit ihrer Gründung im wesentlichen auf politischen Gemeinschaftsidealen (vgl. Bellah et al. 1987), die auch eine ethnische Assimilierung nahelegten. Hier ist schon früh die Vorstellung einer Angleichung individueller Aspirationen und gesellschaftlicher Wert- und Normvorstellungen angelegt, die in der Metapher des 'Melting-Pot' bzw. des 'Schmelztiegels' am deutlichsten zum Ausdruck kommt und die ihre politisch-ideologische Wirkkraft bis weit über die Mitte unseres Jahrhunderts beibehalten konnte.

liert sind dann alle, die 'klar kommen' mit ihrer Situation und denen im alltäglichen Leben keine Vorurteile entgegengebracht werden (vgl. Park/ Burgess 1921).

Während die erste Generation der Einwanderer noch direkt in Konfrontation mit der Kultur der Aufnahmegesellschaft steht und eine vollständige Integration kaum gelingen kann, beginnt, so die These, mit der zweiten Generation ein Vorgang der kulturellen Assimilation, der zwar manchmal retardierende Schleifen einer Reethnisierung aufweisen kann, aber auf längere Sicht die Nachkommen ehemaliger Migranten über die dritte, vierte und fünfte Generation irgendwann ununterscheidbar von allen anderen Mitgliedern der Gesellschaft macht. Den Prozeß bis zur vollständigen Assimilation hat Park mittels eines „race-relations-cycle" dargestellt mit dem Anspruch, eine vollständige Aufzählung der Stufenabfolgen von Zuständen relationaler Eingliederung aufzuzeigen. In seinem interaktionistischen Modell werden vier Elemente berücksichtigt: Kontakt, Konflikt, Akkomodation und Assimilation. Die vierte Stufe der *Assimilation* ist erst erreicht, wenn eine Vermischung mit der ethnischen Gruppierung der Mehrheitsgesellschaft stattfindet und damit eine Auflösung der tradierten ethnischen Dimension als Identifikationspunkt stattgefunden hat. So kann die Anpassung an eine neue Gesellschaft zwar langwierig und schwierig sein, jedoch auf Dauer gesehen - in der Regel innerhalb dreier Generationen - führt sie nach Park zur Auflösung der ethnischen Minderheit. Price ist in seinem Modell eines sogenannten „three-generation-assimilation-cycle" (1969, 204) sogar ganz explizit auf das Generationenverhältnis eingegangen. Er setzt voraus, daß bei der ersten Einwanderergeneration eher von einer geringen Akkulturation auszugehen sei und ein „Leben in der ethnischen Kolonie" eher der Normalfall sei. So sind die Angehörigen der ersten Generation eher auf Kontakte mit der eigenen Ethnie beschränkt, was allerdings auch vor allzu drastischen Folgen des 'Kulturschocks' in Form anomischer Tendenzen schützt. Die zweite Generation habe dann den Konflikt der Kulturen zwischen Aus- und Einwandererland auszutragen mit ihren unterschiedlichen Werten und Anforderungen. Der Zustand einer dualen kulturellen, normativen und kognitiven Orientierung kann Marginalität zur Folge haben mit der Option zur Mobilisierung oder aber Desorientierung. Konflikte sind demzufolge in der zweiten Generation wahrscheinlicher als in der ersten, allerdings auch erhöhte interethnische Kontakte. In der dritten Generation jedoch endet der Akkulturationsprozeß mit der Assimilierung der eingewanderten Gruppe, d.h. es erfolgt eine völlige Aufgabe der Herkunfts-Kultur, wenngleich Restbestände in Form einer privaten Orientierung erhalten bleiben können.

Daß dieser Automatismus einer generationsstufigen Einpassung von Einwanderern in die bestehende Kultur der Aufnahmegesellschaft nicht immer zutrifft, kann allerorten in modernen Gesellschaften empirisch nachgewiesen werden, vor allem seit sich ethnische Differenzen in vielen modernen Gesellschaften zu dauerhaften Leitdifferenzen entwickeln. Entsprechend betonen die Sozialwissenschaften in ihren Diskursen den kulturellen Pluralismus moderner Gesellschaften und damit zusammenhängend die Beibehaltung ethnisch-kultureller Autonomie von Migrantengruppen nach Wanderungsprozessen (vgl. Sander/Heitmeyer 1997). Denn es wurde zunehmend deutlicher, daß die alten Integrationsmuster der Verschmelzung in den USA bspw. nur auf die weißen, europäischen Ethnien zutrafen (vgl. Neckel 1997), während andere Gruppierungen wie die Nachfahren der Sklaven aus Afrika, Asiaten oder Hispanics auch nach Generationen noch nicht als assimiliert bezeichnet werden konnten. Die Stufenabfolge impliziert zudem einen mechanischen Ablauf, der verdeckt, daß es sich um die Folgen komplexer Einzelprozesse handelt. Hinzu kommt, daß der Assimilationsbegriff selbst eine Ideologie der Chancengleichheit enthält, die davon ausgeht, alle ethnischen Gruppierungen hätten dieselben assimilativen Möglichkeiten. Insbesondere im Zuge eines 'ethnic revivals' seit den 60er Jahren entwickelten die ethnischen Gruppierungen im anglo-amerikanischen Raum zunächst ein gestärktes und demonstratives Selbstbewußtsein. Anhand dieser Gruppierungen wurde zunehmend deutlich, daß eine strukturelle Assimilation (im Sinne Gordons 1964) in die 'WASP'-Gesellschaft (White-Anglo-Saxon-Protestant) der USA von einigen Gruppen wie bspw. den Schwarzen auch nach Generationen nicht vollzogen wurde und dies - mit wachsendem Selbstbewußtsein - von den Gruppierungen zunehmend nicht mehr angestrebt wird. Im Zuge dieser Entwicklung änderte sich auch der Fokus in wissenschaftlicher Hinsicht. Etliche Sozialforscher in den USA haben seither damit begonnen, sich von dem im Assimilationskonzept implizierten 'Anglo-Konformitäts'-Muster wegzubewegen und in die Richtung eines 'kulturellen Pluralismus' zu gehen oder aber sich gänzlich von kulturalistischen Argumenten zu verabschieden und Thesen einer dauerhaften gesellschaftlichen Stratifizierung in ethnischer Hinsicht zu vertreten.

Letztere Position vereint im wesentlichen Machtkonfliktanalytiker, die auf die Zwanghaftigkeit eines großen Teils der kulturellen und der ökonomischen Adaptionen hinweisen, besonders im Hinblick auf die Nicht-Weißen. Als wesentliche Faktoren nennen sie Zwang, Segregation, Kolonisation und die institutionalisierte Diskriminierung, die Gruppen auf den unteren Sprossen der gesellschaftlichen Leiter zurückhalten (Feagin 1990, 115). In diesem Zusammenhang weist Neckel (1997) darauf hin, daß das soziale Verständnis von der eigenen ethnischen Zugehörigkeit in den USA inzwischen zu „einer politischen Kategorie im Kampf um materielle Ressourcen und staatsbürgerliche Rechte" (ebd., 255) geworden ist. Die Ethnisierung der amerikanischen Gesellschaft hat ihm zufolge seit der dritten Immigrationswelle sogar noch zugenommen und formiert sich inzwischen entlang der Groblinien weiß, asiatisch, indianisch, hispanisch und schwarz in politischkulturellen Bewegungen. Eine ethnische Mobilisierung gründet sich demzufolge nicht allein in der sozialen Mißachtung von Differenz, sondern in einer „Konkurrenz um das Gleiche" (vgl. Neckel 1997; Ostendorf 1996). Damit wird vor allem im anglo-amerikanischen Raum seit den 80er Jahren nicht nur die Assimilationsthese problematisiert, sondern häufig auch die mit der Assimilationsvorstellung verbundene Forschung generell abgelehnt, da das Melting-Pot-Paradigma als Herrschaftsanspruch einer dominierenden Kultur zurückgewiesen wird. Herkunftsbestimmte Identität hingegen wird im sogenannten Minderheitendiskurs und im Rahmen der Kommunitarismusdebatte positiv bewertet (vgl. Imhof 1994).

Insofern hat sich neben dem Assimilationskonzept, das auf sozialkulturelle Homogenität abzielt, verstärkt ein zweites, konkurrierendes Konzept etabliert, das von einer ethnisch-kulturellen Vielfalt als Kennzeichen moderner Gesellschaften ausgeht. Dieses Modell betont, daß auch im ehemals integrationsforcierenden Generationenwechsel ethnische Segmentationen erhalten bleiben und sogar zu einer verstärkenden Politisierung führen können. Während also in dem klassischen Assimilationskonzept der klassische Generationsbegriff im Sinne einer Mannheimschen Homogenität von Generationszusammenhängen wie selbstverständlich Verwendung fand und den Fokus von Erklärungsmustern abgab, werden neuere Migrationstheorien durch eine komplexe Realität von De- und Re-Ethnisierungstendenzen innerhalb einer Epoche und sogar innerhalb spezieller ethnischer Subgruppen gezwungen, nach neuen Erklärungsansätzen zu suchen. Das Konzept der 'Generation' kann innerhalb dieser Erklärungsansätze durchaus noch seine Berechtigung haben, es reicht allein jedoch nicht mehr aus.

2 Zur Situation von 'Ausländern' in der Bundesrepublik Deutschland

Die Bundesrepublik Deutschland gehört seit den 60er Jahren zu den Industriestaaten mit einer sehr hohen Einwanderungsquote. Anders als in den klassischen Einwanderungsländern sollten jedoch die sogenannten 'Gastarbeiter' nur auf begrenzte Dauer ein Aufenthaltsrecht erhalten. In Politik und Wirtschaft war damals die Rede vom 'Rotationsmodell', um, wie sich der damalige baden-württembergische Ministerpräsident Filbinger ausdrückte, „den rotierenden Ex- und Import jeweils 'junger, frischer' Gastarbeiter" (zitiert nach: Thränhardt 1984, 123) zu ermöglichen. Dieses Modell erwies sich indes schon sehr bald für beide Seiten, für Arbeitgeber und ausländische Arbeitnehmer, als untauglich, da es sich zum einen nicht in der Lebenspraxis bewährte und zum anderen nicht den Anforderungen eines modernen Arbeitsmarktes entsprach (vgl. Treibel 1990). Die Entscheidung, einen längeren Aufenthalt zu wählen, basierte für die sogenannte 'erste Generation' von 'Gastarbeitern', also insbesondere für diejenigen, die bis zum Anwerbestopp 1973 eingereist sind, zum einen auf der aktiven Anwerbepolitik bzw. dem Interesse an Vollbeschäftigung der Bundesrepublik, zum anderen lagen neben diesen 'pull'-Faktoren aber auch 'push'-Faktoren (vgl. Lee 1972) vor, nämlich die dürftige ökonomische und soziale Situation der - meist an der Peripherie Europas liegenden - Heimatländer. Daneben war die Migration teilweise aber auch motiviert durch instabile politische Situationen in den Herkunftsländern, dem Wunsch nach ökonomischer, beruflicher und sozialer Statusverbesserung, dem Wunsch nach Vorsorge für die Zukunft (oftmals ausgerichtet auf die Herkunftsländer) sowie dem Wunsch nach besserer Ausbildung. Nach dem Anwerbestopp Anfang der 70er Jahre prägte dann der Familiennachzug die Einwanderung, was aufgrund der reglementierenden Politik gegenüber Nicht-EG-Ländern vor allem zu einem Zuwachs der türkischsprachigen Zuwanderer führte, die inzwischen die größte Gruppe bilden. Aus dem anfänglich ökonomischen Projekt Migration wurde Schritt für Schritt für die Betroffenen ein Lebensprojekt, das auch die Zukunftsperspektive der Migranten veränderte, denn der als kurzfristig und temporär geplante Lebensabschnitt in der Fremde entwickelte sich zunehmend zu einem - häufig zeitlich offen gehaltenen - Dauerzustand. Während man in den 60er Jahren also noch von 'Gastarbeitern' sprechen konnte, war dies zu dem Zeitpunkt nicht mehr möglich, als Familienmitglieder nachgeholt, im Aufnahmeland Familien gegründet und private Beziehungen geknüpft wurden und damit die Niederlassung auf Dauer Realität wurde. Infolgedessen veränderte sich nun - rückwirkend - auch die Terminologie für die vormaligen Arbeits-Migranten. Neben der 'ersten' Generation werden die hier geborenen Gastarbeiterkinder bzw. -enkel seither als 'zweite' und 'dritte' Generation bezeichnet (vgl. Treibel 1990).

2.1 Kultur und Generation

Seit den 70er Jahren finden in erziehungswissenschaftlichen Diskursen bei der Bearbeitung des Themas 'Migranten' meist spezifische Problemlagen bzw. spezifische kulturelle Besonderheiten dieser Gruppen Berücksichtigung. Die traditionelle 'Ausländerpädagogik' setzte sich dabei das Ziel, durch den Abbau sprachlicher und sozialisationsbedingter Defizite die Voraussetzungen für eine gelingende Integration von Migrantenkindern zu schaffen, die mit Hilfe einer kompensatorischen Erziehungspraxis erreicht werden sollte. Nach der Abwendung dieser Defizithypothese und der Einsicht in die Irreversibilität der Zuwanderung und ihrer Auswirkungen auf die Aufnahmegesellschaft erhielt das 'Kulturelle' in der Interkulturellen

Pädagogik einen zentralen Stellenwert, da diese 'engagierte' Pädagogik ihre Aufgabenstellung in der vermittelnden Intervention zwischen Vertretern unterschiedlicher kultureller Traditionen und ethnischen Gruppen sieht (vgl. Kiesel 1997). Dabei gibt es in der Einschätzung des 'Kulturellen' als Basis des pädagogischen Handelns erhebliche Differenzen, die von den Extremen eines problematischen 'Kulturgegensatzes', der die Einheit der Gesellschaft gefährdet, bis hin zur differenten Kultur als positiver gesellschaftlicher Bereicherung reichen.

Die Betonung von *Kulturdifferenzen*, die den 'Fremden' bzw. den 'Ausländern' eine besondere Stellung hinsichtlich ihrer differenten Kultur mit anderen Sozialisationserfahrungen attestiert, prägte lange Zeit die Diskussion. Insbesondere Schrader/Nikles/Griese (1979) betrachteten Eingliederung unter dem Aspekt einer kulturellen De- bzw. Resozialisation. Die vermeintliche Kulturdifferenz dient in diesem Sinne als Grundlage zur Einschätzung und Bewertung der Assimilationsdisposition in bezug auf das Aufnahmeland. In dieser Sichtweise wird angenommen, daß die nationalethnisch determinierte soziale Rolle nach ihrer vollständigen Ausbildung nicht mehr veränderbar sei. Folglich sind dann am wenigsten Schwierigkeiten zu erwarten, wenn sich eine Basispersönlichkeit bereits im Herkunftsland entwickeln konnte und diese in Form einer Identität als 'Ausländer' im Aufnahmeland bewahrt bleibt. Die 'erste' Generation der Migranten ist in dieser Perspektive von einer Assimilation im Aufnahmeland ausgeschlossen. Bei der 'zweiten' Generation hingegen, die aufgrund der Migration in jungen Jahren keine ungebrochene Enkulturation in einem Land erlebte, geht man davon aus, sie wäre 'zerrissen' zwischen den Kulturen und könnte keine 'volle kulturelle Identität' entwickeln. Diese Personengruppe, so die Annahme, sei durch ein 'Enkulturationsdefizit' gekennzeichnet, mit der Konsequenz, daß nun „von einer kulturell diffusen Rolle und einer kulturell diffusen Basispersönlichkeit" (ebd., 68) gesprochen wird, die von identitären - und das heißt: *kultur*identitären Problemen gekennzeichnet ist. In ähnlicher Weise argumentieren auch die *Modernitätsdifferenzhypothesen*, die einen vermuten Nachholbedarf im Hinblick auf die gesellschaftliche Entwicklung des Aufnahmelandes unterstellen. Die Situation für Migranten wird dann im Sinne einer zweiten Kindheit gedeutet, denn bevor eine Integration vollständig gelingen kann, muß zuerst der brisante sozio-kulturelle Rückstand aufgeholt werden.

Die Betonung von Kultur- und Modernitätsdifferenzen führte, so Hamburger (1997), in der ausländerpädagogischen Diskussion zu einem „Elendsdiskurs", in dem immer wieder auf die Belastungspotentiale hingewiesen wird, die aufgrund des 'Kulturschocks' und aufgrund kultureller Identitätskrisen entstünden. Dadurch wird die Vorstellung suggeriert, Migranten seien durchweg Opfer der Migrationssituation, die von dauerhaften Orientierungsschwierigkeiten gekennzeichnet sei (vgl. Kiesel 1997). Diese Debatten betreffen gegenwärtig vor allem Migrantenjugendliche der zweiten und dritten Generation. Bei ihnen werden Identitätsstörungen konstatiert, die als eine Folge von kultureller Zerrissenheit zwischen Traditionellem und neuen Lebensformen in der Aufnahmegesellschaft konstatiert werden (vgl. Essinger/Hellmich 1981).

Die Kultur- und Modernitätsdifferenzhypothese unterstellt allerdings eine kulturelle Distanz, die auf die heutigen Aus- und Einwandererländer nicht mehr zutrifft und die zudem auf einem Ethnozentrismus beruht, der den Integrationsdruck erst fundiert und erhöht (vgl. Bukow/Llaryora 1993). Hamburger (1997) hält diese Hypothesen vor allem deshalb für kritikwürdig, da ihnen Vorstellungen von geschlossenen und dichotomen kulturellen Sphären zugrundeliegen und sie zugleich als Medium sozialer Definition von Wirklichkeit dienen. Trotzdem dominieren immer wieder auf der Basis eines 'Kulturkonfliktes' die spezifischen Problemlagen vor allem der 'zweiten' und 'dritten' Generation die Diskussion. Gängige Thesen beziehen sich vor allem bei türkischen Migranten, denen eine besonders hohe 'Kulturdifferenz' attestiert wird, auf Schwierigkeiten mit patriachalen Familienstrukturen, der fehlenden Sozialisationskapazität der Migrantenfamilie, Identitätsstörungen und Identitätskonflikte (vgl. Boos-Nünning 1994).

Diese Ansätze, die ausgehend von vermeintlich einheitlichen kulturellen Gegebenheiten problembehaftete Konsequenzen für ganze Generationen von Migranten ziehen, geraten zunehmend in die Kritik, da sie zu wenig die Voraussetzungen moderner Gesellschaften berücksichtigen im Hinblick auf Individualisierungstendenzen, die eine Verabschiedung eines einheitlichen Generationenbegriffs nahelegen und der individuellen, biographischen Gestaltung von Identität mehr Spielraum lassen.[2] In diesem Zusammenhang hat Hamburger eine Gegenthese zum Identitätsdiffusionsdiskurs aufgestellt: „Das Leben in zwei Kulturen enthält Entwicklungsanreize, die als Anregungen zum Vergleich zwischen jeweils mindestens zwei Handlungs- und Interpretationsmodellen wahrgenommen werden und die nicht zu einer möglicherweise unbewußten Unterordnung unter ein Modell, sondern zur reflexiven Wahl einer Alternative veranlassen. Wenn sich dabei zwei Anforderungen kontradiktorisch gegenüberstehen, kann dieses Dilemma zur kreativen Herausbildung einer prinzipienorientierten Synthese provozieren. Migration muß deshalb als Chance des Kulturfortschritts definiert werden, vor allem aber im Hinblick auf die Ermöglichung von Handlungsautonomie untersucht

---

2 Auch Forschungsansätze, die weniger in der 'Interkulturellen' Tradition stehen, sondern bspw. 'Streß' untersuchen, reproduzieren immer wieder das Stereotyp des „Entwurzelungssyndroms" und den „Verlust der Identität" (Bündel/Hurrelmann 1995, 294), so daß am Ende eines solchermaßen vorstrukturierten Forschungsprozesses festgehalten werden kann „daß viele ausländische Jugendliche eine hohe emotionale Anspannung empfinden, psychosomatische Störungen entwickeln und oftmals ein Bewältigungsverhalten zeigen, das vor allem, was die Mädchen betrifft, als passiv und evasiv - meidend anzusetzen ist" (ebd., 310).

werden" (Hamburger 1997, 153). Konsequenterweise rücken damit biographische Sinnressourcen stärker in den Mittelpunkt, deren Rekonstruktion den Lebenslauf nicht mehr als Reproduktion festgefahrener Strukturen begreifen kann. Die 'Generationenlage' kann dann nicht mehr einheitlich angenommen werden, da nicht nur 'Alter' und 'Kultur' die stetige Neuentwicklung von routinisierten Alltagshandlungen beeinflussen.

2.2 Eingliederung und Generation

Mit der wachsenden Anzahl von Migranten und der zunehmenden Absehbarkeit eines zeitlich längeren Aufenthaltes bzw. eines dauerhaften Wohnortwechsels läßt sich seit Ende der 60er Jahre auch ein verstärktes Bemühen verzeichnen, im Rahmen allgemeiner mikro- oder makrosoziologischer Theorien die Determinanten dieser Migration zu bestimmen (vgl. etwa Kottwitz/Vanberg 1970/71; Hoffmann-Nowottny 1973; Albrecht 1972). Einen wichtigen theoretischen Beitrag stellt für die bundesdeutsche Diskussion das Assimilationsmodell von Esser (1980) dar, das in Erweiterung der Theorie von Eisenstadt (1954) beansprucht, Determinanten und Prozesse der Eingliederung zu rekonstruieren sowie Folgen und Funktionen der Eingliederung zu benennen[3] (vgl. Esser 1980, 13). Esser versteht unter Assimilation den Zustand der Ähnlichkeit der Migranten in Handlungsweisen, Orientierungen und interaktiven Verflechtungen im Aufnahmeland. Assimilative Handlungen werden für ihn um so wahrscheinlicher, je positiver die Einstellungen der Migranten gegenüber dem Einwanderungsland sind und je geringer mögliche Widerstände bzw. Hindernisse in der Umgebung (z.B. Diskriminierung) sind. Dabei unterscheidet Esser vier mögliche Dimensionen von Assimilation: Die *kognitive* Assimilation bezeichnet die Angleichung in Wissen und Mittelbeherrschung, insbesondere hinsichtlich Sprachfertigkeiten, Verhaltenssicherheit, Regelkompetenz für Gestik und Gebräuche, Normenkenntnis und Situationserkennung. Wie wichtig der Spracherwerb ist, kommt auch in der Metapher des 'Sprechens einer gemeinsamen Sprache' zum Ausdruck, in der deutlich wird, daß der Sprache auch eine symbolische Funktion zukommt (vgl. auch: Kummer 1990). Letztlich sind die Sprachkenntnisse zentral für die soziale Assimilation. *Soziale* Assimilation meint formelle und informelle interethnische Kontakte, De-Segregation und Partizipation an Einrichtungen der Aufnahmegesell-

---

[3] Das Grundkonzept von Esser stützt sich dabei auf zwei Ebenen, zum einen auf die *Person,* worunter die Motivation der assimilativen Handlung in Relation zur Zielsituation verstanden wird sowie die subjektiven Erwartungen zwischen verschiedenen Situationen und Handlungen und die Erfolgseinschätzung in bezug auf die wahrgenommenen Kosten assimilativer Handlungen. Zum anderen beinhaltet das Konzept *Umwelt-Variablen,* worunter Esser Handlungsopportunitäten, Barrieren und externe Faktoren faßt

schaft, womit also das Ausmaß der Aufnahme interethnischer Kontakte ausgedrückt wird. *Strukturelle* Assimilation meint das Eindringen der Migranten in das Status- und Institutionengefüge des Aufnahmesystems, insbesondere über Einkommen, Berufsprestige, Positionsbesetzung und vertikale Mobilität. Die *identifikative* Assimilation äußert sich in der Wertschätzung von Elementen der Aufnahmekultur, worunter die gefühlsmäßige Assimilation und ein Wandel in der ethnischen Zugehörigkeitsdefinition zählen, Naturalisierungsabsichten und sinkende Rückkehrabsicht, aber auch die Beibehaltung ethnischer Gebräuche und das politische Verhalten.

Das Assimilationsmodell Essers kann im Grunde als temporaler Prozeß verstanden werden. Um dem Problem der eindeutigen Zielgerichtetheit der Angleichung zu entgehen und um Assimilationsunterschiede erklären zu können, unterscheidet Esser in seinen empirischen Untersuchungen genau nach Wirkungszusammenhängen, indem er bspw. zwischen den verschiedenen Migranten und Ethnien differenziert und auf die Bedeutung der Sprachkompetenz, der Schulbildung, der Aufenthaltsdauer, des Einreisealters, der Familiensituation und auf interethnische Kontakte hinweist, vor deren Hintergrund eine Neuorientierung im Aufnahmeland zu sehen ist (vgl. Esser 1989; Esser/Friedrichs 1990).

In Anlehnung an Essers Assimilationsmodell stellt Treibel (1990) verschiedene Forschungsergebnisse zu den unterschiedlichen Dimensionen des Eingliederungsprozesses dar und nutzt hierfür die tradierte Generationsbezeichnung der Migrationsforschung. Insgesamt kommt sie zu dem Schluß, daß weder bei der ersten noch bei den Folgegenerationen eine vollständige und damit (identifikative) Assimilation stattgefunden hat. Unterschiede zwischen den Generationen konstatiert sie allerdings in bezug auf den Anpassungs- und Modernisierungsdruck, den sie für die *erste* Generation für höher einschätzt, da diese Gruppe in Habitus und Sprache auffälliger als die *zweite* Generation sei. Auch in bezug auf die Funktion der *ethnic communities* stellt sie Unterschiede fest. Während für die *erste* Generation die Bedeutung der Herkunftsgesellschaft zunächst noch sehr groß war, kennen die Angehörigen der Folgegenerationen die Herkunftsländer (der Eltern) meist nur noch aus Besuchen in den Ferien. Bezugspunkte für die Folgegeneration sind dann nicht mehr die Herkunftsländer, sondern die 'communities' (Eltern, ethnischer Freundeskreis, Medien), die Vorstellungen und Aspirationen im Hinblick auf das Aufnahmeland verstärkt zulassen. Der verwendete Generationenbegriff wird aber auch von Treibel als eher schwach aussagefähig eingeschätzt, da sie schon bei der *ersten* Generation sehr unterschiedliche Verläufe hinsichtlich des Anpassungsprozesses feststellt.

Insgesamt muß festgestellt werden, daß die 'Generationenvariable' nur einen Teil der spezifischen Migrationssituation erklärt. Aufgrund eines Nationalitätenvergleichs zwischen türkischen und jugoslawischen Migranten kommt Esser (1990) zu dem Ergebnis, daß von einem universellen „Generationszyklus" keine Rede sein kann. Indes verweist er darauf, daß sich Generationszugehörigkeit in erster Linie als Ressourcen-Effekt, Nationalitäten-Zugehörigkeit indes vor allem als Aufwands-Effekt auswirkt. Ob sich ethnische Gruppen über die Generationen hinweg assimilieren oder nicht, hängt für ihn von jeweils vorliegenden Rahmenbedingungen des Handelns der beteiligten Akteure ab. Anders ausgedrückt: „'Unter bestimmten Bedingungen' ist die Assimilation von Migranten in der Tat (nur) eine Frage der Zeit. Nämlich dann, wenn der Aufwand für interethnische Beziehungen - zeitabhängig - sinkt, wenn also die kollektiven Opportunitäten und individuellen Fertigkeiten für interethnische Beziehungen zunehmen *und* (gleichzeitig) die externen Distanzen und die internen Barrieren abnehmen. Für absolute Handlungen (wie Spracherwerb) reicht dabei die Vermehrung von Opportunitäten allein schon aus, bei reaktiven Handlungen dagegen nicht. Schon allein von daher ist die Eingliederung in den Sekundärbereich eher (nur) zeit- und generationsabhängig, während der Primärbereich (Freundschaften, Heiraten, Identifikationen) selbst bei völliger Assimilation im Sekundärbereich auch auf Dauer segmentiert bleiben kann" (Esser 1990, 99). Die Generationseffekte sind in den Untersuchungen deshalb so schwach, da Faktoren gesellschaftlicher Differenzierungen und damit die Diversifikation von individuellen Lern- und Sozialisationsbiographien, die Abnahme von inter- und intraindividuell stabilen Handlungsbezügen und die zunehmende Bedeutung individueller Situationsdefinitionen einen größeren Einfluß auf die Migranten einnehmen als die 'Herkunftskultur' und die Generationenabfolge (vgl. Hill 1990).

3 Generationen und Migration bei Aussiedlern

Seit Anfang der 90er Jahre zählt in der Bundesrepublik die Gruppe der Aussiedler zu den 'neuen' Migranten, mit z.T. erheblichen Zuzugsquoten pro Jahr. Über den Zusammenbruch der osteuropäischen, sozialistischen Systeme realisierte in dieser Zeit die Geschichte eine rhetorisch-politisch instrumentalisierte Forderungen aller Nachkriegsregierungen nach einer Rückkehr von Aussiedlern in unvorhergesehener Weise. Während bis in die achtziger Jahre hinein nur relativ wenige Aussiedler pro Jahr in die Bundesrepublik ausreisen konnten, änderte sich dies durch die politischen Umwälzungen in Osteuropa. So sind in den letzten zehn Jahren über 2,3 Millionen Aussiedler Bundesbürger geworden, wobei 1990 die höchste Einwanderung zu verzeichnen war. Im Laufe der 90er Jahre ist jedoch auf die jährliche Quote gesunken (weniger als 200.000 Personen), mit abnehmender Tendenz (vgl. INFO-DIENST 1997).

Aussiedler als neue Migrantengruppe zu definieren, ist nicht unproblematisch, da die betroffenen Personen formalrechtlich Deutsche sind. Aussiedler erhalten nach ihrer Anerkennung die deutsche Staatsbürgerschaft und sind damit den 'Deutschen' rechtlich gleichgestellt. Der rechtliche Status von Aussiedlern darf jedoch nicht, wie die Geschichte der verschiedenen Aussiedlergruppen zeigt, mit einer einheitlichen ethnischen Selbstidentifikation als 'Deutsche' gleichgesetzt werden. Denn gerade für die Nachkriegsgenerationen hat sich das Minoritätenbewußtsein in den Herkunftsländern unterschiedlich stark ausgeprägt und zeichnet sich durch eine differierende Relevanz im Alltagsleben aus.

Insofern wandelten sich die *persönlichen Selbstzuschreibungen* der Aussiedler in den letzten Jahren. Am deutlichsten waren diese generativen Veränderungsprozesse Anfang der 90er Jahre bei den jugendlichen Aussiedlern aus Polen feststellbar, und dasselbe trifft heute tendenziell auch für die Jugendlichen aus der ehemaligen SU zu: Die jungen Aussiedlerinnen und Aussiedler verfügen über so gut wie keine deutschen Sprachkenntnisse mehr und waren fest in die Herkunftsgesellschaft integriert. Geändert haben sich jedoch auch die *gesellschaftlichen Aufnahmebedingungen*. So ist die Bundesrepublik heute eine sozialkulturell pluralisierte Gesellschaft, die intern eine gewisse 'Gleichgültigkeit' gegenüber binnenkulturellen Differenzen entwickelt (vgl. Radtke 1991; Sander 1998), wenngleich nicht unbedingt gegenüber ethnischen Differenzen. Denn das Verhältnis gegenüber 'Fremden' hat sich in Deutschland in den letzten Jahren durchaus ambivalent entwickelt. Das hat sich Ende der 80er und Anfang der 90er Jahre gerade auch in bezug auf Aussiedler gezeigt. Die steigenden Immigrationszahlen haben Aussiedler in der Öffentlichkeit zu einer beachteten Gruppierung werden lassen, die in die Debatten um Zuzugsbeschränkungen mit einbezogen und von ausländerfeindlichen Haltungen und Gewalttaten betroffen wurde. Die langanhaltende Thematisierung eines 'Problems Ausländer, Asylanten und Aussiedler' in den Medien (vgl. Jaschke 1992; Meister 1998, Sander/Meister 1997, Schönbach 1993) muß dabei als Erschwernis für eine rasche Integration gewertet werden, genauso wie die mangelnde Akzeptanz von Aussiedlern in der Bevölkerung. Neben diesen gesellschaftlichen Aufnahmebedingungen veränderten sich in den letzten Jahren als eine weitere Rahmenbedingung für Integration auch die *Gruppenfigurationen* von Aussiedlern. Aufgrund der gestiegenen Zuwandererzahlen finden Neuankömmlinge konsolidierte ethnische Gruppenformationen von bereits ansässigen Aussiedlern vor und können sich, anders als zu Beginn der 90er Jahre, in eine schon bestehende ethnische Segregation der Gesellschaft einfügen. Die Konstitution 'ethnischer Gemeinden' verschiedener Aussiedlergruppen hat dazu geführt, daß sich die Akkulturationsbedingungen nun grundsätzlich von denen in den 60er und 70er Jahren unterscheiden, als die Zuzugsquoten sehr gering waren (vgl. Meister 1997).

Bis in die 80er Jahre war die Personen-Assimilierung bei Aussiedlern kaum Thema wissenschaftlicher Diskussionen. Aufgrund der 'eindeutigen' Zugehörigkeit zur deutschen Nationalität und der, nach der Anerkennung, rechtlichen Gleichstellung ging man idealisierend davon aus, daß eine 'Absorption' (vgl. Eisenstadt 1954) schon bei der ersten Aussiedlergeneration innerhalb kürzester Zeit erfolgen könne. Zudem boten die gesellschaftlichen 'Umwelt-Variablen' im Esserschen Sinne (vgl. Fußnote 3) kaum Barrieren, da aufgrund der niedrigen Zuzugsquoten und der geringen öffentlichen Aufmerksamkeit wenig soziale Schwierigkeiten im Sinne von gruppenspezifischen Diskriminierungen oder Vorurteilen auf Seiten der Einheimischen vorhanden waren.

Erst seit den 80er Jahren wird immer deutlicher, daß der unterstellte 'Automatismus' der Assimilierung von Aussiedlern anscheinend mit der Realität kollidiert (vgl.; Bauer 1991; Herwartz-Emden 1997; Schierholz 1991). Dies hängt u.a. mit den hohen Migrationszahlen seit Ende der 80er Jahre zusammen, über die Aussiedler in der Öffentlichkeit von einem xenophoben Thematisierungsschub erfaßt und aufgrund ihrer mangelnden deutschen Sprachkenntnisse und ihres Habitus von den 'Etablierten' als 'Außenseiter' (vgl. Elias/Scotson 1990) gelabelt wurden. Diese wachsende Fremdenfeindlichkeit in Kombination mit steigender Arbeitslosigkeit, Konkurrenzdruck, einem hohem Anforderungsprofil in der Arbeitswelt etc. läuft heute einer quasi automatischen Integration zuwider. So müssen aufgrund der heutigen veränderten Rahmenbedingungen bei Aussiedlern ähnliche Phänomene in puncto Akkulturationsschwierigkeiten angenommen werden, wie sie auch in der Migrationsforschung allgemein in der Diskussion sind (vgl. Bommes/Scherr 1989, 48). Bei Aussiedlern kann also nicht mehr von einem Automatismus der Assimilierung ausgegangen werden, sondern der Prozeß der Integration kann ganz unterschiedliche Akkulturierungsformen annehmen, sei es in Form einer schwach ausgeprägten Ethnisierung oder in Form von segregierten Minoritätenbildungen (vgl. Heckmann 1992). Auch innerhalb einer Migrantengruppe bestimmt dabei die Generationslage nicht mehr unbedingt eine der verschiedenen Akkulturationstypiken; Pluralisierungs- und Biographisierungsprozesse differenzieren somit auch bei Migranten soziale Strukturphänomene. Weiterhin verliert der Integrationsbegriff seine ursprüngliche Eindeutigkeit, wenn er auch Akkulturationsformen meint, die Ethnizität *auf längere Dauer* zu einem persönlichen und kollektiven Identifikationskriterium markieren. Integration bezeichnet dann nicht mehr nur einen Prozeß der *An*passung als sozialkulturelle Vereinheitlichung, sondern weitet sich aus auf Formen einer *Ein*passung, die zentral durch sozialkulturelle Differenz ausgezeichnet sind.[4]

Abschließend soll ein Beispiel vorgestellt werden, an dem deutlich wird, welche Rolle personale, hier: biographische Faktoren bei der Migration und bei der Akkulturation spielen können, ohne daß diese Faktoren in generationsgestufte Phasen der Integration gefaßt werden könnten. In einer qualitativ-empirischen Arbeit[5] haben wir danach gefragt, wie jugendliche Aussiedlerinnen und Aussiedler aus Polen ihre Migration bewältigen und wie sie den damit verbundenen Wechsel ihrer Lebenskontexte in ihre biographischen Selbstkonstruktionen integrieren. Insgesamt verdeutlichen die Analysen, wie radikal die Aussiedlung zunächst den 'Fluß der Gewohnheiten' des alltäglichen Lebens unterbricht, die Jugendlichen dazu zwingt, ihr aktuelles Relevanzsystem zu verändern, soziale Beziehungen aufzugeben, eine neue Sprache zu erlernen und die Lebensplanung unter anderen Vorzeichen fortzusetzen. Das 'kritische Lebensereignis' Migration birgt indes nicht nur Diskontinuitäten, vielmehr können viele anfängliche Unsicherheiten relativ schnell durch den einsetzenden Prozeß einer Renormalisierung im Sinne einer Rückgewinnung eines strukturierten Alltagslebens überwunden werden. Die Jugendlichen können in der Anfangsphase auch über die rasche mediale und konsumptive Eingewöhnung dem Leben in Deutschland durchaus Positives abgewinnen, da sie zum einen an frühere jugendkulturelle Orientierungen und Wünsche anknüpfen können und zum anderen den Eindruck haben, Optionen vorzufinden, um an den Trends der internationalen medialen Kultur partizipieren zu können. Den meisten Jugendlichen gelingt es insgesamt relativ rasch, die Migration so zu bewältigen, daß sie für sich subjektiv ein Gefühl der Sicherheit entwickeln, sowohl die zyklisch wiederkehrenden Routinen des Alltags wie auch ihre persönliche Zukunft irgendwie gestalten und beherrschen zu können. Dieses Bemessen von Integration an den *subjektiven* Einschätzungen der Betroffenen wird bewußt vorgenommen. Es weist auf die Notwendigkeit, in pluralen Gesellschaften das Faktum von Integration auch in der Binnensicht der (Nicht-)Integrierten zu qualifizieren. Integration und Desintegration sind nicht rein objektive Phänomene und damit unabhängig festzustellen, sondern basieren auch auf subjektiven Befindlichkeiten. So können z.B. Selbstethnisierungen und Se-

---

4 Armin Nassehi schlägt deshalb vor, das Begriffspaar Integration/Desintegration fallenzulassen und durch Inklusion/Exklusion zu ersetzen (vgl. Nassehi 1997).
5 Das Projekt wurde an der Universität Bielefeld zwischen 1990 und 1992 durchgeführt. Mit insgesamt 18 jugendlichen polnischen Aussiedlern im Alter zwischen 14 und 20 Jahren wurden jeweils zwei leitfadengestützte Interviews durchgeführt, teilweise auch auf polnisch. Die meisten der Befragten lebten zum ersten Befragungszeitpunkt ca. zwei Jahre in Deutschland. (vgl. Meister/Sander 1992,1996; Meister 1997).

gregationen, klassischerweise Indizien für Desintegration, für die Betroffenen dasselbe Gefühl von 'Heimat' erzeugen wie ein assimilatives Aufgehen in einer Mehrheitskultur.

Die Frage stellt sich dann, welche Faktoren einen solchen subjektiv bewerteten Akkulturierungsprozeß beeinflussen können. Beispielhaft stellen wir auf der Grundlage unseres empirischen Datenmaterial über jugendliche Aussiedler, die mit ihren Familien aus Polen eingewandert sind, Dimensionen biographischer Spielräume vor.

3.1 Biographiekonstruktionen als Schutz gegen migrationsbedingte Friktionen des Lebens

In unserer Untersuchung mit jugendlichen Aussiedlern aus Polen gehörten alle befragten Jugendlichen wie im übrigen auch alle anderen ausgesiedelten Familienmitglieder in die 'erste' Generation von Immigranten. Trotz dieser Gleichheit zeigten sich jedoch zwischen den Eltern und den (jüngeren) Jugendlichen erhebliche Unterschiede in der Art und Weise, ob die Aussiedlung in subjektiver Perspektive problematisch oder unproblematisch erlebt wurde. Als ausschlaggebender Faktor für die subjektive Rekonstruktion der Migration konnten die Esserschen 'wahrgenommenen Kosten' der Migration (vgl. Fußnote 3) herausgearbeitet werden. Diese korrelierten in Höhe und Brisanz mit je unterschiedlichen Phasen der Biographie (hier: Kindheit und Jugend auf der einen Seite und Erwachsenenalter auf der anderen Seite) und beeinflußten so die subjektiven Akkulturationserfahrungen. Wie sich das konkret darstellte, soll im folgenden genauer erläutert werden.

Als ausschlaggebend für eine Migration, die nicht immer als gravierender Bruch gewohnter Routinen des Alltags und antizipierter biographischer Zukunftsstationen auftritt, erweist sich in allen Erzählungen die Tatsache, daß die betroffenen Jugendlichen durchweg *nicht* in die rechtliche und bürokratische Abwicklung der Aussiedlungsformalitäten involviert waren. Das betrifft z.B. den Nachweis der Deutschstämmigkeit sowie alle anderen Formalitäten und Vorbereitungen. Die Jugendlichen werden in Polen mit diesen Vorgängen nicht konfrontiert, da die Eltern aus verschiedenen Gründen versuchten, die Aussiedlung bis zuletzt in ihrer näheren Umgebung geheim zu halten und ihre Kinder erst kurz vor der Aussiedlung zu informieren. Dieses scheinbar belanglose Faktum hat für das Erleben der Migration nun eine immense Bedeutung. Die Eltern setzen sich als 'Initiatoren' der Aussiedlung selbst unter einen hohen Erfolgsdruck: Jede Station der Aussiedlung, jede Veränderung der Lebensumstände wird am Maßstab der 'Verbesserung' gemessen. Da (in unserer Stichprobe) die 'Deutschstämmigkeit' der Aussiedler eher legitimatorischen Charakter für die Aussiedlung hat, greift auch das Argument der 'Rückkehr' in die 'deutsche Heimat' nicht, um mögliche Einschränkungen und Verluste des ehemaligen Lebensstandards wettzumachen. (Antizipierte) Schuldzuweisungen durch die Kinder oder Selbstzweifel der Eltern bleiben in diesem Kontext kaum aus. Die Aussiedlung gilt bei den Eltern als existentielle Entscheidung, für die sie die alleinige Verantwortung tragen. Die Kinder der Aussiedlereltern hingegen können das ganze mit viel mehr Nonchalance angehen. In vielen Erzählungen bekommt die Aussiedlung den Stellenwert einer Urlaubsreise ins Unbekannte, wobei die Jugendlichen sich selbst als passive Mitreisende sehen, die die Dinge erst einmal auf sich zukommen lassen. Dabei fällt die wahrgenommene Kostenbilanz viel positiver aus als bei den Eltern. Eine potentielle Schuldzuweisung als negative Kehrseite der Medaille kann das Debetkonto der Aussiedlung kaum belasten, und auch die biographischen 'Kosten' der Aussiedlung sind geringer als bei den Eltern. Selbstverständlich 'verletzt' die Aussiedlung auch bei den Jugendlichen biographische Zukunftserwartungen. Schulkarrieren werden unterbrochen, berufliche Antizipationen oder private Stationen wie Heirat, Familie und Kinder werden verunsichert und andere bislang von den Jugendlichen kaum reflektierten Selbstverständlichkeiten wie ein weiterer Lebensweg in den vertrauten sozialen Kreisen von Familie, Verwandtschaft und Freunden stehen plötzlich zur Disposition. Anders als die Eltern müssen die Jugendlichen diese 'Kosten' jedoch nicht sofort begleichen. Die Jugendphase als ein zeitlich gestrecktes Moratorium gewährt hier den Kredit, den die Eltern nicht erhalten. Die erwachsenen Aussiedler müssen sich sofort um eine adäquate Wohnung, um einen Arbeitsplatz, die Sicherung der Subsistenz und alle anderen weitreichenden Entscheidungen kümmern. Die Jugendlichen hingegen können die Aussiedlung, wie eine Auster das eingedrungene Sandkorn, biographisch einkapseln und somit ein Stück weit neutralisieren. Diese biographische 'Einkapselung' der Migration gelingt, wie schon angedeutet, aufgrund der speziellen biographischen Phase, in der die Jugendlichen sich befinden. Die jugendlichen Aussiedler, die bei der Ausreise zwischen 14 und 18 Jahren alt sind, können nämlich viele Veränderungen ihres Lebens, die Migration eingeschlossen, in eine biographische Logik der Sequenzfolge von *Kindheit* und *Jugend* bringen. Potentielle 'Kosten' der Migration werden über eine biographische *Synchonisierung* der Aussiedler minimiert. Die jungen Aussiedler plazieren, in der Bundesrepublik angelangt, rekonstruktiv das Ende ihrer biographischen Phase Kindheit so, daß es mit dem Zeitpunkt der Aussiedlung zusammenfällt. Somit können viele biographische Früher-Heute-Unterschiede, die eigentlich durch die Aussiedlung erzeugt werden, biographisch abgefedert und damit in gewisser Weise 'normalisiert' werden. Den Eltern der Jugendlichen stehen solche biographischen Hilfen im Umgang mit Brüchen und Veränderungen nicht zur Verfügung. Ihre biographische Situation als voll Erwachsene, als Eltern und Berufstätige bietet keinen konventionellen Standardeinschnitt, mit dem der Bruch der Aussiedlung biographisch synchronisiert werden könnte.

Die genannten biographischen Rekonstruktionen fördern also die Akzeptanz der Migration und die Bereitschaft, den Lebensabschnitt nach der Migration positiv zu bewerten, wenn es den Jugendlichen gelingt, die 'wahrgenommenen Kosten' der Aussiedlung biographisch zu minimieren. Dies ist dann der Fall, wenn mittels des Übergangs von der Kindheit in die Jugendzeit z.b. ein einigermaßen akzeptabler Zeitpunkt für den Schulwechsel konstatiert werden kann, wenn sich also der Schulwechsel als bewältigbar darstellt, die deutsche Sprache schnell erlernt werden kann und die bereits begonnene Bildungskarriere - mit kleinen Verzögerungen - kontinuiert werden kann. Wenn die Jugendlichen subjektiv den Eindruck haben, daß sie zu einem Zeitpunkt emigriert sind, der potentiell die Chance bietet, die eigene Zukunft noch gestalten zu können, definieren sie für sich den Wohnortwechsel als eine Möglichkeit der 'Selbstoptimierung' (vgl. Fischer/ Fischer 1990). Das heißt für die Jugendlichen auch, daß die alten Kinderfreundschaften nun neuen Beziehungen weichen. Sie stellen sich den 'neuen' Aufgaben der Jugendphase und streben solche Peer-Beziehungen an, die ihrem Lebensstil entsprechen, übernehmen neue Rechte und Pflichten und versuchen auch, den Leistungsanforderungen in der Schule so gerecht zu werden, wie es ihrer Motivation und ihrem Wunsch der späteren beruflichen Plazierung entspricht. Der neue Lebensabschnitt in Deutschland legitimiert für die Jugendlichen dann auch Veränderungen der eigenen Persönlichkeit. D.h. die Jugendlichen selbst definieren für sich die Zeit der Jugend als eine Phase der Identitätsbildung, in der wesentliche Grundlagen für die Ausprägung von Habitus (vgl. Bourdieu 1987), Geschmack, Stil und Bildungseinstellungen gebildet werden. Gerade Veränderungen in diesen Bereichen werden in den Erzählungen der Jugendlichen fast durchgängig thematisiert und reflektiert, insbesondere beim Vergleich mit früheren Freunden, um entstandene Differenzen deutlich zu machen. Die Veränderungen in sozialer und kultureller Hinsicht, Wandlungen von Zukunftsperspektiven und Persönlichkeitsveränderungen stellen für die Jugendlichen nun 'natürliche' Wandlungsprozesse innerhalb einer neuen Statuspassage dar, die gleichzeitig ihre Distanzierung vom Herkunftsland vergrößert. So läßt die jugendtypische Gestaltungsoffenheit der Zukunft biographisch vieles als möglich und bewältigbar erscheinen.

Schon für ältere Jugendliche wird eine solche 'paßgenau' Synchronisierung der Aussiedlung mit biographischen Phasen schwierig. Die wahrgenommenen 'Kosten' wachsen deutlich an und die eingeschränkte biographische Offenheit der persönlichen Zukunft markiert die potentiellen Risiken der Aussiedlung. Etwa ab dem Einreisealter von 17 Jahren können die Jugendlichen nicht mehr ihre gesamte biographische Phase der Jugend dem Leben in Deutschland zuordnen. In diesem Alter setzen die Zwänge des

Lebens ein, die in die 'biographischen Zugzwänge' des Erwachsenenalters führen: Beruf, Beziehung, Karriere etc. In diesem Alter kommt es deshalb häufiger zu dem Eindruck, die Aussiedlung würde zu 'biographischen Verspätungen' führen. So birgt der migrationsbedingte Rückschritt in der Ausbildungssituation die Gefahr, Übergänge 'off-time' zu beschreiten und damit Konzeptionen der Jugendlichen über die Altersadäquanz bestimmter Lebensereignisse und -übergänge nicht mehr einhalten zu können (vgl. Atchley 1975). Ängste beziehen sich hier zum einen auf einen zeitlich akzeptablen Übergang zur Phase der Familiengründung, die besonders vehement von Mädchen in verlängerten Ausbildungssituationen geäußert werden. Zum anderen sehen die Jugendlichen die Gefahr, ihre Bildungs- bzw. Berufskarriere nicht wunschgemäß verwirklichen zu können. Dadurch entsteht für sie ein hoher Leistungs- und Entscheidungsdruck mit deutlichen antizipierten 'Kosten': Die Aussiedlung droht aus 'jungen Frauen', die (in ihrer Selbstsicht) eigentlich schon heiraten sollten, 'alte Jungfern' zu machen; Studienabsichten scheitern an der fehlenden (deutschen) Hochschulreife; und die Kontingenzen externer Zufälle dirigieren die Jugendlichen am Scheideweg zum Erwachsenenalter in eine ungewisse Zukunft.

Die älteren Jugendlichen stehen also vor dem Problem, mit der Situation umzugehen, daß sich ihre biographische Zukunft gerade zu dem Zeitpunkt ungewollt und ungeplant verselbständigt, an dem die Weichen für das spätere Leben gestellt werden. Um jetzt Disopportunitäten möglichst gering zu halten und Zukunftsmöglichkeiten der Jugendphase beizubehalten, entwickeln die älteren Jugendlichen biographische 'Fluchtstrategien', um die Folgen der Aussiedlung möglichst doch noch in eine gewünschte Richtung zu lenken. Allerdings sind die biographischen 'Kosten' dafür hoch. Eine Möglichkeit besteht z.B. darin, Individualisierungstendenzen der (westdeutschen) Jugendphase auch für sich zu reklamieren und die ehemaligen biographischen 'Normalerwartungen' an Heirat, Familie und eigene Kinder gegen eine postadoleszente Singleexistenz einzutauschen. Diese Denk- und Handlungsmuster repräsentieren einen Kotau vor den neuen Verhältnissen als Fait accompli und führen in eine Art erzwungene Assimilierung. Andererseits fühlen sich aber auch viele ältere Aussiedlerjugendliche überfordert, die 'biographischen Kosten' der Migration zu übernehmen, und reagieren (wie manche Eltern) mit affektiven Störungen und Rückzug (vgl. Meister 1997, 183ff.).

Vor dem Hintergrund der unterschiedlicher 'Kostenantizipationen' und unterschiedlicher biographischer Bewältigungsmuster können insofern dieselben 'objektiven' Migrationserfahrungen einer Migrantengruppe eine völlig andere subjektive Integrationsperspektive erzeugen. Und das heißt: Es gibt keine Generatio aequivoca von Migrationsphänomenen, die etwa über die Kategorie der Generation allgemein beschreibbar wären. Mikro- und makrosoziologische Betrachtungen zeigen, daß die Integration von Migranten von vielen Faktoren abhängt und unterschiedliche Formen annehmen kann. Besonders eine biographische Perspektive legt hierbei auch Parallelen zwischen Migranten und Autochthonen frei, 'desintegrieren' biographische Friktionen wie Arbeitslosigkeit, Perspektivlosigkeit u.ä. auch 'deutsche' Jugendliche im Sinne eines subjektiven Gefühls der gesellschaftlichen Zugehörigkeit und Eingebundenheit. Ethnizität bleibt damit auch nicht nur eine Kategorie von Migrationsereignissen; Defiziterfahrungen und 'Kostenkalküle' der Autochthonen führen, wie die historische Erfahrung zeigt, schnell in die Suche nach den vermeintlich Schuldigen - und diese werden häufig unter 'Fremden' gefunden, ganz gleich wie fremd die Fremden sich tatsächlich fühlen.

Literatur

Albrecht, G.: Soziologie der geographischen Mobilität. Stuttgart 1972
Atchley, R.C.: The life-course, agegrading, and agelinked demands for decion making. In: Datan, N.; Ginsberg, L.H. (Ed.): Life-span developmental psychology. New York 1975, 261-278
Bauer, M.: Zwischen Orientierung und Hoffnungslosigkeit. Junge Aussiedler und ihre Probleme. In: deutsche jugend, 7-8, 1991, 344-348
Bellah, R. N. et al.: Gewohnheiten des Herzens. Individualismus und Gemeinsinn in der amerikanischen Gesellschaft, Köln 1987
Bommes, M.; Scherr, A.: Die soziale Konstruktion des Fremden. In: vorgänge, Jg. 29, H. 103, 1989, 40 - 50
Boos-Nünning, U.: Türkische Familien in Deutschland. In: Luchtenberg, S.; Nieke, W.(Hrsg.): Interkulturelle Pädagogik und Europäische Dimension. Münster/ New York 1994, 5-24
Bourdieu, P.: Die feinen Unterschiede, Frankfurt/M. 1987
Braungart, R.G.: Historical Generations and Generation Units. In: Journal of Political and Military Sociology, 12/ 1, 1984, 113-135
Bukow, W.-D.; Llaryora, R.: Mitbürger aus der Fremde. Opladen 1993
Bündel, H.; Hurrelmann, K.: Akkulturation und Minoritäten. In: Trommerdorf, G. (Hrsg.): Kindheit und Jugend in verschiedenen Kulturen. Entwicklung und Sozialisation in kulturvergleichender Sicht. Weinheim/München 1995, 293-313
Eisenstadt, S.N.: The Absorption of Immigrants. London 1954
Elias, N.; Scotson, J.L: Etablierte und Außenseiter. Frankfurt/M. 1990
Esser, H.: Aspekte der Wanderungssoziologie. Darmstadt 1980
Esser, H.: Ethnische Differenzierung und moderne Gesellschaft. In: Zeitschrift für Soziologie, 17, H4, 1988, 235-248
Esser, H.: Die Eingliederung der zweiten Generation. Zur Erklärung „kultureller" Differenzen. In: Zeitschrift für Soziologie, 18, H.6, 1989, 426 - 443

Esser, H.: Nur eine Frage der Zeit? Zur Eingliederung von Migranten im Generationen-Zyklus und zu einer Möglichkeit, Unterschiede hierin zu erklären. In: Esser, H.; Friedrichs, J. (Hrsg.): Generation und Identität. Opladen 1990, 127-146

Esser, H.; Friedrichs, J. (Hrsg.): Generation und Identität, Opladen 1990

Essinger, H.; Hellmich, A.: Unterrichtsmaterialien und -medien für eine Interkulturelle Erziehung. In: Essinger, H. u.a. (Hrsg.): Ausländerkinder im Konflikt. Königstein 1981

Feagin, J.R.: Theorien der rassischen und ethnischen Beziehungen in den Vereinigten Staaten: Eine kritische und vergleichende Analyse, in: Dittrich, E.J.; Radtke, F.-O. (Hrsg.): Ethnizität. Opladen 1990, 85-118

Fend, H.: Sozialgeschichte des Aufwachsens. Frankfurt 1988

Fischer, M.; Fischer, U.: Wohnortwechsel und Verlust der Ortsidentität. In: Filipp, S.-H. (Hrsg.): Kritische Lebensereignisse. München 1990 (2. erw. Aufl.), 139-155

Fukuyama, F.: „Das Ende der Geschichte". Wo stehen wir?.München 1992

Gordon, M. M.: Assimilation in American Life. New York 1964

Hamburger, F.: Kulturelle Produktivität durch komparative Kompetenz. In: Tagungsband Konferenz „Folgen der Arbeitsmigration für Bildung und Erziehung. Bonn 20-22. März 1997, 151-163

Heckmann, F.: Ethnos, Demos und Nation oder: Woher stammt die Intoleranz des Nationalstaats gegenüber ethnischen Minderheiten? In: Bielefeld, U. (Hrsg.): Das Eigene und das Fremde. Hamburg 1991, 51-78

Heckmann, F.: Ethnische Minderheiten, Volk und Nation. Stuttgart 1992

Helsper, W. (Hrsg.): Jugend zwischen Moderne und Postmoderne. Opladen 1991

Herrmann, U.: Das Konzept der 'Generation'. In: Neue Sammlung 27, 1987, 364-377

Herwartz-Emden, L.: Erziehung und Sozialisation in Aussiedlerfamilien. In: Aus Politik und Zeitgeschichte, 8/97, 7. Febr. 1997, 3-9

Hill, P.B.: Kulturelle Inkonsistenz und Streß bei der zweiten Generation. In: Esser, H./Friedrichs, J. (Hrsg.): Generation und Identität, Opladen 1990, 101-126

Hoffmann-Nowotny, H.-J.: Soziologie des Fremdarbeiterproblems. Stuttgart 1973

Imhof, K.: Minderheitensoziologie. In: Kerber; Schmieder (Hrsg.): Spezielle Soziologien, Reinbek 1994, 407 - 423

Info-Dienst Deutsche Aussiedler. Zahlen, Daten Fakten, Bonn September 1997

Jaschke, H.G.: Fremdenfeindlichkeit, Rechtsextremismus und das Fernsehen. In: Inst. f. Sozialforsch. (Hrsg.): Aspekte der Fremdenfeindlichkeit. Frankfurt a.M. 1992

Kiesel, D.: Migration und Kultur - zur Kulturalismusdebatte in der Interkulturellen Pädagogik. In: Tagungsband Konferenz „Folgen der Arbeitsmigration für Bildung und Erziehung, Bonn 20-22. März 1997, 213-237

Kottwitz, G./Vanberg, M: Ein Modell der Wanderungsentscheidung. TU Berlin, Arbeitshefte 4, 1971/72

Kummer, W.: Sprache und kulturelle Identität. In: Dittrich, E.J.; Radtke, F.-O. (Hrsg.): Ethnizität, Opladen 1990, 265-276

Langenheder, W.: Ansatz zu einer allgemeinen Verhaltenstheorie in den Sozialwissenschaften. Köln/Opladen 1968

Migration und Generation

Lee, E.S.: Eine Theorie der Wanderung. In: Szell, G. (Hrsg.): Regionale Mobilität. München 1972. 121-133 (amerikanisches Original 1966)

Mannheim, K.: Das Problem der Generationen. In: KfS, 6., 1928, H. 2/3, 157-184, 309-330

Meister, D.; Sander, U: Das Fremde im kulturellen Pluralismus. In: Brenner, G.; Hafeneger, B. (Hrsg.): Pädagogik mit Jugendlichen, Weinheim/München 1996, 113-121

Meister, D.; Sander, U: Umzug mit Konsequenzen. Wie bewältigen jugendliche Aussiedler aus Polen ihr Leben in Deutschland? In: deutsche jugend, 5/1992, 217 - 225

Meister, D.M.: Zwischenwelten der Migration. Weinheim/München 1997

Meister, D.M: Die 'halbierte' Integration - Aussiedlerjugendliche in Deutschland. In: Treptow, R.; Hörster, R. (Hrsg.): Integration heute. 1998 (i.E.)

Nassehi, A.: Inklusion, Exklusion - Integration, Desintegration. In: Heitmeyer (Hrsg.): Was hält die Gesellschaft zusammen? Frankfurt a.M. 1997, 113-148

Neckel, S.: Die ethnische Konkurrenz um das Gleiche. In: Heitmeyer, W. (Hrsg.): Was hält eine multiethnische Gesellschaft zusammen? Frankfurt a.M. 1997, 255-275

Ostendorf, B.: Probleme mit der Differenz. In: Heitmeyer, W.; Dollase, R. (Hrsg.): Die bedrängte Toleranz, Frankfurt a.M., 1996, 155-178

Park, R.E.; Burgess, E.W.: Introducion to the Science of Sociology, Chicago 1921

Price, Ch.A.: The Study of Assimilation. In: Jackson, J.A. (Ed.): Migration. Cambridge 1969, 181 - 237

Radtke, F.-O.: Lob der Gleichgültigkeit. In: Bielefeld, U. (Hg.): Das Eigene und das Fremde. Hamburg 1991

Sander, U.: Die Bindung der Unverbindlichkeit. Mediatisierte Kommunikation in modernen Gesellschaften. Frankfurt 1998

Sander, U.: Biographie und Nationalität. In: Krüger, H.-H.; Marotzki, W. (Hrsg.): Erziehungswissenschaftliche Biographieforschung. Opladen, 1995, 239-257

Sander, U.; Heitmeyer, W.: Was leisten Integrationsmodi? Eine vergleichende Analyse unter konflikttheoretischen Gesichtspunkten. In: Heitmeyer, W. (Hrsg.): Was hält die Gesellschaft zusammen? Frankfurt a.M. 1997, 447-482

Sander, U.; Meister, D.: Medien und Anomie. In: Heitmeyer, W. (Hrsg.): Was treibt die Gesellschaft auseinander?. Frankfurt/M. 1997, 196-241

Schierholz, H. (Hrsg.): Fremde in der Heimat. Loccum 1991

Schmied, G.: Der soziologische Generationsbegriff. In: Neue Sammlung 24/1984, 231-244

Schönbach, K.: Ist „Bild" schuld an Mölln?. In: agenda 8, 1993, 52 - 56

Schrader, A.; Nikles, B.W.; Griese, H.M.: Die Zweite Generation. Sozialisation und Akkulturation ausländischer Kinder in der Bundesrepublik. Königstein 1979

Thränhardt, D.: Ausländer als Objekt deutscher Interessen und Ideologien. In: Griese, H. (Hrsg.): Der gläserne Fremde. Opladen 1984, 115-132

Treibel, A.: Migration in modernen Gesellschaften. Weinheim / München 1990

Wehler, H.-U.: Deutsche Gesellschaftsgeschichte. Bd. 1: 1700-1815, München 1989

Werner Helsper, Rolf-Torsten Kramer

Pädagogische Generationenverhältnisse und -konflikte in der gymnasialen Schulkultur - Eine exemplarische Fallstudie an einem ostdeutschen Gymnasium[1]

1 Einleitung

Die Thematik "Pädagogik und Generation" ist - trotz der frühen Überlegungen Schleiermachers (vgl. Schleiermacher 1983, 38ff) - weder theoretisch noch empirisch ausgelotet. Zwar wird in den letzten Jahren auch im erziehungswissenschaftlichen Bereich die Generationsthematik erneut aufgegriffen (vgl. Rauschenbach 1994, Brumlik 1995, Liebau/Wulf 1996) und zum Gegenstand erziehungswissenschaftlicher Einführungen gemacht (vgl. Krüger/Helsper 1996). Auch in jugendtheoretischen Beiträgen hat das Generationsthema - in Anknüpfung an Mannheim (vgl. Mannheim 1971) - inzwischen einen festen Platz (vgl. etwa Fend 1988, Bohnsack 1989). Aber sowohl eine Verknüpfung der sozialwissenschaftlichen und der pädagogischen Generationsperspektive als auch fundierte empirische Studien zu diesem Zusammenhang sind bislang noch selten (vgl. etwa du Bois-Reymond u.a. 1994, Ecarius 1996).

Den Fokus der folgenden Studie bildet die Frage, wie sich an ostdeutschen Gymnasien nach der „Wende" das pädagogische Generationenverhältnis ausformt und ob sich ein schulischer Generationskonflikt zeigt. Dies wird exemplarisch anhand eines ostdeutschen Gymnasiums in den Blick genommen, für das eine Zuspitzung der Generationsproblematik vermutet werden könnte. Denn an diesem Gymnasium - einer zu DDR-Zeiten als leistungsstark geltenden EOS, die eine lange gymnasiale Tradition bis in die wilhelminische Ära besitzt - wird der Versuch unternommen, an tradierte gymnasiale Bilder anzuknüpfen, mit klaren Autoritätsverhältnissen und einem tradierten Tugendkanon - ein gymnasiales Bild, wie es bis zum An-

---

1 Dieser Beitrag präsentiert einen Ausschnitt aus dem DFG-Forschungsprojekt „Institutionelle Transformationsprozesse der Schulkultur in ostdeutschen Gymnasien" am Zentrum für Schulforschung der Martin-Luther-Universität Halle. Neben einer Schulleiterbefragung werden zu vier exemplarisch ausgewählten Gymnasien Schulkulturstudien auf der Grundlage der Objektiven Hermeneutik und der biographischen Analyse angefertigt. Gegenstand sind schulische Szenen (Abiturreden, Konferenzen etc.), ca. 15 Lehrerinterviews je Schule und 15-20 biographische SchülerInneninterviews je Schule.

fang der sechziger Jahre in Westdeutschland Bestand hatte. Dieser Versuch einer „gymnasialen Restauration" könnte nun auf eine, durch die kulturellen Modernisierungen der Nachwendezeit, deutlich veränderte Jugendgeneration treffen und zu Konflikten führen. Ob dies zutrifft oder ob die schulischen Generationsbeziehungen differenzierter als hier vermutet sind, das soll die exemplarische Fallrekonstruktion verdeutlichen.

Im ersten Abschnitt wenden wir uns theoretischen Klärungen des Verhältnisses von Schulkultur und Generation zu. Den zweiten Teil bildet die Fallstudie zu einem ostdeutschen Gymnasium. Im dritten Teil fassen wir die Analysen zusammen und verbinden sie mit einer „riskanten Strukturhypothese" zum pädagogischen Generationenverhältnis in ostdeutschen Schulen.

2 Die Schulkultur und das Verhältnis der Generationen

Mit der Perspektive Schulkultur und Generationsverhältnis wird eine Art „kulturalistische" Perspektive eröffnet. Denn in der Vermittlung „kultureller Überlieferungen" wird das Verhältnis der Generationen, die Weitergabe des „kulturellen Erbes" in Form von Inhalten, Kompetenzen und normativen Mustern von den vorhergehenden auf die nachfolgenden Generationen angesprochen. Auch wenn in weit modernisierten Gesellschaften das Wissensvermittlungs- und Lernmonopol der Schule gebrochen ist, Bildungs- und Lernprozesse an vielfältigen, zunehmend auch medialen Orten stattfinden (vgl. Kade/Lüders 1996), so ist die Schule doch der Ort, an dem der Austausch der Generationen - die pädagogische Vermittlung tradierender kultureller Gehalte - sozial strukturiert wird. Die Schule ist, neben der Familie, der zentrale sozial konstituierte Ort des „pädagogischen Generationenverhältnisses" (vgl. Sünkel 1996, Zirfas 1996). Die Schule bildet jenen Raum, in dem die SchülerInnen als altersgleiche Gruppe mit der Erwachsenengeneration institutionell konfrontiert sind (vgl. Brunkhorst 1996).

Die Schule ist allerdings nicht nur der Ort der Übermittlung von Wissensbeständen, sondern die universalisierte „Schulkultur" (vgl. Oelkers 1995) ist auch ein Raum, in dem Wertorientierungen, Zeitstrukturen und „Selbstpraktiken" eingeübt werden. Dies ist mit der Formel, die Schule als Institution erzieht bzw. sozialisiert (Bernfeld 1967), unter verschiedenen theoretischen Perspektiven ausdifferenziert worden: als „heimlicher Lehrplan" der Institution (vgl. Zinnecker 1976), als institutionelles Set universalistischer, individualisiert-leistungsorientierter Werte (Dreeben 1980, Fend 1980, 1988), als Einübung in bürokratische, abstrakte Rationalität, als Konstituierung individueller Modernität (vgl. Garz 1996) und schließlich als die Wirkung von Disziplinartechniken und die Einübung in Selbstpraktiken (Foucault 1977, Pongratz 1989, Helsper 1990).

Pädagogische Generationenverhältnisse und -konflikte 209

In diesen Perspektiven wird die Sichtweise der Lehrer-Schüler-Beziehung als ein personales Verhältnis „institutionell" reinterpretiert und die personale Beziehung als institutionell präformiert begriffen. Leicht zeitverschoben zu dieser in den 70er und frühen 80er Jahren dominierenden Perspektive zeigten sich aber schon in den großangelegten Schulformvergleichsstudien (vgl. Fend 1987) sowie in ethnographischen Studien (vgl. Projektgruppe Jugendbüro 1975), daß es deutliche, mitunter drastische Unterschiede zwischen Schulen derselben Schulform gibt und daß sich die „institutionelle Tiefenstruktur" der Schule (vgl. Kolbe 1994) keineswegs linear und ungebrochen in die Lehrer-Schüler-Interaktionen fortsetzt. Im Rahmen der Rezeption und Forschungen zur Qualität von Schule, zu Schul- und Klassenklima und zur Einzelschule wurde deutlich, daß „die" universalisierte Kultur der Schule zahlreiche Strukturvarianten mit durchaus gegensätzlichen pädagogischen Orientierungen aufweist und daß somit von „Schulkulturen" gesprochen werden muß. Damit wird aber wieder die Perspektive der schulischen Akteure, die interaktive Dynamik zwischen konkreten LehrerInnen und SchülerInnen betont, in der die Ausformung der Schulkultur erst generiert wird.

Allerdings kann dies nun nicht bedeuten, zu einem pädagogisch-personalisierten Verständnis des Generationenverhältnisses zurückzukehren, wie es etwa in unterschiedlichen Entwürfen des „Vorbild-Lehrers", des „pädagogischen Eros" oder des „pädagogischen Bezuges" grundgelegt war, gegen die sich gerade die „institutionelle Reinterpretation" richtete (vgl. Wyneken 1919, Kerschensteiner 1927, Oelkers 1995, 29ff, Helsper 1996, 521ff, Giesecke 1997). Vergegenwärtigen wir uns diese Konzepte eines pädagogischen Generationenverhältnisses wie es etwa bei Kerschensteiner oder Nohl konzipiert ist: Ausgangspunkt ist die familiale Beziehungsstruktur, das „leidenschaftliche Verhältnis" zwischen einem Pädagogen und Heranwachsenden, wobei der „pädagogische Eros" in der Bipolarität von - der Polarisierung der Geschlechtscharaktere folgend - Liebe und Autorität dem „mütterlichen" und „väterlichen" Prinzip nachempfunden ist. Dabei gilt die pädagogische Liebe, die keine begehrende, sondern eine „hebende" sein soll, zum einen dem konkreten, gegenwärtigen Kind, zum anderen aber der zukünftigen Vervollkommnung des Heranwachsenden, seinem zukünftig zu realisierenden „Bildungsideal". Auch wenn dieses Ideal immer nur als Vervollkommnung des konkreten Individuums konzipiert ist und nie die einfache Nachbildung eines Vorbildes sein kann, so stellt der Pädagoge für den Heranwachsenden - gegen die Zersplitterung und Dissonanz des Sozialen - das Modell eines Bildungsideals dar, als Beispiel einer individuell realisierten „Einheit des Geistes". Diese Beziehung ist nach dem Modell einer affektiven, identifikatorischen Anerkennung konzipiert: Der Pädagoge, als individuell ausgeformte Realisierung einer „geistigen Einheit", kann sich vom Heranwachsenden als Autorität anerkannt wissen, woraus auf seiten des „Zöglings" der „freiwillige" Gehorsam gegenüber dem Pädagogen resultiert, weil der Zögling sich von seiten des Pädagogen auf der Grundlage der pädagogischen Liebe zu ihm sowohl als konkretem Individuum, als auch eines sich bildenden und vervollkommnenden Subjekts seinerseits anerkannt sieht. Jugendzeit wird hier umfassend als „Bildungsmoratorium" konzipiert (vgl. Zinnecker 1986). Dem entspricht die tradierte pädagogische Generationendifferenz: Der Pädagoge als Wissender, mit vielfältigen geistigen, sozialen und körperlichen Fähigkeiten wird aufgrund dieser Differenz zu seinen Schülern, die demgegenüber als noch tendenziell unwissend erscheinen, für die Heranwachsenden „attraktiv". Gerade diese Differenz ist hier der Kitt der gegenseitigen Identifikation: Im Streben nach Vermittlung und Weitergabe auf seiten des Lehrers und im Wunsch nach Teilhabe am überlegenen Wissen und Können auf seiten der Schüler. Allerdings ist in diesen Entwürfen der Konflikt und das „Leiden" an diesem pädagogischen Generationenverhältnis getilgt, wie es sich in zahlreichen literarischen Zeugnissen des beginnenden 20. Jahrhunderts dokumentierte (Gottschalch 1977).

„Der Knabe beginnt aus seiner Kinderstube in die reale Welt draußen zu schauen, und nun muß er die Entdeckungen machen, welche seine ursprüngliche Hochschätzung des Vaters untergraben und seine Ablösung von diesem ersten Ideal befördern. Er findet, daß der Vater nicht mehr der Mächtigste, Weiseste, Reichste ist, er wird mit ihm unzufrieden, lernt ihn kritisieren und sozial einordnen und läßt ihn dann gewöhnlich schwer für die Enttäuschung büßen" (Freud 1970, 239).

„Diese Männer, die nicht einmal alle selbst Väter waren, wurden uns zum Vaterersatz. Darum kamen sie uns, auch wenn sie noch sehr jung waren, so gereift, so unerreichbar erwachsen vor. Wir übertrugen auf sie den Respekt und die Erwartungen von dem allwissenden Vater unserer Kindheitsjahre, und dann begannen wir, sie zu behandeln wie unsere Väter zu Hause. Wir brachten ihnen die Ambivalenzen entgegen, die wir in der Familie erworben hatten, und mit Hilfe dieser Einstellung rangen wir mit ihnen, wie wir mit unseren leiblichen Vätern zu ringen gewohnt waren" (ebd. 240).

Dieses pädagogische Verhältnis zwischen Lehrern und Schülern - sowohl in der harmonischen wie in der konflikthaften Form - ist Ausdruck eines tradierten Generationenverhältnisses, das in der BRD bis in die sechziger Jahre hinein Bestand hatte und in der ehemaligen DDR wohl erst mit der Wende umfassend in Frage gestellt wird. Hierzu gehörte:

- Die kulturell tradierte und zumindest nicht grundsätzlich relativierte Selbstverständlichkeit der „Autorität" Erwachsener, denen diese Autorität qua Alter und Amt zugeschrieben wurde.
- Diese Autorität basierte auf einem klar definierten Macht- und Wissensgefälle zwischen den Generationen.
- „Vorbilder" waren konkrete Erwachsene, die das Wissen, von denen die Heranwachsenden noch getrennt waren, inkorporiert hatten.
- „Gehorsam" und die Respektierung dieser Autoritäten war selbstverständlich und die Verletzung in Form von Auflehnung glich einem Sa-

krieg, auch wenn es im Rahmen der Jugendbewegung und in nationalsozialistischen Jugendorganisationen Hinweise auf eine „Aufhebung" des pädagogischen Generationenverhältnisses gibt (vgl. Miller-Kipp 1996).
- Dies implizierte auf seiten der Heranwachsenden eine (Selbst)-Disziplinierung in Form der Unterordnung, der Einhaltung von Ritualen und altersspezifisch genormten Umgangsformen, also eine deutliche „Formalisierung" der Generationsbeziehungen, in denen die Überlegenheit Erwachsener rituell zum Ausdruck kam (vgl. Büchner 1983, Elias 1990).
- Aus diesen Rahmungen resultierte, daß die Formen aber auch die Inhalte der Vermittlung kultureller Gehalte im Prinzip unbefragt blieben. Der Kanon der Bildungsgegenstände war das wertvolle „Erbe" der älteren Generation, das es sich anzueignen galt.

Insgesamt lagen diesem Generationenverhältnis zwar je nach sozialer Lage unterschiedlich ausgeformte, aber im Kern homologe Jugendkonzepte zugrunde: Entweder schlug Kindheit im Laufe einer knappen Zeitspanne in Erwachsenheit um (kurze Jugend), oder Jugend war als Lehrzeit der Aneignung des kulturellen Erbes der Erwachsenen als Reproduktionszeit konzipiert bzw. im Bildungs- und aufstrebenden Kleinbürgertum als „Bildungszeit" angelegt.

Thomas Ziehe hat hinsichtlich des pädagogischen Verhältnisses zwischen Lehrern und Schülern für die „erste" Moderne von der Gratiskraft des tradierten Autoritäts- und Generationenverhältnisses, der Gratiskraft von Bildungskanon und Selbstdisziplin gesprochen, die den kulturellen Rahmen der konkreten Lehrer-Schüler-Beziehungen bildete und diese in die kulturell geteilten Deutungsmuster der tradierten Generationendifferenz einbetteten. Daraus resultierte die „Aura" der Schule, die auf deutlich getrennte Welten zwischen den Generationen, der Markierung der Generationengrenze und der Konstituierung der Erwachsenenwelt mit ihren Wissens- und Erfahrungsbeständen als „Geheimnis" beruhte (vgl. Ziehe 1991a,b, 1996a,b, Helsper 1987b, du Bois-Reymond 1998). Dieses tradiert-moderne Verhältnis der Generationen bildete sowohl die Grundlage für die Anerkennung der Generationsdifferenz und die Verausgabung der Jugendzeit für die kulturelle Reproduktion des „Erbes der Älteren", als auch die Grundlage des „klassischen Generationenkonflikts", als des „Anrennens" der Jungen gegen die „Erwachsenenbastionen", als die Erprobung des Aufstandes gegen das „Gesetz" der vorhergehenden Generation, die Zurückweisung der starren Strukturen von Zwang, Unterwerfung, Autorität und Gehorsam in den Obsessionen der Überschreitung, in denen sich bereits eine Delegitimation des modern-tradierten Generationenverhältnisses andeutete, aber noch vor dem Hintergrund seiner kulturellen Geltung (vgl. Miller-Kipp 1996).

Dieses Generationenverhältnis der ersten Moderne, dessen Gratiskraft und Aura relativiert sich und löst sich in den Prozessen der fortschreitenden kulturellen Modernisierung zusehends auf. Wichtige Indikatoren dafür sind seit den 60er Jahren:

- Prozesse der Informalisierung, also der Verschiebungen von Machtbalancen vor allem auch zwischen Kindern bzw. Jugendlichen einerseits und Erwachsenen andererseits (vgl. Elias 1990, du Bois-Reymond u.a. 1994)
- Dies impliziert zwar keine Einebnung des Generationenverhältnisses (vgl. Lenzen 1985). Dies ist strukturell nicht denkbar, denn die Jüngeren können sich nicht selbst sozialisieren oder hervorbringen. Dies sind vielmehr Mythen der Autonomie, die die generative Abhängigkeit verkennend aufheben (vgl. Helsper 1992). Aber es kommt durchaus zu Relativierungen und partiellen Verkehrungen: Gelingende Erwachsenheit wird am Modell einer auf Dauer gestellten jugendlichen Offenheit und Innovationsbereitschaft gemessen, während Jugend nicht mehr im möglichst schnellen Übergang in „fertige Erwachsenheit" gelingt, sondern dann, wenn „adoleszente Merkmale", kulturelle Such- und Experimentierbewegungen kultiviert und in diesen Orientierungen die besten Voraussetzungen generiert werden, um „postmodern-moderner" Erwachsenheit genügen zu können.
- Wesentlich dafür ist, daß sich das Bildungsgefälle zwischen Heranwachsenden und ihrer Elterngeneration relativiert hat und Jugendliche Bildungsvorsprünge gewinnen.
- Zudem gerät der Kanon der Bildungsinhalte in starke Bewegung. Damit aber befinden sich Erwachsene nicht mehr einfach im Besitz dessen, was Jugendliche noch nicht beherrschen, sondern angesichts neuer Inhalte müssen auch Erwachsene ständig neu lernen.
- Die „Jugendphase" gestaltet sich zu einer ausdifferenzierten, biographisierten Lebenszeit um, die keineswegs nur mehr Vorbereitung auf „Erwachsenheit" ist, sondern Lebenszeit aus eigenem Recht.
- Dies bedeutet auch: Erwachsene sind zusehends weniger „Vorbilder", denen sich Jugendliche möglichst schnell annähern möchten, sondern Jugendliche beziehen ihre „Modelle" eher aus selbständigen Formen postadoleszenter Lebensführung und aus medialen Figuren und „Heroen" der Jugendkultur.

Für Thomas Ziehe resultiert aus dieser Erosion des klassischen Generationenverhältnisses auch eine Entdramatisierung des Generationenkonflikts: Die Älteren sind ihrerseits durch kulturelle Modernisierungen geprägt, haben biographisch bereits die kulturellen Erschütterungen und Brüche der sechziger und siebziger Jahre durchlaufen und Tabus überschritten. Inzwischen ist es zu einer - nicht zuletzt medial vermittelten - Veralltäglichung des Aufstörenden und Grenzüberschreitenden gekommen (vgl. Ziehe 1991a). Damit verläuft die Frontlinie zwischen heutigen Jugendlichen und

Erwachsenen durchlässiger: Mitunter stehen Jugendliche und Erwachsene auf derselben Seite und fragen sich, wer ihr Gegenüber ist. Dies bedeutet nicht, daß es zwischen Eltern und Jugendlichen, Älteren und Heranwachsenden keine „Fremdheiten" mehr gäbe. Aber die Kernzonen der Auseinandersetzung haben sich verschoben: Es ist weniger der Kampf gegen das Verbot, die Aussperrung Jugendlicher von Erwachsenengenüssen, sondern vielmehr die Auseinandersetzung um Orientierung angesichts veralltäglichter Ungewißheit, einer Vervielfältigung von Optionen bei wachsender Unsicherheit hinsichtlich der Realisierungsmöglichkeiten und der Notwendigkeit, sich entscheiden zu müssen, bei vielfältigen Zweifeln hinsichtlich der „Richtigkeit" der Entscheidungen (vgl. Ziehe 1996, 36).

Als Beispiel für modern-tradierte Generationenverhältnisse und -konflikte können die schulischen Auseinandersetzungen der sechziger und frühen siebziger Jahre gelten (vgl. Wellendorf/Liebel 1969, Helsper 1987a, Kipar 1994). Hier ging es um die „Modernisierung der Schule", Mitbestimmung der Schüler, um die Relativierung der Autoritäten, die Enttabuisierung von Kommunikation über politische Verhältnisse, aber auch über Sexualität und Geschlecht, schließlich die Infragestellung von asketisch-leistungsorientierten Lebensformen. Dies alles ist aber für heutige Jugendliche eher selbstverständlich. Auch die Schule erscheint in diesem Sinne immer weniger als ein autoritärer Raum. Sie wird informalisiert wahrgenommen, aber zunehmend auch bar jener Auratisierung der ersten Moderne: Sie erscheint vielmehr - jenseits aller Faszination - als alltägliche Pflichtveranstaltung, als „Last", die Jugendliche von vielfältigen anderen Erlebnis- und Lernmöglichkeiten abhält (vgl. Schröder 1995, 80ff).

Dann könnte es aber eine neue Fremdheit zwischen den älteren Lehrergenerationen und den Jugendlichen der neunziger Jahre geben. Denn wenn die ihrerseits durch das tradiert-moderne Generationenverhältnis und den Generationskonflikt der sechziger Jahre in ihrer eigenen Adoleszenz gekennzeichneten heutigen LehrerInnen sich als Sachverwalter der Jugendlichen gegen Zwänge und autoritäre Strukturen begreifen, dann verfehlen sie darin die heutige Problematik Jugendlicher. „Als Angehörige der mittleren Generation sind viele Lehrerinnen und Lehrer (in Westdeutschland, W.H.) biographisch durch die erste Modernisierungsphase geprägt. Und sie unterstellen den heutigen Schülern vielfach einen ähnlich gelagerten Erwartungshorizont. Die Schüler sollen Alliierte der Schul- und Unterrichtsreform sein. Sie sollen sich freuen, daß die Traditionen abgebaut sind, daß sich die Schule öffnet, daß soziale Prozesse wichtiger genommen werden, daß die Lehrer sich bemühen authentisch zu sein, daß die Themen lebensnäher werden, daß sie mitbestimmen können" (Ziehe 1996, 36). Gerade dies setzt aber voraus - und scheint von den „informalisierter" orientierten LehrerInnen, die den Schülern mit größerem Verständnis und mehr Lebensnähe entgegenkommen, erwartet zu werden, - daß die Jugendlichen sich stärker auf die Schule einlassen, sich als Person intensiver einbringen, und damit Zeit und Kraft auf die Schule konzentrieren. Dies aber gegenüber einer „entauratisierten" Schule, in der Lehrer weniger attraktiv und „Vorbild" sind und Schule zur alltäglichen Bildungspflicht geworden ist.

Die Veralltäglichung der kulturellen Modernisierung ragt weit in die Schulen hinein und bettet die Lehrer-Schüler-Beziehungen in andere kulturelle Deutungsmuster und Normalitätsentwürfe ein. Aber - wie schon skizziert - es gibt nicht „die" Schulkultur und „die" entsprechende Matrix des Generationenverhältnisses. Vielmehr gibt es unterschiedlich ausgeformte Schulkulturen, die jeweils spezifische Varianten des Generationenverhältnisses beinhalten, die in den jeweiligen schulisch-pädagogischen Konzepten enthalten sind. So ist nicht davon auszugehen, daß die skizzierten „informellen" LehrerInnen tatsächlich in allen Schulen dominant sind und das Lehrer-Schüler-Verhältnis bestimmen. Angesichts der Umbrüche und Veränderungen in Ostdeutschland und der These, daß es für die „Wendejugendlichen" eine „gespaltene Generationslagerung" gebe, ist zu fragen, ob diese kulturellen Modernisierungsdiagnosen nicht lediglich auf Westdeutschland zutreffen, während in Ostdeutschland eine prinzipiell differente Situation gegeben ist. Ohne zu ignorieren, daß auch in der DDR zentrale Modernisierungsprozesse stattgefunden haben (vgl. Engler 1992, 1995, Zinnecker 1991), kann jedoch nicht davon ausgegangen werden, daß die kulturellen Verwerfungen der sechziger Jahre auch in Ostdeutschland stattgefunden haben. Insbesondere auf seiten der Lehrerschaft ist davon auszugehen, daß hier in weit stärkerem Maße eine Orientierung am Modell eines moderntradierten Generationenverhältnisses vorliegt. Dieses wird allerdings durch die Wende, die daraus resultierenden Umbrüche und die zeitrafferartig einsetzenden kulturellen Modernisierungen unter Druck gesetzt. Daraus könnte die These eines deutlichen Generationskonfliktes resultieren: Eine weit stärker an Autorität, Vorbildfunktion Erwachsener und umfassender Regelung jugendlicher Lebensführung orientierte Lehrerschaft (vgl. Riedel u.a. 1994) wird zunehmend mit Jugendlichen konfrontiert, deren Adoleszenz immer stärker durch die kulturellen Freisetzungen gekennzeichnet ist. Während also in Westdeutschland diese Form des Generationskonflikts eher an Bedeutung verliert, fände sie in Ostdeutschland ihren Höhepunkt.

Nun entkommt auch diese modifizierte These dem Verdacht der subsumtionslogischen Generalisierung nicht. Für Ostdeutschland muß vielmehr von vielfältigen Gemengelagen aus Altem und Neuem ausgegangen werden und dies in widerspruchsvollen Konstellationen sowohl zwischen, aber auch innerhalb einzelner Schulen, in denen die Akteure um die Dominanz in der Formulierung pädagogischer Prinzipien und schulischer Ordnungen streiten. D.h., das schulisch-pädagogische Verhältnis der Generationen bestimmt sich durch das konkrete Aufeinandertreffen spezifischer Lehrergruppen und -generationen mit Schülergruppen und -generationen innerhalb einer Schule. Daraus formt sich das spezifische pädagogische Verhältnis der je einzelnen Schule als je besondere Strukturvariante der rollenförmigen Lehrer-Schüler-Beziehungen heraus. Hier wird nun durchaus eine Verbindung des „pädagogischen" mit dem sozialwissenschaftlichen Generationenbegriff erforderlich (vgl. Büchner 1996, Winterhager-Schmid 1996). Das jeweils konkret ausgeformte pädagogische Generationenverhältnis wird auch dadurch mitkonstituiert, wie jeweils ihrerseits durch gemeinsame Generationslagen und -erfahrungen charakterisierte Generationen innerschulisch aufeinandertreffen und sich in dieser Gleichzeitigkeit des Ungleichzeitigen spezifische Generationenverhältnisse zwischen den gleichzeitig lebenden, aber unterschiedlich sozialisierten Generationen ergeben (vgl. Fend 1988).

Dies kann durchaus mit dem von uns vertretenen Schulkulturbegriff verbunden werden. Wir setzen uns dabei sowohl von normativen Konzepten, von geisteswissenschaftlich-kulturalistischen Entwürfen als auch von Konzepten ab, die Schulkultur als die Vielfalt des schulisch-kulturellen Angebots verstehen (vgl. Terhart 1994, Holtappels 1995, Helsper/Böhme/Kramer/Lingkost 1997, Helsper/Böhme 1997b). Demgegenüber gehen wir von einem weiten ethnographischen Verständnis der Schulkultur aus, die es in der Rekonstruktion der schulischen Interaktionen, Rituale und Regeln, den schulischen Partizipationsstrukturen und den institutionellen Selbstdarstellungen jeweils konkret für einzelne Schulen zu erschließen gilt. Wir verstehen unter Schulkultur die symbolische Ordnung der einzelnen Schule. Sie wird durch die handelnde Auseinandersetzung der schulischen Akteure - also der Schulleitung, Lehrer, Schüler und Eltern - mit systemischen Vorgaben, bildungspolitischen Strukturentscheidungen vor dem Hintergrund historisch-spezifischer Rahmenbedingungen und sozialer Aushandlungen um die Durchsetzung kultureller Ordnungen generiert. Damit werden die institutionellen Regeln und Normvorgaben grundgelegt, die ihrerseits wiederum den Möglichkeitsraum und Handlungsrahmen für die interaktiven Prozesse erzeugen, aber durch das individuelle und kollektive Handeln der Akteure auch transformiert werden können. Die jeweils institutionalisierte Schulkultur, mit ihrem je eigenen „dominanten Schulmythos" (vgl. Helsper/Böhme 1997a, Helsper/Böhme/Kramer/Lingkost 1997) muß dabei als Ergebnis der Auseinandersetzung der schulischen Akteure begriffen werden: Sie entwickelt sich durch die spannungsreichen Auseinandersetzungen in verschiedenen Handlungsformen zwischen unterschiedlichen Lehrergruppen und der Schulleitung im Zusammenspiel mit mehr oder weniger spannungsreichen Auseinandersetzungen in der Schüler- und Elternschaft der jeweiligen Schule (vgl. Altrichter/Posch 1996). Durch dieses institutionalisierende Handeln der schulischen Akteure entstehen Dominanzstrukturen in der Schulkultur, mit einem „dominanten Schulmythos". Darin wird ein Feld von spezifisch ausgeprägten exzellenten, legitimen, tolerablen, marginalen und tabuisierten jugendlichen kulturellen Ausdrucksgestalten und Lebensstilen erzeugt. Damit bietet die jeweilige Schulkultur - in der spezifischen Ausprägung eines Leistungsethos, inhaltlicher Schwerpunktsetzungen, pädagogischer Prinzipien und partizipatorischer Möglichkeiten - für Schüler aus unterschiedlichen Herkunftsmilieus divergierende Bedingungen für die Anerkennung ihres Selbst in schulischen Bewährungssituationen und Bildungsverläufen (vgl. Wexler 1994).

Die Auseinandersetzungen und Aushandlungen zwischen Lehrern und Schülern um die Durchsetzung spezifischer Regeln, Normen, Werte und Artikulationsräume werden durch die sich konkret an einzelnen Schulen ausbildenden Generationenverhältnisse mitstrukturiert. Dieses Zusammenspiel von Lehrergruppen untereinander, die unterschiedlichen Generationslagerungen entstammen, mit Schülergruppen, die wiederum davon mehr oder weniger deutlich differierenden Generationslagen angehören, ist bislang kaum erforscht (vgl. Combe 1983, Flaake 1989, Helsper 1989, 1995). So zeigt sich etwa in der Studie von Flaake, daß „jüngere Lehrer und Lehrerinnen" (die nach 1943 Geborenen), deren adoleszente und postadoleszente Erfahrungen wesentlich durch die kulturellen Umbrüche der sechziger und siebziger Jahre gekennzeichnet sind, Vorstellungen von schulischem Lernen entwickelt haben, „die sich unter den gegebenen schulischen Bedingungen kaum verwirklichen lassen und zu einer besonders scharfen Wahrnehmung der einengenden, einschränkenden und deformierenden Auswirkungen dieser Bedingungen führen können. Diese Lehrerinnen und Lehrer wünschen sich Lernen häufig als Prozeß, der ganzheitlichere Entwicklungen und zwanglosere Formen der Aneignung von Fähigkeiten und Fertigkeiten beinhaltet, als es in der Schule möglich ist, der weniger formalisiert und ritualisiert, weniger durch Leistungsbewertungen und eine hierarchische Distanz zwischen Lehrenden und Lernenden geprägt ist, sondern wesentlich auf Freiwilligkeit, Neugier und Selbsttätigkeit der Schülerinnen und Schüler beruht" (Flaake 1989, 213). Demgegenüber verbinden die älteren Lehrkräfte (1931 und früher Geborenen), deren Kindheit und Jugend durch den Faschismus und die beginnende restaurative Normalisierung der 50er Jahre gekennzeichnet war, „häufiger Vorstellungen mit ihrer Tätigkeit, die mit den Möglichkeiten der Institution Schule übereinstimmen. Sie können - anders als die Jüngeren - zu den Prinzipien stehen, auf denen schulisches Lehren und Lernen basiert: zu der fehlenden Freiwilligkeit für die Schülerinnen und Schüler, zur Leistungsorientierung und der hierarchischen Distanz zwischen Lehrenden und Lernenden" (ebd. 213f., vgl. auch Combe 1983). Diese generationsspezifischen Sozialisationshintergründe werden allerdings nochmals durch geschlechtsspezifische Muster überlagert: So sind es vor allem die jüngeren Lehrerinnen, die sich in besonderem Maße um egalitäre, nahe, nicht hierarchische Beziehungen zu den Schülern bemühen, die in einer „beziehungsorientierten Weise" Unterricht gestalten wollen. Ihre gleichaltrigen männlichen Kollegen orientieren sich zwar weniger an

Pädagogische Generationenverhältnisse und -konflikte 217

„autoritären Mustern" als die ältere Lehrergeneration, favorisieren allerdings distanziertere Formen des Umgangs mit den Schülern und Schülerinnen (vgl. 218ff).

In diesen Kontrastierungen wird deutlich, welche Spannungen entstehen können, wenn etwa derart engagierte Lehrerinnen innerhalb einer Schule auf eine dominante ältere Lehrergeneration treffen, die etwa wichtige Funktions- und Schlüsselpositionen besetzt und dies zugleich mit einer jugendlichen Generationslagerung zusammen trifft, die durch starke Selbständigkeits- und Autonomieansprüche gekennzeichnet ist, aber auch gleichzeitig eine emotionale Distanzierung gegenüber der Schule vollzogen hat.

Im folgenden wollen wir derartigen generativen, pädagogischen Beziehungen im Lehrerkollegium und zwischen Lehrern und Schülern anhand eines Gymnasiums in Ostdeutschland nachgehen. Anhand eines Gymnasiums möchten wir exemplarisch untersuchen, ob sich die skizzierte These bestätigen läßt, daß es an ostdeutschen Schulen zu einer Fremdheit zwischen den durch kulturelle Modernisierungen und Brüche gekennzeichneten Nachwendejugendlichen und ihren LehrerInnen kommt und sich ein „modern-traditionaler Generationskonflikt" zeigt. Exemplarisch läßt sich unsere riskante These an dieser Schule deswegen prüfen, weil sich dieses Gymnasium in starkem Maße um die Wiederbelebung einer klassischen gymnasialen Tradition bemüht, deren Schulkultur durch klare normative Vorgaben gekennzeichnet ist und in der die Vorstellung besteht, daß die Schülerinnen und Schüler klare Orientierungen brauchen, die ihnen durch die Lehrkräfte vorgegeben werden müssen.

3 Rekonstruktion eines Generationsverhältnisses an einem ostdeutschen Gymnasium

Die in der folgenden Darstellung präsentierten Ergebnisse[2] sind aus der Analyse schulischer Szenen (z.B. Abiturfeier und Lehrerkonferenz), narrativer Interviews mit schulischen Akteuren, schulischer Dokumente und eines Berichtes in einer Tageszeitung sowie Beobachtungen während der Feldphase gewonnen. In der Darstellung des Generationenverhältnisses gehen wir kurz auf die Analyse eines Zeitungsartikels und schulischer Selbstpräsentationen in einem Schuljournal ein. Dann werden anhand einzelner Schüler-

---

2 Eine Einsicht in die Verfahren der Interpretationen und die Generierung der Thesen kann im Zwischenbericht für die DFG („Zur Rekonstruktion gymnasialer Schulmythen und Partizipationsverhältnisse") genommen werden (Rolf-Torsten Kramer, Zentrum für Schulforschung und Fragen der Lehrerbildung, Hoher Weg 16, 06099 Halle/Saale).

und Lehrerinterviews verschiedene Positionen innerhalb und zum dominanten Generationenverhältnis vorgestellt. Um einen Einstieg in die Spezifik dieser Schule zu erleichtern, wird zuerst eine knappe Skizze der bisherigen schulischen Entwicklung aufgeführt.

3.1 Abriß der schulischen Entwicklung

Das heutige Gymnasium wurde vor ca. 100 Jahren als städtische Oberrealschule gegründet. Durch einen stetigen Zuwachs wurde sie 1927 die größte städtische höhere Schulanstalt. Im Jahr 1945 erhält die Schule ihren heutigen Namen. Ab 1946 wird sie als Oberschule für Jungen von der 9. bis zur 12. Klasse geführt. Mit dem Gesetz über die sozialistische Entwicklung des Schulwesens vom 02.12.1959 wird der Aufbau der zehnklassigen Allgemeinbildenden Polytechnischen Oberschule (POS) festgelegt. Die Oberschule wird dann ab 1964 als Erweiterte Oberschule (EOS) bezeichnet und von Klasse 9-12 geführt (9.-10. Klasse als Vorbereitungsklassen), während später die EOS nur die 11.-12. Klassenstufe ausbildet. Ab 1974 wird mit der im Jugendgesetz ausgewiesenen Verantwortung für die Landesverteidigung eine vormilitärische Ausbildung für alle Schüler der EOS eingeführt. Während vor allem die Schulleitung und das gesellschaftliche Leben der Schule stark politisch bestimmt sind, ist dennoch für viele Lehrer eine anspruchsvolle fachliche Vermittlung das ausschlaggebende Kriterium ihrer Arbeit.

Auf die ersten Auswanderungswellen und die beginnenden Demonstrationen im Sommer und Herbst 1989 reagiert die Schulleitung mit direktiven parteigetreuen Vorgaben für Schüler und Lehrer. Es gab aber auch eine kleine Gruppe von LehrerInnen (aus oppositionellem und kirchlichem Milieu), die sehr schnell versuchte, Reformen an der Schule durchzusetzen. Als im Januar 1990 die Schüler streikten, trat die Schulleitung überraschend zurück. Als Nachfolge wurde mit 28 zu 13 Stimmen eine neue Schulleitung aus der reformorientierten Lehrergruppe gewählt. Für den neuen Schulleiter eröffneten sich somit Möglichkeiten, seine hohe Identifikation mit der Schule und seine auch während der Zeit als EOS-Lehrer ausgeprägte gymnasiale Orientierung in das Gymnasium einzubringen. Eine Anknüpfung an klassische gymnasiale Vorstellungen wurde auch durch die originalgetreue Rekonstruktion des Schulgebäudes begünstigt.

Die neue Schulleitung orientierte sich auf ein humanistisches Gymnasium ab Klasse 5, das ein Profil mit einem neusprachlichen und naturwissenschaftlichen Schwerpunkt aufwies. Sie versuchte damit, an den fachlichen Gegebenheiten der Schule und an eine gymnasiale Ausrichtung, wie sie in den 50er und 60er Jahre der alten Bundesländer vorlag, anzuknüpfen. Es folgte eine Phase der Expansion. In einer ersten Phase wurden die Klassenstufen 9 und 10 und danach 5, 6, 7 und 8 aufgenommen. Zwischenzeitlich hatte die Schule über 1000 SchülerInnen und 80 LehrerInnen. Neben diesen

Pädagogische Generationenverhältnisse und -konflikte 219

neuen organisatorischen Anforderungen mußten neue Fächer angeboten werden, was von seiten der LehrerInnen Nachqualifikationen erforderte.
Natürlich bleibt eine derart massive Veränderung von strukturellen Rahmenbedingungen nicht ohne Auswirkungen auf die Schulkultur. Hier sind insbesondere zwei Entwicklungen zu nennen. Ein erster Punkt betrifft das Kollegium. Mit der Expansion der Schule war ein großer Prozentsatz an Neueinstellungen erforderlich, was nach dem Abgang einiger angestammter Kollegen 2/3 des heutigen Kollegiums ausmachte. Der neue Schulleiter konnte hierbei seine langjährige Kenntnis der städtischen Schullandschaft nutzen und 1/3 der neu eingestellten KollegInnen gezielt auswählen. Um die Maßstäbe der Abiturausbildung nicht zu gefährden, wurden die neu eingestellten Lehrer (zumeist ehemalige POS-Lehrer) zunächst in den unteren Klassenstufen eingesetzt, während die ehemaligen EOS-Lehrer die Oberstufe dominierten. Die hier bereits angelegte Teilungstendenz wurde noch darüber verstärkt, daß die Unterstufen- und Oberstufenausbildung in zwei separaten Gebäuden stattfand. Die hieraus entstandenen Konflikte führten zu einer Teilung des Kollegiums, die erst mit der sukzessiven Angleichung der zu unterrichtenden Klassenstufen aufgeweicht wurde. Von einem einheitlichen Kollegium und einem guten Klima bzw. einer guten Zusammenarbeit sprechen viele Lehrer dieser Schule erst ab dem Frühjahr 1996.
Ein zweiter Punkt betrifft die Veränderungen der SchülerInnenschaft. Besonders für die ehemaligen EOS-Lehrer erforderte die nun weniger selektive und damit heteronomere Schülerschaft eine Umstellung. Man bemerkte auch einen Einstellungs- und Wertewandel, der sich z.B. in einer geringeren Leistungsbereitschaft, stärkeren Konsumorientierung und politischem Desinteresse äußerte. Für diese Lehrer verband sich mit dem neuen Schülerverhalten eine bedrohlich wahrgenommene Abstiegsempfindung. Viele der neuen Kollegen hatten dagegen nicht nur durch die POS größere Erfahrungen mit weniger leistungsorientierten Schülern. Sie waren auch gegenüber einer intensiveren Konsum- und Jugendkulturorientierung auf seiten der SchülerInnen offener eingestellt. Damit wurde die Auseinandersetzung zwischen „alten" und „neuen" Lehrern nicht nur nach fachlichen Standards, sondern auch nach pädagogischen Einstellungen geführt.
Das im folgenden vorzustellende Generationenverhältnis dieser Schule ist in diese Auseinandersetzungen eingelagert. So zeichnete sich in dem polarisierten Kollegium auch eine tendenzielle Altersdifferenz ab. Während die Stammlehrer meist ein Alter über 45 Jahre aufwiesen, waren viele der neuen Kollegen erst wenige Jahre im Schuldienst. Diese Altersdifferenz wurde auch durch den Schulleiter forciert, da er bei der Auswahl neuer Lehrer eine Verjüngung des Kollegiums anstrebte. Damit sind in der Zusammensetzung des Kollegiums spezifische Konstellationen grundgelegt, die auf die Ausbildung des Generationenverhältnisses einwirken.

3.2 Der Zeitungsartikel - ein medial vermitteltes Generationenverhältnis

Die Vermutung, an dieser Schule auf einen spezifischen Generationenkonflikt gestoßen zu sein, wurde dann durch gezielte Nachforschungen geprüft. Als eine zentrale Quelle ergab sich ein Zeitungsartikel, der zu Beginn des Jahres 1995 unter dem Titel „*N.N.-Gymnasium: Hier ist küssen verboten*" in einer der städtischen Tageszeitung erschien. In diesem Beitrag wurde das Bild einer sehr restriktiv wirkenden Schule gezeichnet, in der sogar Küssen und Rauchen verboten sind. Kontrastierend wurde dazu ein anderes Gymnasium vorgestellt, an dem ein gelockerter Umgang mit Schülern und die Gewährung größerer Freiräume vorherrscht. In der von der Zeitung angedeuteten Konfliktdynamik zeigt sich, daß ein Auseinandersetzungspotential hinsichtlich der normativen Vorstellungen von GymnasiastInnen existiert. Daß es sich dabei nicht nur um die Durchsetzung von Organisationszwängen handelt, verdeutlichen die Themen, an denen sich die Auseinandersetzung entzündet.

So steht z.B. Küssen weniger für die Beeinträchtigung eines organisatorischen Ablaufs. Das Konfliktpotential verweist eher auf unterschiedliche Auffassungen über die Grenzen tolerierbarer sexueller Expressivität. Während Küssen im Privaten vor allem für die Beteiligten selbst eine symbolische Bedeutung entfaltet, steht Küssen in der Öffentlichkeit auch für eine Zurschaustellung von intimer Gemeinschaft, für einen Grad erreichter sexueller und sozialer Reife und damit für die Präsentation von Mündigkeit. Gerade bei Jugendlichen übernimmt dieses Verhalten auch eine Signalfunktion, einerseits an Erwachsenheit zu partizipieren, andererseits sich aber in den Ausdrucksformen auch von Erwachsenheit abzusetzen und gegenüber bestehenden Konventionen zu rebellieren. Bestätigend für diese Überlegungen erweist sich eine im Zeitungsbericht zitierte Aussage des Schulleiters: *„Dauerküsser verletzen den guten Geschmack"*.

Eine ähnliche Problematik zeigt sich in den divergierenden Vorstellungen zur Raucherlaubnis für Schüler. Schon in dieser Fokussierung auf Küssen und Rauchen deutet sich eine Differenz von Adoleszenzmodellen und darauf aufbauend eine unterschiedliche Bestimmung von Schule an. Während in der einen Position eine Jugendkonzeption der Enthaltsamkeit und eine Konzentration auf Schule als Raum der Leistungsvermittlung mitschwingt, verweist die andere Position auf eine hedonistische Jugendkonzeption und eine Bestimmung von Schule als jugendliche Lebenswelt.

Die Botschaft des in der Tageszeitung veröffentlichten Zeitungsberichtes wurde natürlich auch von den schulischen Beteiligten wahrgenommen. Neben einer angeregten und beförderten kritischen Sicht auf diese Schule in der Öffentlichkeit begann außerdem ein medial konstruiertes Konkurrenzverhältnis zu der kontrastierten Schule seine Wirkung zu entfalten. Für die

Pädagogische Generationenverhältnisse und -konflikte 221

LehrerInnen dieser Schule stieg damit die Bedeutsamkeit des Konfliktthemas und deren Lösung bzw. Klärung massiv an. Es entstand die Notwendigkeit, sich mit dem medial vermittelten Fremdbild über die Schule auseinanderzusetzen. Als Versuche einer Revision dieser Fremdeinschätzung kann man zwei Beiträge des schuleigenen Jahresberichtes verstehen, die sich jeweils aus der Schüler- und aus der Lehrerperspektive um eine positivere Präsentation der Schule nach außen bemühen.

3.3 Die schulische Präsentation - eine Entgegnung

Die Absicht einer positiveren Darstellung der Schule wird in einem Schülerbeitrag gleich zu Beginn expliziert: *„Die dort erwähnten Verbote sind zwar an unserer Schule vorhanden, werden aber von den meisten Lehrern längst nicht so interpretiert und gehandhabt."* Die Zurücknahme geschieht in einer ambivalenten Figur. So wird einerseits die Geltung der angeprangerten Verbote bestätigt, andererseits aber eine umfassende negative Wirkung deutlich relativiert. Entscheidend ist dabei, daß eine Differenzierung innerhalb der Lehrerschaft vorgenommen wird. So hält nur eine Minderheit aus dem Kollegium an den genannten Verboten fest, während eine zahlenmäßig überlegene Gruppe einen anderen Umgang mit den Schülern pflegt. Dabei wird auch deutlich, daß diese Minderheit der Kollegen stärker an den institutionellen Schaltstellen mit Definitionsgewalt sitzt. Lehrer, die in Opposition zu den Verboten stehen, versuchen die Verhaltensvorgaben in einer gelockerten Interpretation und „weicheren Handhabung" abzumildern. Insofern ist die Oppositionshaltung aber auch eingeschränkt, weil sie die Gültigkeit dieser Regeln nicht generell außer Kraft setzen kann. Daß selbst die Schüler in der Artikulation einer Oppositionshaltung zurückhaltend sind, zeigt sich in den Schlußformulierungen des Schülerbeitrages: *„Wir sind durchaus immer noch der Meinung, daß eine Umarmung oder ein Kuß (nicht beißen) auf dem Schulgelände niemanden stören sollte. Küßchen"* In dem biederen, infantilisierten und jeder Provokation ledigen Küßchen geht die Dimension der Expressivität verloren und wird die Durchbrechung bestehender Konventionen getilgt.

Auch der Lehrerbeitrag im Jahresbericht ist durch den Versuch gekennzeichnet, eine positivere Darstellung der Schule zu generieren. Der Autor berichtet, daß er durch den Zeitungsartikel zu Gesprächen mit Schülern angeregt wurde. In diesen Gesprächen zeigt sich aber, daß auf seiten der Schüler *„ein beachtliches Frustpotential"* besteht. Damit wird auch hier die medial veröffentlichte Auseinandersetzungsdynamik zwischen „konventionellen" Lehrern und jugendkulturell orientierten Schülern bestätigt. In der Reflexion der Wirkungen dieses Veröffentlichungsprozesses wird zudem deutlich, daß gleichzeitig eine unbefangene Bearbeitung dieser Problematik schwieriger geworden ist. Hier wirkt sich nicht nur der Öffentlichkeitsdruck negativ aus, sondern auch das medial geschürte schulische Konkurrenzverhältnis.

Die sich andeutende negative Wirkung versucht der Beitrag durch die Neuanmeldungen für die Schule aufzuheben: *„Nun, ich denke, und die Anzahl der gegenwärtigen Neuanmeldungen beweisen dies, es gibt genügend Lehrer und Schüler an unserem Gymnasium, die eine solche Negativperspektive zu verhindern werden wissen."* Auch hier wird auf eine deutliche innerschulische Opposition verwiesen, die eine positive Weiterentwicklung der Schule garantieren und tragen soll. Mit der Schlußbemerkung zeigt sich, daß als imaginäre Lösung die Ausdifferenzierung einer Zwischengeneration im Kollegium gesehen wird, die qua Alter eine Vermittlerposition übernehmen kann: *„N.N. für die Redaktion (mit einem Durchschnittsalter von 33 Jahren)"*. Im Grunde wird damit die Zwangsläufigkeit von Generationskonflikten an der Schule ausgedrückt, die nur durch eine Annäherung der Lebensalter der Lehrer an die Schüler aufzulösen ist. Gerade diese Zwischengeneration, die - wie es der Schülerbeitrag aufzeigt - die geltenden Verhaltensforderungen nicht konsequent umsetzen, verhindert das volle Ausbrechen der Widersprüche in den Auffassungen zu Jugend und Schule. Gleichzeitig wird damit aber das Konfliktpotential reproduziert. Man kann also festhalten, daß in den innerschulisch dominierenden Verhaltensforderungen und Regeln ein Generationskonflikt grundgelegt ist, der aber durch eine vermittelnde Lehrergeneration und der schülerfreundlichen Auslegung dieser Regeln nicht in voller Schärfe ausbricht. Dennoch geht eine symbolische Wirkung davon aus.

3.4 Exemplarische Darstellung von Schülerpositionen

Die folgenden drei Schülerinterviews[3] zeigen, daß trotz bestehender Unterschiede strukturelle Ähnlichkeiten in den Einstellungen gegenüber generationsspezifischen Konfliktlagen bestehen. So wird von allen drei SchülerInnen zwar eine Eingrenzung der jugendlichen Handlungs- und Artikulationsspielräume kritisiert, gleichzeitig aber die schulische Ordnung nicht grundsätzlich hinterfragt, sondern im Gegenteil sogar eingefordert und mitgetragen. Diese grundlegende Tendenz der Reproduktion einer schulischen Ordnung ist dabei unterschiedlich motiviert.

Bei Karl spiegelt der Konflikt zum Thema 'Küssen verboten' das starke Bemühen der Lehrer um eine feste schulische Ordnung wider. Die feste schulische Ordnung ist ein wesentliches Kriterium für die Einschätzung der

---

3 Die hier vorgestellten Ergebnisse sind aus narrativen biographischen Interviews gewonnen. Alle drei Schüler waren zum Zeitpunkt des Interviews in der 10. Klasse. Neben einem lebensgeschichtlich orientierten Stimulus wurden auch wesentliche Dimensionen von Schule nach einem Leitfaden thematisiert.

Schule in der Öffentlichkeit. Hier macht gerade eine gefestigte traditionelle Ordnung den guten Ruf der Schule aus, nur die guten Schüler anzuziehen. So wird bei Karl deutlich, daß insgesamt sein Wohlbefinden an der Schule (auch durch ein Rauch- und Kußverbot) nicht grundlegend beeinträchtigt ist, während er einen Rückgang des guten Rufs der Schule stärker negativ erleben würde. Gegenüber den Verboten stellt sich bei ihm eine passive und fatalistische Sichtweise ein. So stellt er im Interview resigniert fest, daß die jahrelangen Bemühungen der Schüler, eine Raucherlaubnis zu erwirken, gescheitert sind. Verallgemeinernd leitet er daraus ab, das sie „*als Schüler wenig Chancen haben*", ihre Interessen durchzusetzen.

Auch bei Cony findet sich eine Mischung aus Resignation und fatalistischer Hinnahme der schulischen Realität. Aus ihrer Sicht ist jede Interessenartikulation der Schüler von vornherein ein sinnloser, weil zum Scheitern verurteilter, Versuch der Rebellion: „*es bringt eintlich nich viel wenn . Schüler da was sagen muß ich sagen also*". Gleichzeitig wird aber von ihr die Einschränkung von Artikulations- und Handlungsspielräumen kritisiert. Besonders der Schulleiter erscheint in ihrer Sicht als der zentrale Träger eines konservativen Bildes vom Gymnasiasten: „*also da hat er mal n Schüler getroffen der hatte wohl irgendwie knallblaue Haare . da hat sich also Herr Müller tierisch aufgeregt und das kommt ihm nicht in also das geht nich . //hm// das also . wie 'ihr alle rumlauft und es geht nich' (betont) und da hatten sich also die ganz- gesamten neunten Klassen ihre Haare bunt gefärbt als Trotzreaktion*" Obwohl sie scheinbar inhaltlich den Positionen des Schulleiters nahesteht, geht ihr Plädoyer in Richtung einer stärkeren Toleranz verschiedener Ausdrucksformen: „*aber ich meine es is da muß er och mal n bißchen tolerant sein mein Gott wenns ihn glücklich macht mit blauen Haaren durchs Leben zu gehen*". Obwohl Cony den Einschränkungen von Schülerspielräumen kritisch gegenüber steht, ist in der teilweise bestehenden Nähe zu den darin verkörperten Normen und ihrer generell distanzierten Haltung gegenüber schulischen Belangen eine Tendenz grundgelegt, die Konfliktthematik zu verharmlosen.

Am deutlichsten zeigt sich die von Schülern wahrgenommene Ambivalenz starrer, jugendkulturkritischer Regeln und Verhaltensvorgaben bei Andy. Ähnlich wie Karl begrüßt er eine gefestigte schulische Ordnung, die er durch restriktive Verhaltensforderungen gewährleistet sieht. Zwar wird auch von ihm die Einschränkung jugendlicher Ausdrucksformen kritisiert, diese werden aber in Kauf genommen, da sich die Schule damit als eine gefestigte, geordnete Schule präsentiert. Nach einem Schulwechsel wird gerade die feste Ordnung als Vorteil der alten Schule bewußt. Er beschließt wieder an die Schule zurückzukehren, auch wenn er dafür erheblich längere Schulwege bewältigen muß. „*is mir eigentlich egal wie weit das nun is ... hauptsache ich hab hier halt ne ordentliche Schule*".

Aus der Schülersicht zeigt sich also, daß restriktive Verhaltensregeln, die jugendkulturelle Ausdrucksformen und Freiräume einschränken, zwar kritisiert werden, gleichzeitig aber als Indiz einer gefestigten und ordentlichen Schule gelten, die zum guten Ruf der Schule in der Öffentlichkeit beitragen. Hier deuten sich Befindlichkeiten der Schüler an, die gerade angesichts der sich vollziehenden Transformation der Schullandschaft und der Gesellschaft mit ihren Ungewißheiten und Verunsicherungen für klare und geordnete Strukturen prädisponiert sind. Zugespitzt formuliert wird erst die Einschränkung von Freiräumen als Indiz einer gefestigten Qualität der Schulbildung erlebt. Begünstigend für eine Reproduktion der schulischen Ordnung wirkt auch eine fatalistische Sicht auf die Schule, mit dem Gefühl, ohnehin nichts ändern zu können.

3.5 Exemplarische Darstellung von Lehrerpositionen

Bei der Analyse von drei Lehrerinterviews[4] lassen sich im Unterschied zu den vorgestellten SchülerInnen sehr unterschiedliche Positionen zur aufgezeigten Konfliktthematik kennzeichnen. Grundsätzlich kann man in diesen Fällen zwischen einer Position, nach der faktisch der Generationskonflikt negiert wird, und einer kritischen Position unterscheiden, die jeweils auch den Gruppen der „Alten" und „Neuen" mit dem jeweils favorisierten Generationsverhältnis zugeordnet werden kann.

So wird in den Aussagen Herrn Mayers, der zum alten Stamm des Kollegiums gehört, deutlich, daß er durch seine Position innerhalb der Schule, mit der er an der Umsetzung eines bestimmten Images der Schule beteiligt ist, dazu neigt, konflikthafte Auseinandersetzungen zwischen Lehrern und Schülern, die sich an jugendkulturellen Ausdrucksformen entfachen, zu verharmlosen. Der Darstellung des Zeitungsberichtes wird ein positives Lehrer-Schüler-Verhältnis entgegengesetzt. Allerdings muß diese positive Konstruktion aufgrund der inkonsistenten Darstellung bezweifelt werden. Hier wird während des Erzählens ein „annehmbares Verhältnis" über „ein teilweise gut" schließlich in ein sehr gutes Verhältnis überführt. Auch seine Positionierung in Bezug auf die Darstellung der Schule in der Tageszeitung ist widersprüchlich. Einerseits kritisiert Herr Mayer diese Darstellung und distanziert sich von den Vorgehensweisen der Journalisten. Andererseits übernimmt er die darüber vermittelte Möglichkeit, ein Schulimage durch öffentlichkeitswirksame Präsentation aufzubauen. Das er dazu auch einen strategischen Einsatz von Aussagen zur Schule in Erwägung zieht, deutet sich in der folgenden Formulierung an: „na jetzt nicht unbedingt . . auf

---

4 Die Lehrerinterviews wurden als offene qualitative Interviews geführt. Inhaltlich wurden diese Interviews an der jeweils eigenen Sicht auf die Schule ausgerichtet. Wie bei den Schülerinterviews schloß sich ein exmanenter Nachfrageteil zu wichtigen Dimensionen von Schule an.

Pädagogische Generationenverhältnisse und -konflikte 225

keinen Fall durch Lügen . //hm// wies in diesem Fall passiert ist . ja . sondern . . durch wahrhafte konkrete Darstellung der Schule". Die Inszenierung eines Schulimages wird als potentielle Möglichkeit aufgezeigt, auch wenn sich Herr Mayer im Nachhinein massiv von dieser Aussage distanziert.

Eindeutig kritisch positioniert sich dagegen Herr Zelser, der zum neuen Teil des Kollegiums gehört und vorher an einer POS tätig war. Aus seiner Sicht stellt er ein starres Festhalten einer Gruppe ehemaliger EOS-Lehrer an bestimmten Verhaltensforderungen und Verfahren der Umsetzung fest, die mit den veränderten Bedingungen, wie sie sich für ein Gymnasium nach der Wende gestalten, nicht vereinbar sind: *„das is meiner Ansicht nach . . sag vorsichtig ausjedrückt nich zeitgemäß"*. Er selbst ist für die veränderten Handlungs- und Artikulationsformen der Schüler offener, weil er in seiner Schulzeit Diskriminierungen durch Lehrer aufgrund seiner langen Haare erfahren hat. Die Auseinandersetzungen stellen für ihn ein unnötiges Konfliktpotential dar, mit denen das Lehrer-Schüler-Verhältnis und das Image der Schule negativ beeinflußt wird. *„Also das mit dem „Mützeruntereißen" und dann das is ne Art die dann . äh nich gut is oder wenn man äh es gibt Lehrer die och an der Schule sind . äh die . dann Haarfarben in der Art kritisieren ob das nun n Gruftie is un und äh . es das is . is . . macht kein gutes Bild und . ä fordert eigentlich nur da auf zum zum Widerspruch"*.

Auch Frau Böll vertritt eine kritische Position gegenüber solchen Lehrern, die sich nicht auf die veränderten Schülerdispositionen nach der Wende einstellen können, und *„konservativ"* alte Vorstellungen *„wie vor fünf oder sechs Jahren"* umsetzen wollen. Ihre Sicht wird durch ein Berufsverständnis und Verständnis von Schule bestimmt, daß sehr stark durch die Wende geprägt ist. Schule hat sich auf die Schüler einzustellen, um ihren Auftrag zu erfüllen und das heißt in erster Linie, daß sich die Schüler wohl fühlen. Die Auseinandersetzungen und „konservativen" Haltungen an ihrer Schule wecken bei ihr Befürchtungen, Schüler könnten zunehmend die Schule meiden und verlassen, womit letztendlich auch ihr Arbeitsplatz in Gefahr wäre. *„Äh dann gibt es so viele Schüler die dann sachen ohr naja in die blöde Schule jeh ich nich sin alle bekloppt . und das gibt welche die ham jetzt in der elften ham och zweie sofort s Handtuch jehaun un jesacht da jehn wir lieber in ne andre Schule"*. Bei Frau Böll verbindet sich eine Offenheit für veränderte Schülereinstellungen und jugendkulturelle Ausdrucksformen mit einer Konzeption von Schule, die diese vor allem als Lebensraum der Schüler begreift und in der der Lehrer für die Schüler da ist.

An den vorgestellten Lehreraussagen wird deutlich, daß ein Zusammenhang zwischen den EOS-spezifischen Einstellungen und den generationsspezifischen Einstellungen besteht. Insgesamt zeigt sich eine Überlagerung von generationsspezifisch aufgeschichteten Einstellungsmustern und berufsbiographischen Einstellungsmustern, die in diesem Fall einerseits durch die gefestigten Verhaltensanforderungen der EOS und andererseits durch die Erfahrungen der POS geprägt sind. Erfahrungen, Einstellungen und Handlungsmuster aus beiden Erfahrungsbereichen tragen zu den konflikthaften Auseinandersetzungen in Bezug auf jugendkulturelle Ausdrucksgestalten bei Schülern bei. Man kann hier bei den Vertretern des traditional-modernen Generationenverhältnisses von einer Verstärkung der Einstellungsmuster ausgehen, da sich die Konventionen der Generationslagerung der ehemaligen EOS-Lehrer mit den spezifischen Anforderungen der EOS an Leistungen und Disziplin der Schüler verbinden.

Diese EOS-geprägten Lehrer treffen nach der Wende auf eine sich verändernde Schülerschaft, für die konsum- und jugendkulturelle Orientierungen bedeutsamer werden. Diese Schüler könnten wiederum Einschränkungen ihrer jugendlichen Ausdrucksgestalten als Bedrohung ihrer Identität empfinden und massiv abwehren. In diesem Sinne wäre die Situation des traditional-modernen Generationskonfliktes gegeben. Formen jugendkultureller Ausdrucksgestalten würden von der Schule zugunsten einer primären Leistungsorientierung und konventioneller Haltungen zurückgedrängt und würden auf der Schülerseite Konfliktdynamiken freisetzen, die auf institutionell erzeugte Verletzungen des jugendlichen Selbst zurückgeführt werden könnten.

Es zeigt sich aber, daß ein Generationskonflikt in dieser Eindeutigkeit an dieser Schule nicht besteht. So verdeutlichen die vorgestellten Schülerpositionen, daß die in den repressiven jugendkulturnegierenden Verhaltensforderungen zum Ausdruck kommende feste schulische Ordnung, Dispositionen auf seiten des Jugendlichen anspricht, die angesichts der schulischen Transformation und der gesellschaftlichen Unsicherheiten eine klare Orientierung suchen. Die Lehreraussagen verdeutlichen, daß sich eine jüngere Lehrergeneration ehemaliger POS-Lehrer als Puffer zwischen die Fronten des Generationskonfliktes um jugendkulturelle Ausdrucksgestalten und expressive Artikulationsformen geschoben hat.

Damit kann eine Strukturhypothese zum Generationenverhältnis dieser Schule formuliert werden: Innerhalb der Auseinandersetzungen um die symbolische Ausgestaltung der Schulkultur konkurrieren zwei differierende Modelle von Generationenverhältnissen miteinander. Vor allem durch die älteren, ehemaligen EOS-Lehrer in wichtigen Leitungsfunktionen wird ein Generationenmodell angestrebt, daß sich sehr stark an konventionellen Tugenden, einer Konzentration auf Leistungserwerb und Wissensvermittlung orientiert sowie eine teilweise drastische Ablehnung jugendkulturell-expressiver Ausdrucksformen und Stile praktiziert. Auf der Schülerseite wird dieses Modell insoweit vertreten, als ein Anknüpfen an den früheren elitären Ruf der EOS angestrebt und in der festen schulischen Ordnung ein Garant für eine bessere Schulbildung und bessere Zukunftsmöglichkeiten gesehen wird. Die neuen und jüngeren Teile des Kollegiums sowie die Teile der Schülerschaft, die deutlicher jugendkulturell orientiert bzw. weniger leistungsbezogen sind, vertreten demgegenüber ein Generationenmodell, daß von einer Angleichung im Kräfteverhältnis zwischen Schülern und Lehrern ausgeht und damit die Umsetzung der Schule als Lebensraum der Schüler ermöglichen soll.

4 Eine Schule zwischen Tradition und Neuorientierung - widerstreitende Modelle von Generationsbeziehungen in einer „restaurativen gymnasialen Transformation"

Im vorhergehenden Abschnitt konnte über die stark verknappte Rekonstruktion eines innerschulischen Konfliktes verdeutlicht werden, daß sich die schulischen Akteure in einer Auseinandersetzung um die konkrete Ausgestaltung des Generationenverhältnisses dieser Schule befinden. Diese Auseinandersetzung ist im Gesamtzusammenhang der schulischen Transformationsprozesse in Ostdeutschland zu verorten, in denen es um die Überführung einer EOS in ein Gymnasium und die konkrete Ausgestaltung einer gymnasialen schulischen Kultur geht.

Dabei konzentriert sich die Auseinandersetzung an dieser Schule auf symbolträchtige Aspekte der Schulkultur, die besonders prägnant für das jeweilige Modell von Schule und das schulische Generationenverhältnis stehen. Derartige symbolische Kristallisationspunkte des Konfliktes werden durch Themen gebildet, die um eine expressive und konventionelle Normalitätsentwürfe aufstörende Jugendkultur kreisen. Es werden von den Schülern in der Schule Elemente von Jugendmode und expressiven jugendlichen Selbststilisierungen zum Ausdruck gebracht, die den schulischen, bildungsasketischen Raum der Leistungsbewährung mit ekstatisch-expressiven Symboliken des „Konkurrenzraumes Jugendkultur" überlagern. Diese Auseinandersetzungen lassen sich auch als Kampf zwischen konkurrierenden Lebensführungsprinzipien interpretieren: Zum einen eine asketische, selbstkontrollierte und mit konventionellen Normalitätsentwürfen konforme Lebensführung gegenüber einer expressiven, hedonistischen, mit Irritationen und Provokationen experimentierenden Selbststilisierung bzw. eine modernisierte „innerweltliche Leistungsaskese" versus eine „innerweltliche jugendkulturelle Ekstase" (vgl. Helsper 1997). Die Schlüsselkonflikte und Auseinandersetzungsthemen dieser schulischen Kultur bilden die - noch nicht einmal außergewöhnlich aufstörenden - Elemente der Jugendkultur, von denen Thomas Ziehe annahm, sie seien inzwischen kulturell normalisiert und auch in die modernisierte Lebenswelt der Erwachsenen eingeflossen. Die Differenziertheit und Ungleichzeitigkeit pädagogischer Generationenverhältnisse im Rahmen spezifisch ausgebildeter schulischer Kulturen, insbesondere seit der deutsch-deutschen Vereinigung zeigt sich darin, daß hier Symboliken und Stilisierungen eine aufstörende und konflikterzeugende Wirkung zeitigen, die ihnen eigentlich abgesprochen wird. Diese Elemente der Jugendkultur bilden gerade die symbolischen „Kampfzonen" in dieser Schule um die Ausgestaltung der Schulkultur.

Auf der einen, der bislang dominierenden Seite der schulischen Akteure in diesen Auseinandersetzungen besteht das Modell einer restaurativen Transformation der EOS in ein Gymnasium, das auf historische Vorbilder etwa in den fünfziger Jahren der BRD bzw. auf gymnasiale Traditionen der eigenen Schulgeschichte zurückgreift. Diese „restaurative gymnasiale Transformation" schreibt dabei sowohl die EOS-Tradition einer leistungsorientierten Oberschule mit einer stark selektierten SchülerInnenschaft und einer deutlichen Autoritäts- und Disziplinorientierung fort und kann in der schulischen Transformation auf gymnasiale Bilder zurückgreifen, die bis in die wilhelminische Gründungsära der Schule zurückreichen. Dies zeigt sich etwa besonders deutlich in einer Abiturrede des Schulleiters, in der er als „Traditionsstifter" die frühesten Schulschriften und Gründungsdokumente sichtet, die „historischen Staubschichten" abträgt und Anschlußmöglichkeiten des heutigen Gymnasiums an die Gründungsgeschichte der Schule konstruiert (vgl. Kramer/Hommel 1997). Diese restaurative Transformation in ein traditionsorientiertes Leistungsgymnasium (vgl. auch Helsper/Böhme 1997a) impliziert auch die Fortschreibung eines modern-traditionalen Generationenverhältnisses mit einer Konzeption von Jugend als Bildungszeit. Es impliziert die Anforderung für Jugendliche, sich mit größter Leistungsbereitschaft und Priorität der Aneignung der schulisch vermittelten Inhalte und Werte zu widmen und darin die Reproduktion des kulturellen Erbes der Erwachsenen zu realisieren. Im Kern der Definition des Generationenverhältnisses steht die Vermittlung kultureller Gehalte durch die Lehrer. Diese symbolisieren qua Amt und Alter eine Autorität, die auf einem klar definierten Macht- und Wissensgefälle beruht.

Das Gegenmodell favorisiert eine Verschiebung der Machtbalancen zwischen Lehrern und Schülern im Sinne einer verstärkten Beachtung von Schülerinteressen und somit eine Relativierung des modern-traditionellen Generationenverhältnisses im Sinne einer stärkeren Informalisierung. Die Schule soll deutlicher als Lebensraum der Schüler verstanden werden und sich stärker auf die, durch die soziokulturellen Umbrüche veränderten, Jugendlichen einstellen. Dies bedeutet auch, daß die Favorisierung eines durch die Schule dominierten Konzepts von Jugend als Zeit der Inkorporation kultureller Inhalte und asketischer Leistungshaltungen relativiert und um jugendkulturelle Dimensionen erweitert wird.

Es läßt sich also festhalten, daß die Schulkultur dieser Schule durch die symbolische Auseinandersetzung um die transformatorische Reproduktion der bislang dominierenden schulischen Ordnung in Form eines traditionsorientierten Gymnasiums geprägt ist. Dies geht auch mit unterschiedlichen „Exklusivitätsvorstellungen" für dieses Gymnasium in der städtischen Schullandschaft einher: Einmal im Sinne einer Schule für die ausgewählte Leistungselite und zum anderen stärker im Sinne eines Gymnasiums, das gleichrangig neben anderen steht. In dieser Auseinandersetzung ist eine prekäre Balance erreicht, in der beide Modelle des Generationenverhältnisses nebeneinander bestehen, dominiert durch das um klare Autoritäts-, Disziplin- und bildungsasketische Züge gerankte traditionell-moderne Generationenverhältnis. Der Anspruch des dominanten Modells, die tradierten Muster und Orientierungen dadurch zu erhalten, daß die materiale Ideologie der EOS zwar negiert wird, aber deren klare Ordnung und Autoritätsstruktur durch eine Wiederbelebung älterer, historischer, elitärer gymnasialer Formen zu erhalten versucht wird, wird allerdings durch das opponierende Modell eines Eingehens auf die jugendkulturellen Veränderungen relativiert. Auf diese Relativierung reagieren einzelne Lehrer nun besonders einschränkend und begrenzend. Mit gesteigerter Strenge soll sichergestellt werden, daß die Neuetablierung des tradiert-modernen Generationenverhältnisses der EOS in Form einer „restaurativen gymnasialen Transformation" nicht mißlingt oder gefährdet wird. Paradoxerweise wird aber in diesen konflikthaft-eskalierenden Handlungsmustern die Auflösung der tradierten Ordnung insofern befördert, als die Attraktivität, Legitimität und Bedeutsamkeit dieser Ordnung für die Schüler relativiert wird und sich für sie die Spannung zwischen schulischen Leistungsforderungen und eingeforderten konventionellen Lebensstilen einerseits sowie hedonistisch-expressiven Elementen der freigesetzten Jugendkultur anderseits verstärken. Im Sinne des oben skizzierten Lehrers Zelser: Dies fordert eigentlich nur zum Widerspruch heraus.

In diese Situation greift nun der Prozeß der medialen Veröffentlichung ein. Damit wird die Auseinandersetzung um die Definition der Schulkultur mit dem dominanten modern-traditionalen Generationenverhältnis forciert. Die dominante schulische Ordnung gerät in Legitimationszwänge, in denen nicht nur die Ordnung selbst, sondern auch die Formen ihrer Umsetzung kritisch befragt werden. Mit der Forcierung der schulkulturellen Auseinandersetzung durch die Medien ist die hierarchisch strukturierte Koexistenz beider Modelle schwieriger geworden. Durch die mediale Veröffentlichung wird die Präsentation der Schule und ihres Generationenverständnisses unter starken Legitimationsdruck gestellt. Eine Annäherung an ein informalisiertes Generationenverhältnis würde einem Eingeständnis der „Unangemessenheit" des schulisch institutionalisierten Generationenverhältnisses gleichkommen, wodurch auch der Versuch einer transformatorischen Erneuerung im Sinne eines „alten Gymnasiums" gefährdet wäre. Aber auch die bislang innerschulisch „unterlegene" Orientierung an einem informalisierteren Generationenverhältnis ist durch die mediale Veröffentlichung unter Zugzwänge gesetzt. Diese Orientierung kann immer nur der konkreten Verwirklichung in anderen Schulen - die hier „Vorsprünge" zu besitzen scheinen - hinterherhinken. Von daher muß diese Akteursgruppe der Schulkultur immer auch ihre Abhängigkeit vom dominanten traditional-modernen Generationenverhältnis der dominanten Lehrergruppe und -generation um den Schulleiter eingestehen.

Die hier skizzierte Auseinandersetzung findet in einem komplexen Zusammenspiel der schulischen Akteure vor allem zwischen der Schulleitung, unterschiedlichen Lehrergruppen und -generationen im Zusammenspiel mit den Schülern und deren Eltern statt. In diesem Beziehungsgeflecht lassen sich zentrale Träger der dominanten und der opponierenden schulischen Ordnung bestimmen. Hier ist als erstes der Schulleiter zu nennen. Er identifiziert sich stark mit der gymnasialen Tradition seiner Schule (vgl. Helsper/ Böhme/Kramer/Lingkost u.a. 1997) und ist - auch in der ehemaligen DDR, die er nur aufgrund seiner „Heimatverbundenheit" in den fünfziger Jahren nicht verlassen hat, wie viele seiner Studienkollegen und Freunde, die in den „Westen gingen" und zu denen er Kontakt hielt - an gymnasialen Traditionen orientiert geblieben. Die Wende eröffnet ihm, als neuer Schulleiter, die Möglichkeit, seine durch die DDR-Geschichte latent vorhandenen gymnasialen Orientierungen in manifeste Aktivitäten einer Transformation seiner alten EOS in ein Gymnasium „alter Prägung" zu wenden und dabei auch den Leistungsanspruch und die Disziplin- und Autoritätsvorstellungen der EOS transformatorisch zu tradieren. Der Schulleiter wird in vielen Interviewpassagen und in der Berichterstattung der Medien als der zentrale Protagonist des modern-traditionellen Generationenverhältnisses ausgewiesen. Seine Person steht jedoch nicht allein. Es wird von einer Gruppe von Lehrern unterstützt, die - obwohl sie von der Anzahl her eher eine Minderheit darstellt - wichtige Positionen im schulischen Definitionskampf besetzt. Diese Gruppe besteht zu einem großen Teil aus ehemaligen Lehrern der EOS, die durch den Schulleiter, der selbst Lehrer dieser Schule war, gezielt unter der Perspektive der Realisierung eines „klassischen Gymnasiums" ausgewählt werden konnten. Für diese Lehrer verbindet sich das veränderte Schülerverhalten nach der Wende mit einer empfindsam wahrgenommenen Bedrohung der alten schulischen Ordnung und mit Abstiegs- bzw. Entwertungsängsten hinsichtlich des Rufes der eigenen Schule. Das stärker informalisierte Generationenmodell wird vor allem von solchen Lehrern vertreten, die erst nach der Wende an diese Schule kamen und dabei einen „Aufstieg" von der POS an das Gymnasium vollzogen haben. Die Protagonisten dieses Modells sind - wenn auch mit deutlichen Ambivalenzen - in der Schülerschaft zu finden, die durch jugendkulturelle Modernisierungen und

Freisetzungen der Nachwendezeit gekennzeichnet ist. Die Frontlinie der Auseinandersetzung verläuft also nicht eindeutig zwischen den Lehrern einerseits und den Schülern andererseits. Vielmehr reproduzieren sich die symbolischen Kämpfe um die Schulkultur und ihr Generationenverhältnis innerhalb der Lehrer- und Schülerschaft selbst.

Die Rekonstruktionen verdeutlichen, daß sich im Kollegium eine Lehrergeneration der jüngeren (der Ende Zwanzig- bis ca. Fünfundreißigjährigen) ehemaligen POS-Lehrer herauskristallisiert hat, die sich zwischen die ca. Fünfundvierzig- bis ca. Sechzigjährigen ehemaligen EOS-Lehrer dieser Schule und die stärker jugendkulturell orientierten Gruppierungen der Schülerschaft schiebt. Diese Lehrergruppe federt die restriktiven Haltungen der dominierenden Lehrergruppe ab und verhindert damit den vollen Ausbruch der angelegten Konfliktpotentiale. Bei diesen Lehrern und Lehrerinnen führen zwei Zusammenhänge, die sich gegenseitig verstärken und stützen, zu dieser „Pufferfunktion": Zum ersten sind sie als POS-Lehrer weniger deutlich auf Spitzenleistungen bezogen, sondern stärker mit einer großen Leistungsbreite und Konzepten des Förderns vertraut. Die jugendkulturellen Ausdrucksformen der Nachwendejugendlichen stellen für diese Lehrergruppierung daher weit weniger eine Irritation und „Entwertungsbedrohung" dar. Zum zweiten ist diese Lehrergruppierung durch eine ähnliche Generationslagerung gekennzeichnet. Als um 1960 oder später Geborene sind sie zwar umfassend durch die DDR-Sozialisation gekennzeichnet, aber ihre Adoleszenz ist - wenn auch weit weniger deutlich als im Westdeutschland der siebziger Jahre - bereits durch jugendkulturelle Formen angereichert. Damit aber steht die jüngere Lehrergeneration den heutigen jugendkulturellen Ausdrucksformen der Nachwendejugendlichen näher, ja verfügt teilweise über homolog strukturierte Konflikterfahrungen wie die jugendkulturell-expressiven Schüler dieser Schule. Damit ergibt sich eine weitere wichtige Generationserfahrung dieser Lehrergruppe: Zu einem relevanten Teil waren diese jüngeren Lehrer zum Zeitpunkt der Wende selbst erst Anfang bis Mitte zwanzig, also als Postadoleszente oder junge Erwachsene noch in einer für die Herausbildung des eigenen Selbst zentralen biographischen Phase. So überrascht es nicht, wenn es auch zu ähnlich gelagerten Auseinandersetzungen in der Lehrerschaft selbst kommt. Dies zeigt sich - exemplarisch - anhand des folgenden Ereignisses: Die neu in das Gymnasium aufgenommenen jüngeren Lehrer werden in einem Einführungsgespräch auch auf eine „gymnasiale Kleidungsordnung" verwiesen, also darauf, was im Gymnasium getragen werden kann und was unzulässig ist. Unzulässig sind auffallende Kleidungsstile (z.B. pinkfarbene Miniröcke), also gewissermaßen verbliebene jugendkulturelle Stilelemente bei Lehrern und Lehrerinnen, die von seiten der jüngeren Lehrerinnen und Lehrer in Form einer Selbstzensur aus dem gymnasialen Raum ausgeschlossen werden müssen. Aufgrund dieser Positionierungen innerhalb des Kollegiums fungieren die jüngeren Lehrerinnen und Lehrer gerade als „Puffer" gegenüber den Schülern und wirken damit einer umfassenden Eskalation eines Generationskonflikts entgegen.

Aber auch in der Schülerschaft läßt sich keine eindeutige Verortung in dieser symbolischen Auseinandersetzung um die Generationengrenzen feststellen. So zeigen die Schülerinterviews, daß das dominante Schulmodell mit seinem traditional-modernen Generationenverhältnis sehr ambivalent erfahren wird. Einerseits kritisieren die Schüler die Einschränkung von Handlungs- und Artikulationsspielräumen. Andererseits fordern sie aber auch die im traditional-modernen Generationenverhältnis zum Ausdruck kommende feste Orientierungsmöglichkeit der „ordentlichen Schule". Die darin zum Ausdruck kommende Absetzung dieser Schule von anderen Gymnasien wird hier bei einem relevanten Teil der Schüler und Schülerinnen zur Hoffnung auf eine bessere Bildung und damit zur Erwartung besserer Ausgangsbedingungen nach der Schulzeit. Ein relevanter Teil der Schüler nimmt die Einschränkungen eigener jugendkultureller Gestaltungsräume und jugendlicher Freiräume in Kauf, weil sie sich von der klar geregelten konventionellen Ordnung in Verbindung mit den hohen Leistungsanforderungen bessere Chancen für die unsichere und mit vielen Ungewißheiten versehene Zukunft versprechen.

Offen bleibt jedoch, wie die von Sanktionierungen und Einschränkungen besonders betroffenen Schüler und Schülerinnen mit dieser Konstellation umgehen. Wandern diese Schüler in außerschulische Bereiche aus? Gibt es z.B. ein beträchtliches Potential an Distanzierung und Schulflucht? Diese Fragen können aus dem vorgestellten Material noch nicht umfassend beantwortet werden. Zum einen zeigt sich, daß derart „expressive" Schüler zur Selbstbegrenzung veranlaßt werden. So wird den „Kuß-Protagonisten" in der Schulschrift Raum zugestanden, um die Mediendarstellung zu relativieren und ihre eigene Expressivität zurückzunehmen und zu entschärfen. Daneben gibt es deutliche Hinweise, - nicht nur im Interview mit Frau Böll - daß solche Schüler die Schule verlassen und auf andere Gymnasien wechseln bzw. an dieser Schule scheitern und die Schule verlassen müssen. Dies verweist darauf, daß hier entlang den pädagogischen Generationenvorstellungen, den dominanten Schulmythen und den darin implizierten Bildern des „Wunschschülers" sich selektive Prozesse vollziehen, die Schüler, die weniger deutlich um Leistung, Selbstkontrolle, bildungsasketische Haltungen und konventionelle Regelbefolgung zentriert sind, von dieser Schule fernhalten oder aber im Laufe der Schulzeit von dieser Schule verweisen. Dies führt allerdings nicht dazu, daß dieser Schule die Schüler „ausgehen", sondern diese „ordentliche Schule", mit ihrer traditionalen Orientierung und der „restaurativen Transformation" in ein leistungsorientiertes Gymnasium „alter Prägung" scheint für größere Teile der Eltern und Schüler gerade durch diese Schulkultur akzeptabel zu sein.

Pädagogische Generationenverhältnisse und -konflikte 233

Damit kann abschließend eine Strukturhypothese zum pädagogischen Generationenverhältnis und -konflikt an diesem ostdeutschen Gymnasium formuliert werden: Wir stoßen hier auf eine Generierung des Schulisch-Neuen im Sinne eines Rückgriffs auf das „Alte" dieser Schultradition. Die Transformation der EOS in ein Gymnasium eröffnet im Prozeß einer „restaurativen gymnasialen Transformation" die Möglichkeit, wichtige Elemente der EOS-Schulkultur, jenseits deren ideologisch-politischer Inhalte, zu tradieren, insbesondere auch das „modern-traditionale" Generationenmodell. In der Auseinandersetzung des dominanten Modells mit den bislang unterlegenen informelleren Generationenvorstellungen der jüngeren Lehrergruppe und den jugendkulturellen Symboliken der SchülerInnen wird ein schwelender Generationenkonflikt als Bestandteil der Schulkultur grundgelegt. Dieser bricht aber in der Regel nicht offen aus, sondern wird sowohl durch die Schüler als auch die Lehrer entschärft. Auf der Lehrerseite fungiert eine jüngere Lehrergeneration als Vermittlungsinstanz gegenüber den Schülern, indem sie die Konfliktschärfe dadurch bricht, daß sie die restriktiven Reaktionen der dominanten Lehrergruppe abmildert. Auf der Schülerseite gibt es - trotz bestehender Kritik an den Reaktionen der dominanten Lehrergruppe - gleichzeitig deutliche Haltungen, die feste, hierarchische schulische Ordnung auch zu begrüßen. Angesichts anwachsender Unsicherheiten und Ungewißheiten in den soziokulturellen Umbrüchen scheinen die klaren Struktur- und Orientierungsvorgaben auch eine entlastende Bedeutung zu gewinnen und die leistungsasketische und reglementierende Schulkultur auch größere Chancen für zukünftige soziale Plazierungen zu versprechen. Dafür werden auch Einschränkungen jugendkultureller Expressivität und jugendlicher Freiräume in Kauf genommen.

Die Rekonstruktion fördert somit - entgegen der Ausgangsthese - keinen zugespitzten schulischen Generationenkonflikt zu Tage: Zwar zeigen sich deutliche Kristallisationspunkte eines - in dieser Schule strukturell angelegten - Generationskonfliktes, etwa in der Thematik des Küssens und Rauchens, in expressiven jugendkulturellen Stilen und Symboliken. Aber der Generationenkonflikt bricht nicht in voller Schärfe aus. Die These eines verschärften schulischen - zumindest gymnasialen - Generationenkonfliktes für Ostdeutschland muß daher deutlich relativiert werden, weil nicht generalisierend von homogenen, polarisierten Schüler- und Lehrergruppierungen ausgegangen werden kann und weil das aktuelle und zukünftige Versprechen, an einer besonderen und leistungsstarken Schule zu sein, die sich von anderen Schulen abhebt, auch eine Aufwertung ermöglicht und für Restriktionen entschädigt.

Wenn die schulischen Kampfszenarien um jugendkulturelle, expressive Symboliken an manchen Punkten an die BRD der späten sechziger Jahre erinnern, so sind die sozialen und kulturellen Rahmenbedingungen in Ostdeutschland doch anders gelagert, so daß die gymnasiale Situation nicht durch einen vergleichbar zugespitzten Generationskonflikt gekennzeichnet ist. Die ostdeutsche Situation in der Mitte der neunziger Jahre ist vielmehr durch starke Verunsicherungen und Destabilisierungen gekennzeichnet, wobei die neu entstandenen Strukturen auch für einen relevanten Teil der ostdeutschen Erwachsenen Verunsicherung bedeuten. Damit aber steht nun nicht eine gefestigte und in neue Machtpositionen eingerückte Erwachsenengeneration einer durch kulturelle Aufbrüche und Freisetzungen gekennzeichneten Jugendgeneration gegenüber, die gegen die etablierten Erwachsenenregeln opponieren und dabei zugleich in eine gesicherte Zukunft blikken kann - wie dies etwa für die Generationslagerung Jugendlicher Ende der sechziger Jahre in der BRD der Fall war. Vielmehr sind die Erwachsenen selbst durch Verunsicherungen gekennzeichnet, durch die auch der soziokulturelle Rahmen insgesamt geprägt ist. Dann aber erhalten feste Regeln und restaurative Tradierungen auch eine entlastende, eine Sicherheit spendende Bedeutung für die Nachwende-Jugendlichen. Wenn die soziokulturelle Rahmung der gegenwärtigen Generationslagerung von Jugendlichen in Ostdeutschland somit nicht durch ein Übermaß rigider, starrer Strukturen bei gleichzeitigen kulturellen Freisetzungsschüben gekennzeichnet ist, sondern eher durch ein Übermaß an Strukturbrüchen und einen Mangel an verläßlichen Regeln und Ordnungen, dann wäre die Zerschlagung der „ordentlichen Schule" und die provokative „Überschreitung" ihrer restriktiven, aber klaren Regeln ein Pyrrhussieg für die Jugendlichen. Denn damit wäre ein weiterer Lebensbereich destrukturiert und destabilisiert, die Freiräume zwar ausgeweitet, aber die Unsicherheiten und Kontingenzen gestiegen. Das Ertragen einengender und jugendliche Spielräume negierender Regeln scheint für einen relevanten Teil der Schüler und Schülerinnen erträglicher zu sein, als der Verlust fester Rahmungen und daran geknüpfter Versprechungen und Hoffnungen auf eine Sicherung ihrer Zukunft durch umfassende Leistungsanstrengung bei einer Steigerung sozialer Zukunftsängste. Diese Leistungs- und Bildungsorientierung wird nun durch die klaren Autoritätsstrukturen, die restriktiven Regeln und eine strikte Einforderung leistungsasketischer, selbstkontrollierter Lebensführung gestützt. Dies negiert nicht den latent angelegten, mitunter manifest werdenden, aber durch die vermittelnde Lehrergeneration und die ambivalente jugendliche Generationslagerung entschärften Konflikt der Jugendlichen mit der älteren Lehrergeneration. Aber dies kann erklären, warum es zum gegenwärtigen Zeitpunkt noch keine Freisetzung und Eskalation dieses strukturell angelegten Generationenkonfliktes an diesem Gymnasium gibt.

Literatur

Altrichter, H.; Posch, P.: Mikropolitik der Schulentwicklung. Innsbruck 1996
Barker, E.: Der Käfig der Freiheit und die Freiheit des Käfigs. In: Beck, U. (Hrsg.): Kinder der Freiheit. Frankfurt a.M. 1997, 131-149
Bernfeld, S.: Sisyphus oder die Grenzen der Erziehung. Frankfurt a.M. 1967
Bilstein, J.: Zur Metaphorik des Generationenverhältnisses. In: Liebau, E.; Wulf, C. (Hrsg.): Generation. Weinheim 1996, 157-190
Bohnsack, R.: Generation, Milieu und Geschlecht. Opladen 1989
du Bois-Reymond, M.; Büchner, P.; Krüger, H.-H.; u.a.: Kinderleben. Opladen 1994
du Bois-Reymond, M.: Aura und Modernisierung der Schule. In: Keuffer, J.; Krüger, H.-H.; u.a. (Hrsg.): Schulkultur als Gestaltungsaufgabe. Weinheim 1998 (i.E.)
Brumlik, M.: Gerechtigkeit zwischen den Generationen. Berlin 1995
Brunkhorst, H.: Solidarität unter Fremden. In: Combe, A.; Helsper, W. (Hrsg.): Pädagogische Professionalität. Frankfurt a.M. 1996, 340-368
Büchner, P.: Vom Befehlen und Gehorchen zum Verhandeln. In: Preuss-Lausitz, U.; u.a. (Hrsg.): Kriegskinder, Konsumkinder, Krisenkinder. Weinheim/Basel 1983, 196-213
Büchner, P.: Generation und Generationsverhältnis. In: Krüger, H.-H.; Helsper, W. (Hrsg.): Einführung in Grundbegriffe und Grundfragen der Erziehungswissenschaft. 2. Auflage. Opladen 1996, 237-247
Combe, A.: Alles Schöne kommt danach. Reinbek 1983
Combe, A.; Helsper, W.: Was geschieht im Klassenzimmer. Weinheim 1994
Dreeben, W.: Was wir in der Schule lernen. Frankfurt a.M. 1980
Ecarius, J.: Was will die jüngere mit der älteren Generation? In: Olbertz, J.H. (Hrsg.): Erziehungswissenschaft. Opladen 1997, 143-158
Elias, N.: Studien über die Deutschen. Frankfurt a.M. 1990
Engler, W.: Die zivilisatorische Lücke. Frankfurt a.M. 1992
Engler, W.: Die ungewollte Moderne. Frankfurt a.M. 1995
Fend, H.: Theorie der Schule. Weinheim/Basel 1980
Fend, H.: Geschichte des Aufwachsens im 20. Jahrhundert. Frankfurt a.M. 1988
Fend, H.: Schule und Persönlichkeit: Eine Bilanz der Konstanzer Forschungen zur „Sozialisation in Bildungsinstitutionen". In: Fend, H.; Pekrun, R. (Hrsg.): Schule und Persönlichkeitsentwicklung. Stuttgart 1991, 9-33
Fend, H.: Schulkultur und Schulqualität. In: Leschinsky, A. (Hrsg.): Die Institutionalisierung von Lehren und Lernen. 34. Beiheft der ZfPäd. Weinheim/Basel 1996, 85-99
Flaake, K.: Berufliche Orientierungen von Lehrerinnen und Lehrern. Frankfurt/New York 1989
Foucault, M.: Überwachen und Strafen. Frankfurt a.M. 1977
Freud, S.: Zur Psychologie des Gymnasiasten. In: Freud, S.: Psychologische Schriften. Band 4. Studienausgabe. Frankfurt a.M. 1970, 236-240

Garz, D.: Schulische Sozialisation - Generierung individueller Modernität? In: Helsper, W.; Krüger, H.-H.; u.a. (Hrsg.): Schule und Gesellschaft im Umbruch. Bd 1. Weinheim 1996, 107-134
Giesecke, H.: Die pädagogische Beziehung. Weinheim/München 1997
Gottschalch, G.: Schülerkrisen. Reinbek 1977
Helsper, W.: Vom verspäteten Aufbruch zum forcierten Ausbruch. In: Breyvogel, W.; Krüger, H.-H. (Hrsg.): Land der Hoffnung - Land der Krise. Köln 1987a, 226-240
Helsper, W.: Jugendliche Motivationskrise und schulisches Lernen. In: Kremer, A.; Stäudel, L. (Hrsg.): Praktisches Lernen im naturwissenschaftlichen Unterricht. Marburg 1987, 84-123
Helsper, W.: Jugendliche Gegenkultur und schulisch-bürokratische Rationalität - zur Ambivalenz von Individualisierungs- und Informalisierungsprozessen. In: Breyvogel, W. (Hrsg.): Pädagogische Jugendforschung. Opladen 1989, 161-187
Helsper, W.: Schule in den Antinomien der Moderne. In: Krüger, H.-H. (Hrsg.): Abschied von der Aufklärung? Opladen 1990, 175-195
Helsper, W.: Individualisierung, Individuation, Idealität: Rekonstruktion einer Fallstruktur „fiktionaler Individuierung" in Mädchenbiographien. In: Jahrbuch für psychoanalytische Pädagogik 4, Mainz 1992, 104-137
Helsper, W.: Die verordnete Autonomie - Zum Verhältnis von Schulmythos und Schülerbiographie im institutionellen Individualisierungsparadoxon der modernisierten Schulkultur. In: Krüger, H.-H.; Marotzki, W. (Hrsg.): Erziehungswissenschaftliche Biographieforschung. Opladen 1995, 175-201
Helsper, W.: Zur „Normalität" jugendlicher Gewalt. In: Helsper, W.; Wenzel, H. (Hrsg.): Pädagogik und Gewalt. Opladen 1995a,
Helsper, W.: Antinomien des Lehrerhandelns in modernisierten pädagogischen Kulturen. In: Combe, A.; Helsper, W. (Hrsg.): Pädagogische Professionalität. Frankfurt a.M. 1996, 521-570
Helsper, W.: Das „postmoderne Selbst" - ein neuer Subjekt- und Jugendmythos? In: Höfer, M.; Keupp, H. (Hrsg.): Identitätsarbeit heute. Frankfurt a.M. 1997 (i.E.)
Helsper, W.; Böhme, J.: Schulmythen - Zur Konstruktion pädagogischen Sinns. In: Kraimer, K. (Hrsg.:): Die Fallrekonstruktion. Frankfurt a.M. 1997 (i.E.)
Helsper, W.; Böhme, J.: Schulkultur und Schulmythos. In: Risse, E. (Hrsg.): Schulprogramm und Schulentwicklung. Neuwied 1997b (i.E.)
Helsper, W.; Böhme, J.; Kramer, R.-T.; Lingkost, A. u.a.: Schulmythos und Schulkultur. Zwischenbericht des DFG-Projektes „Institutionelle Transformationsprozesse der Schulkultur an ostdeutschen Gymnasien". Halle 1997
Herrmann, U.: Das Konzept der „Generationen". In: Neue Sammlung, H. 3, 1987, 364-377
Holtappels, H.G. (Hrsg.): Entwicklung von Schulkultur. Neuwied 1995
Kade, J.; Lüders C.: Lokale Vermittlung. In: Combe A.; Helsper, W. (Hrsg.): Pädagogische Professionalität. Frankfurt a.M. 1996, 887-924
Kerschensteiner, G.: Die Seele des Erziehers und das Problem der Lehrerbildung. Leipzig/Berlin 1927
Kipar, M.: Penne ade! Festaktivitäten zum Abitur zwischen Tradition und der Suche nach neuen Formen. Frankfurt/New York 1994

Kiper, H.: Eros als Quelle pädagogischer Leidenschaft. In: Pädagogik, H. 7/8, 1993, 46-50
Kolbe, H.U.: Strukturwandel schulischen Handelns. Weinheim 1994
Kramer, R.-T.; Hommel, S.: Ergebnisdarstellung Schule B. In: Helsper, W.; Böhme, u.a.: Schulmythos und Schulkultur. Halle 1997, 168-196
Krüger, H.-H.; Helsper, W. (Hrsg.): Einführung in Grundbegriffe und Grundfragen der Erziehungswissenschaft. Opladen 1996
Lenzen, D.: Mythologie der Kindheit. Reinbek 1985
Liebau, E.; Wulf, C. (Hrsg.): Generation. Weinheim 1996
Mannheim, K.: Das Problem der Generationen. In: Friedeburg, L., von (Hrsg.): Jugend in der modernen Gesellschaft. Köln 1971, 23-48
Miller-Kipp, G.: „Jugend soll von Jugend geführt werden". In: Liebau, E.; Wulf, C. (Hrsg.): Generation. Weinheim 1996, 286-304
Nittel, D.: Gymnasiale Schullaufbahn und Identitätsentwicklung. Weinheim 1992
Oelkers, J.: Schulreform und Schulkritik. Würzburg 1995
Pongratz, L.A.: Pädagogik im Prozeß der Moderne. Weinheim 1989
Projektgruppe Jugendbüro: Die Lebenswelt von Hauptschülern. München 1975
Rauschenbach, T.: Der neue Generationenvertrag. In: Benner, D.; Lenzen, D. (Hrsg.): Bildung und Erziehung in Europa. ZfPäd. 32. Beiheft. Weinheim/Basel 1994, 161-176
Riedel, K. u.a.: Schule im Vereinigungsprozeß. Frankfurt a.M. 1994
Schleiermacher, F.E.D.: Theorie der Erziehung. In: Ders.: Ausgewählte Pädagogische Schriften. Paderborn 1983
Schröder, H.: Jugend und Modernisierung. Weinheim/München 1995
Sünkel, W.: Der pädagogische Generationenbegriff. In: Liebau, E.; Wulf, C. (Hrsg.): Generation. Weinheim 1996, 280-286
Terhart, E.: SchulKultur. In: ZfPäd. H. 5, 1994, 685-703
Wellendorf, F.; Liebel, M.: Schülerselbstbefreiung. Frankfurt a.M. 1969
Wexler, P.: Becoming somebody. London/New York 1992
Wexler, P.: Schichtspezifisches Selbst und soziale Interaktion in der Schule. In: Sünker, H. u.a. (Hrsg.): Bildung, Gesellschaft, soziale Ungleichheit. Frankfurt a.M. 1994, 287-306
Wyneken, G.: Schule und Jugendkultur. Jena 1919
Zeidler, K.: Vom erziehenden Eros. Hamburg 1919
Ziehe, T.: Zeitvergleiche. Weinheim/München 1991a
Ziehe, T.: Vom vorläufigen Ende der Erregung. In: Helsper, W. (Hrsg.): Jugend zwischen Moderne und Postmoderne. Opladen 1991b, 57-73
Ziehe, T.: Adieu siebziger Jahre. In: Pädagogik. H. 7/8 1996a, 34-40
Ziehe, T.: Vom Preis des selbstbezüglichen Wissens. In: Combe, A.; Helsper, W. (Hrsg.): Pädagogische Professionalität. Frankfurt a.M. 1996b, 924-943
Zinnecker, J.: Der heimliche Lehrplan. Weinheim/Basel 1976
Zinnecker, J.: Jugend im Raum gesellschaftlicher Klassen. In: Heitmeyer, W. (Hrsg.): Interdisziplinäre Jugendforschung. Weinheim/München 1986, 99-133
Zinnecker, J.: Zur Modernisierung von Jugend in Europa. In: Combe, A.; Helsper, W. (Hrsg.): Hermeneutische Jugendforschung. Opladen 1991, 71-99
Zirfas, J.: Solidarität und Gerechtigkeit zwischen den Generationen. In: Liebau, E.; Wulf, C. (Hrsg.): Generation. Weinheim 1996, 261-280

Karin Bock

Familie in gesellschaftlichen Strukturen. Sozialgeschichte und Biographie im intergenerativen Vergleich

1 Einleitung

Seit dem Fall der Mauer sind viele vergleichende Studien zum gesellschaftlichen Wandel in Ostdeutschland durchgeführt worden (Büchner/Krüger 1991, Krüger u.a. 1994, Jugendwerk der Deutschen Shell 1992, 1997, Silbereisen u.a. 1997). Dabei standen Jugendliche, junge Familien mit Kindern und einzelne soziale Gruppen im Mittelpunkt der Untersuchungen. Jedoch wurde nur selten gefragt, wie biographisches Handeln und das Erleben bzw. der Umgang mit gesellschaftlichen Wandlungsprozessen ineinandergreifen und zu typischen Handlungsmustern in Familien führen. Jedes Mitglied einer Familie steht in Beziehung zur anderen Generation und verfügt über einen eigenen, individuellen Erfahrungshorizont. Zugleich verbringen Großeltern, Eltern und Kinder ihre Kindheit und Jugend zu unterschiedlichen historischen Zeiten. Diese ganz unterschiedlichen Erfahrungen fließen in jeden familialen Interaktionsprozeß ein und beeinflussen die Verarbeitungsweisen von gesellschaftlichen Wandlungsprozessen.

In der Untersuchung zu den Auswirkungen des 2. Weltkrieges hat Schelsky 1960 nachgewiesen, daß der Umgang mit gesellschaftlichen Großereignissen und deren biographische Verarbeitung im Leben jedes Familienmitglieds die Familienbeziehungen entscheidend beeinflußt (vgl. Franz/Herlyn 1995). Er stellte die These auf, daß es eine Restabilisierungsphase in Familien nach umfassenden gesellschaftlichen Umbrüchen gibt. Franz/Herlyn haben die Restabilisierungsthese von Schelsky aufgegriffen, um die Auswirkungen des gesellschaftlichen Zusammenbruchs in der DDR 1989 im Hinblick auf den Geburtenrückgang und die Arbeitslosigkeit in ostdeutschen Familien zu deuten (vgl. Franz/Herlyn 1995). Sie kommen zu dem Ergebnis, daß die Familie einerseits als emotionale und soziale Ressource in Zeiten gesellschaftlichen Wandels eine stärkende Funktion hat. Andererseits wird die Familie aber auch als Belastung erfahren, wenn einzelne Familienmitglieder durch die Folgen des gesellschaftlichen Umbruchs (z.B. Arbeitslosigkeit) in eine familiale Abhängigkeit gedrängt werden.

Im folgenden möchte ich der Frage nachgehen, in welcher Weise Familien mit gesellschaftlichen Strukturen konfrontiert werden und welche Formen des Handelns die einzelnen Familienmitglieder dabei entwickeln. Dabei greife ich im ersten Teil die zentralen theoretischen Ansätze der politischen Sozialisationsforschung auf, die danach fragen, wie sich Kinder, Jugendliche und Erwachsene politische Orientierungen, Normen und Handlungsweisen in Auseinandersetzung mit ihrer Umwelt aneignen (vgl. Hopf/Hopf 1997). Im zweiten Teil werden die Ansätze der politischen Sozialisationsforschung vor dem Hintergrund familialer Generationsbeziehungen diskutiert. Im Anschluß an die theoretische Diskussion folgt im dritten Teil eine Interpretation von drei Biographien einer Familie (Großmutter, Mutter und Tochter). Zum Schluß werden die theoretischen Einsichten mit den empirischen Befunden in Form von Thesen zusammengeführt.

2 Politische Sozialisation in der Familie

Blickt man auf die klassischen amerikanischen Studien zur politischen Sozialisation (Hyman 1959, Greenstein 1965, Dawson/Prewitt 1969), galt der Familie ein besonderes Interesse. Der Begriff der politischen Sozialisation geht auf den amerikanischen Politikwissenschaftler Herbert Hyman zurück. Hyman analysiert Schülerbefragungen aus den 40er und 50er Jahren und fand heraus, daß in der Kindheit bestimmte soziale Muster erlernt werden, die für spätere politische Einstellungen und Verhaltensweisen von Bedeutung sind[1] (vgl. Lemke 1991; Hopf/Hopf 1997). Eine Ausdifferenzierung des Begriffs der politischen Sozialisation hat Fred Greenstein in seiner Untersuchung „Children and politics" 1965 vorgenommen (vgl. Lemke 1991, Hopf/ Hopf 1997). Greenstein differenziert politische Einflüsse in eine bewußte, beabsichtigte (manifeste) politische Sozialisation und in eine unbewußte, unbeabsichtigte (latente) politische Sozialisation[2]. Er begründet die Differenzierung der politischen Sozialisation in manifeste und latente Lerninhalte mit Hilfe psychoanalytischer Theoreme: Für ihn besteht eine Verbindung zwischen der Primärsozialisation, die in der Familie stattfindet, und späte-

---

1 Hyman nannte diese Phase „learning of social patterns" (vgl. Lemke 1991, 23).
2 Bei der manifesten politischen Sozialisation werden politische Informationen, Werte und Gefühle hinsichtlich Rollen, Einstellungen und Wirkungen des politischen Systems explizit vermittelt und erklärt. Das Subjekt reagiert bewußt zustimmend oder ablehnend auf die übermittelten Informationen. Latente politische Sozialisation zeichnet sich durch die Vermittlung von Informationen aus, die vorgeblich nicht politisch sind (z.B. Regeln in der Familie). Doch diese vermittelten Regeln beeinflussen ebenso wie die explizit erlernten Informationen über ein gesellschaftliches System das politische Verhalten und die Einstellung der Sozialisationssubjekte, denn die implizit vermittelten Elemente treffen auf un- oder vorbewußte Einstellungen.

ren Empfindungen gegenüber anderen Gruppenmitgliedern (z.B. Politikern). Politische Einstellungen und Verhaltensweisen werden bereits im Kindesalter erworben und verdichten sich zu einer Basisorientierung (Görlitz 1977). Greensteins Differenzierung der politischen Sozialisation in latente und manifeste Lerninhalte hat sich in der politischen Sozialisationsforschung durchgesetzt (vgl. Hopf/Hopf 1997).

Wurden in den 60er Jahren in der westdeutschen politischen Sozialisationsforschung vor allem die amerikanischen Untersuchungen diskutiert, läßt sich zu Beginn der siebziger Jahre ein Wandel verzeichnen. Die bisherigen Forschungen zur politischen Sozialisation konnten die Politisierung und den Protest der StudentInnen in den USA und in Westdeutschland nicht erklären und widerlegten die Politisierung im jungen Erwachsenenalter. In vielen Studien zur politischen Sozialisation wurde nämlich davon ausgegangen, daß im Alter von etwa fünfzehn Jahren der politische Sozialisationsprozeß weitgehend abgeschlossen sei. Zudem wurden in den Untersuchungen zur politischen Sozialisation vorwiegend affektive Einstellungen von Kindern, Jugendlichen und Erwachsenen zum politischen System untersucht. Folglich geriet die politische Sozialisationsforschung ins Kreuzfeuer der Kritik. Während Nyssen (1973, 43ff) in seinem Aufsatz „Kinder und Politik" Fragen für die politische Bildung in Westdeutschland in Anlehnung an amerikanische Studien (vor allem Greenstein 1965) aufwirft und die amerikanischen Untersuchungen mit deutschen Studien zur politischen Bildung und zum Einfluß der Familie auf die politische Sozialisation von Kindern zu verbinden versucht (Nyssen 1973, 44), äußert Preuß-Lausitz (1973) fundamentale Kritik am gesamten Vorgehen der politischen Sozialisationsforschung. Nyssen schließt aus der Rezeption der amerikanischen Studien, daß die früh erworbenen politischen Einstellungen nur bruchstückhaft mit politischer Bildung als Aufklärung und Information aufgebrochen werden können (Nyssen 1973, 63 f). Preuß-Lausitz fordert nach einer eingehender Methoden- und Gesellschaftskritik neue Begriffe und andere Methoden. Politische Sozialisation sei ein zutiefst „bürgerlicher" Begriff, weil er die Annahme nicht-politik-relevanter Sozialisation beinhalte und damit die Trennung von Gesellschaft und Politik impliziere (Preuß-Lausitz 1973, 74). Er schlägt den Begriff „klassenspezifische Sozialisation" vor, da sich hier nicht mehr die Frage stelle, welche Dimensionen von Persönlichkeit nicht politisch bedeutsam seien bzw. welche Dimensionen der manifesten politischen Sozialisation (Kenntnisse, Einstellungen, Normen) das gesellschaftliche Handeln tatsächlich bestimmen. Ähnliche Kritik an den amerikanischen Ansätzen äußert auch Görlitz (1977), der aufzeigt, daß die Studien der 60er Jahre in der politischen Sozialisationsforschung systemimmanent argumentieren und eine affektive Identifikation von Kindern mit politischen Positionsinhabern und gesellschaftlichen Institutionen unterstellen, nicht aber hinterfragen. Es wurde dann zunehmend der Blick weg von der Kindheit auf die Phase der Jugend gerichtet[3]. In der Folge wurden den Peer-groups die entscheidenden Einflüsse für die politische Sozialisation zugeschrieben.

Klaus Wasmund hat 1982 die Diskussion um den Einfluß der Familie auf die politische Sozialisation wieder aufgegriffen (Wasmund 1982)[4]. Er geht der Frage nach, ob das in der Kindheit erworbene politische Weltbild einen Einfluß auf die erwachsene politische Persönlichkeit hat. Wasmund (Wasmund 1982, 29 ff) greift in Anlehnung an Weissberg/Dawson et al. auf drei Lernmodelle zurück: Dem Modell des frühen Lernens (primacy model), dem Modell der späten Kindheits- und Jugendphase (intermediate-period-model) und dem Modell des späten Lernens (recency-model). Indem Wasmund diese drei Lernmodelle miteinander verknüpft, begreift er den Prozeß der politischen Sozialisation als lebenslangen Lernprozeß. In der Kindheitsphase werden grundlegende politische Orientierungen gelernt, die sehr stabil sind. In der Jugendphase kommen andere politische Orientierungen hinzu und modifizieren die bereits bestehenden politischen Orientierungen. Im Erwachsenenalter verfügt der Mensch dann über ein Set von Einstellungen und Verhaltensweisen, mit denen er auf aktuelle politische Einflüsse reagiert. Der Einfluß der Familie wird dabei unterschiedlich gewichtet. Während im Modell des frühen Lernens und auch noch in der Jugendphase der Familie ein starker Einfluß zugesprochen wird, sind im Erwachsenenalter familiale Einflüsse kaum noch von Bedeutung (Wasmund 1982)[5]. Wasmund resümiert in seiner methodischen Kritik, daß in standardisierten Untersuchungen nur Väter und deren Kinder nach politischen Einstellungen befragt werden, politische Orientierungen der Mütter sind dagegen nicht bedeutsam. Zudem fordert Wasmund (1982), den Blick stärker auf die innerfamiliale Kommunikation zu richten. Politische Einstellungen entstehen und stabilisieren sich über kommunikative Prozesse, also müsse man die Art und Weise der Kommunikation in Familien untersuchen[6].

---

3 Ausnahmen sind die Studien aus der Psychologie, wie sie etwa in der Attachmentforschung von Mary Main et al. oder in den psychologischen Entwicklungsstudien zur moralischen Entwicklung von Gertrud Nunner-Winkler und Rainer Döbert vorgelegt wurden (vgl. Hopf/Hopf 1997).

4 Ich gehe an dieser Stelle ausführlicher auf den Aufsatz von Wasmund ein, weil im „Neuen Handbuch' der politischen Sozialisation (Claußen/Geißler 1996) mehrfach auf die Gedanken von Wasmund (1982) im Zusammenhang mit der politischen Sozialisation in der Familie verwiesen wird (vgl. vor allem Claußen 1996; Geißler 1996).

5 Unklar bleibt bei Wasmund, warum die Familie im Erwachsenenalter kaum noch Bedeutung für politische Einstellungen haben soll. Denn mit dem Eintritt ins Erwachsenenalter reißt ja die Bindung der Herkunftsfamilie nicht ab, sondern sie bleibt weiterhin bestehen, wenn auch oft auf einer qualitativ neuen Stufe.

6 Auch Geißler weist auf die politischen Gespräche im Familienkreis hin und vertritt die Ansicht, daß sich politische Kommunikation in der Familie schichtspezifisch vollzieht (Geißler 1996, 55). Politische Diskussionen in der Familien sind nach Geißler spontan und ungeplant: „man unterhält sich über spektakuläre oder wichtige politische Ereignisse und Probleme, über Persönlichkeiten der politischen Szene" (Geißler 1996, 55).

Familie in gesellschaftlichen Strukturen 243

Dennoch konzentrierte sich die politische Sozialisationsforschung in den 80er Jahren stärker auf andere Sozialisationsinstanzen wie die Schule, die Gleichaltrigen und die Medien. Erst in den 90er Jahren wurde den biographischen Handlungsmustern einzelner Individuen größere Aufmerksamkeit gewidmet. Zugleich wurde aber an der klassischen Trennung von Politik als das Öffentliche und Familie als Privatsphäre festgehalten (Geißler 1996). Die Familie wurde dabei zwar als zentrale Sozialisationsinstanz betrachtet, dennoch wurden kaum familiale Generationsbeziehungen und deren Interaktionsmuster untersucht[7]. Statt dessen wurde nach der politischen Sozialisation im Bereich der Schule (z.B. Claußen 1989) und der Hochschule (z.B. Bundeszentrale für politische Bildung 1985) gefragt. Forschungsgegenstand waren zum einen die Jugendphase und das frühe Erwachsenenalter, zum anderen aber auch soziale und ethnische Gruppen oder Subkulturen (vgl. ausführlich Lemke 1991, 25).

Auch die feministische Forschung hat sich dem Thema der politischen Sozialisation zugewendet. Differenziert setzen sich VertreterInnen der Gleichheits-Differenz-Debatte mit dem Begriff der politischen Sozialisation auseinander[8]. Dabei zeigen sie auf, daß der angewandte Politikbegriff geschlechtsspezifische Umgangsweisen und Handlungsmuster vernachlässigt. Deutlich wird, daß Frauen ein 'anderes Verständnis' von Politik haben. Auf der Suche nach Gründen für die politische Passivität von Frauen wird nach einem differenzierteren Begriff von politischer Sozialisation gesucht. Kuhn (1990) unterscheidet vier verschiedene Politikbegriffe[9], durch die Frauen aus dem politisch-gesellschaftlichen Kontext ausgeschlossen werden. Sie fordert einen neuen Politikbegriff, der geschlechtsspezifische Unterschiede berücksichtigt (vgl. Heinze 1996, 30). Themen wie „Sind Mädchen unpolitischer als Jungen?" (Jacobi 1991) oder „'Wenn man so politisch aktiv ist, muß man sich ja noch lange nicht für Politik interessieren': Zum Politikverständnis von Mädchen" (Meyer 1993) deuten an, daß es nicht eine andere politische Sozialisation von Frauen ist, die sie als politisch passiv erscheinen lassen. Vielmehr scheint es die Begriffsbestimmung selbst zu sein, mit denen Frauen und Mädchen „unpolitisch" erscheinen.

Aus den vorliegenden Ergebnissen zeigt sich, daß es nicht ausreicht, theoretisch zwischen manifester und latenter politischer Sozialisation zu

---

7 In den Studien zu rechtsextremen Orientierungen bei Jugendlichen wurde der Familie dagegen eine entscheidende Rolle zugesprochen (z.B. Oesterreich 1974, 1993; Heitmeyer 1987, 1992, 1995; C. Hopf 1990, 1992, 1993; C. Hopf et al. 1995; W. Hopf 1991). Gegenstand der Untersuchungen waren hier vor allem die autoritäre Familienbindungen und Elternidealisierung.
8 Die Ergebnisse der feministischen Forschung können an dieser Stelle nur angedeutet werden. Den Stand der Forschung zeigen Kulke 1991, Jacobi 1991, Kelle 1993, Heinze 1996 auf.
9 Das sind einmal der Politikbegriff, der Frauen per Definition ausschließt, zweitens die Würdigung der politischen Beteiligung von Frauen als Ausnahmesituation, zum dritten Aktivitäten von Frauen in isolierten Sonderbereichen wie dem „sozialen Bereich" und viertens die Privatisierung und Entpolitisierung von Aktivitäten und realer politischer Erfahrungen (vgl. Heinze 1996, 30).

unterscheiden und dabei der Familie eine zentrale Bedeutung zuzuschreiben. Auch genügt es nicht, die Peer-group verstärkt als Faktor für die politische Sozialisation heranzuziehen. Zwar wird die Familie als zentrale Sozialisationsinstanz verstanden, jedoch bleibt bisher dieser Aspekt empirisch unterbelichtet. Gefragt wird nicht, wie Generationsbeziehungen in der Familie durch Erziehung und Aufwachsen den Prozeß der politischen Sozialisation beeinflussen und ob familial erworbene Handlungsmuster auch dazu verwendet werden, sich in spezifischer Weise mit gesellschaftlichen Wandlungsprozessen auseinanderzusetzen. Zudem wird an einem Politikbegriff angesetzt, mit dem ausgehend von der theoretischen Annahme, daß die Familie auf die politische Orientierung Einfluß nimmt, vorwiegend politische Einstellungen, das Wahlverhalten und die Beteiligung an politischen Institutionen erforscht wird. Der Politikbegriff wird auf diese Weise auf einen kleinen Bereich institutionellen Handelns begrenzt. Wie jedoch die einzelnen Individuen gesellschaftliche Wandlungsprozessen verarbeiten und ihren Alltag danach ausrichten, bleibt unberücksichtigt.

3 Familiale Generationsbeziehungen und gesellschaftlicher Wandel

Heitmeyer und Jacobi (1991) verknüpfen Generation und Familie und vermuten Auswirkungen auf die politische Sozialisation: „Das veränderte Generationenverhältnis, das wahrscheinlich nicht nur eine Folge der veränderten Familienstrukturen ist, aber sicher auch darin ihre Ursachen hat, scheint Auswirkungen für die politische Sozialisation zu haben, die stärker als bisher reflektiert werden sollten" (Heitmeyer/Jacobi 1991, 12). Damit wird die Forderung nach einer Verflechtung von Generationenkonzept, Familienstruktur und politischer Sozialisation offensichtlich. Demnach ist der Prozeß der politischen Sozialisation sowohl von der Generationszugehörigkeit des Einzelnen als auch von seinen individuellen Erfahrungen und den Beziehungskonstellationen in der Familie abhängig. Begreift man Familie als ein gegenseitig aufeinander bezogenes Miteinander verschiedener Generationen (Böhnisch/Lenz 1997, 28), die in unterschiedlichen sozialen und biographischen Zeitstrukturen den Sozialisationsprozeß durchlaufen, dann geraten familiale Generationsbeziehungen in den Blick. In Familien befinden sich *mindestens* zwei, häufig aber auch drei aufeinander folgende Generationen, die durch eine Eltern-Kind-Beziehung bzw. Großeltern-Eltern-Kind-Beziehung aufeinander bezogen sind (vgl. Rauschenbach 1995; Böhnisch/Lenz 1997). Hierbei ist Familie als „Zusammenfassung pluralistischer Lebensformen" zu verstehen, wobei sich „Familie als Familie*n* in ein

Familie in gesellschaftlichen Strukturen 245

Familiengefüge" ausdifferenziert hat und „Elternschaft (...) spaltbar, aber nicht kündbar" ist (vgl. Beck 1992, 188) [10]. Die Familie ist ein Netzwerk gelebter Beziehungen, in denen verwandte Personen aus verschiedenen Generationen in Beziehung zueinander stehen und verschiedene Formen des Zusammenlebens entwickeln (Bien 1994, iii). In der neueren Diskussion um Generationen werden Generationenverhältnisse und Generationsbeziehungen unterschieden (Kaufmann 1993). Generationenverhältnisse beschreiben als makrotheoretische Dimension allgemeine Lebenslagen und kollektive Schicksale (vgl. Kaufmann 1993, 97). Generationsbeziehungen erfassen dagegen die beobachtbaren Folgen sozialer Interaktionen zwischen Angehörigen verschiedener, in der Regel familial definierter Generationen (vgl. Bock 1995, 1997). Fragt man danach, wie der politische Sozialisationsprozeß in der Familie verläuft, konzentriert sich der Blick auf die Umgangsformen in der Familie zwischen mehreren aufeinander bezogenen Generationen (Böhnisch/Lenz 1997), die Kaufmann (1993) als Generationsbeziehungen bezeichnet.

Die Oral History hat darauf hingewiesen, daß individuelle Erfahrungshorizonte mit kollektiven Erfahrungen verflochten und biographische Verläufe mit sozialgeschichtlichen Ereignissen verwoben sind. Die grundlegende Annahme ist, daß die offizielle Geschichtsschreibung die „Geschichte der kleinen Leute" (die „Geschichte von unten") ausspart (Niethammer 1985a; von Plato 1991). Die Oral History versucht die jüngere offizielle Geschichtsschreibung zu ergänzen, in dem sie in subjektiven, biographisch angelegten Erinnerungsinterviews die Zeitgeschichte aufspürt, für die keine andere Überlieferung besteht (Niethammer 1985b, 420). Damit wird gelebte Geschichte zur Erinnerung im biographischen Kontext und zur Erfahrungsgeschichte in biographischen Verläufen. Die historische Dimension, die in der Erfahrungswissenschaft der Oral History besonders bedeutsam ist, läßt sich in Form von politischen Sozialisationsprozessen als „bewußtseinsgeprägte Einschnitte" (Steinbach 1985) in der Lebensgeschichte begreifen. Individuelle biographische Erfahrungen sind ausschlaggebend für die politische Sozialisation, die sich die Subjekte innerhalb der Familie und anderen Sozialisationsinstanzen aneignen und die nicht zuletzt durch biographische Verstrickungen und individuelle Erlebnisse bestimmt werden. Dabei sind das Alter, die soziale Position und der biographische Hintergrund genauso entscheidend wie individuelle Bewältigungsstrategien und Erfahrungen, vor deren Hintergrund Sozialgeschichte erlebt wird (vgl. Steinbach 1985). Politische Sozialisation ist damit entscheidend vom biographischen Umgang mit gesellschaftlichen Wandlungsprozessen abhängig. Anders gesagt: Es ist

---

10 Familie läßt sich nicht mehr nur als Mutter-Vater-Kind(er)-Kleinfamilie charakterisieren, sondern die modernen Lebensformen wie etwa Single-Haushalte, Alleinlebende, Spagat-Familien, Wiederverheiratete, geschiedene Zusammenlebende, getrennt Lebende etc. müssen als moderne Privatheitstypen mit einbezogen werden (vgl. Mayer 1992, Ecarius 1996).

wichtig zu beleuchten, wie jemand den zweiten Weltkrieg erlebt und überlebt hat, in welchem Alter er zu diesem Zeitpunkt war und in welcher sozialen Position, ob seine Eltern oder Großeltern den Faschismus unterstützt oder abgelehnt haben, wie stark derjenige und seine Bekannten oder Verwandten von den Kriegserlebnissen betroffen waren und wie er selbst den Krieg biographisch verarbeitet hat.

Blickt man auf die Ansätze der erziehungswissenschaftlichen Biographieforschung (Krüger 1995, 1997; Schulze 1995, Ecarius 1998) wird deutlich, daß Lebensgeschichten subjektive Rekonstruktionen sind, die Erlebnisse und Erfahrungen eines Subjekts enthalten. „Bios, das gelebte Leben, ist eine Konstruktion, die aber sowohl in der autobiographischen Erinnerung wie in der biographischen Untersuchung datenreich rekonstruiert werden kann" (Schulze 1995, 16). Schütze (1981) zeigt auf, daß Lebensabläufe bestimmten Prozeßstrukturen unterliegen und daß sich elementare Formen dieser Prozeßstrukturen in Lebensgeschichten nachzeichnen lassen. Er nimmt an, daß es „systematische Kombinationen derartiger Prozeßstrukturen gibt, die als Typen von Lebensschicksalen gesellschaftliche Relevanz besitzen" (Schütze 1981, 131).

In Anlehnung an Schütze (1995) und die Oral History (Niethammer 1985b) verstehe ich individuelle biographische Ereignisabläufe immer auch in kollektive Ereignisabläufe eingebettet, die wiederum entscheidend von historisch-(gesamt)gesellschaftlichen Veränderungen abhängig sind. Aus den klassischen amerikanischen Studien (Greenstein 1965; Dawson/Prewitt 1969) zeigt sich, daß intergenerative Familienbeziehungen für den politischen Sozialisationsprozeß bedeutsam sind, weil sie grundlegende politische Orientierungen beeinflussen. Die Entwicklung von politischen Einstellungen müßte angelehnt an Überlegungen von Wasmund (1982) aber nicht nur von den Erfahrungen in der Familie abhängig sein, die die Subjekte erleben. Zudem müßten auch gesellschaftliche Wandlungsprozesse den Verlauf von lebensgeschichtlicher Erfahrung und politischem Handeln beeinflussen (Niethammer 1985b; Wierling 1993). Zugleich sollten die Biographien immer an die Herkunfts- bzw. Eigenfamilie rückgekoppelt werden, so daß sich der intergenerative Zusammenhang erschließen läßt. Denn erst wenn man Familie als ein Gefüge betrachtet, das sich aus Individuen mit individuellen Biographien zusammensetzt, die ein Stück der Zeitgeschichte gemeinsam, wenn auch zu unterschiedlichen Lebenszeiten, durchschreiten und zugleich durch Prozesse der Interaktion, der Erziehung und des Aufwachsens miteinander verbunden sind, wird der umfassende Sozialisationsprozeß der politischen Sozialisation offensichtlich. Dabei ist für mich besonders interessant, wie stark gesellschaftliche Veränderungen auf die politischen Orientierungen einer Familie Einfluß nehmen und welche Muster der Verarbeitung von gesellschaftlichen Wandlungsprozessen entstehen.

Familie in gesellschaftlichen Strukturen   247

Im folgenden Teil möchte ich drei Biographien der Großmutter Erna Schmidt, der Mutter Ursel Schmidt und der Tochter Anke Schmidt analysieren. Dabei werden die drei Biographien in Form einer Familiengeschichte dargestellt[11]. Diese Familiengeschichte ist auf die Umgangsformen, die sozialen Unterstützungsleistungen in der Familie, die biographischen Orientierungen und individuellen Erfahrungen sowie den gesellschaftlichen Wandel fokussiert.

4 Familiale Beziehungskonstellationen und der Umgang mit gesellschaftlichen Wandlungsprozessen: Ein Beispiel

4.1 Projektdesign

Im Rahmen des Projekts „Sozialgeschichte, Erziehung und Lernen über drei Generationen in Ostdeutschland" (Ecarius 1997; Krüger/Ecarius 1997) wurden jeweils drei Generationen in einer Familie (insgesamt 20 Familien) aus der Region Sachsen-Anhalt erhoben. Die älteste Generation ist zwischen 1910-1920, die mittlere zwischen 1940 und 1945 und die jüngste Generation zwischen 1967 und 1972 geboren[12]. Befragt wurden mit dem von Fritz Schütze (1983) vorgeschlagenen narrativen Verfahren Großmütter, Mütter und Töchter oder Großväter, Väter und Söhne in jeweils einer Familie. Das narrative Interview wurde um einen Leitfadenfragebogen erweitert, in dem Fragen zu Dimensionen des Aufwachsens in der Kindheit, Jugend, dem Erwachsenenalter und dem Alter sowie zur biographischen Verarbeitung von historischen Ereignissen wie bspw. der Weimarer Republik, dem 2.Weltkrieg, der Gründung der DDR, dem Mauerbau oder dem Zusammenbruch des sozialistischen Gesellschaftssystems 1989, der als „Wende" in die Literatur Eingang gefunden hat, enthalten. Die Auswertung der narrativen Interviews orientiert sich ebenfalls am vorgeschlagenen Verfahren von Schütze, teilweise interpretieren wir aber auch bestimmte Textpassagen mit Hilfe der Objektiven Hermeneutik nach Oevermann. Aus dem Fallmaterial

---

11 Diese Familiengeschichte basiert auf einer ausführlichen Interpretation der einzelnen Biographien nach dem narrativen Verfahren von Schütze und der Objektiven Hermeneutik von Oevermann.
12 Die „Stichgeneration" stellt bei der Erhebung die mittlere Generation dar, die in der Literatur vielfach auch als „DDR-Generation" beschrieben wird (Geulen 1993, Simon 1997). Die älteste Generation, die der um 1910-1920 geborenen, hat ihre Jugendzeit in der Weimarer Republik verbracht und wurde in der Zeit des 2.Weltkrieges mit den Auswirkungen des Nationalsozialismus konfrontiert. Viele Männer dieser Generation fielen im zweiten Weltkrieg, viele Frauen dieser Generation arbeiteten als „Trümmerfrauen" nach dem Krieg beim Wiederaufbau Deutschlands mit. Die jüngste Generation sind VertreterInnen der Generation X oder no-name-generation, wie Coupland und in der Folge Leggewie sie bezeichnen (vgl. Leggewie 1996).

habe ich die Familie Schmidt ausgewählt, die ich im folgenden darstellen möchte. Dabei stehen Fragen nach den biographischen Prozessen und den Beziehungskonstellationen in der Familie im Mittelpunkt, die vor dem Hintergrund gesellschaftlicher Wandlungsprozesse beleuchtet werden.

4.2 Drei Lebensgeschichten in einer Familie: Die Großmutter Erna Schmidt, die Mutter Ursel Schmidt und die Tochter Anke Schmidt

Erna wurde 1910 in einer mittelgroßen Stadt in Sachsen-Anhalt geboren. Ihr Vater arbeitete als Oberinspektor bei der Polizei, ihre Mutter war Hausfrau. Erna wuchs zusammen mit ihren zwei älteren und einem jüngeren Bruder auf und bezeichnet sich in ihrer Lebensgeschichte als „Kind eines bürgerlichen Elternhauses". Sie beschreibt ihre Eltern als „Respektpersonen", denen sie bedingungslosen Gehorsam zu leisten hatte und zu denen sie keine gefühlsbetonte Bindung aufbauen kann. Sie mußte über jeden Schritt und jede Handlung bei ihren Eltern Rechenschaft ablegen und hatte fast keine Möglichkeit, eigene Interessen zu entwickeln.

Erna besuchte zunächst die „Bürgerschule", danach lernte sie auf der Handelsschule Haushaltsführung und Handarbeiten. Von klein auf wird sie darauf hin erzogen, einmal eine gute Haus- und Ehefrau zu werden. Dabei scheint die Zeitgeschichte fast spurlos an ihr vorüberzugehen: Erna kann sich nicht an die Weimarer Republik erinnern, die Zeit der „Golden Twenties", die Auswirkungen der Weltwirtschaftskrise und die Inflation hat sie „nicht bemerkt". Ihre Lebensgeschichte bleibt bis zum Machtantritt der Nationalsozialisten 1933 in privaten Familienstrukturen verhaftet. Nur den Beginn des faschistischen Regimes kann Erna erinnern, da die politischen Auswirkungen in ihre Herkunftsfamilie hineinragen. Ihr Vater wird kurz nach dem Machtantritt der Faschisten vom Polizeidienst suspendiert. Aus Gesprächen mit ihrem Vater weiß Erna: „Hitler bedeutet Krieg".

Erna hofft auf die Ehe, um endlich dem strengen Befehlshaushalt ihrer Eltern zu entkommen. Doch diese Hoffnung erweist sich als Trugschluß. Mit der Ehe, die sie 1936 mit einem Büroangestellten schließt, wechselt lediglich die Kontrollinstanz. Sie selbst hat dem vorgefertigten Lebensentwurf ihrer Eltern, den sie als 'unabänderliches Schicksal' versteht, kein eigenes Konzept entgegenzusetzen. Auf Grund ihrer enttäuschten Erwartungen und ihrer familialen Sozialisation kann sie keine gefühlvolle Bindung zu ihrem Mann aufbauen.

Der Ausbruch des zweiten Weltkrieges bedeutet für Erna einen starken Einschnitt. Ihr Mann wird zum Kriegsdienst einberufen und Erna ist in der Lebensführung auf sich gestellt. Sie hat Angst vor den Nationalsozialisten und kennt das Schicksal von Nachbarn, die von der Gestapo zu Verhören abgeholt wurden. Um nicht mit dem faschistischen Regime in Konflikt zu geraten, versucht Erna, nicht über die Nationalsozialisten nachzudenken und ihre Ablehnung gegenüber dem Hitlerregime für sich zu behalten. 1940 wird Ernas Tochter Ursel geboren, ein Jahr später ihr Sohn. Kurz nach der Geburt ihres zweiten Kindes wird Erna unter den Trümmern des Mietshauses verschüttet, in dem sie wohnt. Mit Hilfe der Rettungstrupps können die drei unverletzt geborgen werden und Erna findet mit ihren Kindern eine Unterkunft bei Verwandten auf dem Land, wo sie bis zum Kriegsende lebt.

Ernas Tochter Ursel beschreibt die ersten Jahre ihrer Kindheit auf dem Land als sehr schön und unbeschwert. Trotz der schlechten Bedingungen des Krieges erlebte sie Freiheit und Abenteuer. Ursel genießt, daß ihre Mutter mit Besorgungen für den Lebensunterhalt beschäftigt ist. Besonders intensiv erinnert sie die wenigen Besuche ihres Vaters während der Zeit des Krieges, denn ihre Mutter Erna machte dann auf sie einen glücklichen Eindruck und Ursel erhielt viel Zärtlichkeit und Zuneigung von ihrem Vater.

Zum Ende des Krieges versucht Erna, gemeinsam mit ihren Kindern aus Angst vor der Roten Armee in die amerikanische Besatzungszone zu fliehen. Doch die drei geraten in den Flüchtlingsstrom und müssen zurück in die Chemieregion, in der ihr eine Betriebswohnung zugewiesen wird. Erna ist in der Stadt mit völlig veränderten Bedingungen konfrontiert: Plötzlich ist sie auf sich gestellt und muß ohne Unterstützung ihres Mannes oder von Verwandten für sich und ihre beiden kleinen Kinder sorgen. Das einstige Privileg in Ernas Lebensentwurf, als bürgerliche Haus- und Ehefrau nicht arbeiten gehen zu müssen, wird nun zu ihrem größten Hindernis. In verschiedenen Tätigkeiten kann sie sich nur schlecht mit den ungewohnten beruflichen Anforderungen arrangieren. Von ihrem Mann fehlt jede Spur.

Ernas Kinder bleiben in dieser Zeit größtenteils sich selbst überlassen. Mit der Flucht mußte auch Ursel die gewohnte Umgebung verlassen. Für Ursel endet mit dem Leben in der dörflichen Idylle und dem sich anschließenden erzwungenen Umzug in die Stadt ihre Kindheit. Oft bleiben Ursel und ihr Bruder bis in den späten Abend allein. Ursel beschützt ihren fünfjährigen Bruder so gut sie kann. Um dem andauernden Hunger zu entkommen, stiehlt sie in fremden Kellern eingewecktes Obst und versucht, dem Bruder eine gute Mutter zu sein. Ursel verknüpft alle Hoffnungen mit den schönen Erinnerungen an die Kindheit auf dem Land und der abwesenden Figur ihres Vaters. Sie verbindet das Bild einer glücklichen Familie mit der Vorstellung, daß Mutter *und* Vater anwesend sind. Täglich läuft sie zum Bahnhof und wartet auf die Rückkehr ihres Vaters. Das Warten auf den Vater bestimmt nun ihr Leben und wird zu einer Strategie, den unerfreulichen Alltag zu bewältigen. In der Schule wird Ursel kaum beachtet oder gefördert - die Klassen sind hoffnungslos überfüllt.

Kurz nach der Gründung der DDR findet Erna Arbeit als Aushilfskraft in einem Kleiderwerk. Sie ergreift zum ersten Mal Handlungsinitiative und qualifiziert sich in kurzer Zeit zur Kontoristin. Auch verfolgt sie interessiert das gesellschaftliche Geschehen. Doch wird ihr allmählich bewußt, daß auch in der DDR-Gesellschaft kritische Meinungsäußerungen schwerwiegende Folgen nach sich ziehen können. Nachdem sie einen anderen Mann kennengelernt hat, läßt sie ihren ersten Mann, der immer noch als vermißt gilt, für tot erklären und heiratet ihren zweiten Mann Anton, mit dem sie bis heute zusammenlebt. Erna begibt sich zum zweiten Mal, jedoch diesmal ganz bewußt, in die eheliche Abhängigkeit. Auf Wunsch ihres zweiten Mannes beendet sie ihre Berufstätigkeit und wird erneut Haus- und Ehefrau.

Als die Mutter Erna, um wieder heiraten zu können, Ursels Vater für tot erklären läßt, wird Ursel in eine tiefe Krise gestürzt. Sämtliche Erwartungen auf ein besseres Leben, die an den Vater geknüpft sind, gehen auf einmal verloren. Ursel erhebt schwere Vorwürfe gegen ihre Mutter, die sie jedoch nicht artikuliert. Sie sucht Trost bei einem Pfarrer, der für sie zur zentralen Bezugsperson wird. Doch als dieser die Gemeinde wechselt, wendet sich Ursel von der Kirche ab und versucht, einen anderen Weg aus der Familie zu finden. Sie verfolgt aktiv das politische Geschehen in der DDR und hofft auf einen sozialen und gerechten Staat. In der Zeit um den 17. Juni 1953 verfolgt sie interessiert als 13jährige das Aufbegehren der Arbeiter. In der Schule protestiert sie zusammen mit ihren Mitschülerinnen gegen den verhaßten obligatorischen Russischunterricht. Sämtliche Stalinbilder entfernen sie aus den Klassenräumen. Doch die Hoffnungen werden unter der Angst vor den russischen Panzern begraben. Ursel erschrickt vor der militärischen Gewalt der Sowjetunion und zieht sich mit einer stillen Protesthaltung zurück. Am Ende der zehnten Klasse muß sie auf Ernas Wunsch eine Berufsausbildung zur Kontoristin in deren ehemaligem Betrieb absolvieren. Nach dem Abschluß der Lehre arbeitet sie in einem Büro und erlebt einen Wechsel in der Betriebsleitung. Die „alten Kommunisten" werden abgesetzt und verhaftet. Die Leitung des Betriebes wird von „der Parteiclique (...) die aus einer Parteielitetruppe" bestand, übernommen. Ursel sagt: „und damit war der Kommunismus in Deutschland zu Ende". Um sich aus dieser Lage zu befreien, strebt Ursel eine Ausbildung zur Krankenschwester an. Heimlich bewirbt sie sich an einer Fachschule für eine Krankenschwesternausbildung. Als sie für die Ausbildung zugelassen ist, stellt sie ihre Mutter vor vollendete Tatsachen und zieht aus der elterlichen Wohnung aus, in der inzwischen Ernas neuer Mann alles daran gesetzt hat, Ursel und ihren Bruder aus der Wohnung zu vertreiben. Im Anschluß an die Ausbildung arbeitet Ursel in einem Krankenhaus außerhalb der Stadt und lernt in dieser Zeit einen jungen Mann kennen, mit dem sie sich „janz jut" versteht. Sie hofft, mit Hilfe des Freundes in West-Berlin eine Existenz aufbauen zu können. Ihre Vorstellungen zerbrechen jedoch, als Ursel merkt, daß sie schwanger ist. Sie weiß nicht, wie sie als junge Mutter in der Bundesrepublik bestehen soll und sieht resigniert zu, wie der Bau der Mauer ihre Träume zerstört. Von ihrer Mutter Erna wird sie zur Heirat gedrängt. Da Ursel und ihr Mann keine

Familie in gesellschaftlichen Strukturen 251

eigene Wohnung finden, müssen die beiden schließlich wieder mit in der Wohnung von Erna und deren Mann leben. Ursel stürzt in eine schwere Krise und versucht, sich eine neue Lebensperspektive zu konstruieren. Sie baut sich ein Familienideal auf, das sie von da an zu erreichen sucht. Dieses knüpft sie vor allem an eine eigene schöne Wohnung. Aufgrund der schlechten Wohnsituation in der DDR ist sie jedoch zur Handlungsunfähigkeit verdammt und greift auf ihre alte Strategie des Wartens zurück. Über das Warten auf ein besseres Leben beginnt sich jedoch die Partnerschaft zu entfremden. Ursels Mann absolviert in den sechziger Jahren ein Lehrerstudium, das Ursel zum großen Teil aus ihrer Tätigkeit als Krankenschwester finanziert. Doch ihr Mann läßt sie mit der Tochter oft allein. Die Ehe wird für ihn zur Belastung und lebt erst wieder auf, als 1970 die zweite Tochter Anke geboren wird.

Anke Schmidt besucht die Kinderkrippe und anschließend den Kindergarten. Im Kindergarten gerät Anke in Konflikte, weil ihre Mutter Ursel sich mit den Kindergärtnerinnen über deren Erziehungsmaßnahmen auseinandersetzt, mit denen sie nicht einverstanden ist. Anke muß im Gegenzug verschiedene Sanktionen im Kindergarten erdulden und wird von den Kindergärtnerinnen in eine Randposition gedrängt. Um der konflikthaften Situation zu entkommen, entwickelt Anke ein Verarbeitungsverhalten, mit dem sie sich in sich selbst zurückzieht und sich in der Folge stärker am Vater zu orientieren beginnt. Im Anschluß an den Kindergarten wird Anke in die Schule eingeschult, an der ihr Vater als Lehrer tätig ist. In der 5. Klasse muß sie jedoch auf Wunsch des Vaters die Schule wechseln. Ihr Vater begründet den Schulwechsel mit fehlenden Leistungsanforderungen, doch Anke kennt den eigentlichen Grund für diese Maßnahme: Sie weiß, daß der Vater mit ihrer Musiklehrerin ein Verhältnis hat. Anke ist enttäuscht, daß der Vater sie nicht als Vertrauensperson in dieses Verhältnis einbezieht, von dem ihre Mutter Ursel keine Ahnung hat. Ankes Orientierung am Vater beginnt sich nun zugunsten der Mutter zu verschieben.

In der neuen Schule reagiert Anke zunächst mit einem krassen Leistungsabfall. Sie hofft, daß ihr Vater als „Pädagoge" sich um sie bemüht, doch der geht seinem Verhältnis nach. Statt dessen findet Anke bei ihrer Mutter Unterstützung. In der Schule schafft sie es, bald zu den Leistungsstärksten der Klasse zu gehören, doch sie kann mit ihrer Mutter nicht über ihre psychischen Konflikte sprechen. Anke ist die einzige, die vom Verhältnis des Vaters Kenntnis hat und sie weiß, daß ihre Mutter Ursel davon überzeugt ist, eine glückliche Ehe zu führen. In dieser Zeit besucht Anke zunehmend häufiger ihre Großmutter Erna und deren zweiten Mann. Aufgrund des distanzierten Verhältnisses zwischen Ursel und Erna hatte Anke in ihrer Kindheit kaum Kontakt zu ihrer Großmutter. Anke beginnt nun, selbständig eine intensivere Beziehung zur Großmutter Erna aufzubauen.

Als Anke 14 Jahre ist, lassen sich ihre Eltern scheiden. Für die Mutter

Ursel, die ganz plötzlich mit dem Verhältnis ihres Mannes zu der anderen Frau konfrontiert wird, wird die Scheidung zu einem erneuten biographischen Tiefpunkt. Trost sucht Ursel im Beruf, auch überhäuft sie ihre Töchter mit noch mehr Liebe. In dieser Zeit beginnt Ursel, sich einen Freundeskreis aufzubauen, in dem sie viel über das politische Geschehen in der DDR diskutiert. Anke reagiert erneut mit einem Leistungsabfall in der Schule und versucht, allein mit der Scheidung ihrer Eltern fertig zu werden. Aufgrund ihrer schlechter werdenden schulischen Leistungen wird sie nicht zum Abitur an die Erweiterte Oberschule zugelassen. Enttäuscht muß sie dem wenig lukrativen Angebot zustimmen, eine Lehre als Chemiefacharbeiterin mit Abitur zu beginnen. Während der Ausbildung schließt sie mit einem Mädchen Freundschaft, die ihr erklärt, daß sie homosexuell sei. Neugierig lernt Anke durch ihre Freundin die lesbische Szene kennen und macht ihre ersten sexuellen Erfahrungen mit Frauen. Gleichzeitig kann Anke den Belastungen in der Ausbildung nicht standhalten. Durch die Arbeit im Chemiebetrieb wird sie schwer krank und sucht Trost im übermäßigen Alkoholkonsum. Nach einem Jahr Alkoholabhängigkeit schafft sie den Entzug und organisiert ihr Leben neu. Sie kann mit ihrer attestierten Krankheit einen Wechsel an die Oberschule erzwingen und genießt die „behütete" Welt der EOS, wo sie im Sommer 1989 das Abitur absolviert.

Die Ereignisse im Herbst 1989 nimmt Anke interessiert wahr, auch verfolgt sie aufmerksam den Fall der Mauer. Doch als die Rufe „Wir sind ein Volk" lauter werden, wird sich Anke ihrer Identifikation mit dem DDR-System bewußt. Sie sagt, daß ihr Engagement zu diesem Zeitpunkt „Richtung Null ging ... weil das wars nich, also jenau das wars nich". Ihre Mutter Ursel findet im Herbst 1989 den Mut, gemeinsam mit ihrem Freundeskreis für eine bessere Zukunft ihrer Kinder zu demonstrieren. Sie engagiert sich im Neuen Forum. Doch erschrocken stellt sie fest, daß die bei den Sitzungen anwesenden Männer bereits alle politischen Positionen unter sich verteilt haben. Vergeblich sucht sie den Dialog um ein demokratisches neues Land und zieht sich schließlich resigniert in ihre Arbeit als Krankenschwester zurück. Auch für die Großmutter Erna eröffnet die Wende zunächst ungeahnte Möglichkeiten. Die Ereignisse im Herbst 1989 und die einsetzende (neue) Medienflut wecken ihr Interesse. Mit ihrem Mann Anton und ihrer Enkelin Anke diskutiert Erna die Perspektiven einer zukünftigen Gesellschaft. Doch die Wiedervereinigung der beiden deutschen Staaten und die damit einhergehende Übernahme des bundesrepublikanischen Gesellschaftssystems wecken in Erna erneut Ängste. Immer mehr sieht sie sich als repräsentative Vertreterin einer „mehrfach betrogenen Generation".

4.3 Gesellschaftliche Wandlungsprozesse und familiale Umgangsformen in der Familie Schmidt: Eine Zusammenfassung

An dem Fall der Familie Schmidt wird deutlich, wie in Familien ausgebildete Handlungsmuster mit dem Umgang gesellschaftlicher Wandlungsprozesse verwoben sind. Fokussiert man den Blick auf die gesellschaftlichen Wandlungsprozesse und familialen Umgangsformen, bleibt festzuhalten: Erna wächst in einem traditionellen Befehlshaushalt auf, in dem sie zu Gehorsam und Unterordnung erzogen wird. Bis zum Ende des 2. Weltkrieges bleibt Erna in der verordneten Unselbständigkeit verhaftet und stellt ihre Lebensumstände nicht in Frage. Erst als sich die gesellschaftlichen Verhältnisse grundlegend ändern und Erna mit völlig veränderten Lebensbedingungen konfrontiert wird, thematisiert sie den nun zum Scheitern verurteilten Lebensplan. Und als Erna trotz aller Bemühungen sich selbst eingestehen muß, daß sie nicht selbständig ihr Leben gestalten kann, nutzt sie die erfahrene Erziehung als Strategie, um sich erneut in die Hände anderer zu begeben, die für sie Leben und Biographie gestalten. Zu ihrer Tochter Ursel kann Erna keine intensive Beziehung aufbauen, da sie mit der Erziehung ihrer Tochter Ursel durch die Auswirkungen des zweiten Weltkrieges (Selbstversorgung, plötzlicher Statusverlust) überfordert ist. Das distanzierte Verhältnis zwischen Erna und Ursel bleibt bestehen. Erna bleibt in der Unselbständigkeit verhaftet und weist als 80jährige die Schuld ihren Eltern zu. Zwar erkennt sie, daß auch die gesellschaftlichen Umstände und die historischen Ereignisse entscheidend ihre Biographie beeinflußt haben, doch sie kann diese Erlebnisse nicht differenziert herauskristallisieren, weil sie nicht aktiv am politischen Geschehen teilhatte. Indem sie sich mit einer „doppelt betrogenen Generation" identifiziert, rekonstruiert sie ihre Biographie als Ereignisverstrickung, die vom einstigen Befehlshaushalt in der Kindheit überstrahlt wird und die gesamte Biographie zu beeinflussen scheint. Erna hat in ihrem Leben immer versucht, sich an die jeweiligen gesellschaftlichen Umstände anzupassen.

Die Mutter Ursel entwickelt schon frühzeitig eine Strategie des „Wartens auf bessere Zeiten". Ursel ist schon als kleines Mädchen völlig auf sich gestellt. Dabei muß sie einerseits den Befehlen der Mutter gehorchen, andererseits schon früh ihr Leben selbst organisieren. Dieser Konflikt wirkt sich auf die Beziehung zwischen Ursel und Erna aus und führt in der Folge zu einem distanzierten Verhältnis zwischen Mutter und Tochter, das keine der beiden lösen kann. Im Unterschied zu ihrer Mutter Erna verfolgt Ursel interessiert die gesellschaftlichen Wandlungsprozesse in der Nachkriegszeit und hofft auf gesellschaftliche Veränderungen in der DDR bis zum Mauerbau im August 1961. Doch sie wird nicht handlungsaktiv, als sich die politische Lage in der DDR zuspitzt. Ursel zieht sich in ihre Familie zurück und klammert sich an ihre Kinder, vor allem an die Tochter Anke. Doch das gespannte Verhältnis zu ihrer Mutter Erna kann Ursel nicht lösen. Dennoch ist sie sich ihrer familialen Verpflichtung gegenüber der Mutter bewußt. Wie schon als kleines Mädchen übernimmt Ursel die Versorgung ihrer Mutter Erna (Einkäufe, Hilfe im Haushalt). Als im Herbst 1989 Tausende von DDR-BürgerInnen für einen demokratischen Staat demonstrieren, wird auch Ursel aktiv. Kurzzeitig tritt Ursel aus ihrer Wartehaltung, doch als sie merkt, daß ihre Hoffnungen und Veränderungswünsche nicht ohne weiteres durchsetzbar sind, wird sie erneut zur Beobachterin.

Die Tochter Anke erfährt als Kind eine auf ihre Bedürfnisse hin zentrierte und behütete Erziehung. Doch gerade durch dieses Erziehungsmuster fühlt sich Anke von Anfang an in eine AußenseiterInnenposition gedrängt. Sie kann nur durch eine Strategie des Rückzugs die behütende Erziehung ihrer Mutter ertragen. Diese Rückzugsstrategie hilft ihr später, die Scheidung ihrer Eltern zu bewältigen und gleichzeitig einen Kontakt zur Großmutter Erna aufzubauen. Der Konflikt zwischen ihrer Großmutter Erna und ihrer Mutter Ursel ist für Anke nicht bedeutsam. Wie ihre Mutter Ursel verfolgt Anke interessiert das politische Geschehen in der DDR, wird aber ebenfalls nicht handlungsaktiv. Im Herbst 1989 nimmt sie an den Demonstrationen teil, gesteht sich gleichzeitig ihre DDR-Sozialisation ein und reflektiert ihre eigenen Handlungsspielräume. Doch als der Wunsch nach einer Wiedervereinigung beider deutscher Staaten auf den Demonstrationen lautstark ausgerufen wird, zieht sich Anke zurück und konzentriert sich auf sich selbst. Ursel strebte durch die behütende Erziehung an, Anke zu einem kritischen und selbstbewußten Menschen zu erziehen. Doch Anke kann dieser erfahrenen „Überbehütung" nur durch Rückzug und Konzentration auf sich selbst entkommen. Diese Rückzugsstrategie wird für Anke auch zum zentralen politischen Handlungsmuster, als der Zusammenbruch der DDR abzusehen ist. Sie nimmt damit genau wie ihre Mutter Ursel und die Großmutter Erna eine abwartende Haltung ein und wird zur Beobachterin gesellschaftlicher Wandlungsprozesse.

Charakteristisch für die drei Biographien von Erna, Ursel und Anke Schmidt ist die Angst vor biographischen Konsequenzen, mit denen sie konfrontiert werden könnten. Ähnlich gestalten sich auch die familialen Umgangsformen zwischen Großmutter, Mutter und Tochter. Zwischen Erna und Ursel besteht ein gespanntes Verhältnis. Beide sind sich dieser Problematik bewußt, aber sie thematisieren diese Spannungen nicht. Ursel und Anke verbindet eine sehr intensive emotionale Beziehung, aus der sich Anke möglichst konfliktlos lösen möchte. Erna und Anke haben ein freundschaftliches Verhältnis aufgebaut, daß sie mit gemeinsamen Freizeitinteressen ausfüllen. Damit wird die Familie in allen drei Generationen zur sozialen und emotionalen Ressource. Zwischen Erna und Ursel besteht ein soziales Versorgungsverhältnis, daß die emotionalen Probleme überlagert und zugleich kompensiert. Damit müssen Erna und Ursel ihre emotionalen Span-

Familie in gesellschaftlichen Strukturen 255

nungen nicht thematisieren. Vielmehr können sowohl Erna als auch Ursel durch die sozialen Unterstützungsleistungen ihre individuellen Familienentwürfe weiterleben. Indem Ursel die Verantwortung für den Haushalt ihrer Mutter Erna übernimmt, wie sie es schon in ihrer Kindheit getan hat, kann sie das Bild der „überforderten Mutter Erna" aufrechterhalten. Erna kann dadurch ihr Alter genießen, da für sie die soziale Versorgung durch ihre Tochter Ursel gewährleistet ist. Anke erhält durch den Konflikt zwischen Großmutter und Mutter emotionale Zuwendung von beiden Generationen. Für Erna ist Anke *die* Enkelin, auf die sie stolz sein kann und mit der sie ihre Freizeit verbringt. Ursel sieht in ihrer Tochter Anke den Familienhalt, den sie sich seit ihrer Kindheit erträumte. Anke versucht, den Anforderungen beider Generationen zu entsprechen, indem sie mit ihrer Mutter Ursel in einem Haushalt zusammenlebt und mit der Großmutter Erna einen Teil ihrer Freizeit verbringt. Doch um ihren eigenen biographischen Entwurf leben zu können, besinnt sie sich auf ihre Rückzugsstrategie und versucht, ein eigenes Leben neben der Familie aufzubauen, allerdings ohne die familiale Bindung abzubrechen.

5 Zusammenfassung und Ausblick

Abschließend möchte ich, ausgehend von dem dargestellten Fall, aber auch vor dem Hintergrund anderer Generationenlinien, die wir im Projekt erhoben und analysiert haben, erste Hypothesen zur politischen Sozialisation in der Familie formulieren:

1. Die biographischen Handlungsmuster der drei Familienmitglieder untereinander sind mit den politischen Handlungsmustern im Umgang mit gesellschaftlichen Wandlungsprozessen vergleichbar. Zugleich werden aber auch Unterschiede in den biographischen Handlungsmustern der drei Generationen deutlich, die sich ebenfalls über die Lebensgeschichte eröffnen. Den Umgang mit gesellschaftlichen Wandlungsprozessen, der sich in allen drei Biographieverläufen wiederfindet, möchte ich als *familiale Umgangsform der Anpassung an gesellschaftliche Wandlungsprozesse* bezeichnen. Diese familiale Form des Handelns im Umgang mit gesellschaftlichen Strukturen läßt sich m.E. als *eine* Form politischer Sozialisation in der Familie zusammenfassen. Im dargestellten Fall der Familie Schmidt wird deutlich, daß sowohl die Großmutter Erna Schmidt als auch die Mutter Ursel und die Tochter Anke versuchen, ihre Möglichkeiten im gesellschaftlichen Rahmen auszuschöpfen. Die Großmutter Erna versucht, ihren biographischen Entwurf mit den jeweiligen Anforderungen in der Familie und den gesellschaftlichen Wandlungs-

prozessen zu verknüpfen, indem sie sich den Erwartungen anpaßt. Ursel verbindet ihren individuellen Lebensentwurf mit einer Wartestrategie und wird schließlich zur Beobachterin gesellschaftlicher Wandlungsprozesse. Anke kann die an sie gestellten familialen Erwartungen und die gesellschaftlichen Anforderungen nur einlösen, indem sie sich zurückzieht und ihren biographischen Entwurf von den familialen Anforderungen abkoppelt. In allen drei Lebensgeschichten zeichnen sich biographische Handlungsmuster des *Beobachtens*, des *Rückzugs* und schließlich der *Anpassung* ab, mit der Erna, Ursel und Anke auf gesellschaftliche Wandlungsprozesse reagieren. Mit dieser BeobachterInnenposition versuchen sie, vorsichtig gesellschaftlich Wandlungsprozesse abwartend einzuordnen. Damit verhindern sie, daß sie derart in soziale Ereignisse verstrickt werden, daß daraus gravierende Konsequenzen entstehen können. Die Strategie der Anpassung ermöglicht ihnen, unbeschadet durch gesellschaftliche Wandlungsprozesse zu schreiten. Solche familialen Handlungsmuster im Umgang mit gesellschaftlichen Wandlungsprozessen haben wird auch in anderen Generationenlinien gefunden.

In einem anderen Fall, der Familie Stein[13], kristallisiert sich der familiale Umgang mit gesellschaftlichen Wandlungsprozessen als bewußte *Entthematisierung* heraus. Hierbei handelt es sich um eine verstärkte Form der Anpassung. In allen drei Biographien dieser Familie werden gesellschaftliche Wandlungsprozesse bewußt ausgespart oder ignoriert. Die Furcht vor unabsehbaren Folgen ist derart stark, daß sowohl die Großmutter, die Mutter als auch die Tochter sich erst gar nicht mit gesellschaftlichen Wandlungsprozessen auseinandersetzen und versuchen, diese weitgehend auszublenden.

2. Interessant beim Fall Familie Schmidt ist, daß die biographischen Prozesse eng mit den familialen Umgangsformen und dem Umgang mit gesellschaftlichen Wandlungsprozessen verwoben sind. Indem man die Umgangsformen über mehrere Generationen einer Familie mit gesellschaftlichen Wandlungsprozessen verknüpft, wird der familiale Einfluß auf den Prozeß der politischen Sozialisation deutlich. Dabei sind die erfahrene und selbst praktizierte Erziehung bedeutsam, da dort zentrale Handlungsmuster erlernt werden, die auch im Umgang mit gesellschaftlichen Wandlungsprozessen Anwendung finden. Die Wirkungen einzelner Sozialisationsinstanzen sind hierbei nicht isoliert zu betrachten, wie es in den Studien zur politischen Sozialisation in der Hochschule (Bundeszentrale für politische Bildung 1985) und in der Schule (Claußen 1989) versucht wurde. Es ist aber auch nicht ausreichend, nur einzelne Lebensphasen wie Kindheit und Jugend (Hyman 1959, Greenstein 1965, Dawson/Prewitt 1969, Nyssen 1973) in den Blick zu nehmen. Erst über

---

13 Der Fall der Familie Stein wurde bereits anderenorts unter der Fragestellung familialer Erziehung publiziert (Krüger/Ecarius 1997; Bock 1995; 1997).

Familie in gesellschaftlichen Strukturen

einen biographischen Zugang lassen sich politische Sozialisationsprozesse genauer beleuchten. Denn erst vor dem Hintergrund erlebter Geschichte werden biographische Wege und politische Orientierungen verständlich. Politische Orientierungen entwickeln sich aus biographischen Erfahrungen und Handlungsmustern.
3. Der Prozeß der politischen Sozialisation läßt sich anhand von autobiographischen Stegreiferzählungen (Schütze 1984) aufzeigen, die die gesamte Lebensgeschichte in den Blick nehmen. Dabei kann vom umfassenden Sozialisationsprozeß auf den Prozeß der politischen Sozialisation geschlossen werden. Ein Politikbegriff, der sich an quantitativen Untersuchungen zum Wahlverhalten oder der Parteienzugehörigkeit orientiert, vernachlässigt biographische Handlungsmuster und die familiale Erziehung. Die Ansätze der erziehungswissenschaftlichen Biographieforschung (Krüger 1995, 1997; Schulze 1995; Schütze 1983) und der Oral History (Niethammer u.a. 1991; Wierling 1993) eröffnen für die Erforschung des politischen Sozialisationsprozesses einen wichtigen Zugang. Denn politische Sozialisationsprozesse werden erst im Kontext von biographischen Verläufen und der Verarbeitung von gesellschaftlichen Wandlungsprozessen in vollem Umfang verständlich. So bestätigt sich die Annahme von Geißler, daß die tatsächlichen Einflüsse der Familie auf den Prozeß der politischen Sozialisation viel höher zu sein scheinen als bisher angenommen (vgl. Geißler 1996, 66).

Durch die Verknüpfung von erlebter Geschichte, biographischen Prozessen und familialen Generationsbeziehungen lassen sich Umgangsformen mit gesellschaftlichen Wandlungsprozessen als Dimension der politischen Sozialisation erschließen. Dabei ist jedoch wichtig, Aspekte der erziehungswissenschaftlichen Biographieforschung zu berücksichtigen und an den biographischen Handlungsmustern anzusetzen. Die Oral History hat darauf verwiesen, daß Geschichte nicht „von oben", sondern auch „von unten" betrieben wird. Ähnlich verhält es sich mit der politischen Sozialisation. Politische Sozialisation bestimmt sich nicht alleine aus Wahleinstellungen oder einer Partizipation an Parteien, sondern dazu gehören auch „verdeckte" Handlungsmuster des Umgangs mit gesellschaftlichen Wandlungsprozessen. Diese werden im Prozeß von Erziehung und Aufwachsen, der Herausbildung familialer Strategien entwickelt. Wie jemand erzogen wurde, welche Möglichkeiten ihm in gesellschaftlichen Zusammenhängen zur Verfügung standen und stehen und mit welchen individuellen Verstrickungen jeder Einzelne in seiner Lebensgeschichte konfrontiert ist, hat auf die politischen Orientierungen einen großen Einfluß. Bei der politischen Sozialisation sind der Familienzusammenhang zwischen den einzelnen Familienmitgliedern, die Unterstützungsleistungen und die Beziehungen in der Familie besonders bedeutsam. Dabei ist es jedoch nicht ausreichend, sich auf Zwei-Generationen-Familien zu konzentrieren. Vielmehr werden die Zusammenhänge von politischer Sozialisation, familialer Erziehung und Interaktion erst in vollem Umfang verständlich, wenn Drei-Generationen-Familien stärker in den Blick der Forschung genommen werden.

Literatur

Adorno, T.W.: Studien zum autoritären Charakter. Frankfurt a.M. 1973
Beck, U.: Der Konflikt der zwei Modernen. In: Rauschenbach, T.; Gängler, H. (Hrsg.): Soziale Arbeit und Erziehung in der Risikogesellschaft. Neuwied 1992, 185-201
Beck, U.: Risikogesellschaft. Frankfurt a.M. 1986
Behnken, I. u.a.: Schülerstudie '90. Weinheim/München 1991
Bien, W. (Hrsg.): Eigeninteresse oder Solidarität. Opladen 1994
Bock, K.: Familiale Generationsbeziehungen als pädagogisches Verhältnis? Diplomarbeit, Halle 1995
Bock, K.: Familiale Generationsbeziehungen als pädagogisches Verhältnis. In: Kreher, W.: Systemwechsel zwischen Projekt und Prozeß. Opladen 1997
Böhnisch, L.; Lenz, K.: Zugänge zu Familien – ein Grundlagentext. In: Böhnisch, L.; Lenz, K. (Hrsg.): Familien. Weinheim/München 1997, 9-58
Büchner, P.; Krüger, H.-H. (Hrsg.): Aufwachsen hüben und drüben. Opladen 1991
Bundeszentrale für politische Bildung (Hrsg.): Politische Sozialisation an Hochschulen. Bonn 1985
Claußen, B. (Hg.): Politische Sozialisation Jugendlicher in Ost und West. Bonn 1989
Claußen, B.: Was ist und wie erforscht man politische Sozialisation? In: Claußen, B.; Wasmund, K. (Hg.): Handbuch der politischen Sozialisation. Braunschweig 1982, 1-22
Ecarius, J.: Biographie, Lernen und Gesellschaft. Erziehungswissenschaftliche Überlegungen zu biographischem Lernen in sozialen Kontexten. Generationenbeziehungen in ostdeutschen Familien. In: Bohnsack, R.; Jüttemann, Marotzki, W. (Hrsg.): Biographie und Kulturanalyse. Opladen 1998
Ecarius, J.: Individualisierung und soziale Reproduktion im Lebensverlauf. Opladen 1996
Ecarius, J.: Was will die jüngere mit den älteren Generationen? In: Olbertz, J.H. (Hrsg.): Erziehungswissenschaft. Opladen 1997, 143-158
Ecarius, J.; Krüger, H.-H:: Machtverteilung, Erziehung und Unterstützungsleistungen in drei Generationen. In: Krappmann, L.; Lepenies, A. (Hg.): Alt und Jung. Frankfurt/New York 1997, 137-160
Franz, P.; Herlyn, U.: Familie als Bollwerk oder als Hindernis? In: Nauck, B.; u.a. (Hrsg.): Familie und Lebensverlauf im gesellschaftlichen Umbruch. Stuttgart 1995, 90-102
Geißler, R.: Politische Sozialisation in der Familie. In: Claußen, B.; Geißler, R. (Hrsg.): Die Politisierung des Menschen. Opladen 1996, 51-70
Geulen, D.: Typische Sozialisationsverläufe in der DDR. In: Aus Politik und Zeitgeschichte, 26/27, 1993, 37-44

Gildemeister, R.; Wetterer, A.: Wie Geschlechter gemacht werden. In: Knapp, Gudrun-Axeli; Wetterer, Angelika (Hg.): Traditionen Brüche. 1992, 201-254
Görlitz, A.: Politische Sozialisationsforschung. Stuttgart 1977
Hagemann-White, C.: Die Konstrukteure des Geschlechts auf frischer Tat ertappen? In: Feministische Studien, 2, 1993, 63-78
Heinze, F.: Die Inszenierung der Besonderheit. Bielefeld 1996
Heitmeyer, W.; Jacobi, J.: Einleitung. In: Heitmeyer, W.; Jacobi, J. (Hg.): Politische Sozialisation und Individualisierung. Weinheim/München 1991, 7-12
Hopf, C.; Hopf, W.: Familie, Persönlichkeit, Politik. Weinheim/München 1997
Jacobi, J.: Sind Mädchen unpolitischer als Jungen? In: Heitmeyer, W.; Jacobi, J. (Hg.): Politische Sozialisation und Individualisierung. Weinheim/München 1991, 99-116
Jugendwerk der Deutschen Shell (Hg.): Jugend '92. Opladen 1992
Jugendwerk der Deutschen Shell (Hg.): Jugend '97. Opladen 1997
Kaufmann, F.X.: Generationsbeziehungen und Generationenverhältnisse im Wohlfahrtsstaat. In: Lüscher, K.; Schultheis, F. (Hg.): Generationenbeziehungen in „postmodernen" Gesellschaften. Konstanz 1993, 95-108
Kelle, H.: Politische Sozialisation bei Jungen und Mädchen. In: Feministische Studien, 1, 11, 1993, 126-139
Krüger, H.-H.: Bilanz und Zukunft der erziehungswissenschaftlichen Biographieforschung. In: Krüger, H.-H.; Marotzki, W. (Hg.) : Erziehungswissenschaftliche Biographieforschung. Opladen 1995
Krüger, H.-H.: Erziehungswissenschaftliche Biographieforschung. In: Friebertshäuser, B.; Prengel, A. (Hg.): Handbuch der qualitativen Forschungsmethoden in der Erziehungswissenschaft. Weinheim 1997
Krüger, H.-H.; Bois-Reymond, M.; Büchner, P.; u.a.: Kinderleben. Opladen 1994
Kuhn, A.: Die Verwirklichung der Gleichstellung von Frauen in der Politik. In: Bundeszentrale für politische Bildung (Hg.): Vierzig Jahre politische Bildung in der Demokratie. 1990, 169-175
Kulke, C.: Politische Sozialisation und Geschlechterdifferenz. In: Hurrelmann, Klaus; Ulich, D. (Hg.): Neues Handbuch der Sozialisationsforschung. Weinheim/Basel 1991, 595-613
Leggewie, C: Die 89er. Portrait einer Generation. Hamburg 1995
Lemke, C.: Die Ursachen des Umbruchs 1989. Opladen 1991
Meyer, B.: "Wenn man so politisch aktiv ist, muß man sich ja noch lange nicht fuer Politik interessieren". Zum Politikverständnis von Mädchen. In: Zeitschrift für Frauenforschung ; 1/2; Jg. 12, 1994, 64-76
Meyer, T.: Modernisierung der Privatheit. Opladen 1992
Niethammer, L. (Hg.): Lebenserfahrung und kollektives Gedächtnis. Frankfurt a.M. 1985a
Niethammer, L. et al.: Die volkseigene Erfahrung. Berlin 1991
Niethammer, L.: Fragen – Antworten – Fragen. Methodische Erfahrungen und Erwägungen zur Oral History. In: Niethammer, L.; von Plato, A. (Hg.): „Wir kriegen jetzt andere Zeiten". Bd 3, Berlin/Bonn 19985b: 392-445
Niethammer, L.; u.a. (Hg.) :„Die Menschen machen ihre Geschichte nicht aus freien Stücken, aber sie machen sie selbst". Berlin/Bonn 1985c

Nyssen, F.: Kinder und Politik. In: Redaktion: betrifft erziehung (Hg.): Politische Bildung - Politische Sozialisation. Weinheim/Basel, 1973, 43-65
Plato, von A.: Oral History als Erfahrungswissenschaft. In: BIOS, H.1, Jg.4, 1991, 97-119
Preuß-Lausitz, U.: Politisches Lernen. In: Redaktion: betrifft erziehung (Hg.): Politische Bildung - Politische Sozialisation. Weinheim/Basel 1973, 66-93
Rauschenbach, Th.: Der neue Generationenvertrag. Öffentlicher Vortrag auf dem 14. Kongreß der DGFE am 15.03.1994 in Dortmund
Schulze, T.: Erziehungswissenschaftliche Biographieforschung. In: Krüger, H.-H.; Marotzki, W. (Hg.): Erziehungswissenschaftliche Biographieforschung. Opladen 1995, 10-31
Schütze, F.: Biographieforschung und narratives Interview. In: Neue Praxis; Jg. 13, 1983, 283-305
Steinbach, L.: Lebenslauf, Sozialisation und „erinnerte Geschichte". In: Niethammer, L. (Hg.): Lebenserfahrung und kollektives Gedächtnis. Frankfurt a.M. 1985, 393-435
Wasmund, K.: Ist der politische Einfluß der Familie ein Mythos oder eine Realität? In: Claußen, B./Wasmund, K. (Hg.): Handbuch der politischen Sozialisation. Braunschweig 1982, 23-63
Wensierski, von H.-J.: Mit uns zieht die alte Zeit. Opladen 1994
Wierling, D.: Von der HJ zur FDJ? In: BIOS, H.1, 1993, 107-118

Anmerkungen zu den Autoren und Autorinnen:

Bock, Karin: Diplom-Pädagogin, Promotionsstipendiatin der Hans-Böckler-Stiftung an der Martin-Luther-Universität Halle. *Arbeitsschwerpunkte:* Generationen- und Familienforschung, politische Sozialisationsforschung und erziehungswissenschaftliche Biographieforschung

Böhnisch, Lothar: Dr. phil., Professor für Erziehungswissenschaften an der Technischen Universität Dresden. *Arbeitsschwerpunkte:* Jugendforschung, Sozialpädagogik, Sozialpolitik

Brumlik, Micha: Dr. phil., Professor für Erziehungswissenschaft mit dem Schwerpunkt Sozialpädagogik am Erziehungswissenschaftlichen Seminar der Ruprecht-Karls-Universität Heidelberg. *Arbeitsschwerpunkte:* Theorien der Sozialpädagogik, Ethik und Moralentwicklung, Familienerziehung, abweichendes Verhalten

Ecarius, Jutta: Dr. phil., wissenschaftliche Assistentin für Allgemeine Pädagogik am Institut für Pädagogik der Martin-Luther-Universität Halle. *Arbeitsschwerpunkte:* Familienerziehung, Bildungsforschung, Kindheits- und Jugendforschung und erziehungswissenschaftliche Biographieforschung

Helsper, Werner: Dr. phil., Professor für Erziehungswissenschaft mit dem Schwerpunkt Schulpädagogik am Pädagogischen Institut der Johannes-Gutenberg-Universität Mainz. *Arbeitsschwerpunkte:* Sozialisationstheorie, Schul- und Jugendforschung, Theorien professionellen Handelns, qualitative Forschungsmethoden

Kramer, Rolf-Torsten: Diplompädagoge, wissenschaftlicher Mitarbeiter im DFG-Projekt „Institutionelle Transformationsprozesse der Schulkultur in ostdeutschen Gymnasien" an der Martin-Luther-Universität Halle (Projektleiter: Prof. Dr. Werner Helsper). *Arbeitsschwerpunkte:* Hermeneutische Schulforschung, erziehungswissenschaftliche Biographieforschung, Bildungsforschung

Krüger, Heinz-Hermann: Dr. phil., Professor für Allgemeine Erziehungswissenschaft am Institut für Pädagogik an der Martin-Luther-Universität Halle. *Arbeitsschwerpunkte:* Kindheits- und Jugendforschung, Bildungs- und Biographieforschung, Theorien und Methoden der Erziehungswissenschaft

Meister, Dorothee: Dr. phil., wissenschaftliche Assistentin für Erwachsenenbildung am Institut für Pädagogik der Martin-Luther-Universität Halle. *Arbeitsschwerpunkte:* Erwachsenen- und Weiterbildung, Medienpädagogik, Migrationsforschung

Rauschenbach, Thomas: Dr. rer. soc., Professor für Sozialpädagogik am Institut für Sozialpädagogik, Erwachsenenbildung und Pädagogik der frühen Kindheit der Universität Dortmund. *Arbeitsschwerpunkte:* Theorie der Sozialen Arbeit, Jugendarbeit, Ausbildung und Arbeitsmarkt für soziale Berufe, soziales Ehrenamt, Verbändeforschung

Richard, Birgit: Dr. phil., Professorin für Kunstpädagogik und Neue Medien an der Universität Frankfurt. *Arbeitsschwerpunkte:* Kunst-, Design- und Theorie der Neuen Medien, Subkulturen der Gegenwart (Techno- und House Archiv)

Sander, Uwe: PD. Dr. phil., Oberassistent für Erwachsenenbildung am Institut für Pädagogik der Martin-Luther-Universität Halle. *Arbeitsschwerpunkte:* Jugend- und Erwachsenenbildung, Medienpädagogik, Migrationsforschung

Wimmer, Michael: Dr. phil., wissenschaftlicher Assistent für Allgemeine Pädagogik am Institut für Pädagogik der Martin-Luther-Universität Halle. *Arbeitsschwerpunkte:* Die nachstrukturalistische philosophische Entwicklung und ihre Bedeutung für die Erziehungswissenschaft; das Problem der Alterität und der Einsatz der Dekonstruktion in der Pädagogik; Paradoxien in Erziehungs- und Bildungstheorien; Historische Anthropologie

Winkler, Michael: Dr. phil., Professor für Allgemeine Pädagogik am Institut für Erziehungswissenschaften der Friedrich-Schiller-Universität Jena. *Arbeitsschwerpunkte:* Allgemeine und historische Pädagogik, Theorie der Erziehung, pädagogische Zeitdiagnose, Sozialpädagogik, Theorie der Sozialpädagogik, Heimerziehung, veränderte Lebensbedingungen von Kindern und Jugendlichen

MIX
Papier aus verantwortungsvollen Quellen
Paper from responsible sources
FSC® C105338

If you have any concerns about our products,
you can contact us on
ProductSafety@springernature.com

In case Publisher is established outside the EU,
the EU authorized representative is:
**Springer Nature Customer Service Center GmbH
Europaplatz 3, 69115 Heidelberg, Germany**

Printed by Libri Plureos GmbH
in Hamburg, Germany